건축설비를 위한

열유체공학

박종일 | 신치웅 | 서기원 공저

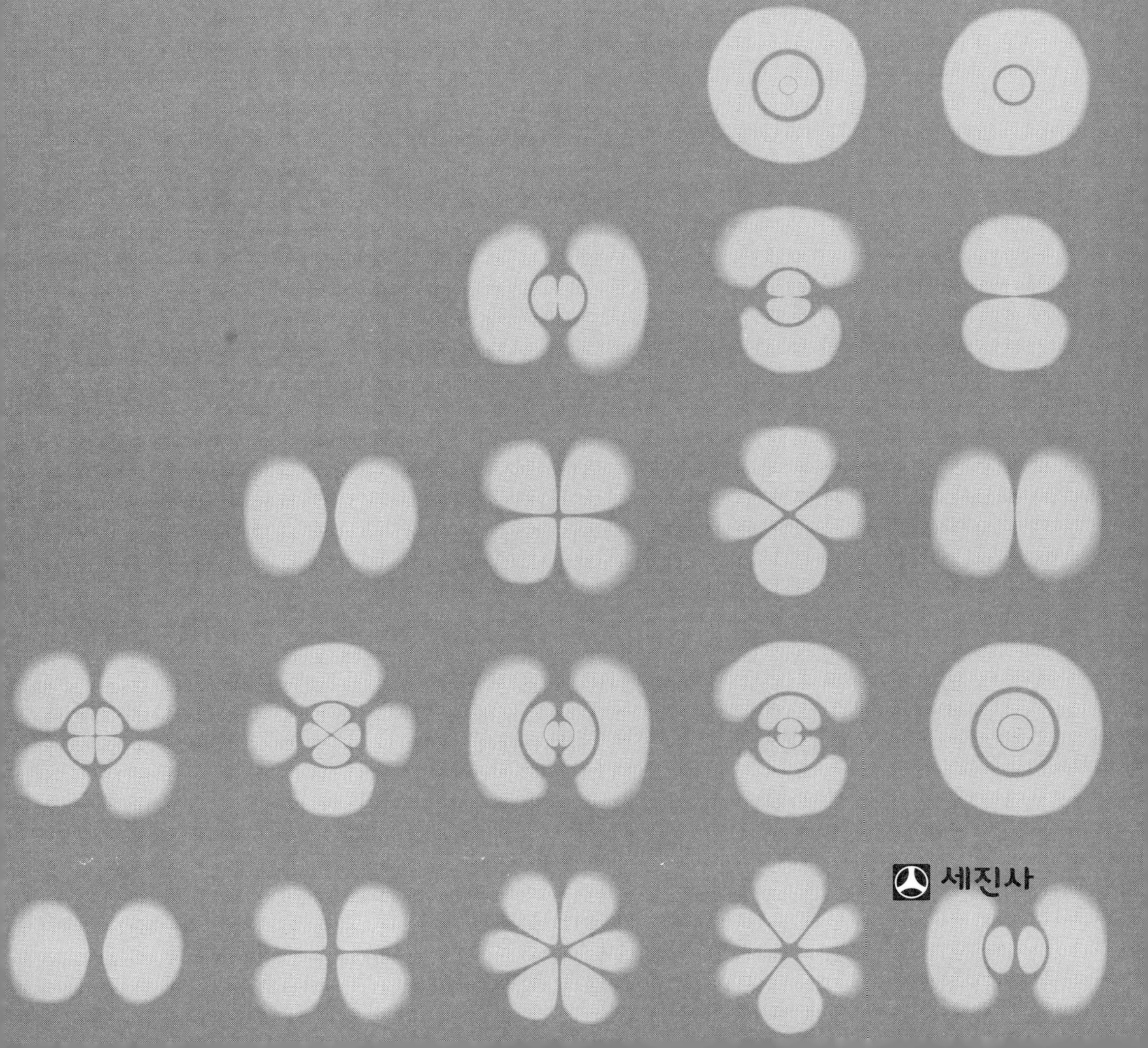

세진사

머리말

이 책은 설비공학을 전공하기 위하여 필요한 기초학문인 열유체공학을 다룬 책으로 대학의 건축설비과와 건축공학을 전공하면서 건축설비 분야에 관심이 많은 학생을 위하여 작업을 하였다.

우리나라도 이제는 선진국 수준으로 경제성장을 하여가고 있으며, 이와 함께 각종 건축물도 선진국 수준으로 향상되어 가고 있다. 종래의 건축은 양적인 면을 추구했으나 이제는 쾌적 공간을 많이 강조하게 되었다.

이에 따라 여러 대학에서는 설비분야의 기술사를 양성하고 있으며 공기조화설비, 급배수·위생설비, 소화설비, 가스설비 등의 내용으로 교과 과정을 편성하고 있다. 또한 국내 에너지 수급 정책도 가스연료의 공급이 증가되고 있으며 에너지 절약의 기술적인 문제와 열관리 및 안전관리 분야 기술자의 필요성이 증가되고 있다.

이와 같은 분야의 학문을 하기 위해서는 가장 중요한 기초 학문인 열역학과 유체역학의 개념이 필요하다. 그러나 현재의 발간된 이 분야의 서적들은 기계공학을 전공한 학생을 대상으로 하였기 때문에 설비공학을 전공한 학생의 사용에는 많은 어려움이 있었다. 이를 해결하기 위하여 본 저서의 저자들은 설비분야의 강의를 하면서 건축설비분야에 필요한 열유체공학의 내용을 정리하여 다음과 같은 내용으로 집필하게 되었다.

이 책은 1편 유체공학, 2편 열공학으로 나누어 다음과 같은 내용으로 기술하였다.

제1편에서는 열유체공학을 공부해 나가는데 가장 기본이 되는 유체의 기본적인 논리적 성질과 이론적 해석이 가능한 유체 정역학, 이상 유체의 기초 방정식 유체기체의 원리 등을 기술 했으며, 실제 유체를 중심으로 각정 설비에 적용 할 수 있도록 하였다. 또한 개수로 흐름의 문제 및 여러 가지 유체계측과 모형실험으로부터 얻어진 실험값으로 원형의 적용을 예측하는데 유용한 차원해석과 상사법칙을 기술하였다. 단위는 현장과 사격검정에서 아직도 미터계 공학단위를 사용하고 있어서 세계적인 추세를 고려하여 국제단위(SI)도 병용하였다.

제2편에서는 열역학의 물리적 성질, 열역학 제1법칙, 이상기체의 성질 등으로 에너지 평형에 관해 기술했으며, 제2법칙 및 증기의 성질을 중심으로 냉동과 난방에 적용할 수 있게 하였다.

특히 공기조화를 위한 습공기의 성질을 강조하였고, 냉난방 부하의 계산에 필요한 기준에 맞추어 전열에 대해 기술하였다.

저자들의 능력이 의욕에 따르지 못해 내용의 불충분과 여러 가지의 오류가 많은 것으로 보여지나 이런 미비하고 부족한 점들은 독자 선배 재현들의 아낌없는 지도편달에 의해 더 좋은 내용이 될 수 있도록 하겠으며 이 책이 독자에게 다소나마 도움이 된다면 더 없는 보람으로 느낄 것이다.

끝으로 이 책의 출간을 위해 적극 힘써 주신 도서출판 세진사 문형진 사장님과 직원 여러분께 심심한 사의를 표하는 바이다.

저자 씀

목차

1 유체공학

1 유체의 기본성질 / 12

1.1 유체(fluid)란? ········ 12
1.2 차원과 단위 ········ 13
1.3 유체의 성질 ········ 15
1.4 유체의 점성 ········ 18
1.5 완전기체 ········ 21
1.6 유체의 탄성 ········ 24
1.7 모세관 현상 ········ 26
1.8 증기압(Vapor pressure) ········ 29
■ 연습문제 ········ 31

2 유체 정역학 / 35

2.1 압력(Pressure) ········ 35
2.2 대기압, 계기압, 절대압 ········ 40
2.3 액주계(manometer) ········ 42
2.4 유체 속에 잠겨진 면에 작용하는 힘 ········ 44
2.5 부력 및 부체의 안정 ········ 50
2.6 등가속도 운동을 받고 있는 유체 ········ 52
■ 연습문제 ········ 56

3 유체 동역학 / 61

3.1 유체흐름의 형태 ······ 61
3.2 연속방정식(continuity equation) ······ 63
3.3 운동방정식 ······ 67
3.4 역적과 운동량 방정식 ······ 72
■ 연습문제 ······ 84

4 실제유체의 흐름 / 90

4.1 레이놀즈 수(Reynolds Number) ······ 90
4.2 경계층(Boundary Layer) ······ 92
4.3 관 속에서의 유체유동 ······ 95
4.4 관로의 부분적 손실 ······ 101
4.5 실제 관로의 제손실 계산 ······ 106
4.6 수격작용 ······ 111
■ 연습문제 ······ 113

5 유량계측 / 119

5.1 유량 ······ 119
5.2 벤츄리 미터 ······ 120
5.3 오리피스 ······ 123
5.4 피토관 ······ 126
■ 연습문제 ······ 129

6 펌프와 수차계산 / 133

6.1 펌프의 양정 ········· 133
6.2 펌프의 운전동력 ········· 136
6.3 원심펌프 원리 ········· 138
6.4 비속도 ········· 139
6.5 유압펌프 ········· 140
6.6 수차의 원리 ········· 145
6.7 수차의 출력 ········· 147
6.8 수차의 회전속도와 비속도 ········· 150
■ 연습문제 ········· 152

2 열역학

1 열역학의 개요 / 158

1.1 공업열역학 ········· 158
1.2 계와 동작물질 ········· 159
1.3 溫度 ········· 159
1.4 비열, 열량, 비중량 ········· 161
1.5 일과 동력 ········· 163
1.6 열팽창 ········· 165
1.7 상태량 ········· 166
1.8 열에 의한 상태변화 ········· 167
■ 연습문제 ········· 172

2 열역학 제1법칙 / 174

2.1 열과 일의 상호관계 ··· 174
2.2 내부에너지 ··· 175
2.3 내부에너지와 열역학 제1기초식 ··· 176
2.4 내부에너지와 엔탈피 ··· 178
2.5 엔탈피와 열역학 제2법칙 ··· 181
2.6 P-V 선도와 일 ··· 182
2.7 정상류 에너지 방정식 ··· 184
■ 연습문제 ··· 187

3 이상기체 / 189

3.1 이상기체 ··· 189
3.2 이상기체의 법칙 ··· 190
3.3 이상기체의 상태식 ··· 192
3.4 일반기체상수 ··· 195
3.5 이상기체의 내부 변화량 ··· 198
3.6 비열 및 엔탈피 변화량 ··· 199
3.7 이상기체의 상태변화 ··· 201
■ 연습문제 ··· 210

4 열역학 제2법칙 / 212

4.1 열역학 제2법칙의 표현 ··· 212
4.2 cycle과 열효율 ··· 213
4.3 냉동 cycle과 성적계수 ··· 215
4.4 카르노 사이클과 역 카르노 사이클 ··· 216
4.5 엔트로피 ··· 219
4.6 이상기체의 엔트로피 변화량 ··· 222
■ 연습문제 ··· 226

5 증기 / 228

5.1 증발의 과정 ········· 228
5.2 증기의 일반적인 성질 ········· 230
5.3 증기의 열량적 상태량 ········· 233
5.4 증기표와 증기선도 ········· 238
■ 연습문제 ········· 245

6 냉동기와 냉동사이클 / 247

6.1 냉동방법 ········· 247
6.2 증기압축식 냉동기 ········· 248
6.3 흡수식 냉동기 ········· 253
■ 연습문제 ········· 285

7 습공기 / 261

7.1 건조기와 습공기 ········· 261
7.2 습공기의 성질 ········· 262
7.3 습공기표 ········· 268
7.4 습공기선도 ········· 268
7.5 실내공기의 상태변화 ········· 272
■ 연습문제 ········· 280

8 전열 / 282

8.1 전열공학의 응용분야 ········· 282
8.2 전열의 기본형식 ········· 282
8.3 열전도에 관한 기본사항 ········· 284
8.4 열전도에 관한 계산 ········· 288
8.5 열통과 ········· 293
8.6 복사열전달 ········· 298
■ 연습문제 ········· 204

9 연료 및 연소 / 306

9.1 연료 ······ 306
9.2 연소 ······ 308
9.3 연료의 발열량 ······ 310
■ 연습문제 ······ 313

3 부 록

1. 암모니아의 몰리엘 선도 ······ 317
2. 포화증기표(온도기준) ······ 318
3. 포화증기표(압력기준) ······ 319
4. 과열증기표 ······ 320
5. 습공기 선도($i-x$) ······ 322

1 유체공학

제1 장 유체의 기본성질

제2 장 유체정역학

제3 장 유체동역학

제4 장 실제유체의 흐름

제5 장 유량계측

제6 장 펌프, 수차의 계산

1 유체의 기본 성질

모든 물질은 고체(solid), 액체(liquid) 및 기체(gas)로 분류되며, 이 중 액체와 기체를 유체(fluid)라 한다.

이들 물질에 대하여 역학적 성질에 관한 특성을 밝히려면 어떠한 전제가 필요하다.

즉, 유체를 연속성(continuity), 균질성(homogeneity) 그리고 등방성(isotropy) 등의 성질을 가진 연속체(continuous medium)로 취급하는 것이다.

이 장에서는 이와 같은 것을 전제로 유체의 역학적 해석에 필요한 물리적인 성질에 관하여 설명한다.

1.1 유체(fluid)란?

지구상에 존재하는 물질을 살펴보면, 고체는 분자의 배열간격이 조밀하고 응집력이 강하여 상온 상압하에서 일정한 자기 고유의 형태를 갖추고 있는 반면, 액체는 분자 사이의 간격도 더 멀며 물질 내에서 자유롭게 이동할 수도 있다. 기체는 분자 사이의 간격이 액체보다도 더 멀리 떨어져 있으며, 온도 변화에 따라서 상태의 변화를 가져올 수 있다. 즉, 얼음에 열을 가하면 물이 되고 더욱 가열하면 수증기(기체) 상태로 변화시킬 수도 있다.

고체는 정지 상태에서도 법선응력(normal stress)과 전단응력(shearing stress)을 받지만 정지 유체에는 전단응력이 발생되지 않는다.

그러나 유체가 운동할 때에는 전단응력이 발생되는데, 이는 유체의 점성(viscosity) 때문이다. 따라서, 유체가 점성이 있느냐 없느냐에 따라서 점성 유체(viscous fluid)와 비점성 유체(nonviscous fluid)로 구분된다. 점성 유체는 뉴턴의 점성법칙을 따르는 뉴턴 유체(Newtonian fluid)와 점성법칙을 따르지 않는 비뉴턴 유체(Non-Newtonian fluid)로 구분한다.

또한 외부에서 압력을 가하거나 온도를 가했을 때 물질 분자 사이의 거리가 크게 변화되어 체적의 변화가 현저히 나타나는 기체 같은 것을 압축성 유체(compressible fluid)라고 하고,

압축성이 없다고 볼 수 있는 유체를 비압축성 유체(incompressible fluid)라고 부른다. 물과 기름 등은 비압축성 유체로 본다.

실존 유체는 압축성과 점성을 다 가지고 있지만 이상적인 상태를 가정하기 위해서 점성과 압축성이 없는 유체를 가정하여 **완전유체**(perfect fluid) 또는 **이상유체**(ideal fluid)라고 한다.

1.2 차원과 단위

(1) 단위(unit)

일반적으로 미터 단위계(metric system)와 영국 단위계를 써 왔다.

1960년에 국제 도량형 협의회의 주관으로 국제 단위계인 SI(International System of Units) 단위를 채택하여 현재 널리 쓰고 있다.

단위와 수치에 의해 대소를 나타낼 수 있는 양을 물리량이라 한다. 물리량을 수치로 표시하기 위하여 비교의 기준으로 사용하는 같은 종류의 양을 단위(unit)라 한다.

국제 도・량・형 총회에서 7개의 기본량을 기본 단위로 선정하였다. 이것이 국제 단위계의 기초가 된다.

표 1.1 SI 단위의 기본단위

기 본 단 위	명 칭	기 호
질 량	킬로그램	kg
길 이	미터	m
시 간	초	s
전 류	암페어	A
열역학온도	켈빈	K
몰 질 량	몰	mol
광 도	칸델라	cd

표 1.2 SI 단위계에서 유도된 중요 단위

물리량	단위명칭	기 호	기본 단위와 관계
힘	뉴턴(Newton)	N	$1N=1kg \cdot m/s^2$
일, 에너지, 열량	줄(Joule)	J	$1J=1Nm=1kg \cdot m^2/s^2$
동력(공률)	와트(Watt)	W	$1W=1J/s=1kg \cdot m^2/s^3$
압력	파스칼(Pascal)	Pa	$1Pa=1N/m^2$

1 절대 단위계

질량(M), 길이(L), 시간(T)을 기본 단위로 하여 다른 단위를 유도한다.

- CGS 단위계 : 질량, 길이, 시간의 기본 단위가 각각 g, cm, sec일 때
- MKS 단위계 : 질량, 길이, 시간의 기본 단위가 각각 kg, m, sec일 때

힘의 단위 N(Newton)

중력가속도가 작용하지 않을 때, "물질의 순수한 질량 $1kg_m$(앞으로는 kg으로 표기한다)에 가속도 $1m/sec^2$가 작용할 때의 힘"을 1N이라고 한다. 즉,

$$\begin{aligned} 1N &= 1kg \times 1m/sec^2 \\ &= 1kg \cdot m/sec^2 = 10^5 g \cdot cm/sec^2 \\ &= 10^5 dyn \end{aligned}$$

2 공학 (중력) 단위계

질량 1kg에 중력가속도($g=9.81m/sec^2$)가 작용할 때, 힘을 kg_f로 나타내는 단위로 길이(L), 힘(F), 시간(T)을 기본 단위로 물리량의 단위를 정의한다.

$$\begin{aligned} 1kg_f &= 1kg \times 9.81m/sec^2 \\ &= 9.81kg \cdot m/sec^2 = 9.81N \end{aligned}$$

따라서

$$1N = \frac{1}{9.81} kg_f$$

즉, 공학 단위계에서 1kg은 질량을 표시했는지 중량을 표시한 건지 잘 구분이 안 가지만, SI단위계에서는 언제나 질량은 kg이고, 힘(중량, 무게)은 N이므로 혼돈을 일으킬 염려가 전혀 없다.

질량은 그 물체가 갖는 고유의 양이고, 무게(중량)는 물체에 작용하는 중력이므로 질량은 위치의 변화에 따라 전혀 변하지 않지만, 중력은 위치에 따라 변하게 된다. 예를 들면 질량이 1kg인 물체가 지구의 중력가속도의 1/3인 달에서도 질량은 1kg이지만 무게는 W=mg이므로 $1/3kg_f$이다. 그리고 지구에서의 질량 1kg인 물체의 무게는 $1kg_f$이 된다. 또한 뉴턴의 제2법칙을 이용하면 힘 F는 다른 세 개의 기본 차원으로 표시될 수 있다.

즉,

$$F = ma = \mathrm{MLT}^{-2} \text{와} \quad M = \mathrm{FL}^{-1}\mathrm{T}^{2} \text{ 관계가 있다.}$$

예제 1.1 중력가속도가 8m/sec²인 지점에서 질량 4kg을 저울로 달면 몇 $\mathrm{kg_f}$ 인가?

☞ $F = ma = 4 \times 8 = 32\mathrm{N}$, $1\mathrm{kg_f} = 9.8\mathrm{N}$이므로 $\mathrm{kg_f}$으로 환산하려면,

$$F = \frac{32\mathrm{N} \times 1\mathrm{kg_f}}{9.8\mathrm{N}} = 3.265\ \mathrm{kg_f}$$

예제 1.2 질량 5kg을 스프링 저울로 달았더니 $5.2\mathrm{kg_f}$의 무게를 가리켰다. 이 지방의 중력가속도는 얼마인가?

☞ $F = ma = 5 \times a = 5.2\mathrm{kg_f} = 5.2 \times 9.8\mathrm{N} = 50.96\mathrm{N}$

$$\therefore\ a = \frac{50.96\mathrm{kg \cdot m/s^2}}{5\mathrm{kg}} = 10.19\mathrm{m/\ sec^2}$$

1.3 유체의 성질

(1) 비중량 (γ)

단위체적당 무게(중량, 힘)

$$\therefore\ \gamma = \frac{W}{V} = \frac{mg}{V} = \rho \cdot g\,(\mathrm{kg_f/m^3})$$

예 $\gamma_W = 1,000\mathrm{kg_f/m^3} = 9,800\mathrm{N/m^3}$

$\gamma_{Hg} = 13,600\mathrm{kg_f/m^3} = 13,600 \times 9.8\mathrm{N/m^3}$

(2) 밀도(비질량 : ρ)

단위체적당 질량

$$\rho = \frac{m}{V}\ (\mathrm{kg/m^3})$$

예 $\rho_W = 1,000\ \mathrm{kg/m^3} = \frac{1,000}{9.8}\mathrm{kg_f \cdot s^2/m^4} \fallingdotseq 102\mathrm{kg_f \cdot s^2/m^4}$

$\rho_{Hg} = 13,600\mathrm{kg/m^3} = \frac{13,600}{9.8}\mathrm{kg_f \cdot s^2/m^4} \fallingdotseq 1,387.76\mathrm{kg_f \cdot s^2/m^4}$

※ 밀도(ρ)의 단위

-절대단위 : $\rho = kg/m^3$

-중력단위 : $\rho = (kg_f \cdot s^2/m)/m^3 = kg_f \cdot s^2/m^4$

예 $\rho = 900kg/m^3 = \frac{900}{9.8} kg_f \cdot s^2/m^4$

물의 중량과 부피

물의 무게는 압력과 온도에 따라 다소 차이가 있으나, 순수한 물은 1기압하에서 4℃일 때 가장 무거우며 그 부피는 최소가 된다. 공업상 취급되는 순수한 물의 무게는 물 1cc의 무게가 1g이므로 $1g/cm^3$, $1kg/l$, $1,000kg/m^3$로 표시된다. 즉, 특별한 경우를 제외하고는 온도의 영향을 생각하지 않고 4℃의 물의 무게를 기준 값으로 사용한다.

물의 팽창과 수축

물은 온도 변화에 따라 그 부피가 팽창 또는 수축한다. 순수한 물은 대기압하에서 0℃에서 얼게 되며 체적이 현저히 팽창한다. 이 체적 팽창은 약 9%에 이르며, 그 팽창력은 약 $250kg/cm^2$나 된다. 이것은 동계에 한냉지에서 수도관 파열의 원인이 되고 있다. 그리고 4℃의 물을 100℃까지 높였을 때 체적은 약 4.3% 팽창한다. 또한 100℃의 물이 증기로 변할 때 장치 내에서 물을 가열하면, 물은 비압축성 액체로 간주하므로 그 압력이 이상 상승하여 장치를 파괴시킬 수 있는 성질을 갖고 있다.

표 1.3 순수한 물의 각온도 t(℃)에서의 밀도 ρ(kg/l) 및 체적 V(l)

t	ρ	V	t	ρ	V
0	0.999 87	1.000 13	24	0.997 32	1.002 68
2	0.999 97	1.000 03	26	0.996 81	1.003 20
4	1.000 00	1.000 00	30	0.995 67	1.004 35
6	0.999 97	1.000 03	40	0.992 24	1.007 82
8	0.999 88	1.000 12	50	0.988 1	1.012 1
10	0.999 73	1.000 27	60	0.983 2	1.017 1
12	0.999 53	1.000 48	70	0.977 8	1.022 7
14	0.999 27	1.000 73	80	0.971 8	1.029 0
16	0.998 97	1.001 03	90	0.965 3	1.035 9

t	ρ	V	t	ρ	V
18	0.998 62	1.001 38	95	0.961 9	1.039 6
20	0.998 23	1.001 77	100	0.958 4	1.043 4

(3) 비체적(υ)

- 단위질량당 체적(절대단위) : $\upsilon = \dfrac{V}{m} = \dfrac{1}{\rho}\ [\mathrm{m^3/kg}]$
- 단위중량당 체적(중력단위) : $\upsilon = \dfrac{V}{W} = \dfrac{1}{\gamma}\ [\mathrm{m^3/kg_f}]$

(4) 비중(S)

어떤 물질의 비중량 또는 밀도를 물의 비중량 또는 밀도로 나누어 준 값이다.

$$S = \frac{\gamma}{\gamma_W} = \frac{\rho}{\rho_W}$$

비중(S)은 무차원이며 물의 비중은 1임을 알 수 있다.
결국,

$$\gamma = \gamma_W \cdot S = 1,000S\,[\mathrm{kg_f/m^3}] = 9800\,S\,[\mathrm{N/m^3}]$$

$$\rho = \rho_W \cdot S = 1,000S\,[\mathrm{kg/m^3}] = 102\,S\,[\mathrm{kg_f \cdot s^2/m^4}]$$

예 비중이 0.9인 어떤 물질의 비중량과 밀도를 구해 보면

$$\gamma = 900[\mathrm{kg_f/m^3}] = 9,800\times 0.9[\mathrm{N/m^3}]$$

$$\rho = 1,000\times 0.9[\mathrm{kg/m^3}] = 102\times 0.9[\mathrm{kg_f \cdot s^2/m^4}]$$

어떤 물질의 비중, 비중량, 비체적, 밀도 중에서 어느 한 값만 알면 나머지는 쉽게 구할 수 있다.

예제 1.3 체적이 0.5m³인 기름의 무게가 450kg$_f$이다. 이 기름의 비중은 얼마인가?

☞ $\gamma = \dfrac{W}{V} = \dfrac{450}{0.5} = 900\ \mathrm{kg_f/m^3}$, 물의 비중량 $\gamma_w = 1,000\,\mathrm{kg_f/m^3}$이므로

$$S = \frac{\gamma}{\gamma_w} = \frac{900}{1,000} = 0.9$$

예제 1.4 체적이 5m³인 유체의 무게가 3,500kg$_f$이었다. 이 때 이 유체의 비중량, 밀도, 비중은 S I단위로 얼마인가?

☞ $\gamma = \dfrac{W}{V} = \dfrac{3,500 \times 9.8\text{N}}{5\text{m}^3} = 6,860\text{N/m}^3$

$$\rho = \frac{M}{V} = \frac{3,500\text{kg}}{5\text{m}^3} = 700\text{kg/m}^3$$

$$S = \frac{\gamma}{\gamma_w} = \frac{\rho}{\rho_w} = \frac{700}{1,000} = 0.7$$

예제 1.5 다음을 단위환산하면 얼마인가?

(a) $1{,}000\text{kg}_f/\text{m}^3$= $\qquad$ kg_f/l

(b) $1\text{kg}_f/\text{cm}^2$= $\qquad$ kg_f/m^2

(c) $1\text{m}^3/\text{s}$= $\qquad$ l/s

☞ (a) 1m^3는 $1{,}000l$이므로

$$1,000\text{kg}_f/\text{m}^3 = \frac{1,000\text{kg}_f}{1,000\,l} = 1\text{kg}_f/\,l$$

(b) $1\text{kg}_f/\text{cm}^2 = \dfrac{1\text{kg}_f}{\left(\dfrac{1}{100}\text{m}\right)^2} = \dfrac{1\text{kg}_f}{\dfrac{1}{10,000}\text{m}^2} = 10,000\text{kg}_f/\text{m}^2$

(c) $1l$는 1000cm^3이므로

$$1\text{m}^3 = (100\text{cm})^3 = 10^6\,\text{cm}^3 = 1,000\,l = 10^6\text{cc}$$

$$1\text{m}^3/\text{s} = 1,000\,l/\,\text{s}$$

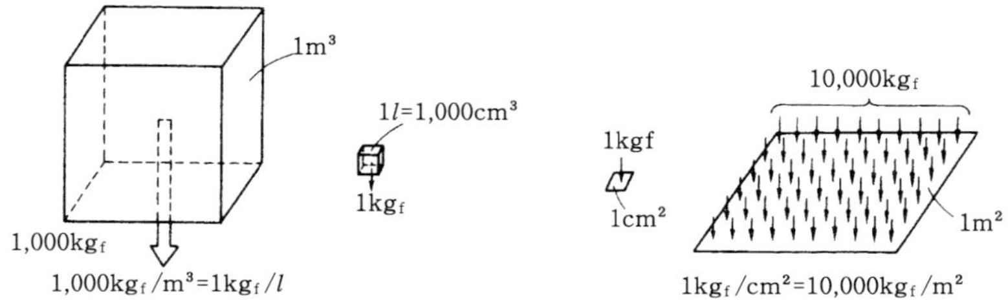

1.4 유체의 점성

고체층인 A층에 접하면서 흐르고 있는 B층의 유체를 생각해 보면 A층과 B층 사이에서 전단력이 작용하고 마찰이 일어나서 전단력에 저항하는 힘이 발생한다. 이 때의 마찰을 유체 마찰(fluid friction)이라고 하며, 이러한 마찰이 일어나는 유체의 성질을 점성이라고 한다.

기체는 분자 사이의 간격이 크기 때문에 한 분자가 운동할 때 다른 분자와 마찰을 일으키는 영향이 적어 속도가 빠르고, 액체 분자는 분자 사이의 간격이 기체보다 더 작기 때문에 유체마찰로 인하여 유체 흐름의 속도가 떨어진다.

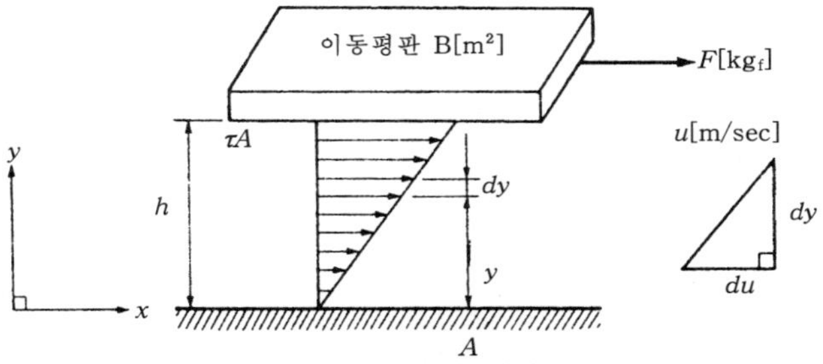

그림 1.1 뉴턴의 점성법칙

유체의 온도가 올라가면 분자의 운동이 활발해지므로 응집력은 떨어져서 점성은 감소한다. 그 반대의 경우도 성립한다.

여기서 u : 평판의 이동속도[m/sec]
h : 평판 사이의 수직거리[m]
A : 평판의 단면적[m^2]
F : 평판을 움직이는 힘[kg_f]
τ : 마찰응력(전단응력)[kg_f/m^2]

뉴턴의 실험에 의하면

$$F \propto \frac{uA}{h} \quad \text{결국,} \quad F = \mu \frac{uA}{h}$$

↑ 비례상수 : μ(점성계수)

또한 자유물체도에서 힘의 평형식을 적용하면

$$\sum X = 0 : \begin{matrix} \rightarrow \oplus \\ \leftarrow \ominus \end{matrix} \quad \therefore \; F - \tau A = 0$$

$$F = \tau A = \mu \frac{uA}{h} \quad \text{결국,} \quad \tau = \mu \frac{u}{h}$$

위식을 미분형으로 나타내면

$$\tau = \mu \cdot \frac{du}{dy}$$

여기서, $\frac{du}{dy}$: 속도 구배(전단 변형률, 각 변형률)

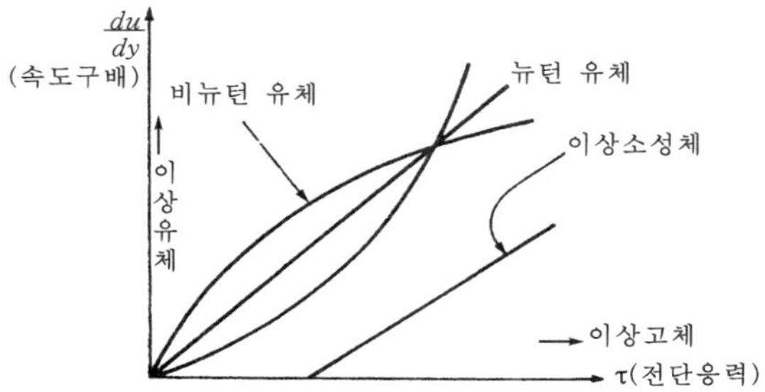

그림 1.2 뉴턴 유체와 비뉴턴 유체

- 뉴턴 유체 : 유체가 흐를 때 전단응력과 속도 구배를 도시하면 원점을 지나는 직선인 유체이다. → 뉴턴의 점성법칙을 만족
- 온도가 상승함에 따라 액체의 점성은 감소하고 기체의 점성은 증가한다.

(1) 점성계수(μ)의 차원

$\tau = \mu \frac{u}{h}$ 에서

$$\mu = \frac{\tau \cdot h}{u} = \frac{kg_f/m^2 \cdot m}{m/sec} = kg_f \cdot sec/m^2 = [FL^{-2}T] = [ML^{-1}T^{-1}]$$

(2) 점성계수 (μ)의 단위

$kg_f \cdot sec/m^2$, $N \cdot sec/m^2$, $dyne \cdot sec/cm^2$ 등

또한

$$1poise = 1dyne \cdot sec/cm^2 = 1g \cdot cm/sec^2 \cdot sec/cm^2$$
$$= 1g/cm \cdot sec = \frac{1}{10^5} N \cdot sec/\left(\frac{1}{100} m\right)^2$$
$$= \frac{1}{10} N \cdot sec/m^2 = \frac{1}{98} kg_f \cdot sec/m^2$$

$$1\text{poise} = 1\text{dyne} \cdot \text{sec}/\text{cm}^2 = 1\text{g/cm} \cdot \text{sec} = \frac{1}{10}\text{N} \cdot \text{sec}/\text{m}^2$$

$$= \frac{1}{98}\text{kg}_f \cdot \text{sec}/\text{m}^2$$

일반적으로 온도의 증가에 따라 μ의 값은 액체에서 감소하고 기체에서는 증가한다. t℃의 물에 대한 μ의 값은 다음과 같은 Helmholtz의 실험식으로 산출된다.

$$\mu = \frac{0.01779}{1 + 0.03368t + 0.00022099t^2}\ \text{Poise}$$

(3) **동점성 계수** (ν)

$$\nu = \frac{\mu}{\rho} = \frac{\text{kg}_f \cdot \text{sec}/m^2}{\text{kg}_f \cdot \text{sec}^2/\text{m}^4} = \text{m}^2/\text{sec} = [\,L^2T^{-1}]$$

동점성계수의 차원은 $[\,L^2T^{-1}]$이며 단위는 m^2/sec, cm^2/sec가 있다. 여기서 1cm^2/sec를 1stokes라 한다. 즉,

1stoke=1cm^2/sec=100centistokes

예제1.6 점성계수가 0.6poise이고 비중이 0.6인 유체의 동점성계수 ν는 몇 stoke인가?

☞ $\nu = \frac{\mu}{\rho}$ 이므로 $\rho = \rho_w \cdot s = 1,000 \times 0.6 = 600\text{kg/m}^3 = 0.6\text{gr/cm}^3$

$\therefore\ \nu = \frac{\mu}{\rho} = \frac{0.6}{0.6} = 1$ stokes

1.5 완전기체

완전기체(perfect gas)는 분자의 체적이 없고 분자 상호간의 인력이 작용하지 않으며, 분자의 충돌이 완전 강성 충돌을 하는 기체를 가상한 것으로, 실제로 이러한 기체는 존재하지 않으므로 보통 분자의 크기에 비하여 분자간의 거리가 매우 큰 상태에 있는 기체를 완전기체로 취급한다. 다시 말하면, 보일(Boyle)과 샤를(Charles)의 법칙을 조합하여 얻어진 완전기체의 상태방정식(equation of state)을 만족시키는 기체로 정의된다.

$$P\upsilon_s = RT \quad \cdots\cdots (1.1)$$

즉, 기체의 체적과 압력과의 곱은 절대온도에 비례한다.

여기에서 P는 절대압력, υ_s는 비체적, R는 기체상수이고, T는 기체의 절대온도이다.

기체상수 R은 기체가 완전기체일 때만 일정한 값으로, 공기의 기체상수 R_a를 구해 보면 표준상태인 0℃, 760mmHg에서 공기의 비중량 $\gamma_a = 1.293\ \mathrm{kg_f/m^3}$이다.

이 때 비체적은

$$\upsilon_s = \frac{1}{\gamma_a} = \frac{1}{1.293}\ \mathrm{m^3/kg_f}$$

그러므로 $p\upsilon_s = R_a T$ 에서

$$R_a = \frac{p\upsilon_s}{T}$$

$$= \frac{1.0332\mathrm{kg_f/cm^2} \times 10^4\mathrm{cm^2/m^2} \times \frac{1}{1.293}\ \mathrm{m^3/kg_f}}{273°\mathrm{K}}$$

$$= 29.27\mathrm{kg_f \cdot m/kg_f°K}$$

이다.(수은주 760mmHg = 대기압 $1.0332\mathrm{kg_f/cm^2}$)

가스의 중량 $G\ \mathrm{kg_f}$을 분자량 M으로 나눈 값을 Mol수(mole number)라고 부르고 n라고 표시한다.

이제 1kmol은 분자량이 M일 때 가스의 중량이 $M\ \mathrm{kg_f}$인 것이다.

아보가드로의 법칙(Avogadro's law)에 의하면, "온도와 압력이 같을 경우, 같은 체적 속에 있는 가스의 분자량은 같다", 다시 말하면 "온도와 압력이 일치하면 모든 가스의 분자는 같은 체적을 차지한다"는 것이다.

1kmol당 비체적 υ_m는 비체적 υ에 분자량 M을 곱한 값을 말한다.

산소 O_2의 분자량 M=32 $[\mathrm{kg_f/kmol}]$이고, 표준상태(0℃, 760mmHg)에서의 비중량 $\gamma = 1.429\ [\mathrm{kg_f/m^3}]$이면, 1kmol이 차지하는 비체적 υ_m는

$$\upsilon_\mathrm{m} = \mathrm{M}\upsilon = \frac{32}{1.429} = 22.4\mathrm{m^3/kmol} \quad \cdots\cdots (1.2)$$

(왜냐하면 $\upsilon = \frac{1}{\gamma}$ 이므로)

이제 가스 1kmol당 비체적 v_m으로 하여 가스의 상태방정식을 쓰면 아래와 같다.

$$\left.\begin{aligned} pv_m &= MRT = R_u T \\ R_u &= MR = \frac{pv_m}{T} \end{aligned}\right\} \cdots\cdots (1.3)$$

기체의 분자량 M과 기체상수 R과의 곱은 모든 기체에 대하여 같은 값을 가지며, MR의 값을 일반기체상수(universal gas constant)라 한다.

즉, 어떤 기체의 분자량만 알고 있으면 그 기체의 기체상수는 일반 기체상수 값을 이용하여 쉽게 구할 수 있다. 일반기체상수의 표준 값은 8,313J/kmol°K(=848 kg_f · m/kmol°K)이며, 표 1.4는 일반기체들의 기체상수 값이다. 이 값이 일정치 않은 것은 실제기체를 완전기체로 가정했기 때문이며, 특히 2원자 이상인 기체는 (1.3) 식이 잘 만족되지 않는다.

표 1.4 기체들의 기체 상수

기 체	기체상수(R) J/ kg_f°K	일반기체상수(MR) J/kmol · °K
2산화탄소	187.8	8264
산 소	259.9	8318
공 기	286.8	8313
질 소	296.5	8302
메 탄	518.1	8302
헬 륨	2,076.8	8307
수 소	4,126.6	8313

예제 1.7 온도가 20℃, 압력이 760mmHg인 공기의 밀도 ρ는 얼마인가? 단, 공기의 기체상수 R=29.27 [kg_f · m/kg_f · °K]이다.

☞ $\left\{\begin{aligned} pV &= GRT \\ pv &= RT \end{aligned}\right.$ 에서 $\frac{p}{\gamma} = RT$

그러므로 $p = \gamma RT = \rho gRT$

$$\rho = \frac{p}{gRT} = \frac{1.0332\times10^4}{9.8\times29.27\times293} = 0.123\text{kg/m}^3$$

예제 1.8 표준 상태에서 중량 Gkg의 가스가 있다. 이 가스에 대한 상태식을 쓰면 어떻게 되겠느냐?

☞ 압력은 p kg_f/m^2, 전체적을 $V_m{}^3$라고 한다.

가스상수를 R, 절대온도를 T라고 놓으면, mol수가 n일 때

$PV = GRT$ 이므로 $R = \frac{848}{M}$ 을 대입하고,

$n = \frac{G}{M}$를 대입시키면

$$PV = \frac{848GT}{M} = 848nT\ [kg_f \cdot m]$$

1.6 유체의 탄성

모든 물질은 압력을 가하면 압축이 된다. 이 때 압축에 의해서 유체 내부에 저장된 에너지가 가역 과정이라면 가해진 압력을 제거하면 원래의 상태로 되돌아오게 된다. 이런 성질을 갖는 유체를 **탄성유체**라 하며, 같은 압력 변화에 대하여 압축이 되는 정도는 유체에 따라 다르다. 이는 고체역학에서 탄성계수를 정의하듯이 유체에서도 **탄성계수**(modulus of elasticity)를 정의함으로써 결정된다. 그러나 유체는 일정한 형태가 없기 때문에 탄성계수는 유체의 체적의 변화로 정의할 수밖에 없다.

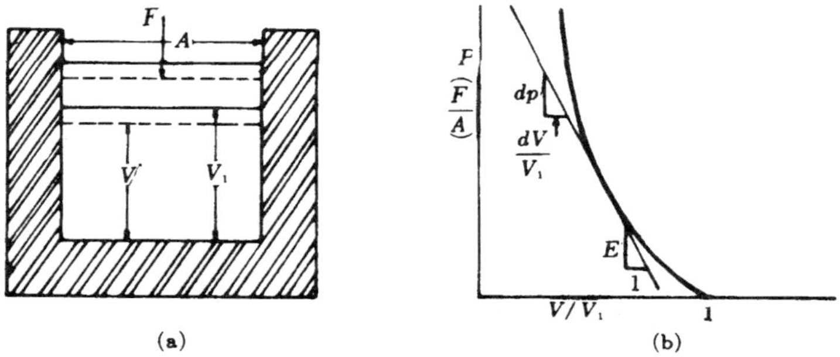

그림 1.3 체적탄성계수

그림 1.3 (a)에서 보는 바와 같이 아무리 큰 힘을 가해도 변형되지 않는 용기 속에 어떤 탄성유체를 채웠을 때, 이 유체의 처음 체적이 V_1이고 피스톤에 힘 F를 가하면 체적이 V_1에서 V로 수축된다.

여기서 용기에 가해진 압력 dp와 체적의 축소율 $\dfrac{dV}{V_1}$과의 관계는 그림 1.4 (b)와 같은 곡선이 되며, 이 곡선의 임의점에서의 기울기가 그 유체의 **체적탄성계수**(bulk modulus of elas-ticity)가 된다.

$$E = -\frac{dp}{\dfrac{dV}{V_1}} \quad \cdots\cdots (1.4)$$

그림에서 보는 바와 같이 높은 압력일수록 접선의 경사가 급하여져 압축이 힘들어진다는 것을 알 수 있다. 이는 분자 사이의 공간이 점차 감소되어지기 때문이며 따라서 유체의 탄성계수는 압력의 증가에 따라 증가된다.

(1.4) 식에서 $\frac{dV}{V_1}$는 무차원으로 체적 탄성계수 E는 압력P와 같은 차원을 갖는다. 표 1.5에서 보는 바와 같이 표준대기압 20℃의 물의 체적탄성계수 E의 값은 약 2×10^4bar이다.

또한 체적탄성계수 E의 역을 압축률(compressibility)이라 한다.

$$\beta = \frac{1}{E} = -\frac{dV/V_1}{dp} \quad \cdots\cdots\cdots\cdots (1.5)$$

표 1.5 일반 유체들의 탄성계수(20℃ 표준대기압)

유 체	탄성계수(N/m²)
벤 젠	1.03425×10^9
4염화 탄소	1.103200×10^9
에틸 알코올	1.206625×10^9
글리세린	4.323850×10^9
수 은	26.201000×10^9
물	2.068500×10^9
공 기	0.10335×10^9

즉, 유체를 압축할 때에는 탄성체에서 성립되는 후크의 법칙(Hook's law)이 그대로 성립한다. 체적탄성계수는 응력(압력)에 의하여 체적이 변화할 때 변화과정에 따른 다른 값을 갖는다.

즉, 기체가 등온과정으로 변화할 경우에는 상태방정식에서 등온변화이므로

$$pv_s = C \quad \cdots\cdots\cdots\cdots (1.6)$$

(1.6) 식에서 체적의 변화율을 구해서 (1.4) 식에 대입함으로써 체적탄성계수 $E=K$의 값이 된다. 또한 기체가 가역단열과정(등엔트로피 : isentropic)으로 변할 경우에는 다음과 같이 된다.

$$pv_s^k = C \quad \cdots\cdots\cdots\cdots (1.7)$$

같은 방법으로 체적의 변화율을 구해서 (1.4) 식에 대입하면 $E=kp$가 된다. 따라서 기체에 대한 체적탄성계수 E는 그 기체가 어떠한 과정을 밟고 있느냐에 따라서 달라지게 된다.

기체에 있어서 체적의 상대적 증가는 밀도나 비중량의 상대적 감소와 같으므로 체적탄성계수의 정의 식 (1.4)는 다음과 같이 된다.

$$E = -\frac{dp}{dV/V_1} = \frac{dp}{d\rho/\rho} = \frac{dp}{d\gamma/\gamma} \quad \cdots\cdots\cdots\cdots (1.8)$$

표 1.5에서 보는 바와 같이 액체는 공기(기체)에 비하여 압축하기가 어렵기 때문에 보통 비압축성 유체로 다루고 있다.

유체 속에서 어떠한 교란으로 발생되는 압력파는 강체에서와 같이 무한한 속도를 갖지 않고 유한한 속도로 전파된다. 유체 내에서의 압력파의 전파속도(음속)는 체적탄성계수와 아주

밀접한 관계가 있다.

$$C=\sqrt{\frac{E}{\rho}}=\sqrt{\frac{1}{\rho\beta}} \quad \cdots\cdots (1.9)$$

예제 1.9 물의 체적을 1.5% 축소시키는 데 필요한 압력은 몇 kg_f/cm^2인가? 단, 물의 압축률의 값은 4.75×10-5cm²/kgf이다.

☞ $\beta=\frac{1}{E}$이므로 $E=\frac{1}{\beta}=\frac{1}{4.75\times10^{-5}}=0.2105\times10^5 kg_f/cm^2$

$-\frac{dV}{V_1}=0.015$이므로 $E=-\frac{dp}{dV/V_1}$에서

$dp=E\left(-\frac{dV}{V_1}\right)=0.2105\times10^5\times0.015=315.75 kg_f/cm^2$

1.7 모세관 현상

물질을 구성하는 분자 사이에 작용하는 힘을 분자력이라 하며, 같은 종류의 분자끼리 작용하는 분자력을 응집력(cohesive force)이라 하고, 다른 종류의 분자끼리 작용하는 분자력을 부착력 (흡착력 : adhesive force)이라 한다.

유체는 그의 내부에 분자 상호간에 서로 잡아당기는 인력이 발생하기 때문에, 유체 내부에서 일어나는 분자상호간의 인력은 크기가 같고 방향이 반대이므로 서로 상쇄된다. 그러나 유체의 표면에 있는 분자들은 표면의 수직하방향으로 작용되는 응집력을 받게 되므로, 장력을 주는 표면막을 형성하게 된다. 이 표면막의 성질을 **표면장력**(surface tension)이라 한다.

스푼이나 컵의 넘치기 직전의 수면은 컵 상단의 평면보다 약 3mm 가량 높다. 또한 잔잔한 물 위의 비중이 물보다 큰 바늘이 뜨는 이유나, 공중에서 떨어지는 빗물 방울이나 비누풍선의 모양이 둥근 이유 등은 물의 표면장력 때문이다.

표면장력은 액체 표면에 나타나는 현상이며, 액체와 기체 또는 액체와 액체 간에도 발생된다. 유체의 표면장력은 σ(sigma)로 표시하고 액체 표면의 단위면적당의 에너지 또는 단위길이당의 장력(힘)으로 나타낸다. 이 표면장력은 분자간의 응집력에 의존하므로 온도의 증가에 따라 표 1.6과 같이 감소한다.

표면장력의 차원은 $[FL^{-1}]$으로 N/m나 kg_f/cm 등의 단위를 갖는다.

표 1.6 액체의 표면장력 σ [N/m]

물 질	표면유체	0℃	10℃	20℃	40℃	70℃	100℃
물	공 기	0.075558	0.074186	0.072716	0.069482	0.064386	0.0588
	포화증기	0.073206	0.071932	0.07056	0.067424	0.062524	0.057134
수 은	진 공	0.47334	0.47236	0.47138	0.46746	0.46256	0.4557
에틸알코올	공 기	0.02401	0.023128	0.022246	0.02058	0.018228	-
	알코올증기	-	0.023618	0.022736	0.020972	0.018326	0.015484

물방울이나 비누풍선의 내부압력은 외부압력보다 표면장력 때문에 항상 크게 되며, 이 때 초과되는 내부압력은 액체의 표면장력 σ를 알면 쉽게 계산된다.

그림 1.4에서 보는 바와 같이 비누풍선의 표면에 작용하는 힘, 즉 표면장력 σ에 의해서 유발된 힘은 비누풍선 내부와 외부와의 압력차 P에 의해서 이루어지는 힘과 서로 평형을 이루어야 한다.

$$\sigma\pi d - p\frac{\pi d^2}{4} = 0$$

$$\therefore\ p = \frac{4\sigma}{d} \quad \cdots\cdots (1.10)$$

비누방울에서 압력 P, 직경 d, 표면장력 σ 중에서 2개의 값만 알면 나머지 값은 (1.10) 식에서 쉽게 계산된다.

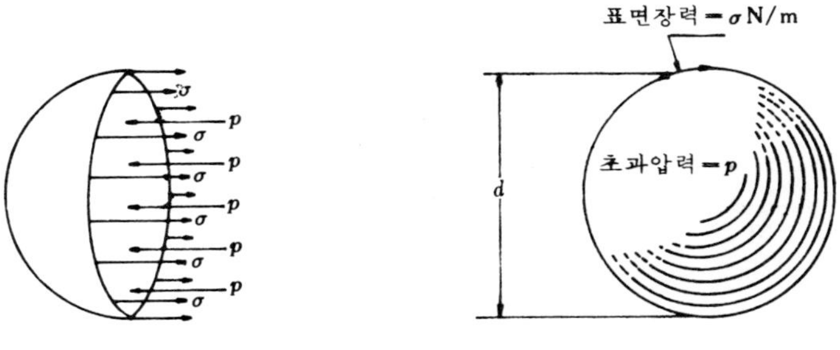

그림 1.4 비누방울

또한 그림 1.5와 같이 가는 관을 액체 속에 꽂으면 모세관 속의 액체표면은 외부의 액체표면보다 올라가거나(응집력<부착력인 경우)혹은 내려간다(응집력>부착력인 경우).

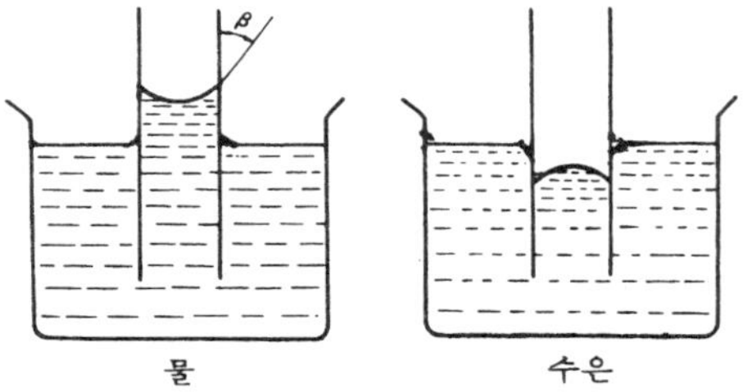

그림 1.5 모세관 현상

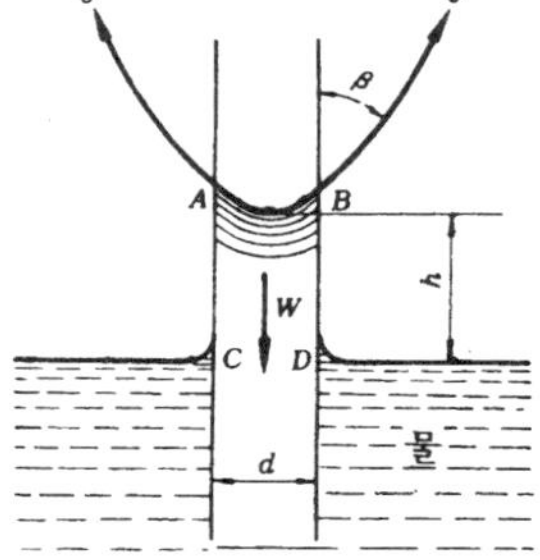

그림 1.6 물의 모세관 현상

이러한 현상을 모세관 현상(capillarity in tube)이라고 한다. 즉, 모세관 현상은 유체의 표면장력에 기인되는 것으로, 고체면에 대한 액체의 응집력이나 부착력의 상대적인 값에 따라서 모세관에서의 액체의 높이가 결정된다.

모세관에서 액체의 표면이 올라가거나 또는 내려가게 되는 높이는 표면장력 σ와 액체와 고체벽면 사이의 접촉각 β를 알면 구할 수 있다. 그림 1.6에서 보는 바와 같이 모세관 현상에 의해서 올라가는 액주의 높이는, 표면장력의 수직분력과 액주의 자중이 평형을 이루는 지점까지 상승한다. 그러므로 모세관에서 올라간 액주의 무게(자중)

$W=\gamma V=\gamma h\cdot\dfrac{\pi d^2}{4}$ 이고, 표면장력의 수직분력

$F=\sigma\pi d\cos\beta$에서 $F=W$ 이므로

$$\therefore\ \sigma\pi d\cos\beta=\gamma h\frac{\pi d^2}{4}$$

따라서 액주의 상승높이는

$$h=\frac{4\sigma\cos\beta}{\gamma d} \quad \cdots\cdots (1.11)$$

여기서 β는 액체의 관과의 접촉각이며, 이 값은 표 1.7과 같다.

표 1.7 유리벽과 액체의 접촉각

액 체	에틸알콜	물	수 은	에테르	벤졸
β[℃]	0	0~9	130~150	16	0

구경이 작은 관(지름 2mm 이하)을 사용하게 되는 경우에는 이러한 모세관의 특성이 중요한 역할을 하게 되며, 표면장력은 유체의 온도에 따라 영향을 받는 온도의 함수가 된다.

예제 1.10 물방울 내부의 압력이 대기압보다 $0.007\text{kg}_f/\text{cm}^2$만큼 높다. 이 물방울의 표면장력이 $8.75\times10^{-5}\text{kg}_f/\text{cm}$이라면, 이 물방울의 지름은 얼마이겠는가?

☞ (1.10) 식에서 $d=\dfrac{4\sigma}{p}=\dfrac{4\times8.75\times10^{-5}}{0.007}=0.05\text{cm}$

예제 1.11 직경이 1mm인 온도 20℃의 유리관 속을 상승하는 물의 상승 높이는?
단, 표면장력 $\sigma=7.42\times10^{-3}\text{kg}_f/\text{m}$이다.

☞ (1.11)식 $h=\dfrac{4\sigma\cos\beta}{\gamma\cdot d}$에서 접촉각 β는 표 1.7에서 0°로 보면

$$h=\frac{4\sigma\cos\beta}{\gamma\cdot d}=\frac{4\times7.42\times10^{-3}\times\cos0}{1,000\times1\times10^{-3}}=29.68\times10^{-3}\text{m}=29.68\text{mm}$$

1.8 증기압(Vapor pressure)

모든 액체는 기체와 접하고 있을 때 경계면을 통하여 증발하려고 한다. 증발된 분자의 상부 공간에서의 분압을 증기압이라 한다.

밀폐된 용기 안의 일부에는 액체가 들어 있고, 나머지 부분은 공기가 차지하고 있는 경우를 생각해 보자.

시간이 지남에 따라 액체분자는 계속해서 공기 속으로 들어가는 동시에, 공기 속에서 운동하는 증기분자로 다시 액체 속으로 들어온다. 시간이 충분히 경가하면 액체 표면을 탈출하는 증기분자수와 응축되는 증기분자수가 같아진다. 이러한 평형상태에 도달했을 때 공간 내의 증기가 포화 상태에 있다고 말한다. 이 때 공기 속의 증기분압을 포화증기압이라 한다. 보통 어느 온도에서 유체의 증기압이라 하면 이 포화증기압을 말한다.

증기압이 높은 액체는 증발이 쉽게 일어난다. 이러한 형태를 휘발성 액체라고 한다. 액체는 온도 상승에 따라 분자운동이 활발해지고 증기압도 온도와 더불어 증가된다. 액체가 끓는다는 것은 그 액체의 표면에 작용하는 압력과 그 온도에서의 증기압이 같거나 작게 되어, 액체의 표면뿐만 아니라 액체 내부에서도 직접 증발되고 있는 현상이다.

액체의 끓는 온도는 액체 표면의 압력에 직접 관계되므로, 높은 산에서는 기압이 낮아 등산길에서 밥을 지었을 때 밥이 설익게 된다. 비등은 격렬한 증발 현상을 말한다.

액체 유동의 경우에 어떤 위치에서 압력이 매우 낮아져 증기압 이하가 될 수 있다. 이 때 액체가 순간적으로 기체로 변하는데, 이러한 현상을 공동 현상(cavitation)이라 한다. 증기 공동이 급격히 팽창했다가 압력이 증기압 이상인 영역으로 흘러 들어가도 공동이 붕괴된다.

이와 같이 증기 기포의 성장과 소멸은 고온, 고압의 충격파를 발생시켜 소음, 진동, 재료의 피로 부식의 원인이 되고, 펌프나 터빈 등 **유체기계**의 운전을 불가능하게 만든다.

물(water)이 가진 에너지(potential energy)를 속도 및 압력 에너지로 만들어 필요로 하는 동력(動力)을 얻는 장치를 유체기계라 하며, 취급되는 유체에 따라 **수력기계**(水力機械), **공기기계**(空氣機械)로 대별한다. 또한 용도별로는 **유체수송기계**(輸送機械), **유체원동기계**(原動機械), **유체동력전달기**(流體動力傳達器) 및 **유체식 제어기기**(流體式制御機器) 등으로 분류할 수 있다.

펌프(pump)란 액체에 에너지를 주어 이것을 낮은 곳(低壓部)에서 높은 곳(高壓部)으로 송출하는 기계로, **캐비테이션**(cavitation : 空洞現像), **수격작용**(water hammer) 및 **서징 현상**(surging) 등이 있다.

유체가 관 속을 유동할 때 유체 속의 어느 부분의 정압(靜壓 : static pressure)이 그때 유체 온도에 해당하는 증기압 이하로 되면 부분적으로 증기가 발생하게 되는데, 이 현상을 **캐비테이션**이라 한다. 또한 관 속을 액체가 충만되어 흐르고 있을 때 액체의 속도를 급격히 변화시키면 액체에 심한 압력의 변화가 생기는데, 이 현상을 **수격작용**이라 한다. 펌프, 송풍기(blower) 등이 운전중에 한숨을 쉬는 것과 같은 상태가 되어, 펌프인 경우 입구와 출구의 진공계, 압력계의 바늘이 흔들리고 동시에 송출 유량이 변화하는 현상, 즉 송출압력과 송출유량 사이에 주기적인 변동이 일어나는 현상을 **서징 현상**이라 한다.

유체가 흐르고 있는 어느 유체기계의 내부에서의 압력이 그 온도에 있어서의 증기압보다 낮아지는 지점이 생기면, 그 점에서 유체는 끓게 되어 여기서 발생되는 증기가 유체의 통로를 차단하게 되어서 유체의 흐름을 억제시킬뿐만 아니라, 기계의 효율을 저하시키고 나중에는 기계를 손상시키는 결과를 초래하게 된다.

이와 같이 증기압은 유체기계의 설계에 있어서 매우 중요한 요소로, 이것을 방지하기 위한 설계가 필수적이다.

연습문제

1. 유체란?

답 유체는 아무리 작은 접선력에도 연속적으로 저항할 수 없는 물질이다.

2. 체적이 $12m^3$이고 무게가 $10{,}080kg_f$인 디젤유의 비중량, 밀도, 비체적 및 비중을 구하시오.

답 $\gamma = 840\ kg_f/m^3$, $\rho = 85.7\ kg_f \cdot sec^2/m^4$
$v_s = 1.19 \times 10^{-3}\ m^3/kg_f$, $s = 0.84$

3. 중력 단위계에서 질량의 차원은?

답 $FL^{-1}T^2$

4. 질량 10kg을 지구의 중력가속도의 $\frac{1}{7}$인 유성에서 달면 무게는 몇 kg_f인가?

답 $1.43\ kg_f$

5. 수은이 비중이 13.6이라면 수은의 비중량은?

답 $13{,}600\ kg_f/m^3$

6. 체적이 $0.5m^3$인 어떤 기름의 무게가 $400kg_f$일 때 기름의 밀도는 몇 $kg_f \cdot sec^2/m^4$인가?

답 $81.63\ kg_f \cdot sec^2/m^4$

7. 점성계수의 차원은?

답 $ML^{-1}T^{-1}$

8. 무게가 3,200kg_f인 기름의 체적이 4.8m^3이다. 이 기름의 비중은?

답 0.667

9. 10mm의 간격을 가진 평행판 사이에 점성계수가 15.14P(15℃일 때)인 기름이 채워져 있다. 아래 평판을 고정하고, 위의 평판을 2m/sec의 속도로 움직일 때 기름 속에 야기되는 전단응력은 얼마인가?

답 30.88kg_f/m^2

10. 어떤 기름의 비중량이 0.86g/cm^3, 동점성계수가 34cSt라고 한다. 이 기름의 역학적 점성계수는 몇 poise인가?

답 0.2924poise

11. 이상기체란?

답 $pv_s = RT$를 만족하는 기체이다.

12. 점성계수로 쓰이는 poise의 단위는?

답 dyne · sec/cm^2

13. 동점성계수의 단위로는 stoke를 사용하는데 stoke란?

답 cm^2/sec

14. 50℃, 압력 10kg_f/cm^2abs인 공기의 밀도는 몇 kg_f · sec^2/m^4인가? 단, 공기를 이상기체로 가정하고 기체상수 R=29.27 kg_f · m/kg°K이다.

답 1.08kg_f · sec^2/m^4=10.57kg/m^3

15. 어떤 기름의 동점성계수가 2stokes이고 비중량 0.0008kg_f/cm^3이다. 점성계수는 몇 poise인가?

답 1.6poise

16. 실린더 내에서 압축된 액체가 1,000kg_f/cm^2의 압력에서 0.4m^3의 체적을 2,000 kg_f/cm^2의 압력에서 0.396m^3의 체적을 가질 때 체적탄성계수 E 값은 얼마인가?

답 $10^5 kg_f/cm^2$

17. 비중량 850kg_f/cm^3인 기름 20l의 중량은 몇 kg_f인가?

답 17 kg_f

18. 표면장력의 차원은?

답 FL^{-1}

19. 직경이 50mm인 비누방울의 내부초과압력이 20N/m^2일 때 표면장력 σ는?

답 0.25(N/m)

20. 직경 1mm의 모세관에 물의 최대 상승 높이는? 단, β=0°이고 $\sigma=7.41\times10^{-2}$(n/m)이다.

답 30.2mm

21. 잔잔한 물에 바늘을 조심스럽게 올려놓으면 가라앉지 않고 뜬다. 바늘이 뜨는 이유와 관계가 깊은 힘을 무엇이라 하나?

답 응집력

22. 압력이 2kg_f/cm^2, 온도가 45℃일 때의 비중량이 2.08kg_f/cm^3이다. 이 기체의 분자량은 얼마인가?

답 28

23. 상온 상압에서 물의 체적을 1% 축소시키는 데 필요한 압력을 구하시오. 단, 물의 압축율을 $\beta=4.75\times10^{-5}cm^3/kg$이다.

답 211kg_f/cm^2

24. 다음의 차원은?

① 동점성계수 ② 체적탄성계수 ③ 비중량

④ 비중 ⑤ 압축률

답 ① L^2T^{-1} ② $FL^{-2}(ML^{-1}T^{-2})$ ③ $FL^{-3}(ML^{-2}T^{-2})$
④ 무차원 ⑤ $L^2F^{-1}(M^{-1}LT^2)$

25. 내경 1mm의 유리관을 알코올 속에 세웠더니 알코올이 10.5mm올라갔다. 알코올의 비중을 0.81, 유리와의 접촉각을 0°로 할 때 알코올의 표면장력은 몇 dyne/cm인가?

답 20.8 dyne/cm

26. 압력이 700kpa이고 온도가 90°인 CO_2(이산화탄소)의 비중량은 몇 N/m^3인가?

답 $100N/m^3$

27. 지름의 비가 1 : 2 : 3이 되는 3개의 모세관을 물 속에 수직으로 세웠을 때, 모세관 현상으로 물이 관 속으로 올라가는 높이는 비는?

답 6 : 3 : 2

28. 어떤 완전기체의 압력이 $2kg/cm^2(19.6N/cm^2)$, 온도가 45℃이고 비체적이 $0.481m^3/kg$ 이다. 이 기체의 기체상수는 얼마인가?

답 30.25m/°K(296.5J/kg · °K)

2 유체 정역학

유체 정역학은 유체 요소 사이에 상대운동이 없는 유체들을 다루는 학문이다. 정지하고 있는 유체에 작용하는 힘의 관계 및 유체 속에서의 위치에 따르는 압력의 변화와, 정지 유체에 의해서 유발되는 압력에 의한 힘 등을 다루게 된다.

또한 등가속도 운동을 받고 있는 용기에 담겨진 유체가 일정한 가속도로 움직이게 되면 유체층간에 상대운동이 없는, 즉 점성의 효과가 없는 유체로 취급된다. 그러므로 이런 유체는 정역학적 유체의 모든 특성을 적용할 수 있게 되어 정역학적으로 취급할 수 있다.

유체에 외부에서 압력이 가해지든 가해지지 않든 유체가 정지하고 있다면 힘의 평형상태인 $\Sigma F=0$이 된다. 이러한 상태를 다루는 학문을 유체 정역학(fluid statics)이라 한다.

2.1 압력(Pressure)

유체는 정지하고 있든가 일정한 가속도로 등가속 운동을 하게 되면 유체분자 상호간에 상대운동이 없게 된다. 따라서 전단응력이나 마찰력이 존재하지 않는 비점성 유체로 취급되며, 다만 압력만을 받게 된다. 이와 같이 압력만을 받는 상태를 다루는 학문을 유체 정역학이라 하며, 실험의 결과를 고려할 필요도 없이 완전히 이론적 해석이 가능하게 된다.

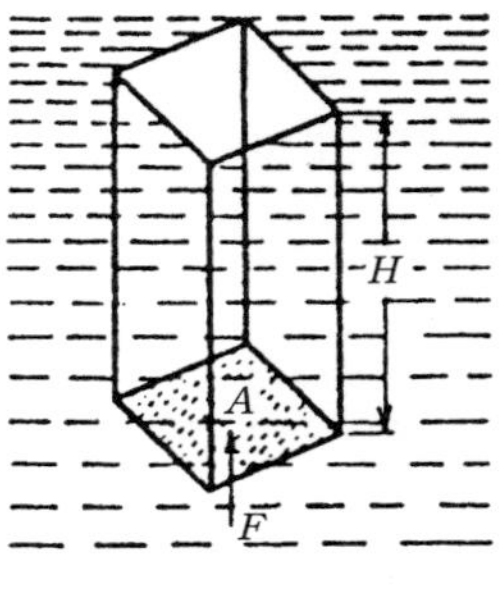

그림 2.1 물의 중량에 의한 압력

고체는 자기 고유의 일정한 형태를 갖추고 있기 때문에 응력(stress)으로서 성질을 표시하지만, 유체는 압력으로써 표시하게 된다. 물의 표면에서 수중의 임의의 한 점까지의 깊이를 수두(Head)라고 한다.

수조의 내부에 정지해 있는 물에 대해서 그림 2.1에 나타낸 바와 같이, 수두가 H[m]에 있는 면적이 A[m^2]인 기중을 머리 속에서만 가정한다. 그런데, 물이 정지해 있다는 것은 이것을 움직이게 하는 모든 힘이 평형상태에 있다는 것이 된다. 따라서 물기둥 주위의 측벽에 작용하는 압력은 상호간에 평형상태에 있고, 또한 이 물기둥의 중량은 단면적 A에 있어서 아래로부터 작용하는 물의 압력과 평형을 이루고 있는 것이 된다. 이 물기둥의 체적은 단면적 A에 높이 H를 곱한 값이 되므로 물의 비중량을 $\gamma\,[\mathrm{kg_f/m^3}]$라고 하면, 물기둥의 중량은 $\gamma AH\,[\mathrm{kg_f}]$가 된다. 물기둥의 단면적 A 전체에 작용하는 압력에 의한 힘(이것을 전압력이라고 함)을 F[kg$_f$]라고 하면 F와 γAH가 상호 평형상태에 있으므로, 다음 식이 성립한다.

$$F = \gamma AH\,[\mathrm{kg_f}] \quad \cdots\cdots (2.1)$$

이와 같이, 전압력 F를 하부면적 A로 나눈 값이 단위면적당의 압력이 된다. 이것을 압력의 세기(Intensity of pressure) 또는 압력(Pressure)이라고 한다.

즉,

$$p = \frac{F}{A}\,[\mathrm{kg_f}] \quad \cdots\cdots (2.2)$$

또는 식 (2.1)을 식 (2.2)에 대입하면

$$P = \frac{\gamma AH}{A} = \gamma H\,[\mathrm{kg_f/m^2}] \quad \cdots\cdots (2.3)$$

식 (2.3)에서 γ는 일정한 값이므로, 압력은 수두 H만에 비례하여 나타낼 수 있게 된다. 따라서, 압력의 세기를 이것에 상당하는 수두[m]로 표시할 수 있다.

즉, 압력은 임의의 면에 대해서 수직한 방향으로 작용하는 유체에 의한 단위면적당의 힘의 크기이다. 압력 분포가 균일한 경우 압력은 $P = \frac{F}{A}$이지만 압력 분포가 균일하지 않을 때는 평균 압력을 의미하며, 각 점에서의 압력은 미소면적 ΔA[m^2]에 작용하는 유체에 의한 수직력 ΔF[kg$_f$]이라고 할 때 한 점에 대한 압력 P는

$$P = \lim_{\Delta A \to 0} \frac{\Delta F}{\Delta A} = \frac{dF}{dA}\,[\mathrm{kg_f/m^2}]$$ 이다.

다음은 유체입자 사이에 상호운동이 없는 정지유체에 관한 성질을 알아보자.

● 임의의 한 점에 작용하는 압력의 세기는 모든 방향에서 같다.

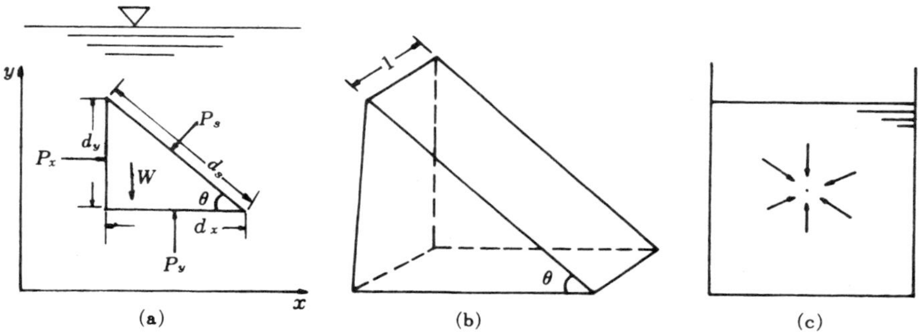

그림 2.2 한 점에 대한 압력

이것을 증명하기 위해서 그림 2.2과 같은 임의의 단위 폭당 삼각형의 자유물체도를 생각해 보자. 정지중인 유체 요소에 작용하는 힘은 각 면의 표면에 수직하게 작용하는 표면력(surface force)과 중력(gravity force)뿐이다. 이 자유물체도에 힘의 평형방정식을 세우면,

$\Sigma F_x = 0$에서 $P_x dy - P_s ds \ \sin\Theta = 0$

$\Sigma F_y = 0$에서 $P_y \cdot dx - P_s ds \ \cos\Theta - \gamma \dfrac{dx \cdot dy}{2} = 0$

여기서, P_x, P_y, P_s는 각 면에서의 평균압력이고 γ는 비중량이다. 자유물체도의 삼각형에서 $ds \ \sin\Theta = dy$, $ds \ \cos\Theta = dx$이므로

x방향 : $P_x \cdot dy - P_s \cdot dy = 0 \quad \therefore \ P_x = P_s$

y방향 : $P_y \cdot dx - P_s dx - \gamma \dfrac{dx \cdot dy}{2} = 0$

$dx > dx \cdot dy$ 및 $dy > dx \cdot dy$이며, 또한 자유물체도가 0이 될 때 무시된다.

$\therefore \ P_x = P_y = P_s$이다.

여기서 Θ는 임의의 각이므로 정지된 유체 속에서의 임의점에 작용하는 힘은 모든 방향에서 같다. 위의 결과를 3차원 공간으로 확대하면 $P_x = P_y = P_z$로 된다.

● 밀폐된 용기 속에 채워진 비압축성 유체에 가해진 압력은 유체중의 모든 방향으로 균일한 세기로 전달된다.(pascal의 원리)

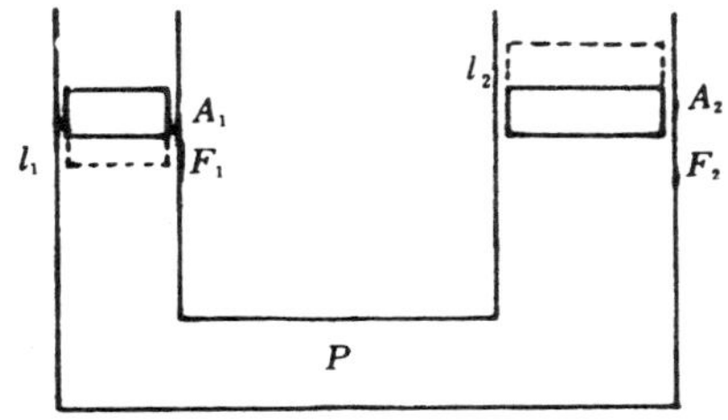

$P=\dfrac{F_1}{A_1}=\dfrac{F_2}{A_2}$, piston에 작용하는 압력은 같다.

$F_2=PA_2=F_1\left(\dfrac{A_2}{A_1}\right)$

비압축성 유체이므로 $A_1l_1=A_2l_2$

$$l_2=l_1\left(\frac{A_1}{A_2}\right),\quad F_2l_2=F_1\left(\frac{A_2}{A_1}\right)l_1\left(\frac{A_1}{A_2}\right)=F_1l_1$$

즉, $\dfrac{A_2}{A_1}$가 커질수록 작은 힘으로 큰 힘을 얻을 수 있으며 작은 피스톤은 큰 피스톤에 확대된 힘을 가하지만 변위에 따르는 일량은 동일하여 이동량은 커지게 된다.

● 연속되어 있는 정지 유체에서 동일수평면상에 있는 모든 점에서의 압력은 같다.

그림과 같은 자유물체도에서 수평방향의 평형조건 $\Sigma F_x=0$에서 $P_1A-P_2A=0$이므로 $P_1=P_2$가 된다.

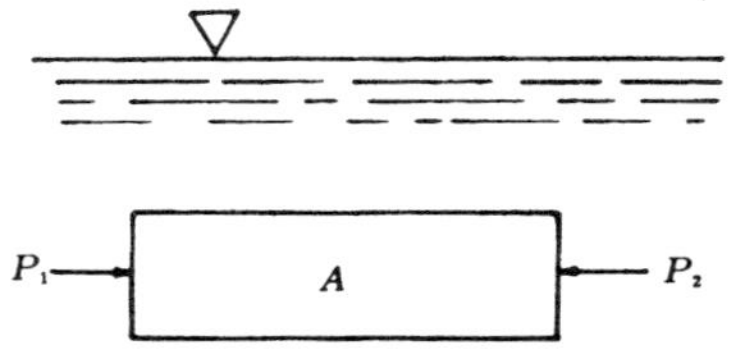

그림 2.3 수평방향 압력변화

● 수직방향의 압력변화율 유체비중량의 크기에 비례한다.

동일한 유체가 정지상태에 있을 때 동일 수평면상에 있는 임의 2점에서의 압력은 항상 같기 때문에, 압력변화는 수직방향의 변화만을 고려한다.

그림 2.4는 지면에 수직한 방향으로 단위 길이를 가진 유체의 자유물체도이다.

y방향에 대한 평형 방정식을 세우면,

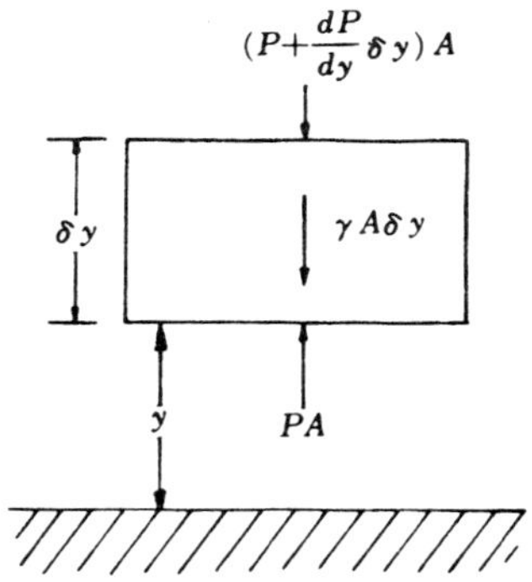

그림 2.4 정지유체의 압력변화

$$\Sigma F_y=0$$

$$PA-\left(P+\frac{dP}{dy}\delta y\right)A-\gamma A\delta y=0$$

$$\therefore\ dP=-\gamma\, dy \quad \cdots\cdots (2.4)$$

■ 비압축성 유체에선 비중량 γ는 일정한 상수이므로 적분을 쉽게 할 수 있다. 즉,

$P=-\gamma y+C$이다.

이 때 수면으로부터 측정한 유체의 깊이 h를 $h=-y$로 놓으면, $P=\gamma h+C$, 여기서 C는 적분상수이므로 수면을 기준면으로 잡으면 $C=0$이 된다.

$$\therefore\ P=\gamma h \quad \cdots\cdots (2.5)$$

따라서 수면으로 부터의 깊이가 h인 점에 작용하는 압력은 그 유체의 비중량 γ와 깊이 h와의 곱으로서 쉽게 얻을 수 있다.

■ 압축성 유체에선 비중량 γ는 상수가 아니고 압력의 함수가 된다. 이상기체가 등온상태에 있으면 Boyle의 법칙이 적용된다.

$$\frac{P}{\rho}=\frac{P_0}{\rho_0} \quad \cdots\cdots (2.6)$$

(2.6) 식을 (2.4) 식에 대입해서 ρ를 소거시키면

$$dy=\frac{-P_0}{\gamma_0}\frac{dP}{P}$$ 여기서 $\gamma_0=\rho_0 g$이다.

위 식을 적분하면

$$\int_{y_0}^{y}dy=-\frac{P_0}{\gamma_0}\int_{p_0}^{p}\frac{dP}{P}$$

정리하면

$$y-y_0=\frac{P_0}{\gamma_0}\,l_nP/P_0 \quad \cdots\cdots (2.7)$$

또는 지수함수로 변형시키면

$$P=P_0e^{-\frac{y-y_0}{p_0/\gamma_0}} \quad \cdots\cdots (2.8)$$

즉, (2.8) 식은 등온기체의 고도에 따르는 압력의 변화를 나타낸다.

예제2.1 비중이 S인 액체의 표면으로부터 x[m] 깊이에 있는 점의 압력은 수주로 몇 m인가?

☞ 이 때 압력 $P=1,000S\cdot x\,[\mathrm{kg_f/m^2}]$이므로

압력수두 $h=\frac{P}{\gamma_w}=\frac{1,000Sx}{1,000}\,\cdots\cdots\, Sx\,[\mathrm{m}]$

예제 2.2 피스톤 지름이 각각 25cm, 5cm인 수압기에서 큰 피스톤에 3ton의 힘을 내기 위하여는 작은 피스톤에는 몇 kg을 가해야 하나?

☞ $D_1 = 25\text{cm}$, $D_2 = 5\text{cm}$, $F_1 = 3{,}000\text{kg}$이므로

$$F_2 = F_1 \frac{A_2}{A_1} = F_1 \times \frac{{D_2}^2}{{D_1}^2} = 3,000 \times \frac{5^2}{25^2} = 120\,\text{kg}$$

2.2 대기압, 계기압, 절대압

(1) 대기압(atmospheric pressure)

지구를 둘러싼 공기를 대기라 하고, 그 대기의 중력에 의한 압력을 대기압(atmospheric pressure)이라 한다. 그러나, 이 대기압은 같은 장소이더라도 시간에 따라서, 또는 같은 시간이더라도 장소나 위치에 따라서 다소의 차이가 생긴다.

이러한 불편을 감안해서 표준대기압을 설정한다. 물리학이나 일상생활에서는 물리기압을 사용한다.

1물리기압 = 표준대기압(0℃ 수은주 760mm의 무게에 상당하는 압력) = 1 atm
= 1,000 × 13.6 × 0.76 = 10,332kg/m^2
= 1.0332kg/cm^2 = 10.33mAq = 1.013bar

이에 반하여 실제 관심의 대상이 되는 장소의 측정하고자 하는 바로 그 시각의 대기압을 그 장소의 국지(국소) 대기압이라 한다.

또한 공업방면에서는 일반적으로 공학기압을 사용한다.

1공학기압 = 1at = 1kg/cm^2 = 10mAq = 735.5mmHg

로 나타낸다.

(2) 계기압(gauge pressure)

온도에는 관례온도[℃]와 절대온도[°K]가 있듯이 압력에도 국소대기압을 기준으로하여 상대적 차를 측정하는 게이지(計器) 압력과 절대압력이 있다. 게이지압력을 측정하는 대표적은 기구로는 부르동 압력계(Bourdon gauge)와 개구 U관이 있다.

압력용기(Boiler, 산소용기등)내의 압력을 측정할 때는 압력용기에 장착되어 있는 압력계로 읽는다. 이 압력계로 측정한 압력을 계기압(게이지압)이라 하며, atg로 표시하며 압력계의 바늘은 압력용기 내의 참압력에서 국지대기압을 뺀 값이다.

(3) 절대압력(absolute pressure)

절대압력은 완전진공을 기준으로 해서 측정한 압력으로 대표적 측정기구로는 aneroid 기압계와 수은(mercury) 기압계가 있다.

일반적으로 대기압 이상의 압력을 정압(正壓), 대기압 이하의 압력을 부압(負壓) 또는 진공(vaccum)이라 한다.

정압인 경우 : 절대압력[ata] = 계기압력[atg]+국지대기압[at]
부압인 경우 : 절대압력[ata] = 국지대기압[at]-진공계의 계기압력[mmHg] (2.9)

그림 2.5는 이상을 정리하여 나타낸 것이다.

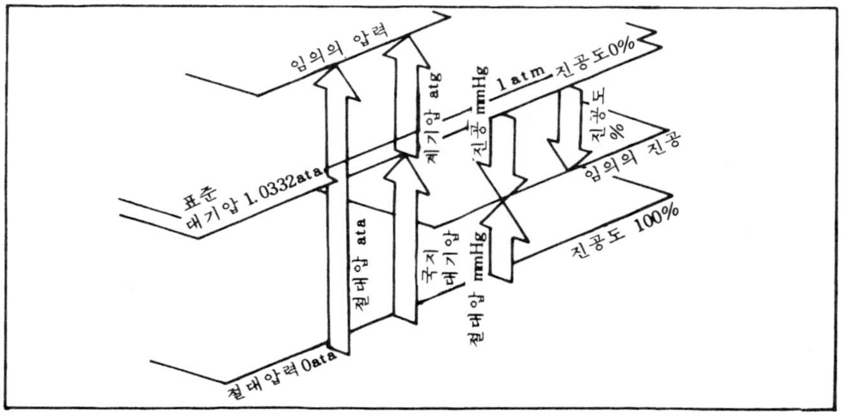

그림 2.5 계기압, 절대압, 대기압 및 진공도의 관계

또한 특별히 절대압력이라고 명시하지 않는 한 압력은 단순히 계기압력을 뜻한다.

예제 2.3 어떤 지점의 국소대기압이 720mmHg일 때, 0.1kg_f/cm^2의 진공과 같은 압력은 몇 kg_f/cm^2abs 인가? 단, 수은(Hg)의 비중은 13.6이다.

☞ 720mmHg = 1,000×13.6×0.72 = 9,792kg_f/m^2 =0.9792kg_f/cm^2

절대압력 P_{abs} =0.9792-0.1=0.8792kg_f/cm^2abs

2.3 액주계(manometer)

관 또는 용기 내의 압력은 벽면에 세운 관 속을 상승하는 액채의 높이로써 측정하는 기구가 액주계이다. 이 액주계의 액체가 측정하려 하는 유체와 같은 경우는 피에조메타(piezometer)라고 하며, 다른 유체를 사용하는 경우에는 마노미터(manometer)라 한다.

즉, 액주계는 액주의 높이를 가지고 압력이나 압력차를 측정하는 계기이며, 또한 피에조미터는 탱크나 용기 속에 압력을 측정하는 계기이다.

이 중 시차액주계(differential manometer)는 두 개의 탱크나 관 속의 압력차를 측정하는 계기이다.

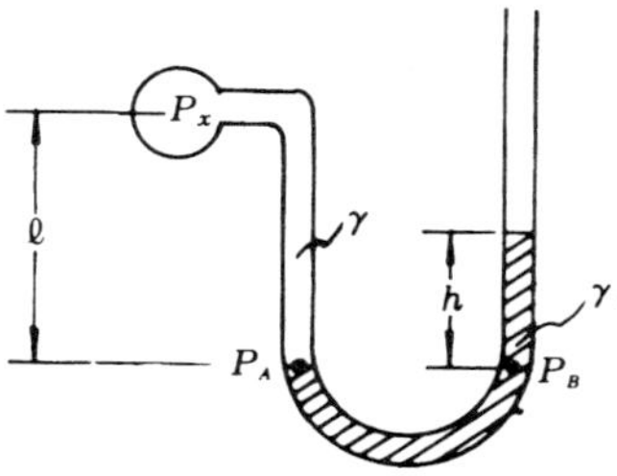

그림 2.6 U자관

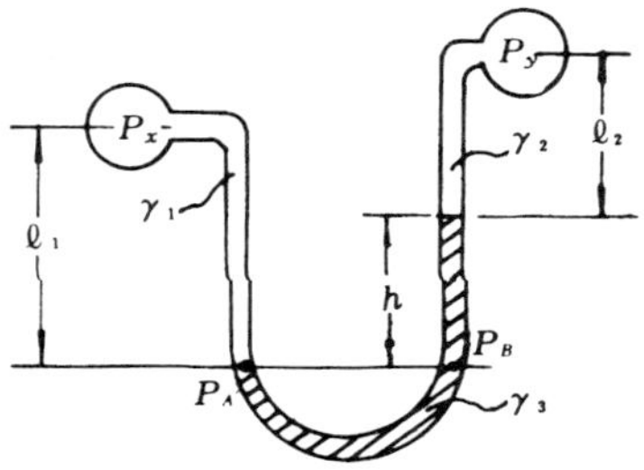

그림 2.7 U자관 차압계

같은 유체로 연속되어 있는 정지유체에서 동일수평면상의 압력은 같으므로 그림 2.6에서 $P_A = P_B$이다.

즉, $P_x + \gamma \cdot l = \gamma_s \cdot h$

$$\therefore\ P_x = \gamma_s \cdot h - \gamma \cdot l$$

그림 2.7의 U자관 차압계도 마찬가지로 $P_A = P_B$이다.

$$P_x + \gamma_1 l_1 = P_y + \gamma_2 \cdot l_2 + \gamma_s \cdot h$$

$$\therefore\ P_x - P_y = r_2 l_2 + r_2 h - r_1 l_1$$

$P_A = P_B$이므로 (그림 2.8)

$$P_x + r l_1 - r_s l_2 + r l_3 = P_y + r l_7 + r_s \cdot l_6 - r l_5 + r_s l_4$$

$$\therefore\ P_x - P_y = \gamma l_7 + \gamma_s l_6 - \gamma l_5 + \gamma_s \cdot l_4 - \gamma l_1 + \gamma_s l_2 - \gamma l_3$$

이 밖에도 정밀한 압력차를 측정할 수 있는 미압계(micro manometer)와, 아주 작은 계기 압력이나 기체끼리의 작은 압력차를 측정할 수 있는 경사미압계(inclined-tube manometer) 등이 있으며, 그 원리는 동일하다.

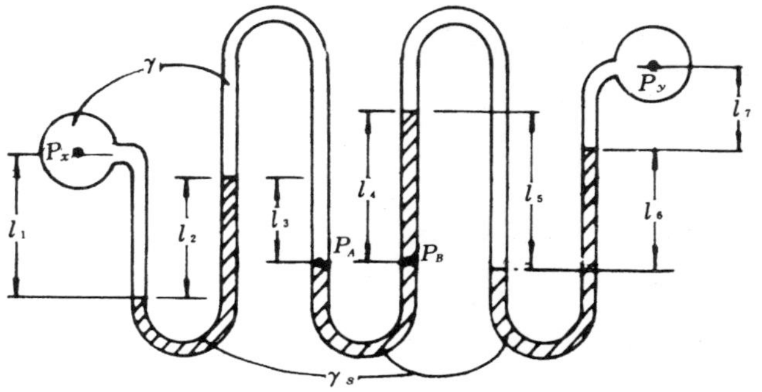

그림 2.8

예제 2.4 그림과 같이 흐르지 않는 수직관에 압력계와 마노미터가 부착되어 있다. 관 속의 기름 비중은 0.9, 마노미터 속의 수은 비중은 13.58일 때 압력계의 읽음 P_x는 얼마인가?

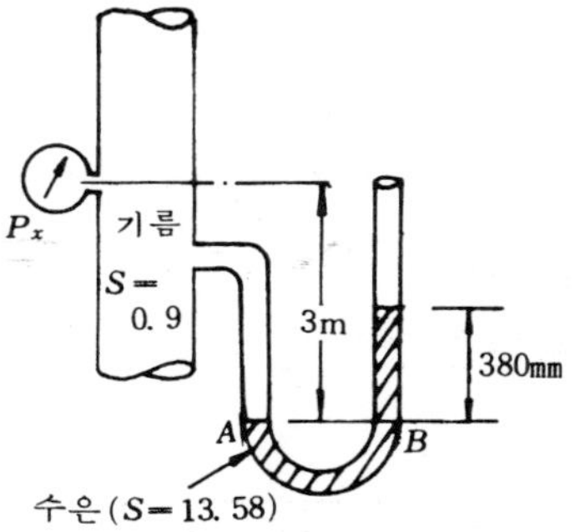

☞ A점, B점의 압력은 같은 유체로 연속되어 있으므로, 같다.

$P_x + (0.9 \times 9.8 \times 10^3) \times 3$

$= 13.58 \times 9.8 \times 10^3 \times 0.38$

$\therefore\ P_x = 2,4112\,\mathrm{N/m^2} = 24.112\ (\mathrm{kpa})$

예제 2.5 그림과 같이 U자관을 이용하여 탱크 내의 압력을 측정하려 한다. $h_1 = 60\mathrm{cm}$, $h_2 = 52\mathrm{cm}$, $h_3 = 50\mathrm{cm}$, $h_4 = 70\mathrm{cm}$일 경우 탱크 내의 게이지 압력은 몇 kg/cm²인가? 단, 수은의 비중은 13.6이다.

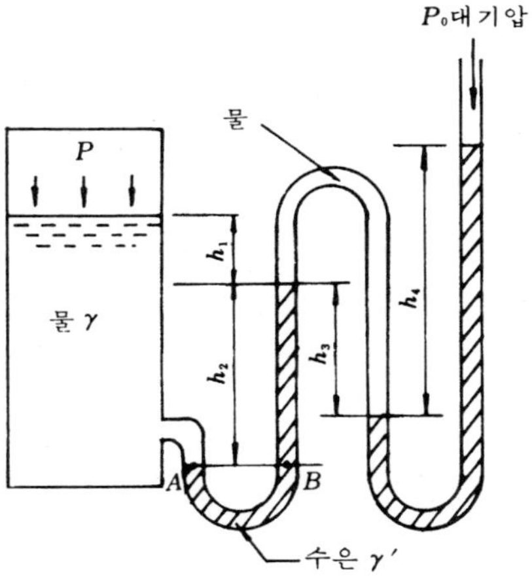

☞ $P + (h_1 + h_2)\gamma = h_4 \cdot \gamma' - h_3\gamma + h_2\gamma'$

$P = (h_2 + h_4)\gamma' - (H_1 + h_2 + h_3)\gamma$

$= (0.52 + 0.7)\times 13,600 - (0.6 + 0.52 + 0.5)\times 1,000$
$= 14,972 kg/m^2 = 1.4972 kg/cm^2$

2.4 유체 속에 잠겨진 면에 작용하는 힘

(1) 수평면에 작용하는 힘

면에 작용하는 힘을 정확히 알려면 힘의 3요소인 힘의 크기, 방향, 작용점을 모두 알아야 한다. 수평하게 놓여 있는 면적 A에 작용하는 압력은 모든 점에서 같으며, 그림은 압력의 크기를 체적으로 나타낸 압력 프리즘(pressure prism)을 나타낸 것이다.

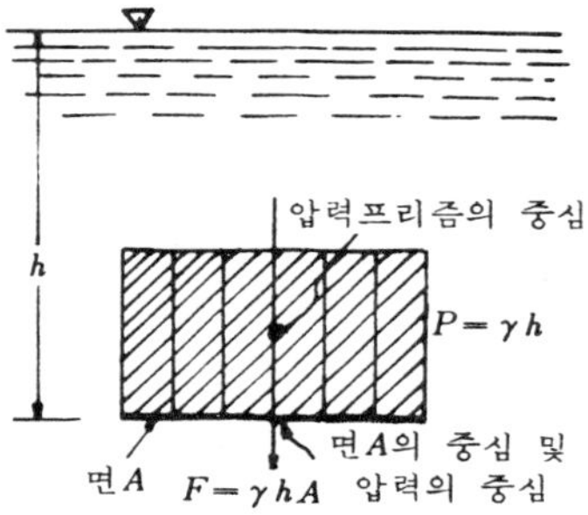

그림 2.9 수평면에 작용하는 힘

Ah는 평면의 연직상방의 액체의 체적으로 수평면이 받는 전압력의 크기는 평면 상부의 액체의 무게와 같다. 따라서 작용점은 유체 무게중심, 즉 압력 프리즘의 중심을 통하고 면 A에 수직한 방향이 된다.

즉, 힘의 크기는 $F = PA = \gamma hA = \gamma \cdot V = W$이며, 이 힘의 작용점은 면의 중심을 지나고, 방향은 항상 면 A에 수직한 방향이 된다.

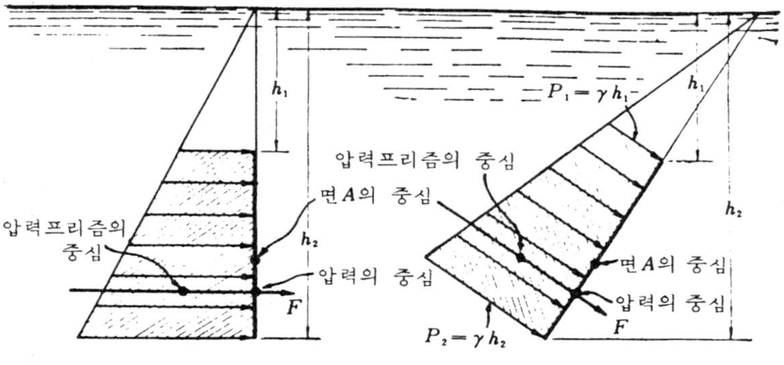

그림 2.10 수직면과 경사면에 작용하는 힘

(2) 경사진 면에 작용하는 힘

그림 2.11에서와 같이 미소면적 dA에 작용하는 힘은, $dF = \gamma h dA = \gamma y \ \sin\Theta dA$이므로 면 A에 작용하는 전압력의 크기는

$$F = \gamma \ \sin\Theta \int_A y \cdot dA = \gamma A y_c \cdot \sin\Theta = \gamma h_c \cdot A \quad \cdots\cdots (2.10)$$

여기서 $\int_A h dA$는 액면에 대한 평판 A의 1차 모멘트이며, 이것은 평면의 도심까지의 깊이 h_c에 단면적 A를 곱한 것과 같다.

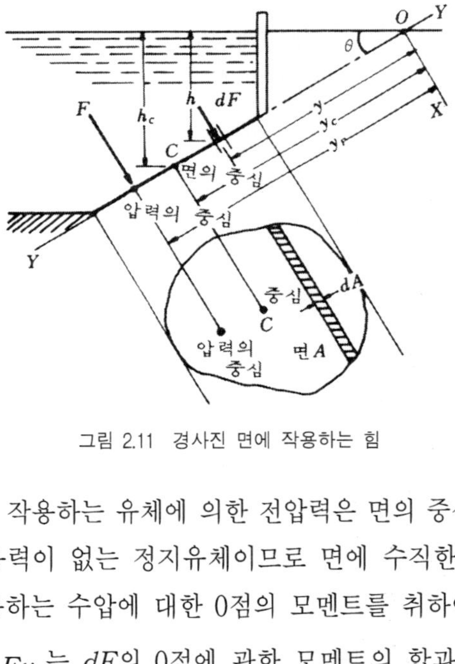

그림 2.11 경사진 면에 작용하는 힘

즉, 임의의 경사진 면에 작용하는 유체에 의한 전압력은 면의 중심에서의 압력과 면적 A와의 곱이다. 방향은 전단응력이 없는 정지유체이므로 면에 수직한 방향이 된다.

작용점 y_p는 면에 작용하는 수압에 대한 0점의 모멘트를 취하여 구할 수 있다. 즉, 전힘 F의 0점에 관한 모멘트 $F y_p$는 dF의 0점에 관한 모멘트의 합과 같으므로

$$F \cdot y_p = \int_A y \cdot dF = \gamma \ \sin\Theta \int_A y^2 dA$$

여기서 $\int_A y^2 dA$는 면 A의 0-X 축에 관한 단면 2차 모멘트이며, 이 값을 I로 표시하면,

$$y_p = \frac{\gamma \cdot \sin\Theta \cdot I}{F} = \frac{\gamma \cdot I \sin\Theta}{\gamma y_c \sin\Theta \cdot A} = \frac{I}{y_c A}$$

평행축의 정리 $I=I_0+y_c^2 \cdot A$이므로

$$y_p=\frac{I_0+y_c^2A}{y_cA}=y_c+\frac{I_0}{y_cA} \quad \cdots\cdots (2.11)$$

즉, 힘의 작용점은 수평면을 제외하고 언제나 면의 중심보다 밑에 존재하게 됨을 알 수 있다. 또한 여러 가지 형태의 기하학적 모양을 갖는 도형의 특성을 표 2.1에 수록해 놓았다.

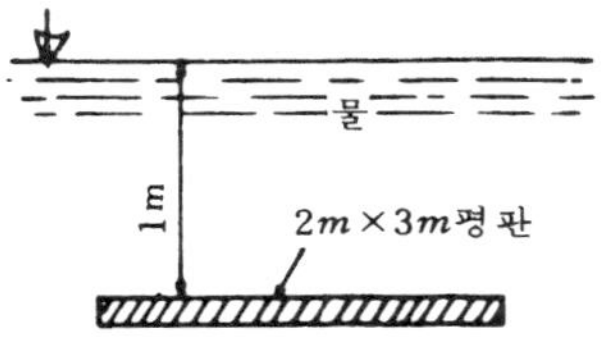

예제 2.6 그림에서 평판의 한쪽 면에 작용하는 힘은 몇 kg_f인가?

☞ $F=\gamma hA=1,000\times1\times(2\times3)=6,000\,kg_f$

표 2.1 기하학적 성질

명 칭	모 양	면 적 A	도심의 위치 y_G 또는 x_G	도심축 I_G에 대한 관성능률
사각형	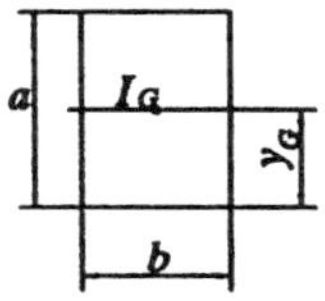	$A=ab$	$y_G=\frac{a}{2}$	$I_G=\frac{ba^3}{12}$
원	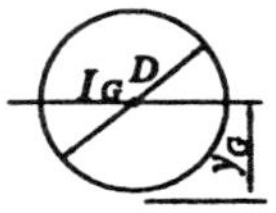	$A=\frac{\pi D^2}{4}$	$y_G=\frac{D}{2}$	$I_G=\frac{\pi D^4}{64}$
삼각형	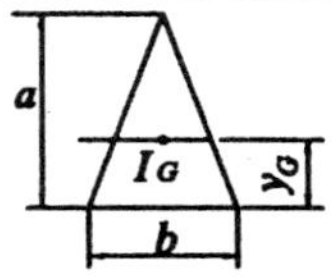	$A=\frac{ab}{2}$	$y_G=\frac{a}{3}$	$I_G=\frac{ba^3}{36}$
타원	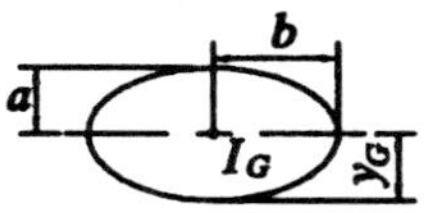	$A=\pi ab$	$y_G=a$	$I_G=\frac{\pi ba^3}{4}$
반원	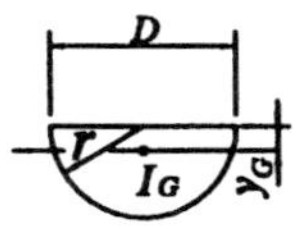	$A=\frac{\pi D^2}{8}$	$y_G=\frac{4\gamma}{3\pi}$	$I_G=\left(\frac{1}{4}-\frac{16}{9\pi^2}\right)\times\frac{\pi\gamma^4}{2}$
$\frac{1}{4}$원	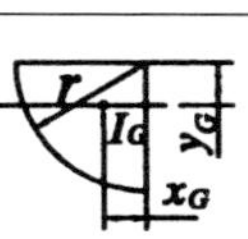	$A=\frac{\pi D^2}{16}$	$x_G=y_G=\frac{4\gamma}{3\pi}$	$I_G=\left(\frac{1}{4}-\frac{16}{9\pi^2}\right)\times\frac{\pi\gamma^4}{4}$

명 칭	모 양	면 적 A	도심의 위치 y_G 또는 x_G	도심축 I_G에 대한 관성능률
반타원	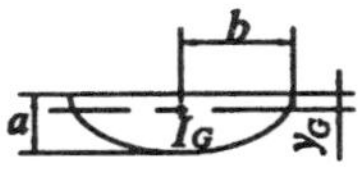	$A=\frac{\pi ab}{2}$	$y_G=\frac{4a}{3\pi}$	$I_G=\left(\frac{1}{4}-\frac{16}{9\pi^2}\right)\times\frac{\pi ba^3}{2}$
포물선	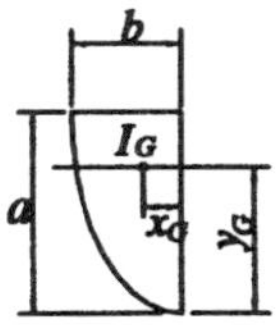	$A=\frac{2ab}{3}$	$y_G=\frac{3a}{5}$ $x_G=\frac{3b}{8}$	$I_G=\left(\frac{3}{7}-\frac{9}{25}\right)\times\frac{2ba^3}{3}$
$\frac{1}{4}$타원	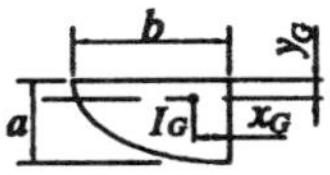	$A=\frac{\pi ab}{4}$	$y_G=\frac{4a}{3\pi}$ $x_G=\frac{4b}{3\pi}$	$I_G=\left(\frac{1}{4}-\frac{16}{9\pi^2}\right)\times\frac{\pi ba^3}{4}$

표 (b) 체적의 기하학적 성질

명 칭	모 양	체 적 V	도 심 y_G
원통	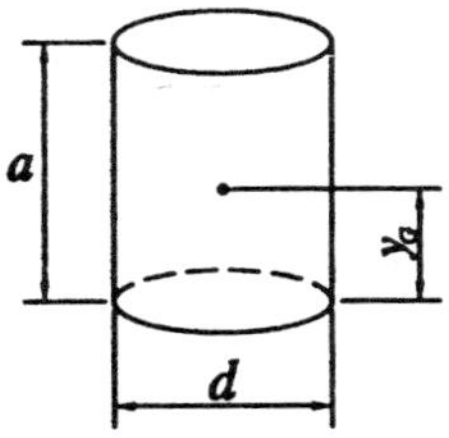	$V=\frac{\pi d^2 a}{4}$	$y_G=\frac{a}{2}$
원추	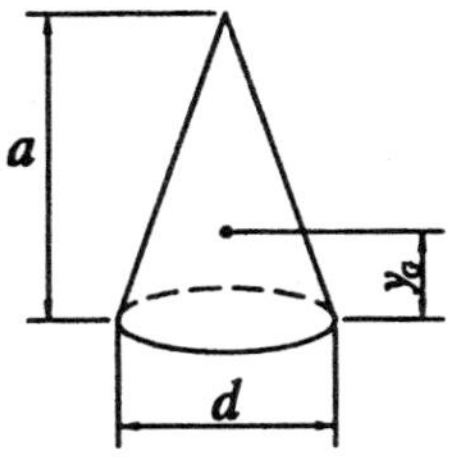	$V=\frac{\pi d^2 a}{12}$	$y_G=\frac{a}{4}$
구	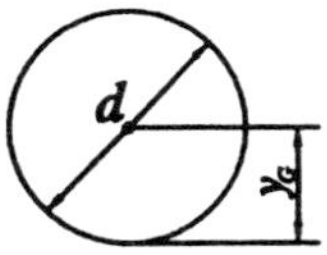	$V=\frac{\pi d^2}{6}$	$y_G=\frac{d}{2}$

명 칭	모 양	체 적 V	도 심 y_G
반구	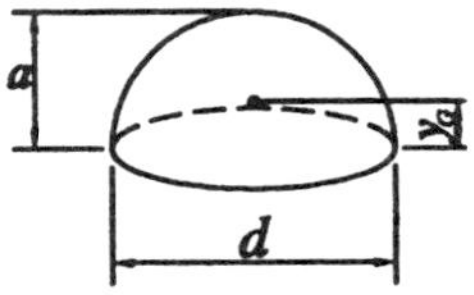	$V=\frac{\pi d^2}{12}$	$y_G=\frac{3\gamma}{8}$
포물면체	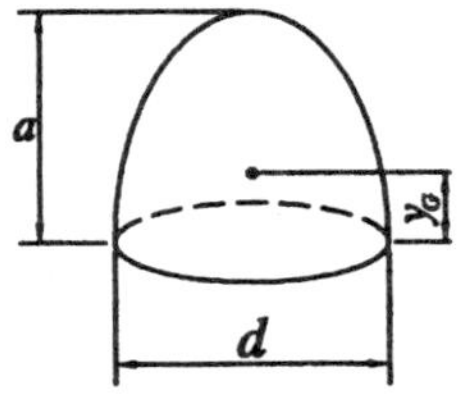	$V=\frac{\pi d^2 a}{8}$	$y_G=\frac{a}{3}$

예제 2.7 그림과 같은 수문이 있다. 이 수문이 열리지 않도록 하기 위해 그 하단에 받쳐 주어야 할 힘 F'를 구하라. 단, 수문의 폭은 1.5m이다.

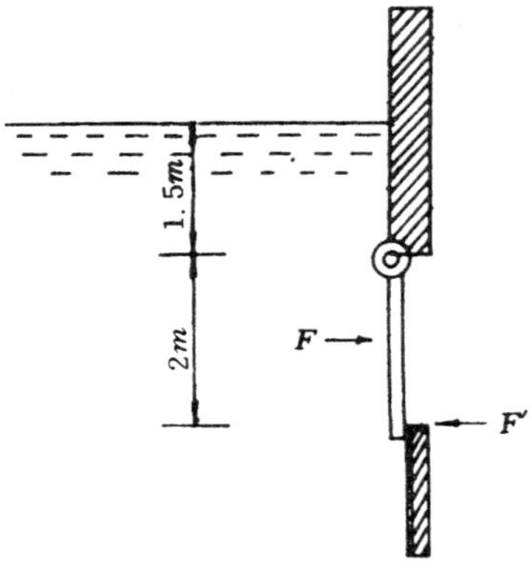

☞ $F=\gamma h_c A=9,800\times2.5\times2\times1.5=73,500\text{N}=7,500\,\text{kg}_f$

$$y_p=y_c+\frac{I_0}{y_c A}=2.5+\frac{\frac{1.5\times2^3}{12}}{2.5\times(2\times1.5)}=2.633\,\text{m}$$

물에 의한 힘 F의 위치가 힌지(hinge)로부터 1.133m의 거리에 있게 되므로 hinge에 moment를 취하면,

$73,500\times1.133=F'\times2$

$\therefore\ F'=41,650N=4,250\,\text{kg}_f$

예제 2.8 폭 5m, 깊이 3m의 물탱크가 있다. 이 물탱크의 측면에 작용하는 물의 전압력 및 압력의 중심을 구하라.

☞ 식 (2.10)에서 B=5m, H=3m라고 하면, $\gamma=1{,}000\text{kg/m}^3$이므로 수조의 측면에 작용하는 물의 전압력 F는

$$F=\gamma h_c\cdot A=\frac{1}{2}\gamma BH^2=\frac{1}{2}\times1,000\times5\times3^2=22,500\,[\text{kg}]$$

압력의 중심은 물탱크의 폭 5m의 중심선상에 있어서 수면에서 $\frac{2}{3}H=\frac{2}{3}\times3=2\,\text{m}$, 즉 2(m)의 깊이에 있다.

(3) 곡면에 작용하는 힘

정지유체에 잠겨진 곡면에 작용하는 힘은 일반적으로 단일합력으로 나타낼 수 없기 때문에, 2차원 곡면인 경우 수직성분과 수평성분으로 분리해서 구한 후 합성하면 된다.

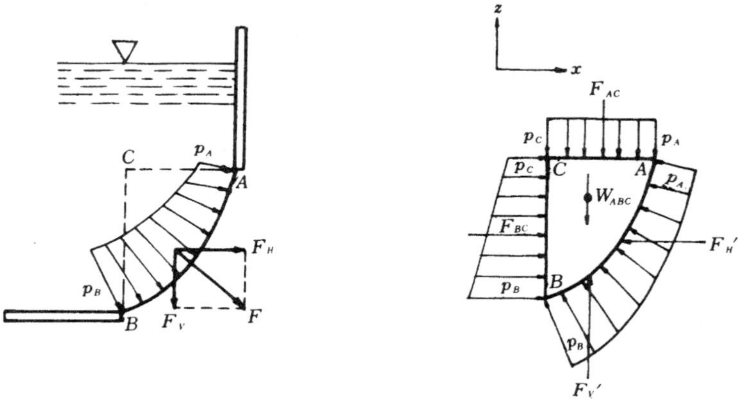

그림 2.12

즉, 곡면이 받는 전압력의 성분들은 그림 2.12와 같이 자유물체도의 평형조건을 적용하면 쉽게 구해진다.

$$\Sigma F_x = F_{BC} + F_H' = 0 \qquad \therefore\ F_H = F_{BC}$$

$$\Sigma F_y = F_V' + F_{AC} + W_{ABC} = 0 \qquad \therefore\ F_V = F_{AC} + W_{ABC}$$

따라서 유체 속에 잠겨진 곡면의 수평분력은 곡면을 수직면에 수평으로 투영한 투영면적에 작용하는 힘과 같고, 수직력은 곡면의 상부에 실려 있는 유체의 무게와 같다.

또한 수평분력의 작용점은 투영면적의 압력중심과 일치하고, 즉 평면에서의 작용점 위치와 같고, 수직분력의 작용점은 유체 무게중심을 통과하는 수직선상에 있게 된다.

따라서 곡면에 작용하는 힘의 합력 F는 직교좌표계의 힘의 합성정리에 따라,

$$F = \sqrt{F_H^2 + F_V^2}\ , \quad \Theta = \tan^{-1}\frac{F_V}{F_H} \quad \cdots\cdots (2.12)$$

예제 2.9 그림과 같이 길이가 2m인 4분원통 *AB*면에 작용하는 힘의 수직성분과 수평성분 및 전압력 *F* 및 Θ는 얼마인가?

☞ 곡면 AB에 작용하는 수직성분은 곡면 AB 위의 물의 무게와 같다.

$F_V = \gamma \cdot V = \gamma(DEAC\text{면적} + ABC\ \text{면적}) \times \text{길이}$

$= 1000\left(1\times1\times2 + \frac{\pi\times1^2}{4}\times2\right) = 3570\ \text{kg}_f$

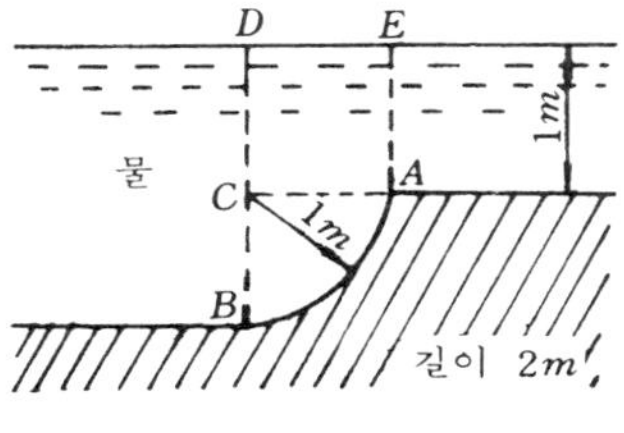

곡면 AB에 작용하는 수평성분은 곡면 AB의 투영면적에 작용하는 힘과 같다.

투영면적 $A = 1\times2 = 2\ \text{m}^2$

$F_H = \gamma h_c A = 1,000\left(1+\frac{1}{2}\right)\times2 = 3,000\ \text{kg}_f$

$F = \sqrt{F_H^2 + F_V^2} = \sqrt{(3,570)^2 + (3,000)^2} = 4,663\text{kg}_f$

$\theta = \tan^{-1}\frac{F_V}{F_H} = 44.5°$

2.5 부력 및 부체의 안정

유체중에 잠겨져 있거나 떠 있는 물체는 항상 그 유체로부터 수직상 방향으로의 전압력을 받게 되는데, 이 전압력을 부력(buoyant force)이라 한다.

그림 2.13에서 미소 체적요소의 부력을 생각해 보자.

$$dF_B = (p_2 - p_1)dA = \gamma h dA = \gamma \cdot dV$$

물체 전체가 받는 힘 F_B는

$$F_B = \int \gamma \cdot dV = \gamma V \quad \cdots\cdots (2.13)$$

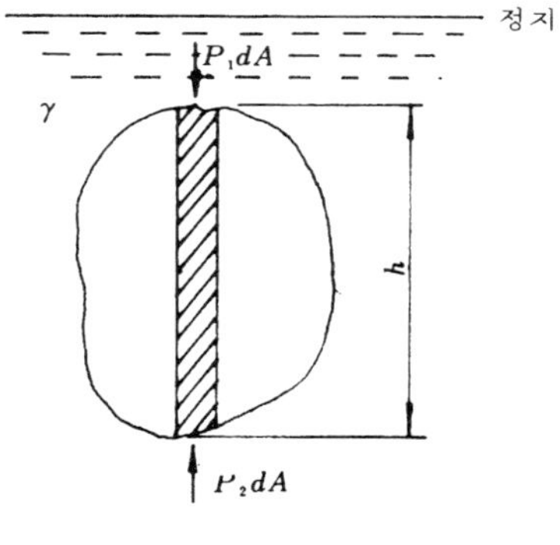

그림 2.13 부력

여기서 F_B'는 부력, V는 물체의 잠긴 체적, γ 는 유체의 비중량이다. 부력은 유체 속에 잠겨진 물체는 그 물체에 의해서 배제된 유체의 무게만큼 부력을 받고, 유체 위에 떠 있는 물체는 그 물체의 무게와 같은 양의 유체를 배제한다. 이를 Archimedes의 원리라 한다.

즉, 부력은 유체 속에 잠겨 있는 부분의 물체의 체적에 해당하는 유체의 무게이고 그 방향은 수직상방향이며, 부심(center of buoyancy)은 유체의 잠긴 체적의 중심이 된다.

예제 2.10 어떤 돌의 대기중에서의 무게는 60kg$_f$이고 수중에서의 무게는 11kg$_f$이었다. 이 돌의 비중과 체적은 얼마인가? 단, 공기의 무게는 무시하라.

☞ 힘의 평형 방정식에서 $W = F + F_B$

$$F_B = W - F = \gamma \cdot V = 49\ \mathrm{kg}$$

$$\therefore\ V = \frac{49}{1,000} = 0.049\,\mathrm{m}^3$$

$$S = \frac{60}{49} = 1.2245$$

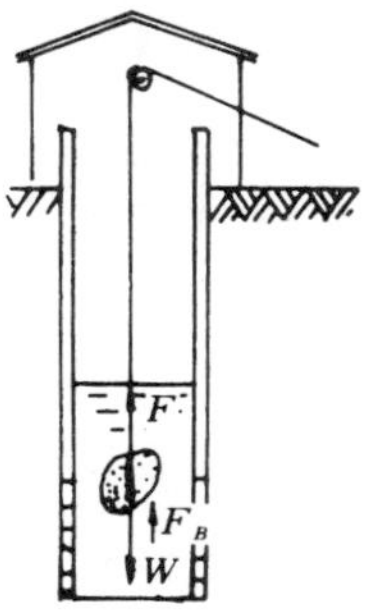

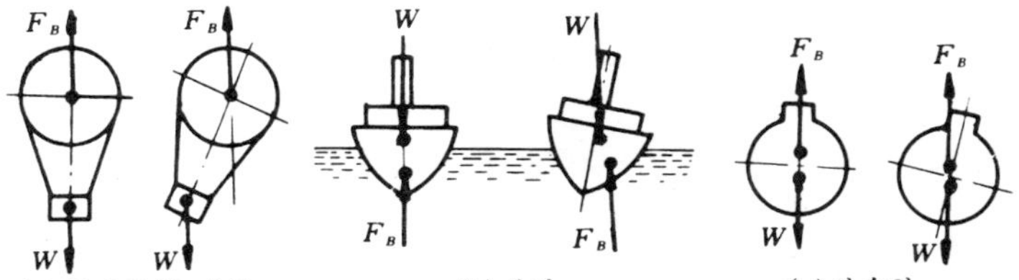

(a)공기중의 기구 (b)선박 (c)잠수함

그림 2.14 부체의 안정

유체중에 잠겨 있거나 떠 있는 물체의 안정성은 부심과 물체 무게중심의 상대적 위치에 좌우된다. 공기중에 떠 있는 기구나 바닷물 속의 잠수함처럼 유체중에 잠겨 있는 경우는 부심이 무게 중심보다 위에 위치해야 안정하다.

그러나 두 유체 사이에 떠 있는 부양체(floating body)인 배의 경우는, 비록 부심이 무게중심보다 아래에 위치하더라도 경사된 쪽으로 부심이 이동하여 안정될 수 있다.

그림 2.15에서 (a)는 배가 평형상태에 있다. 여기서 C는 부양체(배)의 중심, B는 부심이다. 그림 (b)는 부양체가 롤링(rolling)에 의하여 평형위치로부터 θ만큼 기울어졌다면 B는 B′로

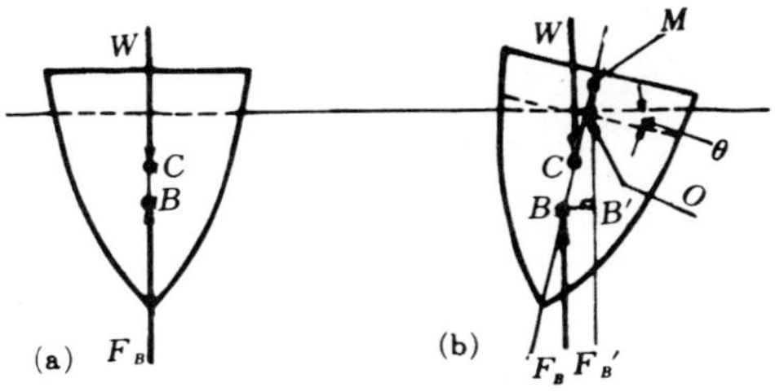

그림 2.15 부양체의 안정

옮겨지며, F_B와 W의 우력(couple)이 발생한다. 이 때 B′를 지나는 연직선과 부양축과의 교점 M이 생긴다. 이 교점 M을 경심(metacenter)이라 하고, $\overline{MC}$를 경심의 높이(경심고)라 한다.

$$\overline{MC} = \frac{I}{V} - \overline{CB} \quad \cdots\cdots (2.14)$$

여기서, I : 0점을 통과하는 축에 관한 2차 모멘트
V : 잠겨진 체적이다.

경심 M이 부양체의 중심 C보다 위에 있으면 안정, 즉, $\overline{MC} > 0$: 안정상태, 반대 경우이면 불안정, $\overline{MC} < 0$: 불안정상태, $\overline{MC} = 0$이면 중립이다.

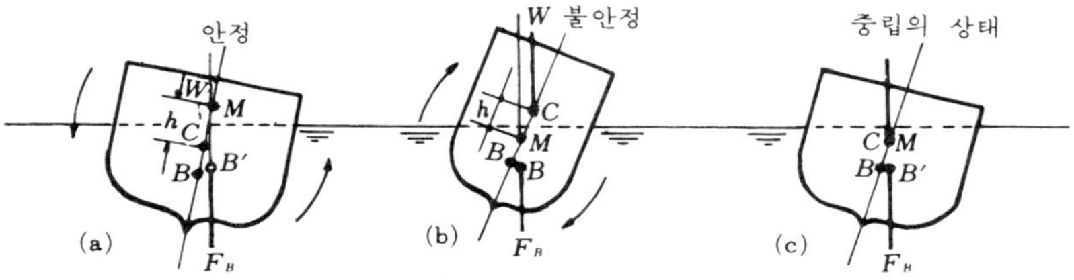

그림 2.16 메타센타의 중심

2.6 등가속도 운동을 받고 있는 유체

용기와 함께 등가속도로 직선운동을 하거나 등속원운동을 하고 있는 유체는 유체층 사이에 또는 유체와 경계면 사이에 상대운동이 없으므로 정지유체인 경우와 동일하게 취급할 수 있으며, 이런 상태의 유체를 **상대적 평형**(relative equilibrium) 상태에 있다고 말한다.

(1) 수평등가속도를 받는 유체

그림 2.17과 같이 개방용기 속에 담겨진 액체가 용기와 함께 수평 방향으로 a_x의 등가속도로 움직이고 있다면, 액체의 표면은 수평면과 θ만큼 경사를 이룬 상태에서 상대적 평형을 이루게 된다. 그림과 같이 작은 체적요소에 뉴턴의 운동 방정식 $\Sigma F_x = ma_x$을 적용시키면,

$$P_1 A - P_2 A = \rho l A a_x$$

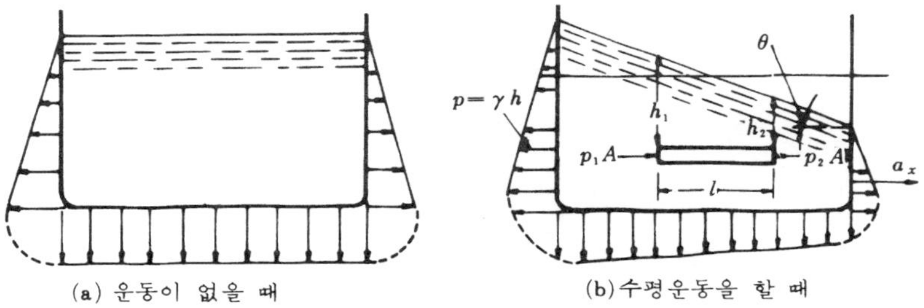

(a) 운동이 없을 때 (b) 수평운동을 할 때

그림 2.17 수평등가속을 받는 용기

$$\frac{P_1-P_2}{\gamma l}=\frac{h_1-h_2}{l}=\frac{a_x}{g}$$

여기서, h_1, h_2는 유체의 자유표면으로부터의 깊이이다.

$(h_1-h_2)/l$ 는 유체의 자유표면의 경사도이다.

이 값을 $\tan\Theta$로 대치하면

$$\tan\Theta=\frac{a_x}{g} \quad \cdots\cdots (2.15)$$

따라서, 가속도의 크기 a_x를 알면 자유표면의 경사도를 알 수 있고, 반대로 경사도를 측정하면 수평 등가속도를 알 수 있다. 이 원리를 이용하여 가속도계를 만들 수 있으며, 밀폐계 용기에 대해서도 압력의 변화는 위와 같은 원리가 적용된다. 즉, 용기 내의 어느 한 점의 압력을 알면 나머지 다른 점의 압력은 식 (2.15)에서 구할 수 있다.

예제 2.11 그림과 같은 치수를 가진 유조차가 비중 0.9인 기름을 싣고 달린다. 수평가속도가 4.9m/sec²일 때 기름의 표면이 이루는 기울기는 몇 도인가?

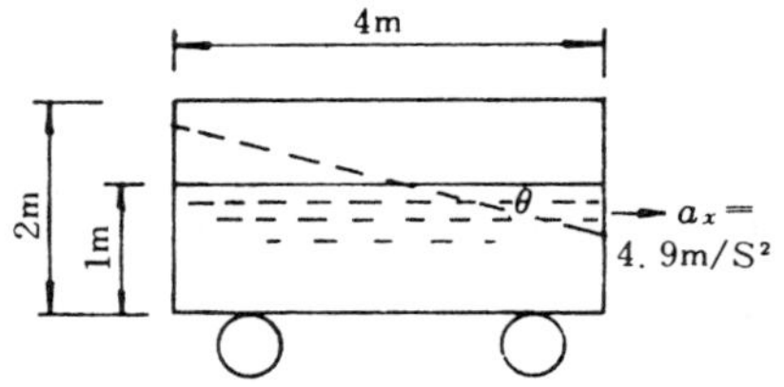

☞ 가속도를 받을 때 경사면의 기울기 $\tan\Theta=\dfrac{a_x}{g}$

$\Theta=\tan^{-1}\dfrac{a_x}{g}=\tan^{-1}\dfrac{4.9}{9.8}=\tan^{-1}0.5$

$\therefore\ \Theta=29.5°$

(2) 수직등가속도를 받는 유체

그림의 자유물체도에 운동방정식 $\Sigma F_y=ma_y$을 적용시키면,

$$P_2A - P_1A - \gamma hA = \frac{\gamma hA}{g}\, a_y$$

$$P_2 - P_1 = \gamma h\left(1 + \frac{a_y}{g}\right) \cdots\cdots\cdots\cdots\cdots\cdots\cdots\cdots\cdots (2.16)$$

만일, 용기가 자유낙하를 한다면 $a_y = -g$가 되어 $P_1 = P_2$되므로 자유낙하하고 있는 유체 내부에서는 압력의 변화가 전혀 없음을 알 수 있다.

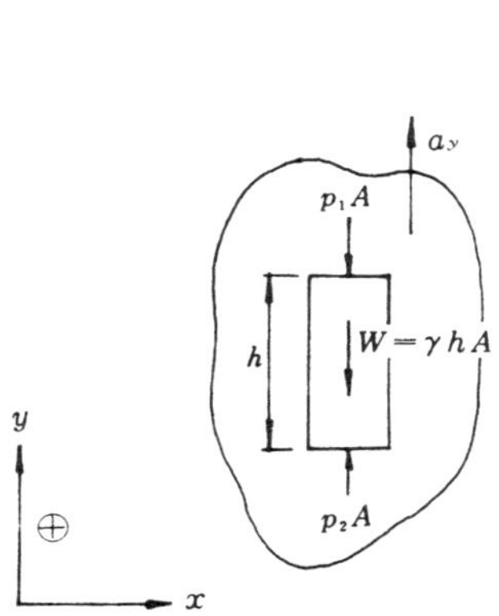

그림 2.18 수직등가속도를 받는 물체

(3) 수직축에 대해 등회전 운동을 받고 있는 유체

어떤 축에 관한 유체의 회전 운동을 **볼텍스 운동**이라 한다. vortex motion은 **강제 볼텍스 운동**(forced vortex motion)과 **자유 볼텍스 운동**(free vortex motion)으로 분류된다. 강제 볼텍스 운동은 회전하고 있는 모든 유체의 입자가 같은 각속도를 가짐으로써 마치 고체가 회전하고 있는 것과 같은 유체 운동이며, 자유 볼텍스 운동은 유체 입자의 원운동 속도가 회전축으로부터의 거리에 반비례하는 회전 운동이다. 그러므로 자유 볼텍스 운동은 해석이 복잡하므로, 여기서는 강제 볼텍스 운동에 대해서만 설명한다.

그림과 같은 용기에 들어 있는 어떤 유체가 수직축을 중심으로 일정한 각속도로 회전하게 되면, 이 유체의 자유표면은 마치 고체인 것처럼 일정하게 유지되어 전단응력이 존재하지 않는 정지유체의 특성을 갖게 된다. 등속원운동을 하는 물체는 속도의 크기가 일정하나, 방향이 변하므로 접선가속도는 없어도 법선가속도는 rw^2로 일정한 값을 갖는다. 그림과 같이 연직 회전축에 대한 유체의 법선가속도는 구심가속도 $(-rw^2)$로서 미소체적 요소에 대한 운동방정식 $\Sigma F_r = ma_r$을 적용하면,

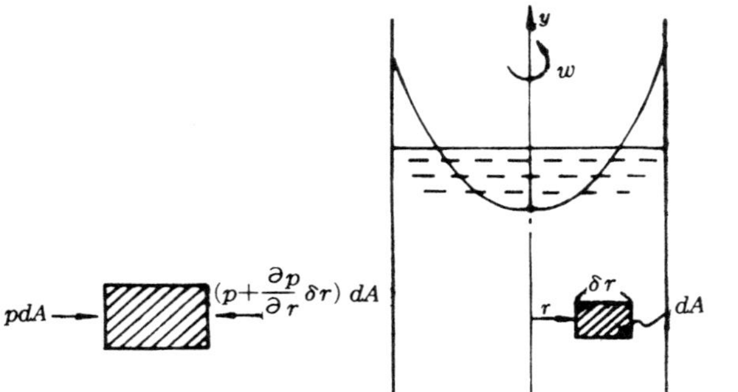

그림 2.19 수직축에 대한 등회전 운동

$$pdA - \left(p + \frac{\partial p}{\partial r}\delta r\right)dA = \frac{\gamma dA \cdot \delta r}{g}(-rw^2)$$

정리한 다음 체적요소 $dA \cdot \delta r$로 양변을 나누면

$$\frac{\partial p}{\partial r} = \frac{\gamma}{g} w^2 r \quad \cdots\cdots (2.17)$$

여기서 깊이에 대한 압력의 변화는 (2.4) 식과 같다.

즉, $$\frac{\partial p}{\partial y} = -\gamma \quad \cdots\cdots (2.18)$$

방정식 (2.17)과 (2.18)을 결합시켜서 정리하면

$$\frac{\partial y}{\partial r} = -\frac{w^2 \cdot r}{g} \quad \cdots\cdots (2.19)$$

r 및 y방향에 대한 압력 구배는 식 (2.19)를 적분하면 쉽게 구할 수 있다.

$$h = \frac{r^2 \cdot w^2}{2g} + C$$

이 식을 r에 관해서 적분하고 초기조건으로 $r=0$일 때 $h=h_0$를 대입하여 적분상수를 구해 주면,

$$h - h_0 = \frac{P - P_0}{\gamma} = \frac{r^2 \cdot w^2}{2g} \quad \cdots\cdots (2.20)$$

가 된다.

즉, $r=0$인 중심과 임의의 r인 점의 압력수두차는 (2.20) 식이 된다.

예제 2.12 반지름이 50cm인 원통 속에 물을 담아 60rpm으로 회전시킨 때 수면의 상승높이는?

☞ $w = \frac{2\pi n}{60} = \frac{2\pi \times 60}{60} = 2\pi$ [rad/ sec]

$h = \frac{r^2 \cdot w^2}{2g} = \frac{0.5^2 \times (2\pi)^2}{2 \times 9.8} \times 9.8 = 0.5$ [m]

연습문제

1. 유체내부의 한 점에 작용하는 압력이 모든 방향에서 같은 경우는?

답 유체입자 사이에 상대운동이 없을 때

2. 어떤 액체의 수면에서부터 20m인 지점의 압력이 3.16kg_f/cm^2이다. 이 액체의 비중량은?

답 1,580 kg_f/m^3

3. 2m×2m×2m의 입방체 용기 안에 비중이 0.8인 기름이 가득차 있다. 위의 뚜껑이 열렸다고 가정하면 밑면에서의 압력은?

답 0.16kg_f/cm^2

4. 진공의 압력이 30mmHg일 때 절대압력은?

답 0.99kgf/cm^2

5. 밑면이 2m×2m인 그림과 같은 탱크에 비중이 0.8인 기름과 물이 그림과 같이 들어 있다. *AB*면에 작용하는 압력은 몇 Kpa인가?

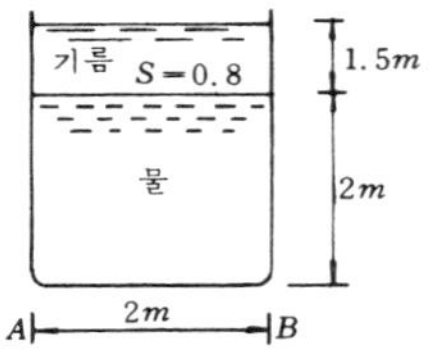

답 31.36Kpa

6. 해저의 계기압력이 41kg/cm^2일 때 바다깊이는 얼마인가? (단, 해수의 비중은 1.025이다.)

답 400m

7. 전압력의 차원은?

답 $MLT^{-2}=F$

8. 어떤 액체의 액면 밑 15m 지점에서의 압력이 $2.04 kg_f/cm^2$이다. 이 액체의 비중량은 얼마인가?

답 $1,360 kg_f/m^3$

9. 국소대기압이 740mmHg이고, 절대압력이 $0.6\ kg_f/cm^2$일 때 계기압력은?

답 $0.4064 kg_f/cm^2$(진공)

10. 그림과 같이 비중이 0.75인 기름이 있다. $h = 200\,mm$일 때 A점의 압력은 몇 mAq인가?

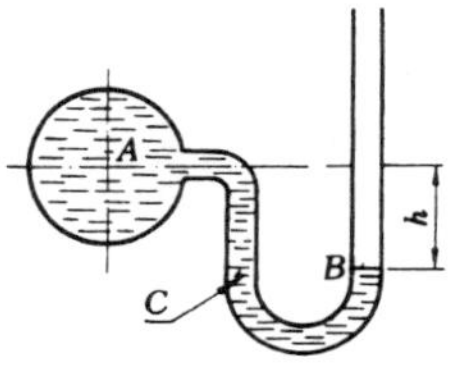

답 0.15mAq(진공)

11. 그림에서 압력차$(P_x - P_y)$는 얼마인가?

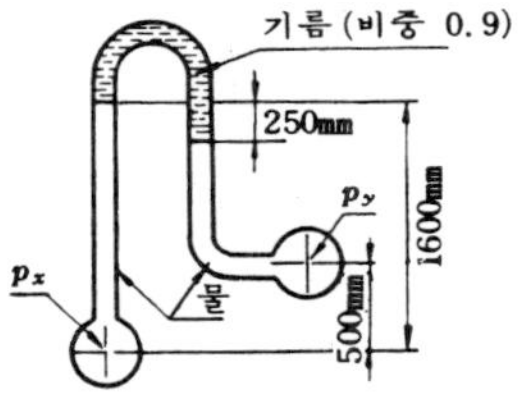

답 $0.0525\ kg_f/cm^2$

12. 우유를 직경이 2.5mm인 스트로우로써 연직방향으로 200mm 빨아올리자면 얼마의 힘이 필요한가? 단, 우유의 비중량은 $9,400 N/m^3$이다.

답 $9.22 \times 10^{-3} N$

13. 그림에서 압력차$(P_A - P_B)$를 구하여라.

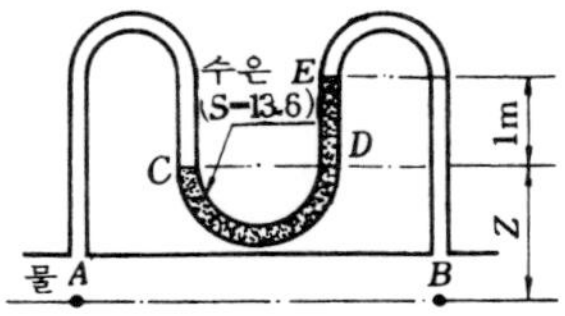

답 $1.26 kg_f/cm^2$

14. 그림에서 평판의 한쪽 면에 작용하는 힘은 얼마인가?

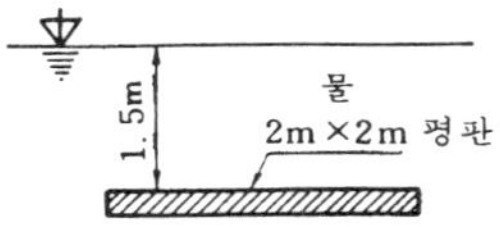

답 6,000kg$_f$

15. 그림에서 수직인 평판의 한쪽 면에 작용하는 힘과 작용점을 구하여라.

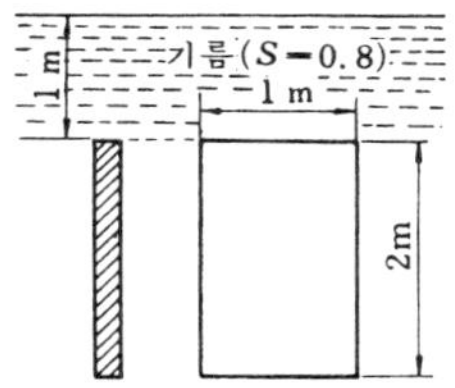

답 31,360N, 2.167m

16. 그림과 같이 60°기울어진 4m×8m의 수문이 *A*지점에서 힌지로 연결되어 있다. 이 수문을 열기 위한 힘 *F*는 몇 kg$_f$인가?

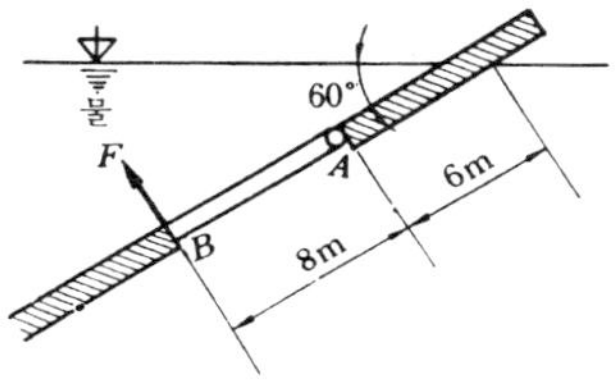

답 157,039kg$_f$

17. 밑변 1m×1m, 높이가 0.5m인 나무토막 위에 200kg$_f$의 추를 올려놓고 물에 띄웠다. 나무의 비중을 0.6이라 할 때, 물 속에 잠긴 부분의 부피는 몇 m^{3}인가?

답 0.5m^3

18. 그림과 같이 길이가 2m인 4분원통 *AB*면에 작용하는 힘의 수직성분과 수평성분은 각각 얼마인가?

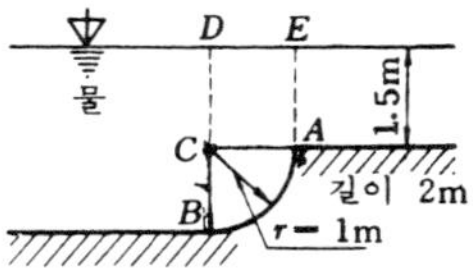

답 $F_V = 4,570\text{kg}_f$

$F_H = 4,000\text{kg}_f$

19. 비중이 1.03인 바닷물에 전체 부피의 10%가 밖에 나타나서 떠 있는 빙산이 있다. 이 빙산의 비중은?

답 0.927

20. 어떤 돌의 중량이 공기중에서 $30kg_f$이고, 수중에서는 $20kg_f$이다. 이 돌의 체적과 비중은 얼마인가?

답 $V=0.01m^3$
$S=3$

21. 2m×2m×2m의 내부 치수를 갖는 탱크에 비중량이 $\gamma kg_f m^3$인 액체를 반 정도 채우고 수평등가속도 $9.8[m/sec^2]$으로 운동 시킬 때, 밑면 모퉁이 *A*점의 압력은 몇 kg_f/m^2인가?

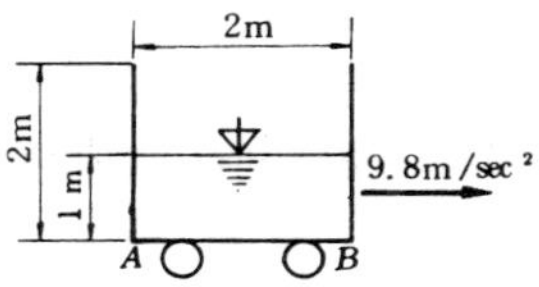

답 $2\gamma\ kg_f/m^2$

22. 길이 10m의 파이프에 비중량 $\gamma kg/m^3$인 액체를 가득 채우고 밀폐한 다음 축 방향으로 등가속도 20g로 등가속도 운동할 때 파이프의 양단 사이에 생기는 압력차는 몇 kg_f/m^2인가?

답 $200\gamma\ kg_f/m^2$

23. 온도가 일정하게 유지된 호수에서 지름이 0.5cm인 공기의 기포가 수면까지 올라올 때 지름이 1cm로 팽창하였다. 이 때 기포의 최초의 위치는 수면으로부터 몇 m인가?
단, 공기를 이상기체로 가정하고, 이 때 기압계는 720mmHg를 가르쳤다.

답 68.54m

24. 비중이 2인 액체를 담은 탱크가 120rpm으로 회전하고 있다. 회전축에서 0.5m 떨어져 있는 *A*점의 압력이 $8,000kg_f/m^2$이라면 반지름이 1m인 *B*점의 압력은 얼마인가?

답 $20,073kg_f/m^2$

25. 지름이 30cm인 원통에 물을 담아 중심축에 대하여 180rpm으로 회전시킬 때 중심과 벽면의 수면차는 몇 m인가?

답 1.63m

26. 폭이 a이고 높이가 b인 직사각형 수문의 도심이 수면에서 h의 깊이에 있을 때 압력중심의 위치는 수면 아래 어디에 있는가?

답 $h+\frac{b^2}{12h}$

27. 경심(meta center)의 높이는 경심에서 어디까지의 높이인가?

답 무게중심

28. 유체 속에 잠겨진 경사면에 작용하는 힘의 작용점은?

답 면의 중심보다 항상 밑에 있다.

29. 그림과 같은 삼각형 ABC의 한쪽 면에 작용하는 힘은 얼마인가?

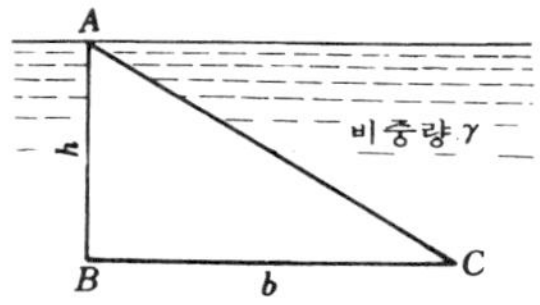

답 $\frac{\gamma b h^2}{3}$

3 유체 동역학

유체 동역학에서는 운동하고 있는 유체, 즉 유체의 흐름에 관한 문제를 취급한다. 유체 흐름에 관한 해석이 어려운 것은 점성과 압축성 효과 때문이므로 이 장에서는 이들 효과를 무시한 이상유체에 관한 기초 방정식들을 다루었다.

질량 보존의 원리를 적용한 연속방정식, 에너지 보존의 원리를 적용한 오일러 방정식 및 베르누이 방정식을 유도하며, 그 응용에 대해서 설명한다.

또한 역적과 운동량의 원리를 유동문제에 적용시키면 베르누이 방정식으로 해결하지 못하는 문제도 손쉽게 답을 얻는 경우가 많다.

제트로부터의 추력계산이나 터빈에서 얻어지는 출력계산 및 동력 등을 운동량 방정식을 이용하는 방법 및 여러 유체기계의 기본 원리를 다루게 된다.

3.1 유체흐름의 형태

(1) 유선과 유적선

유체 입자가 연속적으로 운동하는 것을 흐름(flow)이라 한다.

이 흐름에 관한 연구를 체계적으로 다루기 위해서 유선(stream line)이라는 가상곡선에 대한 정의가 필요하다. 즉, 유체 흐름의 공간에서 어느 순간에 각 점에서의 속도방향과 접선방향이 일치하도록 그려진 연속적인 가상선을 유선이라 한다.

유선상의 미소변위 벡터를 $dr = dxi + dyj + dzk$, 속도 벡터를 $q = ui + vj + wk$이라 하면, 정의에 따라 유선방정식은

$$q \times dr = 0 \qquad (3.1)$$

즉, $(ui + vj + wk) \times (dxi + dyj + dzk) = 0$이므로 간단히 정리하면 다음과 같다.

$$\frac{dx}{u}=\frac{dy}{v}=\frac{dz}{w} \quad \cdots\cdots (3.2)$$

한 유체 입자가 일정 기간 내에 통과한 경로의 연속적인 선을 유적선(path line)이라 하며, 모든 입자의 순간궤적을 유맥선(steak line)이라 한다.

일반적으로 유선과 유적선은 일치하지 않지만 정상류 흐름인 경우에는 일치한다. 정상류에서 유체 속에 폐곡선을 그려 이 곡선을 통과하는 몇개의 유선을 그리면, 속도는 항상 경계에 대해서 접선 방향이므로 유선들은 유체입자들이 지나갈 수 없는 경계면을 형성하게 된다. 이 유선들에 의해 만들어진 가상의 관을 유관(stream tube)이라 한다. 이는 고체의 벽면과 같이 유체의 출입이 없는 관으로 취급할 수 있으므로 이 유관 개념을 도입하면 유체중의 자유물체도를 생각하는 데 편리한다.

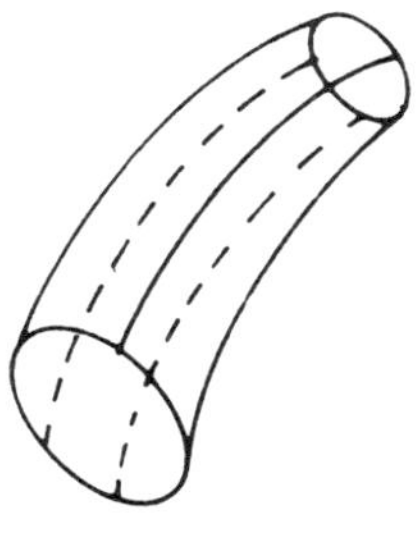

그림 3.1 유관

(2) 정상류와 비정상류

유체 흐름의 특성이 시간에 따라 변화하지 않고 일정한 흐름을 정상류(steady flow)라 하고, 시간과 함께 변하는 흐름을 비정상류(unsteady flow)라 한다. 정상류는 유동장의 모든 점에서 유동조건이 모두 같다는 뜻이 아니라, 위치에 따라 변하나 각 점에서의 조건은 시간에 따라 변하지 않고 일정하다는 뜻이다. 즉,

$$\frac{\partial q}{\partial t}=0,\quad \frac{\partial T}{\partial t}=0,\quad \frac{\partial \rho}{\partial t}=0,\quad \frac{\partial p}{\partial t}=0 \quad \cdots\cdots (3.3)$$

인 관계가 성립한다.

그러나 만일 (3.3) 식에서 한 조건이라도 성립하지 않으면 비정상류를 의미하게 된다.

(3) 균속유동과 비균속유동

어떤 순간에 유동장의 임의의 모든 점에서 유동속도의 크기가 공간좌표(위치)와 관계없이 동일할 때의 유동을 균속도유동(等流 : uniform flow)이라 하며, $\frac{\partial V}{\partial s}=0$으로 표시할 수 있다. 또한 어떤 순간에 임의의 점마다 속도 벡터가 변하는 흐름을 비균속도유동(nonuniform flow)이라 하며, $\frac{\partial V}{\partial s}\neq 0$로 표시된다.

특히 $\frac{\partial V}{\partial s}=0$, $\frac{\partial V}{\partial t}=0$을 만족하는 유동을 **정상균속도유동**(steady uniform flow)이라 하며, $\frac{\partial V}{\partial s}=0$, $\frac{\partial V}{\partial t}\neq 0$를 만족하는 유동을 **비정상균속도유동**(unsteady uniform flow)이라 한다. 직경이 일정한 긴 파이프 내를 흐르는 액체의 유동은 넓은 의미에서 균속도 유동이며 속도, 압력 등이 유동의 모든 곳에서 변하는 경우, 즉 점차 축소관이나 확대관, 곡관 등을 흐르는 유동은 비균속도 유동의 예이다.

이 외에 기타 흐름의 형태로서 여러 개의 유선 중 단 한 개의 유선만을 따르는 흐름은 유선이 비록 구부러져 있다고 하더라도 **1차원 흐름**(one dimensional flow)이고, 한 개의 유선으로 정의될수 없고 유동평면이나 유동장으로 표현되는 두 평행평판사이의 유체 흐름과 같은 흐름을 **2차원 흐름**(two dimensional flow), 관 내의 흐름과 같이 공간 내의 체적요소로서만 정의될 수 있는 흐름을 **3차원 흐름**이라 한다.

또한 유체 입자들이 질서정연하게 층을 이루면서 흐르는 층류(laminar flow), 불규칙적인 난류(turbulent flow) 및 회전유동(rotational flow)등이 있다.

3.2 연속방정식(continuity equation)

질량 보존의 법칙(mass conservation : 물질은 스스로 창조되지도 소멸되지도 않는다)을 흐르는 유체에 적용해서 얻은 식을 연속방정식이라 한다.

그림 3.2와 같은 관(pipe)을 생각해 보면 시간 dt 동안에 ①면을 통해서 유입된 질량과 ②면을 통해서 유출된 질량의 차이는 탱크 속에 저장된 질량과 같다.

즉, (유입되는 질량)=(유출되는 질량)+(저장되는 질량)으로 표시된다.

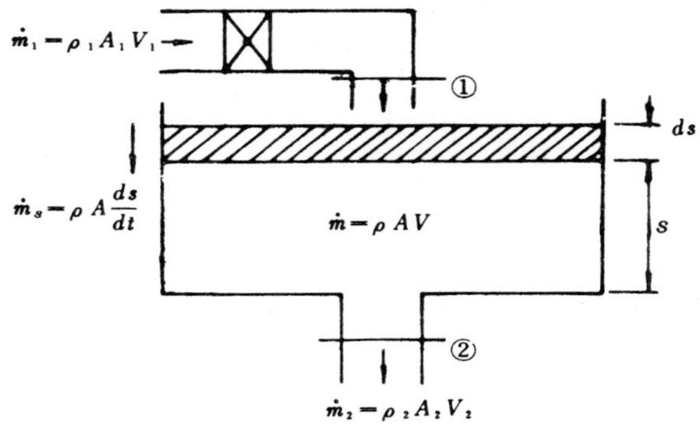

그림 3.2 연속방정식

$$\dot{m} = \dot{m}_2 + \dot{m}_s$$

$$\rho_1 A_1 V_1 = \rho_2 A_2 V_2 + \rho A\left(\frac{ds}{dt}\right) \quad \cdots\cdots (3.4)$$

이 식을 1차원 흐름의 연속방정식이라 한다.

만약 유입되는 양과 유출되는 양이 같다면 정상류의 흐름이 된다.

$$\dot{m} = \rho_1 A_1 V_1 = \rho_2 A_2 V_2 = \rho Q\,[\mathrm{kg/sec}] \quad \cdots\cdots (3.5)$$

(3.5) 식은 1차원 정상류 흐름의 연속방정식 표현이며, 이를 **질량 유동률**(mass flowrate)이라 한다.

$$\text{즉, } \dot{m} = \rho A V = \text{const},\ d(\rho A V) = 0$$

양변을 미분하면,

$$A V d\rho + A \rho dV + \rho V dA = 0$$

양변을 $\rho A V$로 나눠 주면,

$$\frac{d\rho}{\rho} + \frac{dV}{V} + \frac{dA}{A} = 0$$

(3.5) 식의 양변에 중력가속도 g를 곱하면,

$$G = \dot{m} g = \gamma_1 A_1 V_1 = \gamma_2 A_2 V_2 = \gamma Q\,[\mathrm{N/sec}] \quad \cdots\cdots (3.6)$$

여기서 G는 단위시간당 중량으로 정의되는 **중량유량**(weight flowrate)이다.

(3.5) 식이나 (3.6) 식에서 $\rho_1 = \rho_2$ 또는 $\gamma_1 = \gamma_2$이면, 즉 비압축성 유체이면

$$Q = A_1 V_1 = A_2 V_2\,[\mathrm{m^3/sec}] \quad \cdots\cdots (3.7)$$

여기서 Q를(체적) **유량**(flowrate or discharge)이라 한다.

밀도나 비중량이 일정한 비압축성 유체(물)의 흐름에서 유량은 체적유량으로 나타내지만, 압력의 변화에 따라 밀도나 비중량이 변하는 압축성 유체(공기나 기체)에 대해서는 체적유량은 의미가 없고 중량유량이나 질량유량으로 나타내야 한다.

예제 3.1 직경 20cm의 관 속을 물이 40kg$_f$/sec로 흐른다. 이 관 속의 물의 평균유속은 얼마인가?

☞ $G = \gamma A V$에서 $V = \dfrac{G}{\gamma A} = \dfrac{40}{1{,}000 \times \dfrac{\pi}{4}(0.2)^2} = 1.27\mathrm{m/sec}$

예제 3.2 직경이 30cm인 관 속을 비중이 0.9인 기름이 3m/sec로 흐른다. 이 때 질량 유동률은 얼마인가?

☞ $\rho = \rho_w \cdot S$이므로, $\rho = 1,000 \times 0.9 = 900\text{kg/m}^3$

$$\dot{m} = \rho A V = 900 \times \frac{\pi}{4}(0.3)^2 \times 3 = 191\text{kg/sec}$$

예제 3.3 그림과 같은 관 속에 물이 250kgf/sec의 율로 흐르고 있다. 각 단면에서의 유량과 평균속도는 얼마인가?

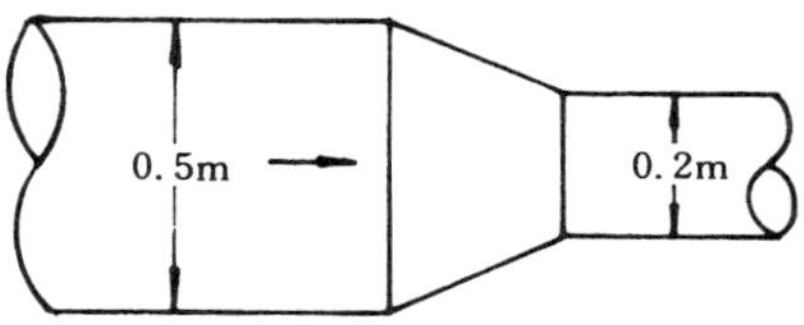

☞ $Q = \frac{G}{\gamma} = \frac{250}{1,000} = 0.25\,\text{m}^3/\text{sec}$

$Q = A_1 V_1 = A_2 V_2$이므로

$$V_{0.5} = \frac{Q}{A_{0.5}} = \frac{0.25}{\frac{\pi}{4}(0.5)^2} = 1.273\,\text{m/sec}$$

$$V_{0.2} = \frac{Q}{A_{0.2}} = \frac{0.25}{\frac{\pi}{4}(0.2)^2} = 7.958\,\text{m/sec}$$

가장 일반적인 압축성 유체의 3차원 비정상류의 연속방정식을 생각해 보자. 그림에서와 같이 직육면체인 검사 체적에 대해서, 외부로부터 흘러 들어오는 질량 유량에서 흘러 나가는 질량유량을 뺀 값은 검사체적 내의 질량 증가율이다.

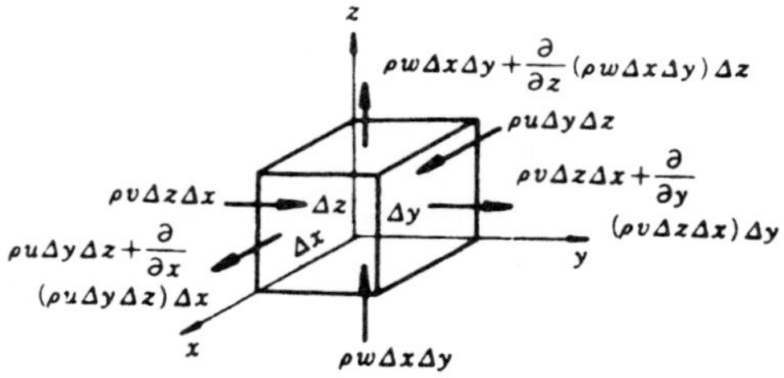

그림 3.3 검사체적요소와 질량유량

$\Delta y \cdot \Delta z$ 단면을 통해서 흘러 들어오는 질량 유량은 $\rho u\ \Delta y \cdot \Delta z$이고, 나가는 질량유량은 $\rho u \Delta y \cdot \Delta z + \frac{\partial}{\partial x}(\rho u \Delta y \cdot \Delta z)\Delta x$이므로, x방향의 유량에 의한 질량 증가는 $-\frac{\partial}{\partial x}(\rho u \Delta y \Delta z)\Delta x$, 같은 방법으로 y와 z방향의 유량에 의한 질량 증가는 $-\frac{\partial}{\partial y}(\rho v \Delta z \cdot \Delta x)\Delta y$ 및 $-\frac{\partial}{\partial z}(\rho w \Delta x \cdot \Delta y)\Delta z$이다.

검사 체적 내에 단위 시간 동안 질량 증가량은 전 질량 증가량과 같으므로,

$$-\frac{\partial}{\Delta}(\rho u \Delta y \cdot \Delta z)\Delta x - \frac{\partial}{\partial y}(\rho v \Delta z \cdot \Delta x)\Delta y - \frac{\partial}{\partial z}(\rho w \Delta x \cdot \Delta y)\Delta z$$

$$= \frac{\partial}{\partial t}(\rho \Delta x \cdot \Delta y \cdot \Delta z)$$

여기서 Δx, Δy, Δz는 x, y, z 방향의 변수가 아니므로 양변을 Δx, Δy, Δz로 나누고 정리하면,

$$\frac{\partial}{\partial x}(\rho u)+\frac{\partial}{\partial y}(\rho v)+\frac{\partial}{\partial z}(\rho w)=-\frac{\partial \rho}{\partial t} \quad \cdots\cdots (3.8)$$

또는 $\nabla \cdot (\rho V)=-\dfrac{\partial \rho}{\partial t}$ 이다.

(3.8) 식을 일반적인 연속방정식이라 한다.

(3.8) 식에서 정상류 흐름이면 $\dfrac{\partial \rho}{\partial t}=0$이 될 것이고, 비압축성 유체 흐름이면 ρ는 상수로서 소거된다. 또한 2차원 흐름이면 $w=0$이다.

미분연산자 $\nabla=\dfrac{\partial}{\partial x}i+\dfrac{\partial}{\partial y}j+\dfrac{\partial}{\partial z}k$이고 $\nabla \cdot V=\dfrac{\partial u}{\partial x}+\dfrac{\partial v}{\partial y}+\dfrac{\partial w}{\partial z}$ 이다.

표 3.1 연속방정식의 여러가지 형태

	비정상상태(unsteady state)		정상상태(steady state)	
	압축성 유체 (compressible fluid)	비압축성 유체 (incompressible fluid)	압축성 유체 (compressible fluid)	비압축성 유체 (incompressible fluid)
3차원 흐름	$\frac{\partial(\rho u)}{\partial x}+\frac{\partial(\rho v)}{\partial y}+\frac{\partial(\rho w)}{\partial z}=-\frac{\partial \rho}{\partial t}$	$\frac{\partial u}{\partial x}+\frac{\partial v}{\partial y}+\frac{\partial w}{\partial y}=0$	$\frac{\partial(\rho u)}{\partial x}+\frac{\partial(\rho v)}{\partial y}+\frac{\partial(\rho w)}{\partial z}=0$	$\frac{\partial u}{\partial x}+\frac{\partial v}{\partial y}+\frac{\partial w}{\partial z}=0$
3차원 흐름 (x, y 방향)	$\frac{\partial(\rho u)}{\partial x}+\frac{\partial(\rho v)}{\partial y}=-\frac{\partial \rho}{\partial t}$	$\frac{\partial u}{\partial x}+\frac{\partial v}{\partial y}=0$	$\frac{\partial(\rho u)}{\partial x}+\frac{\partial(\rho v)}{\partial y}=0$	$\frac{\partial u}{\partial x}+\frac{\partial v}{\partial y}=0$
1차원 흐름 (x 방향)	$\frac{\partial(\rho u)}{\partial x}=-\frac{\partial \rho}{\partial t}$	$\frac{\partial u}{\partial x}=0$	$\frac{\partial(\rho u)}{\partial x}=0$	$\frac{\partial u}{\partial x}=0$

예제 3.4 $u=6x+y$, $v=-6y+2x$의 속도 분포를 가진 흐름이 2차원 비압축성 유체인가를 확인하라.

☞ 2차원 비압축성 유체일 조건은 $\dfrac{\partial u}{\partial x}+\dfrac{\partial v}{\partial y}=0$ 이므로 $\dfrac{\partial u}{\partial x}=6$, $\dfrac{\partial v}{\partial y}=-6$에서 이 흐름 은 2차원 비압축성 유체 흐름이다.

3.3 운동방정식

(1) 오일러 방장식(Euler equation)

레오나르드 오일러(Leonhard Euler)는 1750년 처음으로 뉴턴의 운동 제2법칙을 임의의 한 유선을 따라 정상류로 흐르고 있는 유체 입자의 운동에 적용 시킴으로써 유체 동역학의 이론적 근거를 마련하였다. 그림과 같은 적은 체적요소의 유선방향의 단면적을 δA, 길이를 δS 이라하면, 압력에 의한 힘의 변화는

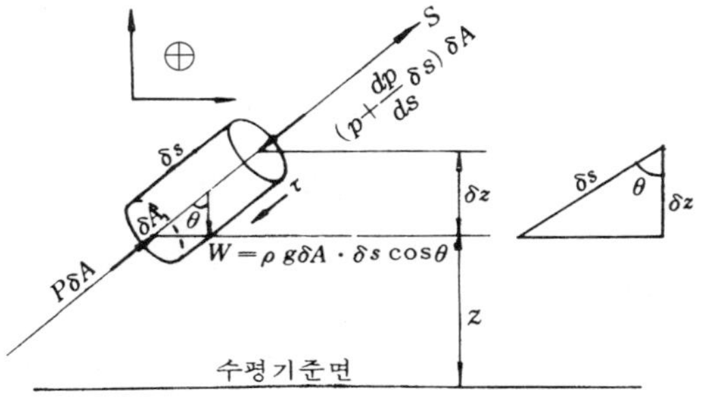

그림 3.4 유선 위 유체 입자에 작용하는 힘

$$p\delta A-\left(p+\frac{dp}{ds}\delta s\right)\delta A=-\frac{dp}{ds}\delta s\cdot\delta A$$

그림에서 $\cos\Theta=\frac{\delta z}{\delta s}$ 이므로 유체 미소체적 요소의 무게 W는

$$-\rho g\delta A\cdot\delta s\ \cos\Theta=-\rho g\delta A\cdot\delta z$$

미소질량 dm은 $\rho\delta A\cdot\delta s$

유선 방향 s에 대한 가속도 성분 a_s는

$$a_s=\frac{dV}{dt}=\frac{ds}{dt}\cdot\frac{dV}{ds}=V\frac{dV}{ds}$$

또한 비점성 유체로 가정하면 전단응력 τ는 0이다.

뉴턴의 운동 제2법칙 $\Sigma dF=dm\cdot a$를 적용시키고, 이 체적요소의 극한값을 취하면

$$-dpdA-\rho gdA\cdot dz=(\rho ds\cdot dA)V\cdot\frac{dV}{ds}$$

양변을 ρdA로 나누고 정리하면

$$\frac{dp}{\rho}+VdV+gdz=0 \quad\cdots\cdots (3.9)$$

이 식을 유체 1차원 흐름에 대한 오일러의 운동방정식이라 한다. (3.9) 식의 양변을 중력가속도 g로 나누고 정리하면 다음과 같다.

$$\frac{dp}{\gamma} + d\left(\frac{V^2}{2g}\right) + dz = 0 \quad \cdots\cdots (3.10)$$

(2) 베르누이 방정식(Bernoulli equation)

베르누이 방정식은 오일러 방정을 적분함으로써 얻을 수 있다. 비압축성 유체(ρ = 일정, γ = 일정)일 경우 비중량 γ와 중력가속도 g가 상수이므로 (3.10) 식은 쉽게 적분할 수 있다.

$$\frac{p}{\gamma} + \frac{V^2}{2g} + z = \text{일정} \quad \cdots\cdots (3.11)$$

또는

$$\frac{p_1}{\gamma} + \frac{{V_1}^2}{2g} + z_1 = \frac{p_2}{\gamma} + \frac{{V_2}^2}{2g} + z_2 = H \quad \cdots\cdots (3.12)$$

(3.11), (3.12) 식을 베르누이 방정식이라 한다.

이 베르누이 방정식은 다음과 같은 가정하에서 유도되었으므로, 이러한 조건하에서만 적용할 수 있을 것이다.

- ■ 임의의 두 점은 같은 유선상에 있다.
- ■ 정상 상태의 흐름이다.
- ■ 비점성 유체(마찰이 없다) 흐름이다.
- ■ 비압축성 유체(ρ = 일정) 흐름이다.

……(3.13)

또한 베르누이 방정식의 각 항은 모두 길이의 차원[L]으로 단위로는 m, J/N, $kg_f \cdot m/kg_f$ 등을 가지며, 각 항을 수두(head)라고 부른다.

$\frac{p}{\gamma}$: 압력수두(pressure head)

$\frac{V^2}{2g}$: 속도수두(velocity head)

z : 위치수두(potential head)

H : 전 수 두(total head)

즉, 베르누이 방정식은 1차원 이상유체의 흐름에 적용되며 속도수두, 압력수두, 위치수두의 합은 항상 일정하고 그 값은 보존된다. 그림 3.5와 같이 관 표면에 유체의 정압을 측정할 수 있는 피에조미터(piezometer)와 전압을 측정할 수 있는 피토관(pitot tube)을 설치하였다.

임의의 점에 세워진 피토관의 수면을 연결하는 선은 (3.13) 식을 만족하는 흐름에서는 항상 수평을 이루게 마련이다.

즉, $\frac{p}{\gamma}+\frac{V^2}{2g}+z$를 전수두선(total head line) 또는 에너지선(Energy Line)이라 하여 E.L.로 표시하며, $\frac{p}{\gamma}+z$를 연결한 선을 **수력구배선**(Hydaulic Grade Line), 즉 H.G.L.로 표시한다.

피토 관상의 수면을 연결한 선인 E.L.은 수평기준면과 평행을 이루며, 피에조미터상의 수면을 연결한 H.G.L.보다 항상 속도수두 $\frac{V^2}{2g}$만큼 위에 위치한다.

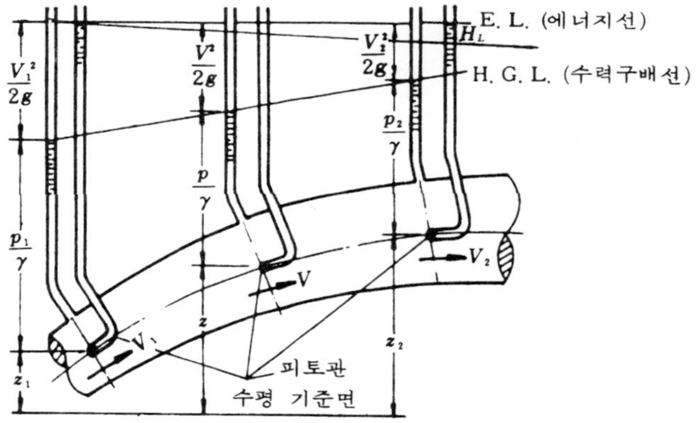

그림 3.5 베르누이 방정식에서의 수두

유체가 흐를 때 유체 입자는 일반적으로 가속도를 가지며, 내부에는 점성에 의한 마찰력이 존재하므로 실제 유체의 흐름에 베르누이 방정식을 적용하면 손실수두가 고려되어야 한다.

$$\frac{p_1}{\gamma}+\frac{V_1^{\,2}}{2g}+z_1=\frac{p_2}{\gamma}+\frac{V_2^{\,2}}{2g}+z_2+H_L \quad \cdots\cdots (3.14)$$

여기서 H_L은 두 단면 1, 2 사이에서의 **손실수두**(head loss)이며, 이 때 에너지선은 수평기준면과 손실수두 H_L 차만큼 평행에서 벗어난다.

또한 두 단면 사이에 유체에 에너지를 가해 주는 pump가 설치되어 있을 때 마찰을 고려한

베르누이 방정식은

$$\frac{p_1}{\gamma} + \frac{V_1^2}{2g} + z_1 + E_P = \frac{p_2}{\gamma} + \frac{V_2^2}{2g} + z_2 + H_L \quad \cdots\cdots (3.15)$$

유체로부터 에너지를 공급받는 turbine을 두 단면 1, 2 점 사이에 설치하였을 경우, 마찰을 고려한 베르누이 방정식은,

$$\frac{p_1}{\gamma} + \frac{V_1^2}{2g} + z_1 = \frac{p_2}{\gamma} + \frac{V_2^2}{2g} + z_2 + H_L + E_\gamma \quad \cdots\cdots (3.16)$$

E_p는 단위무게당 펌프 에너지이고, E_γ는 단위무게당 터빈 에너지이다.

예제 3.5 그림과 같은 큰 수원지에서는 어느 점에서든지 단위무게당의 에너지가 같음을 증명하라.

☞ 임의의 점 K에 대해서 베르누이 방정식을 적용시키면,

$\frac{V^2}{2g} + \frac{p}{\gamma} + z = 0 + (H-h) + h = H$ 가 되므로,

수원지의 유체는 단위 무게당 에너지가 어느 점에서든지 일정함을 알 수 있다. 그러므로 용적이 큰 저장탱크의 유체는 모두 동일 유선상의 점으로 보아 베르누이 방정식을 적용해도 무방하다.

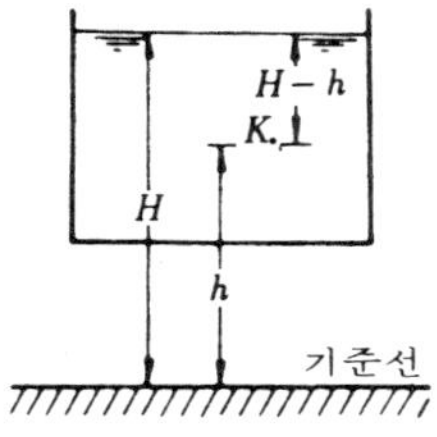

예제 3.6 그림과 같은 물탱크에 물을 채우고 B점에 구멍을 뚫었다. 이 구멍으로 흘러 나오는 물의 속도는?

☞ A, B 점에 베르누이 방정식을 적용하면

$$\frac{p_A}{\gamma} + \frac{V_A^2}{2g} + z_A = \frac{p_B}{\gamma} + \frac{V_B^2}{2g} + z_B$$

여기서 A점과 B점은 대기와 접하고 있으니까

$p_A = p_B = 0$, $z_B = 0$, $z_A = 9.8\,\text{m}$,

B단면은 A단면에 비해 상대적으로 작으므로 $V_A = 0$

$$0 + 0 + H = 0 + \frac{V_B^2}{2g} + 0$$

$$\therefore \; V_B = \sqrt{2gH} \quad \cdots\cdots (3.17)$$

$V_B = \sqrt{2gH} = \sqrt{2 \times 9.8 \times 9.8} = 13.86\,\text{m/sec}$

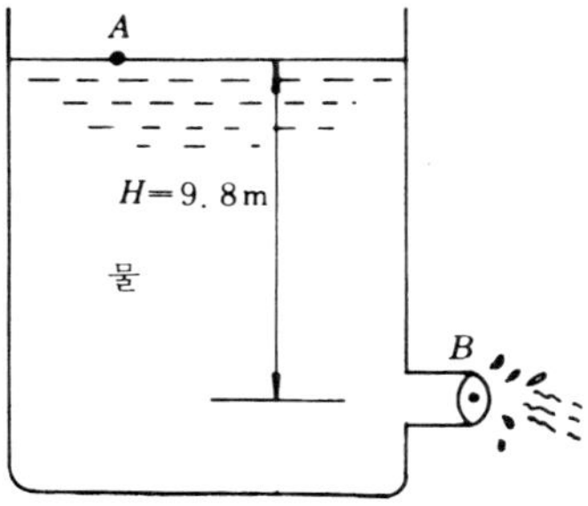

(3.17) 식은 낙체에 관한 식으로서, 고체가 아무런 저항을 받지 않고 공기중을 H만큼 낙하했을 때의 속도와 같다. 즉, 수심 H인 부분에서 유출하는 물의 속도는 물체가 H만큼 자유낙하 했을 때의 속도와 같다.

이것을 **토리첼리의 정리**(Torricelli's theorm)라 한다.

(3.17) 식으로 H는 유속을 내는데 필요한 수두로써, 이것을 속도수두라 한다. 즉,

$h=\frac{V^2}{2g}$ 이다.

예제 3.7 그림과 같은 수직벽의 양쪽에 수위가 다른 물이 있다. 벽면에 붙인 오리피스(orifice)를 통하여 수위가 높은 쪽에서 낮은 쪽으로 물이 유출되고 있다. 이 속도 V_2는?

☞ ①점과 ②점에 대해서 베르누이 방정식을 적용하면,

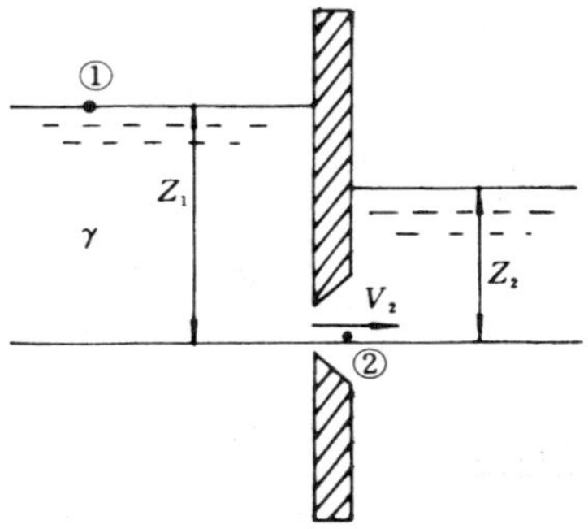

$$\frac{p_1}{\gamma}+\frac{V_1^2}{2g}+z_1=\frac{p_2}{\gamma}+\frac{V_2^2}{2g}+z_2$$

여기서 $p_1=0,\ p_2=\gamma z_2,\ V_1=0,\ z_2=0$이므로

$$0+0+z_1=\frac{\gamma z_2}{\gamma}+\frac{V_2^2}{2g}+0$$

$$\therefore\ V_2=\sqrt{2g(z_1-z_2)}$$

양수위의 차이 (z_1-z_2)가 클수록 유속은 빠르고, 수위의 차이가 없으면, 즉 수면의 높이가 같으면 흐르지 않는다.

예제 3.8 물이 흐르는 원관(pipe)안에 A점은 직경이 1m, 압력은 1kg/cm², 속도 1m/sec 이다. A점보다 2m 위에 있는 B점은 직경이 0.5m, 압력이 0.2kg/cm²이다. 이 때 물은 어느 방향으로 흐르겠는가?

☞ 유체는 전 수두가 큰 곳에서 작은 쪽으로 흐르므로

연속방정식 $Q=A_AV_A=A_BV_B$에서

$$V_B=\frac{A_A}{A_B}V_A=\frac{\frac{\pi(1)^2}{4}}{\frac{\pi(0.5)^2}{4}}\times 1=4\ \text{m/sec}$$

A점의 전 수두 : $\frac{p_A}{\gamma}+\frac{V_A^2}{2g}=\frac{1\times10^4}{1000}+\frac{1^2}{2\times9.8}=10.051\text{m}$

B점의 전 수두 : $\frac{P_B}{\gamma}+\frac{V_B^2}{2g}+z_B=\frac{0.2\times10^4}{1,000}+\frac{4^2}{2\times9.8}+2=4.186\text{m}$

그러므로 A점의 전 수두가 B점의 전 수두보다 크므로 물은 A에서 B로 흐른다.

예제 3.9 그림과 같은 사이펀(siphon)에서 흐를 수 있는 유량은 몇 m³/hr인가?

☞ 물의 자유 표면과 B점에 베르누이 방정식을 적용하면,

$$0+0+10=0+\frac{V_B^2}{2g}+0$$

$$\therefore\ V_B=\sqrt{2\times9.8\times10}=14\text{m/s}$$

$$\therefore\ Q=AV=\frac{\pi(0.5)^2}{4}\times14=2.749\ \text{m}^3/\text{s}=9,896\text{m}^3/\text{hr}$$

예제 3.10 다음 그림에서 유속 V는 몇 m/s 인가?

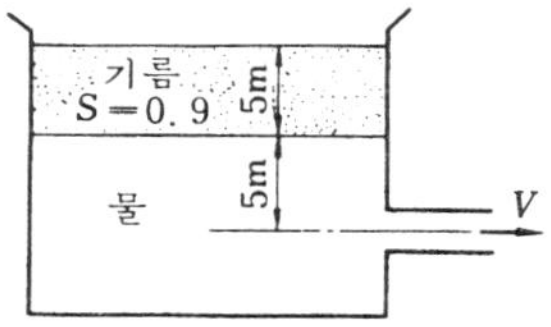

☞ 기름의 깊이로 생기는 압력과 같은 압력을 만드는 물의 깊이, 즉 상당 깊이 h_e는

$1,000\times0.9\times5 = 1,000\times h_e \quad \therefore\ h_e = 4.5\text{m}$

따라서, 노즐 깊이는 $H = 4.5 + 5 = 9.5\,\text{m}$이므로 토리첼리의 정리에 의해서

$V = \sqrt{2gH} = \sqrt{2\times9.8\times9.5} = 13.65\,\text{m/s}$

예제 3.11 어느 수도주관에 흐르는 물의 압력이 4kg/cm²일 때, 이 단면에서의 압력수두는 얼마인가?

☞ 압력수두 $\dfrac{P}{\gamma} = \dfrac{4\text{kg/cm}^2\times\dfrac{10^4\text{cm}^2}{\text{m}^2}}{1,000\text{kg/m}^3} = 40\text{m}$

예제 3.12 수평원관 속에 물이 2.8m/sec의 속도와 0.36kg$_f$ / cm²의 압력으로 흐르고 있다. 이 관의 유량이 0.75m³/sec일 때 손실수두를 무시할 경우 물의 동력은 얼마인가?

☞ 이 물에 의한 동력 P는 $P = \gamma QH$이고,

전수두는 수평원관이므로 $H = \dfrac{P}{\gamma} + \dfrac{V^2}{2g} = \dfrac{0.36\times10^4}{1,000} + \dfrac{(2.8)^2}{2\times9.8} = 4\text{m}$

동력 $P = \gamma QH = 1,000\times0.75\times4 = 3,000\,\text{kg}_f\cdot\text{m/sec} = 40(\text{ps})$

3.4 역적과 운동량 방정식

(1) 역적(力積)과 운동량의 원리

운동을 하고 있는 모든 물질은 언제나 뉴턴의 제2법칙(운동량의 시간에 대한 변화율은 외력의 합과 같다)을 만족해야 한다.

즉, $\quad \Sigma F = ma = m\dfrac{dV}{dt} \rightarrow \Sigma F dt = m dV$

$$\Sigma F dt = d(mV) \text{ 또는 } \Sigma F = \frac{d}{dt}(mV) \quad \cdots\cdots (3.18)$$

여기서 $\Sigma F dt$를 합력의 역적(impulse of the resultant force) 또는 단순히 역적(impulse)이라 하며, $d(mV)$를 운동량의 변화량(change of momentum)이라 한다. (3.18)식에서 합력 F와 속도 V는 벡터(vector)이므로, 그 방향에 유의해야 한다.

(3.18) 식을 시간에 대해 적분하면 다음과 같이 된다.

$$F \cdot t = m(V_2 - V_1) \quad \cdots\cdots (3.19)$$

(3.19) 식을 운동량 방정식(momentum equation)이라 한다.

이 원리를 유체에 적용하기 위하여 그림 3.6과 같이 곡관에서의 정상류 1차원 흐름인 경우를 생각해 보자.

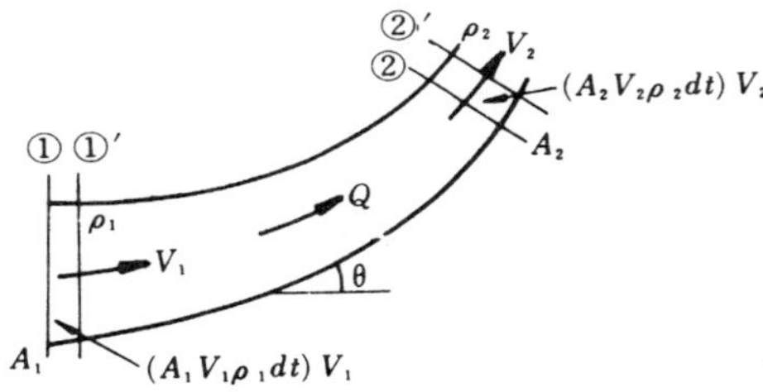

그림 3.6 운동량의 변화

단면 ①과 ② 사이의 공간을 검사체적으로 하여 시간이 t에서 t+dt로 변하는 동안 단면 ①과 ② 사이의 공간이 단면 ①′와 ②′사이의 유체로 이동하였다면, 검사체적내의 유체의 운동량 변화는 단면 ①′와 ②′사이의 유체가 가지는 운동량은 공통이므로, (단면 ①′와 ②′사이의 유체운동량)-(단면 ①′과 ②′사이의 유체운동량)은 (단면 ②와 ②′사이의 유체운동량)-(단면 ①과 ①′사이의 유체운동량)으로 된다.

즉, 단면 ①을 통해서 들어온 유체 운동량과 단면 ②를 통해서 나간 유체 운동량은 결국 외력과 일치할 것이다.

단면 ①을 통해서 들어온 운동량 : $(A_1 V_1 \rho_1 dt) V_1$
단면 ②를 통해서 나간 운동량 : $(A_2 V_2 \rho_2 dt) V_2$이므로

(3.18) 식에 대입하여 정리하면,

$$\Sigma F dt = (A_2 V_2 \rho_2 dt) V_2 - (A_1 V_1 \rho_1 dt) V_1 = \rho Q (V_2 - V_1) dt$$

$$\therefore \ \Sigma F = \rho Q (V_2 - V_1) \quad \cdots\cdots (3.20)$$

(3.20) 식을 **역적과 운동량 방정식**이라 한다. 힘과 속도는 벡터량이므로 각 단면의 평균속도 V_1과 V_2의 크기가 같아도 방향이 다르면 외력 F는 존재한다.

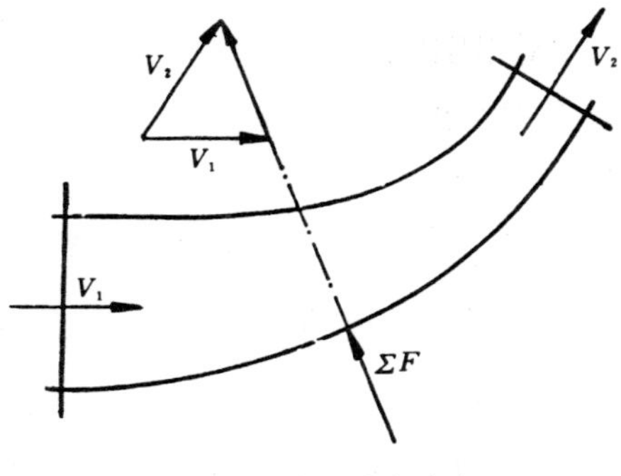

그림 3.7 속도 변화 벡터

즉, 그림 3.7과 같이 속도의 방향은 합력 ΣF의 방향과 일치해야 한다. 공간상에서 벡터는 3방향을 가지므로 x, y, z방향의 속도변화 성분은 각각 외력의 x, y, z방향의 분력에 의한 것이므로, 운동

량 방정식은 3개의 스칼라(scalar) 식으로 쓸 수 있다.

$$\left.\begin{aligned}\Sigma F_x &= \rho Q(V_{2x} - V_{1x})\\ \Sigma F_y &= \rho Q(V_{2y} - V_{1y})\\ \Sigma F_z &= \rho Q(V_{2z} - V_{1z})\end{aligned}\right\} \cdots\cdots (3.21)$$

여기서 모멘텀 $\dot{m}V$는 힘의 차원을 가지며 $\dot{m}V = \rho QV = \rho AV^2$의 관계가 있다.

(2) 관에서의 응용

유체가 관에 미치는 힘은 작용과 반작용의 원리에 의하여 유체가 관으로부터 받는 외력과 크기가 같고 방향이 반대이다.

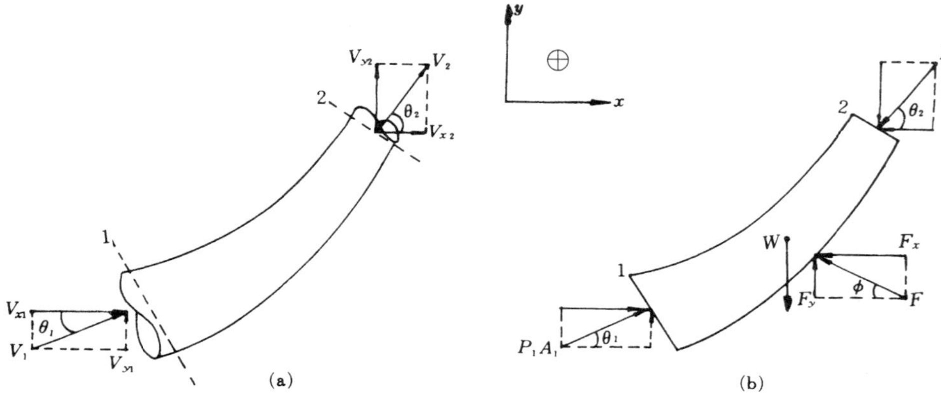

그림 3.8 곡관의 자유물체도

그림 3.8은 구부러진 관의 자유물체도와 속도의 벡터선도를 보여주고 있다. 압력은 항상 면에 수직한 방향으로 작용하므로, 각 면에서의 압력에 의한 힘의 방향은 자유물체도와 같이 작용한다.

이 곡관이 평면 $x-y$ 위에 있을 때 유체는 단면 1에서 유입되어 단면 2로 유출한다. 각 단면에서의 유체의 밀도를 ρ_1, ρ_2, 유속을 V_1, V_2, 단면적을 A_1, A_2라 할 때, 단면 1에서 단위시간당 유입되는 운동량은 $(\rho_1 A_1 V_1)V_1$이고, 단면 2에서 유출되는 운동량은 $(\rho_2 A_2 V_2)V_2$이다. 유체에 작용되는 힘은 이 운동량의 차와 같으므로 유체에 작용하는 합력 ΣF는

$$\Sigma F = \rho_2 Q_2 V_2 - \rho_1 Q_1 V_1 \quad \cdots\cdots (3.22)$$

또한 유체에 작용하는 힘은 각 단면에서 작용하는 압력에 의한 힘과, 관벽으로부터 유체에 미치는 힘 및 단면 1, 2 사이의 검사체적의 유체의 자중 W이다. 단면 1, 2에 작용하는 압력에 의한 힘은 P_1A_1 및 P_2A_2이고, 관벽으로부터 유체에 미치는 힘은 간단히 구할 수 없으나 그 합력을 F라 하면 합력 F의 수평, 수직성분은 F_x, F_y가 된다.

그러므로 유체에 작용하는 힘의 합력 ΣF의 x, y 분력은

x 방향 : $P_1A_1\cos\Theta_1 - P_2A_2\cos\Theta_2 - F_x$

y 방향 : $P_1A_1\sin\Theta_1 - P_2A_2\sin\Theta_2 - W + F_y$

관 속에 흐르는 유체가 비압축성 유체 ($\rho = C$)로 보아도 무방한 경우, (3.22) 식을 x, y방향의 성분으로 나눈 (3.21) 식에 적용시키면 다음과 같은 운동량 방정식을 얻을 수 있다.

$$\left.\begin{aligned} P_1A_1\cos\Theta_1 - P_2A_2\cos\Theta_2 - F_x &= \rho Q(V_2\cos\Theta_2 - V_1\cos\Theta_1) \\ P_1A_1\sin\Theta_1 - P_2A_2\sin\Theta_2 - W + F_y &= \rho Q(V_2\sin\Theta_2 - V_1\sin\Theta_1) \end{aligned}\right\} \cdots (3.23)$$

이 식에서 유체에 의해 발생되는 힘은 관의 입출구 조건만 알면 유체내의 유동조건을 고려하지 않고도 계산할 수 있음을 알 수 있다.

또한 (3.23) 식에서 F_x, F_y를 구해서 F와 ϕ값은 다음과 같이 구한다.

$$F = \sqrt{F_x^2 + F_y^2}, \quad \Phi = \tan^{-1}\frac{F_y}{F_x} \quad \cdots\cdots (3.24)$$

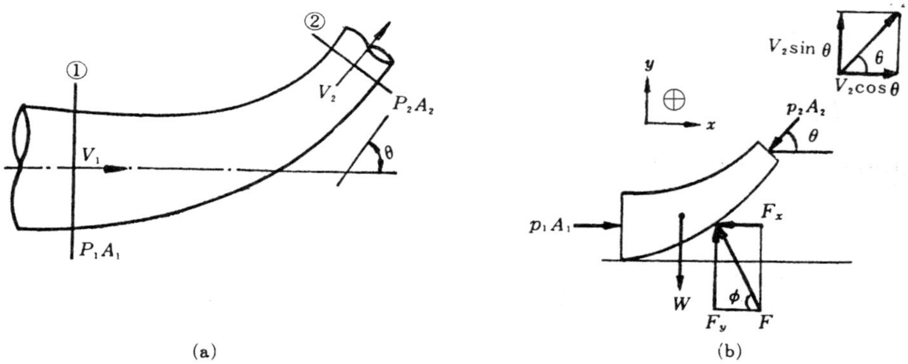

그림 3.9 곡관의 자유물체도

그림 (3.9)와 같이 입구에서의 속도의 방향이 x축과 같은 경우는 $\cos\Theta_1 = \cos 0° = 1$이 되므로, 운동량 방정식은 다음과 같다.

$$\left.\begin{aligned} &P_1A_1 - P_2A_2\cos\Theta - F_x = \rho Q(V_2\cos\Theta - V_1) \\ &F_y - W - P_2A_2\sin\Theta = \rho Q(V_2\sin\Theta - 0) \end{aligned}\right\} \quad \cdots\cdots (3.25)$$

만일 유체의 자중을 고려할 필요가 없는 경우는 위 식에서 자중 W를 생략하면 된다.

만일 관이 그림 3.10과 같이 직관인 경우는 단면적의 변화가 없으므로 비압축성 유체 ($\rho = C$)인 경우 연속방정식에서 속도 변화도 없게 되므로($V_1 = V_2 = V$) 외력의 합은 0이 된다.

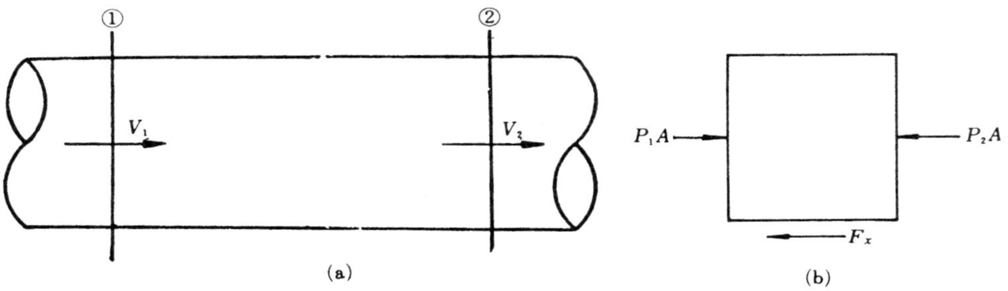

그림 3.10 직관의 자유물체도

즉, 운동량 방정식은 다음과 같이 된다.

$$P_1A_1 - P_2A_2 - F_x = 0$$

그러므로 유체에 의한 마찰력은

$$F_x = (P_1 - P_2)A \quad \cdots\cdots (3.26)$$

단면이 점차적으로 확대-축소되는 관 속을 흐르는 유체에 의하여 관에 유발되는 힘도 같은 방법으로 식을 유도해서 구할 수 있다.

예제 3.13 그림 3.9와 같은 곡관에 0.3m³/sec의 물이 $d_1 = 30$cm와 $d_2 = 15$cm로 된 곡관을 통하여 흐르고 있다. 관의 입구 단면에서의 압력이 1.8bar이고 곡관의 체적이 0.08m³일 때, 관에 작용하는 힘 F는 얼마인가? 단, 관의 입출구 높이차는 1.5m 이고 Θ=60°이다.

☞ 연속방정식에서 $0.3=\frac{\pi(0.3)^2}{4}V_1=\frac{\pi(0.15)^2}{4}V_2$

$V_1=4.24$m/sec, $V_2=16.98$m/sec, P값을 구하기 위해서, 1, 2점에 베르누이 방정식을 적용하면,

$$\frac{(4.24)^2}{2\times9.8}+\frac{180,000}{9,800}+0=\frac{(16.98)^2}{2\times9.8}+\frac{P_2}{9,800}+1.5$$

$\therefore\ P_2=30,128.6\,\mathrm{N/m^2}$

물의 자중 $W=\gamma V=0.08\times9,800=784\,\mathrm{N}$

(3.25) 식에 대입하면

$$180,000\times\frac{\pi}{4}(0.3)^2-30,128.6\times\frac{\pi}{4}(0.15)^2\cos60^\circ-F_x=1,000\times0.3(16.98\times\cos60-4.24)$$

$$F_y-784-30,128.6\times\frac{\pi}{4}(0.15)^2\sin60^\circ=1,000\times0.3(16.98\times\sin60^\circ-0)$$

따라서, $F_x=10,688.3N$

$F_y=5,335.9N$

합력의 크기 F와 수평선과 이루는 각 ϕ는

$$F=\sqrt{F_x^2+F_y^2}=11,946.2\,\mathrm{N}$$

$$\phi=\tan^{-1}\frac{F_y}{F_x}=29.5^\circ$$

예제 3.14 그림 3.10과 같이 단면이 일정한 수평 원관에 정상류 비압축성 유체가 흐르고 있다. 단면 ①과 ② 사이의 유체가 벽면으로부터 받는 힘을 구하라. 단, 직경 $d=30$cm이고, $P_1=25\mathrm{N/m^2}$, $P_2=10\mathrm{N/m^2}$이다.

☞ (3.26) 식에서 $F_x=(P_1-P_2)A=(25-10)\times\frac{\pi\times(0.3)^2}{4}=1.06\,\mathrm{N}$

(3) 날개에서의 응용

유체의 제트(Jet)가 구부러진 날개(Vane)에 부딪치게 되면, 그림 3.11과 같이 유체의 유동방향이 깃에 따라 변하여 결국 운동량의 변화를 가져오게 되므로 고정날개에는 힘이 유발된다. 이것이 바로 운동하는 유체로부터 힘을 얻게 되는 유체기계의 원리이다. 여기서 유체와 날개 사이에는 마찰이 없고 정상류로서 입구와 출구의 제트속도는 균일하다(V_1=V_2=V)고 가정한다.

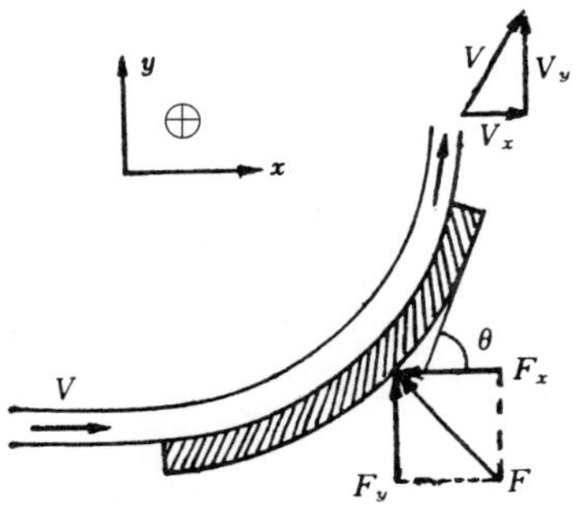

그림 3.11 고정날개에 부딪치는 유체제트

또한 제트는 대기중에 노출되어 있으므로 압력의 변화는 무시하며 대기압과 같다고 보고 유체의 자중을 무시하는 경우, 그림 3.11에서 고정날개가 제트에 주는 힘은 (3.21) 식을 적용하면

$$\left.\begin{aligned} \Sigma F_x = -F_x &= \rho Q(V\cos\Theta - V) \\ F_x &= \rho QV(1-\cos\Theta) \\ \Sigma F_y = F_y &= \rho QV\sin\Theta \end{aligned}\right\} \cdots\cdots (3.27)$$

(3.27) 식에서 Θ가 180°일 때 F_x는 최대가 되게 된다. 이는 제트의 방향이 완전히 바뀌는 경우 최대의 항력이 생기게 됨을 의미한다.

고정날개는 유체의 제트로부터 힘은 얻을 수 있었으나, 일이나 동력은 얻을 수 없었다. 그러나 움직이는 가동 날개로부터는 일이나 동력을 얻을 수 있는데, 이것이 터빈(turbine)이나 펌프(pump)의 원리이다.

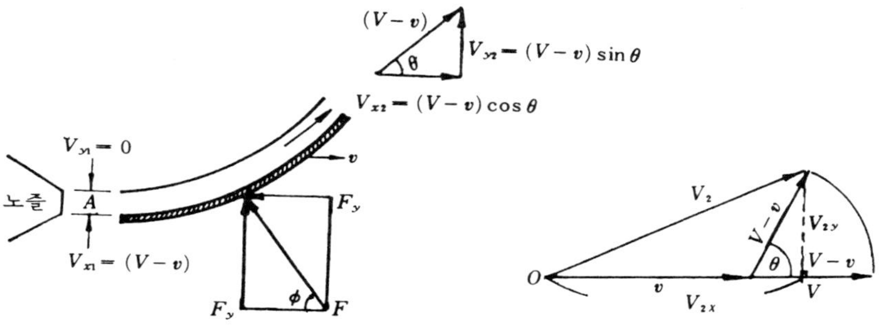

(a) (b)

그림 3.12 가동날개에 작용하는 힘

그림 3.12의 (a)는 v의 속도로 움직이고 있는 날개에 유체제트가 V의 속도로 유입될 때 유체에 의해 가동날개에 가해진 힘 F를, (b)는 날개에 대한 속도의 벡터 선도를 나타낸 것이다. 벡터선도에서 절대속도(absolute velocity) V는 원점 O에서 출발하며, 상대속도(relative velo city) $V-v$는 날개가 움직이는 속도 v가 끝나는 지점에서 출발하며, 날개의 각도 Θ만큼 경사져 있다. 이 때 원점 O와 $V-v$의 끝을 연결한 벡터선이 날개 출구에서의 절대속도가 된다.

유체가 마찰이 없다고 가정할 때 유체 제트는 날개에 $V-v$의 속도로 들어와서 Θ만큼 경사져 $V-v$의 속도로 떠난다. 운동량 방정식 (3.21)식을 적용시키면,

$$-F_x = \rho Q\{(V-v)\cos\Theta - (V-v)\} = -\rho Q(V-v)(1-\cos\Theta)$$

$$F_y = \rho Q\{(V-v)\sin\Theta - 0\} = \rho Q(V-v)\sin\Theta$$

$$\therefore \left.\begin{aligned} F_x &= \rho Q(V-v)(1-\cos\Theta) \\ F_y &= \rho Q(V-v)\sin\Theta \end{aligned}\right\} \cdots\cdots (3.28)$$

합력 $F = \sqrt{F_x^2 + F_y^2}$이고 $\phi = \tan^{-1}\frac{F_y}{F_x}$이다.

(3.28) 식에서 유량 Q는 날개 위를 지나는 제트의 실제속도 V-v를 이용하여 구한다. 즉,

$$Q = A(V-v) \cdots\cdots (3.29)$$

이 경우는 움직이는 날개(회전 차)가 한개 뿐인 경우이고, **충격 터빈**(impulse turbine)에서와 같이 날개가 원주방향으로 연속되어 있는 경우는 유체가 한 날개를 떠남과 동시에 바로 다음 날개로 진행되므로, 결국 유체 제트의 분사속도 V의 속도로 분사되는 전 유체제트를 받게 된다. 따라서 **연속날개**(series vane)의 경우에 유량은 $Q = AV$가 된다.

(3.27) 식과 (3.28) 식을 비교해 보면 **고정날개**(fixed vane)인 경우는 (3.28) 식에서 날개가 움직이는 속도 v가 0인 경우에 해당된다.

그림 (3.12)의 (b)에서 날개 출구에서의 절대속도 V_2는 V_{2x} 및 V_{2y}값을 구해서 합성해 주면 된다.

$$\left.\begin{aligned} V_{2x} &= v + (V-v)\cos\Theta \\ V_{2y} &= (V-v)\sin\Theta \end{aligned}\right\} \cdots\cdots (3.30)$$

즉, $V_2 = \sqrt{V_{2x}^2 + V_{2y}^2}$

또한 움직이는 날개로부터 얻을 수 있는 동력은 $P = F_x \cdot v = \rho Q(V-v)(1-\cos\Theta)v$이며, 수직방향의 힘 F_y는 동력에 아무런 도움도 주지 못하게 된다.

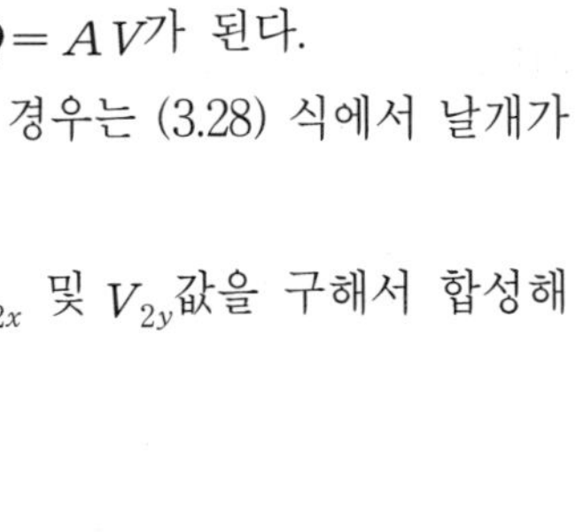

예제3.15 그림과 같은 물제트가 고정날개에 부딪치고 있다. 제트의 유량은 0.02m³/sec이고 속도는 10m/sec이며, 날개의 각도는 60°일 때 이 고정날개에 작용되는 힘 F를 구하라.

☞ (3.27) 식에 주어진 값들을 대입하면

$F_x = \rho QV(1-\cos\Theta)$

$$= 1,000 \times 0.02 \times 10(1 - \cos 60°) = 82.4\,N$$

$$F_y = \rho Q V \sin\Theta = 1,000 \times 0.02 \times 10 \sin 60° = 161.8\,\mathrm{N}$$

따라서 합력 F와 방향은 $F = \sqrt{F_x^2 + F_y^2} = 181.6\,\mathrm{N}$

$$\phi = \tan^{-1}\frac{F_y}{F_x} = \tan^{-1}\frac{161.8}{82.4} = 70°$$

예제 3.16 예제 15의 그림과 똑같은 날개가 5m/sec의 속도로 움직이고 있다. 이 때 노즐로 부터 10m/sec인 물의 분류(jet)가 분출되어 날개에 부딪친다. 분류가 날개를 떠나는 순간의 절대속도는 얼마인가?

☞ 날개에 대한 분류의 상대속도는 $V - v = 10 - 5 = 5\,\mathrm{m/sec}$ 이므로

절대속도 $V_{2x} = (V - v)\cos\Theta + v = 5\cos 60° + 5 = 7.9\,\mathrm{m/sec}$

$V_{2y} = (V - v)\sin\Theta = 5\sin 60° = 4\mathrm{m/sec}$

그러므로 분류가 날개를 떠나는 순간의 절대속도는

$V_2 = \sqrt{{V_{2x}}^2 + {V_{2y}}^2} = 8.9\,\mathrm{m/sec}$

예제 3.17 단면적이 0.003m², 수속이 100 m/sec인 분류(Jet)가 그림과 같이 60m/sec의 속도로 움직이고 있는 연속 날개에 충돌하고 있다. 이 때 분류로부터 얻을 수 있는 동력을 구하라.

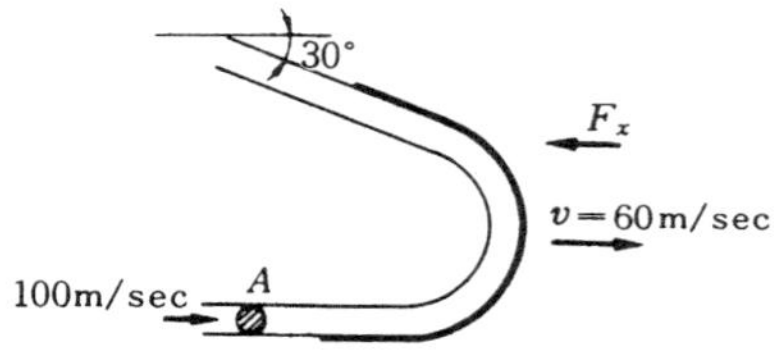

☞ 날개에 대한 유체의 상대속도 $V - v = 100 - 60 = 40\,\mathrm{m/sec}$

연속날개이므로, 유량 $Q = AV = 0.003 \times 100 = 0.3\ \mathrm{m^3/sec}$

$F_x = \rho Q(V - v)(1 - \cos\Theta) = 1000 \times 0.3 \times 40(1 - \cos 150°) = 20485.3\,\mathrm{N}$

동력 $P = F_x \cdot v = 20,485.3 \times 60 = 1,229,116.9\mathrm{N \cdot m/sec}$

$= 1,229,116.9 J/\mathrm{sec} = 1,229.1 kW$

(4) 유체기계에서의 응용

터빈에서의 회전차를 러너(runner)라고 하며, 펌프에서의 회전차는 임펠러(impeller)라 한다. 유체가 회전차를 통과하면서 출구 절대속도의 접선 방향(x방향) 성분은 점차 변하여 펌프의 임펠러를 통과하게 되면 증가($V_1 < V_2$)하고, 터빈의 러너를 지날 때는 감소($V_1 > V_2$)한다.

이와 같이 터빈이나 펌프에서는 중심축에 관해서 회전차가 회전함으로써 유체에 일을 가해 주거나(펌프) 또는, 유체로부터 일을 받게(터빈) 되므로 언제나 절대속도의 접선방향(x방

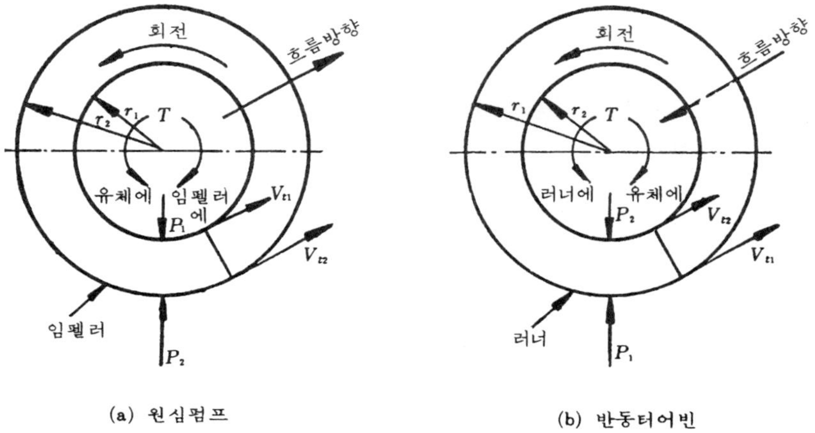

그림 3.13

향) 성분만이 일에 관계되며, 반경 방향의 속도성분(y방향)은 축의 회전에는 아무런 도움을 주지 못한다.

힘과 변위가 있는 경우에만 동력이 존재하게 되므로 움직이더라도 운동량 변화에 의한 힘의 교환이 없다면 역시 동력은 존재하지 않는다. 즉, 회전하지 않는 물레방아나 원주속도가 물의 낙하속도와 같게 되면 동력을 얻지 못한다. 날개가 회전운동을 하고 있을 때는 운동량 방정식에 의한 힘의 작용은 회전 중심으로부터의 거리에 따라 회전력이 크게 다르므로, 미소 운동량 변화에 의한 접선 방향 힘들에 각각의 반지름이 곱하여져 회전력이 계산된다. 그림 3.13에서는 회전축에 대해서 대칭인 회전차를 가지고 있는 원심펌프와, 반동 터빈의 회전방향과 유체의 흐름방향을 나타내고 있다. 1은 입구를, 2는 출구를 표시하며, 중심축에 관한 운동량의 모멘트 시간에 대한 변화율은 그 축에 대한 모멘트의 합, 즉 토오크 T와 같다.

$$\frac{d}{dt}(rmV) = \rho Q\{(rV_t)_2 - (rV_t)_1\} = \Sigma M = T \quad \cdots\cdots (3.31)$$

(3.31) 식에서 토크 T의 방향은 펌프의 경우는 반시계 방향이고, 터빈에서는 시계 방향이므로 동력은 $P = T \cdot w = \gamma QE$에서 펌프인 경우 유체의 단위 중량당 에너지, 즉 펌프에너지 수두는 (3.31) 식을 대입하여

$$E_p = \frac{T \cdot w}{\gamma \cdot Q} = \frac{w}{g}(r_2 v_{2t} - r_1 v_{1t}) \quad \cdots\cdots (3.32)$$

터빈에 대해서는 $r_1 v_{1t} > r_2 v_{2t}$이므로

$$E_r = \frac{w}{g}(r_1 v_{1t} - r_2 v_{2t}) \cdots\cdots (3.33)$$

예제 3.18 다음 그림과 같은 스프링클러(sprinkler)는 노즐로부터 2 l/s로 물을 분출시키고 있다. 이 스프링클러가 정지해 있도록 하기 위해서는 얼마의 토오크가 필요한가? 단, 노즐의 직경은 0.39cm이다.

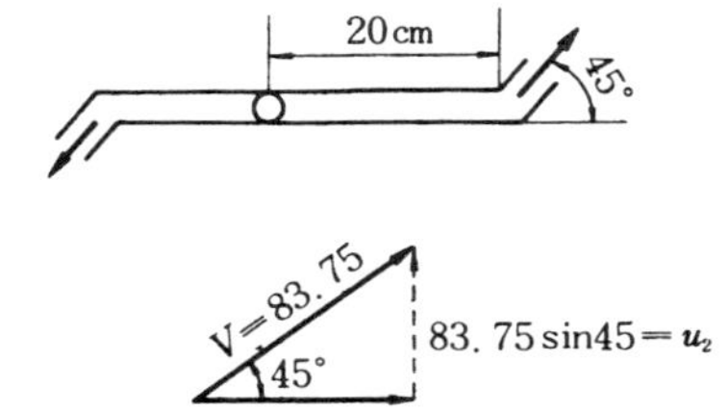

☞ 노즐에서 속도 V는

$$V = \frac{Q}{2A} = \frac{0.002}{2 \times \frac{\pi}{4}(0.39 \times 10^{-2})^2} = 83.75\,\text{m/s}$$

그러므로

$$V_{2t} = 83.75\sin 45 = 59.22\,\text{m/sec}$$

토크 T는 $\therefore\ T = (\rho Q V_{2t})r$

$$= \frac{1,000}{9.8} \times 0.002 \times 59.22 \times 0.2 = 2.42\,\text{kg}_f \cdot \text{m} = 2.42 \times 9.8\text{N} \cdot \text{m} = 23.72\text{J}$$

(5) 운동에너지와 운동량 수정계수

지금까지는 문제를 쉽게 해결하기 위하여, 1차원으로 가정된 흐름의 속도는 단면에서의 속도분포가 균일한 것으로 보고 평균속도를 써왔다. 그러나 실제로 유체의 속도는 흐름의 형태에 따라 어느 한 단면에서도 그 단면상의 위치에 따라 그 크기가 다르다.

평균을 제곱하면 제곱을 평균한 값과 같지 않듯이 평균속도 V를 제곱하거나 3제곱하여 쓸 경우 뜻(값)이 달라진다. 즉 베르누이 방정식에서 속도수두 $\frac{V^2}{2g}$에서 V는 유로단면에서의 평균속도이다. 그러나 단면의 임의점에서의 속도분포의 값 v를 이용한 운동에너지 $\frac{v^2}{2g}$을 전단면에 대하여 적분함으로써 얻어진 값은, 평균속도 V를 이용하여 계산한 값과 차이가 있게 된다. 따라서 좀더 정확한 속도수두를 평균속도 V를 이용하여 계산하려면, 수정계수 α를 $\frac{V^2}{2g}$의 값에 곱하여 줌으로써 일일이 $\frac{v^2}{2g}$의 값을 전단면에 대하여 적분해야 하는 불편을 덜면서 얻게 된다.

단면 A를 통과하는 유체의 속도를 변수 u라 하면, 미소 단면적 dA에 그 때의 속도 u를 곱하여 전단면에 걸쳐 합한 것이 유량이다.

즉, $Q=AV=\int_A udA$, $A=\int_A dA$이다.

단위시간 동안 단면을 통과하는 질량이 가지는 운동에너지 E_k는

$$E_k=\int_A dm\frac{v^2}{2}=\int_A(\rho vdA)\cdot\frac{v^2}{2}=\int_A\left(\frac{1}{2}\rho v^3 dA\right)$$

평균속도로 구하는 운동에너지 E_k'는

$$E_k'=\frac{\rho QV^2}{2}=\frac{1}{2}\rho AV^3$$으로 일반적으로 $E_k\neq E_k'$이므로

$$\alpha E_k'=E_k \text{에서} \quad a=\frac{E_k}{E_k'}=\frac{1}{A}\int_A\left(\frac{v}{V}\right)^3 dA \quad\cdots\cdots (3.34)$$

(3.34) 식의 α를 **운동에너지 수정계수**라 하며, 이 값은 관류(pipe flow)에서 흐름이 층류일 때는 α=2이지만 난류일 때는 α=1.01~1.1의 범위로서, 보통 1로 놓게 되어 수정계수를 고려할 필요가 없게 된다.

같은 방법으로 운동량 수정계수 β를 구하면 다음과 같다.

$$\beta=\frac{1}{A}\int_A\left(\frac{v}{V}\right)^2 dA \quad\cdots\cdots (3.35)$$

연습문제

1. 유선이란?

답 유체 흐름의 모든 점에서 속도 벡터의 방향과 일치하도록 그려진 가상곡선이다.

2. 유선의 방정식은?

답 $\dfrac{dx}{u}=\dfrac{dx}{v}=\dfrac{dz}{w}$, $g\times d\gamma=0$

3. 기체가 1kg/sec로 직경 40cm인 파이프 속을 등온적으로 흐른다. 이 때 압력은 $30kg_f/m^2$ abs, R=$20kg_f \cdot m/kg°K$, t=27℃일 때 평균속도는 몇 m/sec인가?

답 1,592 m/sec

4. 물이 직경이 2m인 관 속을 평균속도 10m/sec로 흐르고 있다. 이 때 유량은 몇 m^3/sec인가?

답 $31.4m^3/sec$

5. 송출구의 지름이 200mm인 펌프의 양수량이 $3.6m^3$/min 일 때 유속은 얼마인가?

답 1.91m/sec

6. 비행기의 날개 주위의 유동장에 있어서 날개 단면의 먼 쪽에 있는 유선의 간격은 20mm, 그 점의 유속은 50m/sec이다. 날개 단면과 가까운 부분의 유선 간격이 15mm이면 이곳에서의 유속은 몇 m/sec인가?

답 66.6m/sec

7. 베르누이 방정식 $\dfrac{p}{\gamma}+\dfrac{v^2}{2g}+z=$일정의 단위는?

답 J/N, m, $kg_f \cdot m/kg_f$

8. 체적유량과 관계가 없는 것은 다음 중 어느 것인가?

㉮ 압축성 유체, 특히 기체의 유량　　㉯ L^3T^{-1}

㉰ 연속방정식　　㉱ [l/min] 또는 [m³/sec]

답 ㉮

9. 5m의 높이에 있는 물의 수압은 8kg$_f$/cm²이고, 10m/sec의 속도로 흐르고 있다. 이 유체의 E.L.은 얼마인가?

답 90.1m

10. 그림과 같은 저장 탱크에 물이 들어 있고 수심 4m 지점에 10cm인 노즐이 달려 있다. 이 때 노즐로부터 나오는 물의 유속과 유량을 구하라.

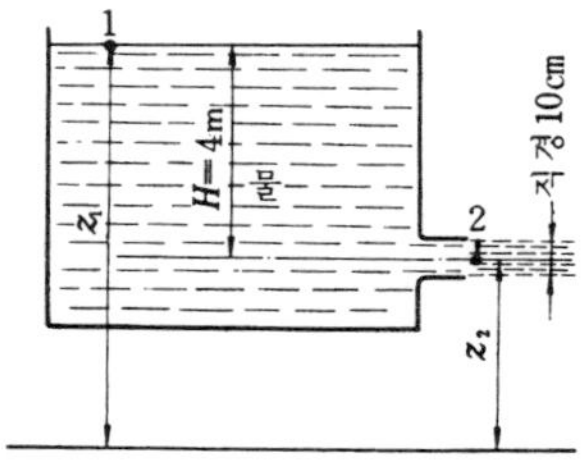

답 8.86m/sec　0.07m³/sec

11. 다음 그림과 같은 관로에 물이 흐르고 있다. 만일 관로에서의 모든 손실을 $KV_2^2/2g$로 대표할 수 있을 때, 펌프로부터 물에 준 에너지를 계산하기 위하여 에너지 방정식을 세우면? 단, 내부 에너지의 변화는 무시한다.

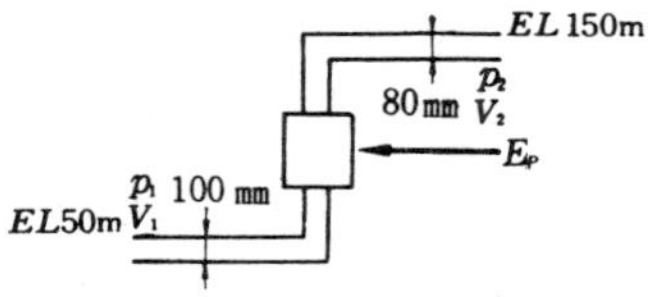

답 $\frac{p_1}{\gamma}+\frac{V_1^2}{2g}+50+E_P=\frac{p_2}{\gamma}+\frac{V_2^2}{2g}+150+K\frac{V_2^2}{2g}$

12. 다음 그림에서 펌프의 입구 및 출구측에 연결된 압력계 1, 2가 각각 -25mmHg와 2.6bar를 가리켰다. 이 펌프의 배출 유량이 0.15 m³/sec 가 되려면 펌프의 동력은 얼마가 되어야 하는가? 단, 손실수두는 0이다.

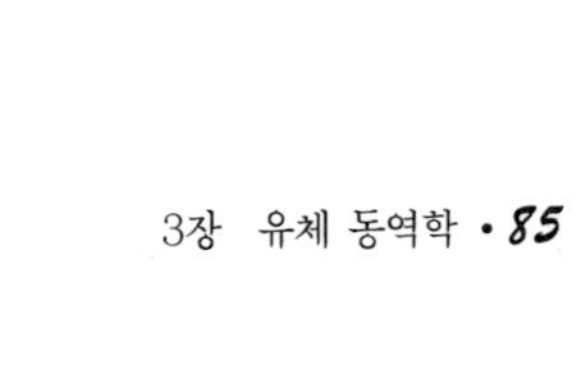

답 47.60kW

13. 수력구배선 H.G.L은?

답 위치수두와 압력수두와의 합을 나타내며 항상 에너지선보다 아래에 있다.

14. 수평원관 속에 물(비중 1)이 2.8m/s의 속도와 0.36kg_f/cm^2의 압력으로 흐르고 있다. 이 관의 유량이 0.75m^3/s일 때 손실수두를 무시할 경우 물의 동력은 얼마인가?

답 40PS

15. 그림과 같은 관에 물이 10l/sec로 흐르고 있을 때 A와 B점에 압력차는 몇 kg_f/cm^2 인가? 단, 모든 손실은 무시한다.

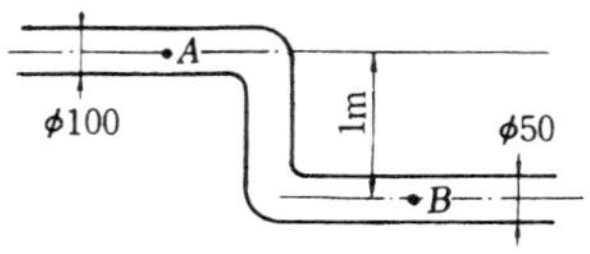

답 242.15 kg_f/cm^2

16. 다음 그림과 같이 비중이 0.85인 기름이 V=10m/sec로 흐르고 있다. 판을 고정시키는 데 필요한 힘 F는 몇 뉴턴인가?

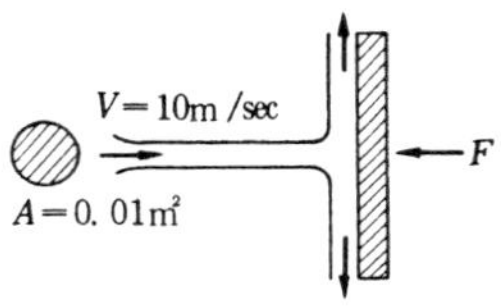

답 850N

17. 120°로 구부러진 고정날개에 속도 30m/sec인 분류(jet)가 +x방향으로 분출되고 있다. 분류가 날개를 나갈 때 속도성분 V_{x2}, V_{y2}는 각각 몇 m/sec인가?

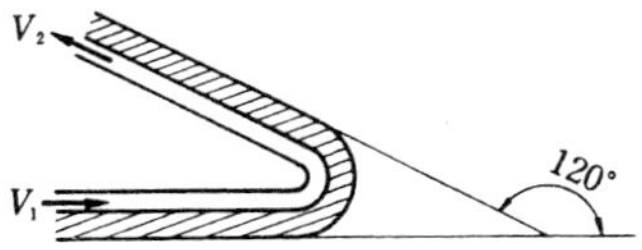

답 $V_{x2} = -15\text{m/sec}$ $V_{y2} = 15\sqrt{3} \fallingdotseq 26\text{ m/sec}$

18. 20m/sec로 움직이는 이동날개에 운동방향으로 250N의 힘을 가했을 때 얻어지는 동력은 몇 kW 인가?

답 5kW

19. 운동량 방정식 $\sum F = Q\rho(V_2 - V_1)$은 어떤 가정하에 유도된 것인가?

답 각 단면에서의 속도분포는 일정하다.

20. 다음 그림과 같은 터빈 날개에 분류가 v m/sec의 속도로 날개에 따라 들어올 때 날개를 고정시키는 데 필요한 x성분의 힘 F_x 및 y 성분의 힘 F_y는?

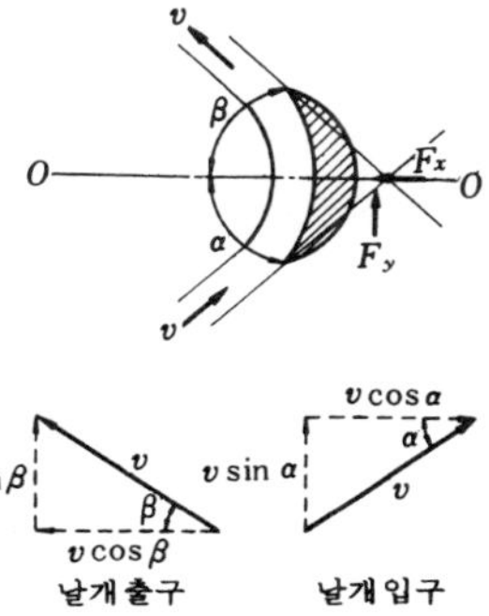

답 $F_x = \rho Qv(\cos\alpha + \cos\beta)$ $F_y = \rho Qv(\sin\beta - \sin\alpha)$

21. 단면이 일정한 수평관에 물이 흐르고 있다. 관마찰을 F_f라고 할 때 1, 2 단면에서의 압력차는 얼마인가? 유체는 실제유체로서 관마찰이 존재한다.

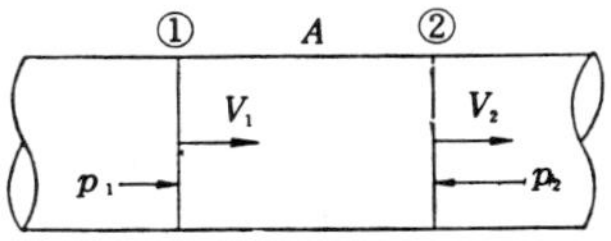

답 $\dfrac{F_f}{A}$

22. 그림과 같은 펠톤 수차의 런너의 원주방향으로 연속적으로 달려 있는 날개에 액체제트가 충돌하고 있다. 제트의 속도를 V_0, 날개의 원주속도를 u, 날개의 각을 θ라고 할 때 최대동력 P는 얼마인가?

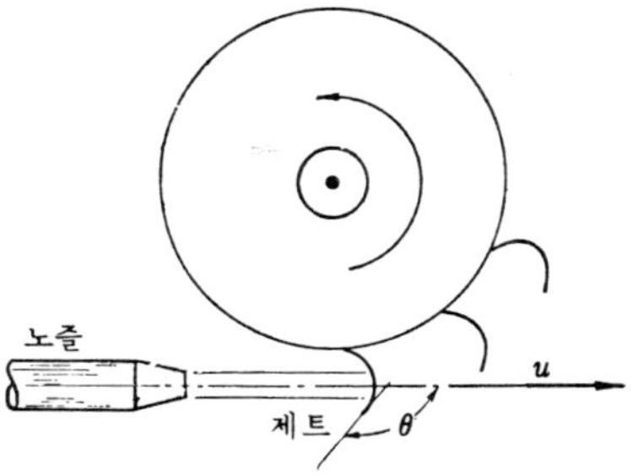

답 $\rho Q \dfrac{V_0^2}{2}$

23. 운동량의 단위는?

답 $kg_f \cdot s(N \cdot s)$

24. $0.3 \times 0.4 \times 0.2m^3$인 돌을 물에 넣고 잰 무게가 $5kg_f$이었다. 이 돌의 공기중에서의 무게는 얼마인가?

답 $29kg_f$

25. 중심축에 관한 토크는?

㉮ 중심축에 관한 운동량의 모멘트와 같다.
㉯ 중심축에 관한 운동량의 모멘트의 시간에 대한 변화율과 같다.
㉰ 운동량에는 관계가 없고 외력에만 관계된다.
㉱ 중심축에 관한 모멘트와는 관계가 없다.

답 ㉯

26. 연속날개에 있어서의 유량은?

㉮ 날개에의 움직이는 속도와는 관계없다.
㉯ 제트의 속도에 관계없다.
㉰ 단일날개의 경우와 같다.
㉱ 제트의 상대속도와 관계된다.

답 ㉮

27. 다음 그림과 같은 탱크차의 측면에 지름이 20cm인 노즐이 수면으로부터 5m밑에 있다. 이 차가 받는 추력은 몇 kg_f인가?

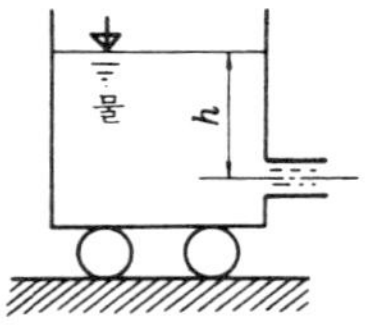

답 313 kg_f

28. 다음 그림과 같은 스프링클러에서 물이 10l/sec로 흐르고 있다. 이 때 스프링클러의 시동 회전력은 몇 J인가? 단, 노즐 직경은 5cm이다.

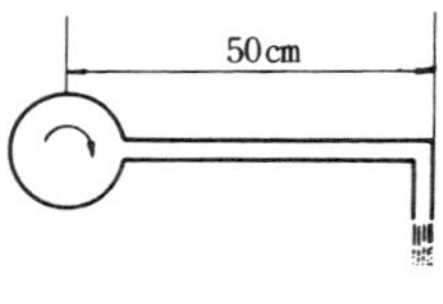

답 25.5J

29. 절대속도가 40m/sec인 분류가 20m/sec의 속도로 분류방향으로 이동하고 있는 날개에 분출되고 있다. 분류가 날개를 떠나는 순간에 갖는 절대속도의 분류의 접근방향 V_x와 이것에 수직인 방향 V_y의 성분은? 단, 날개각은 150°이다.

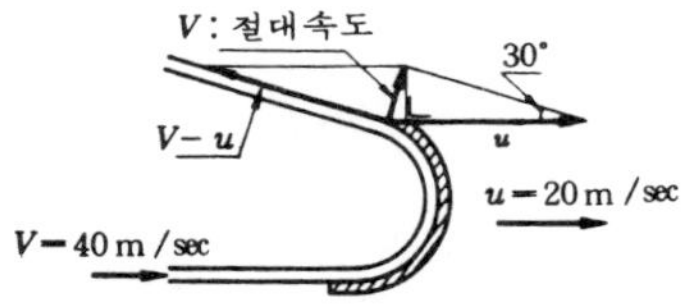

답 $V_x =$ 2.68m/sec
$V_y =$ 10m/sec

30. 그림에서 비중이 0.85인 액체가 분출되고 있다. 단면 1의 압력이 10 kg/cm²일 때 이 노즐에 작용하는 힘을 계산하시오.

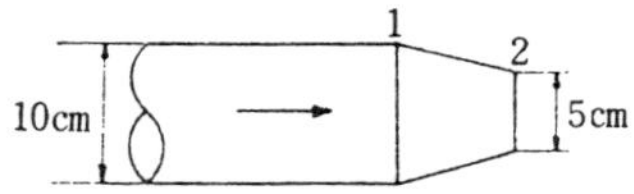

답 753.39kgf

4 실제유체의 흐름

지금까지 유체는 마찰이 없고 밀도의 변화가 없는 이상유체의 흐름으로 취급하였다. 본 장에서는 유체 내의 점성으로 인하여 유체입자간, 또는 고체경계면과의 마찰로 전단응력이 발생하여 유동저항이 생기는 실제유체를 공부하게 된다. 유체의 흐름은 레이놀즈 수에 의하여 층류(層流)와 난류(亂流)로 구분되며, 레이놀즈 수와 경계층 흐름의 개념을 도입하여 층류경계층의 운동량 방정식을 유도한다. 또한 유체의 흐름 중에서 유체를 수송하는 유로(流路)에 유체가 가득 채워진 상태(狀態)로 흐르는 유체 흐름을 폐수로(閉水路) 흐름(flɔw in closed conduits)이라 하는데 대표적인 폐수로 흐름인 관류(pipe flow)와 실제관로의 제손실계산 및 수격작용 등을 논한다.

4.1 레이놀즈 수(Reynolds Number)

실제 유체의 흐름에 있어서 점성의 효과는 흐름의 상태(狀態)를 층류(層流)(laminar flow)와 난류(亂流)(turbulent flow)로 구분시킨다.

그림 4.1은 레이놀즈(Osborne Reynolds)가 고안한 실험장치로 물탱크에 긴 투명 유리관을 설치하는 것인데 이 관의 입구는 유동마찰을 줄이기 위하여 나팔 모양으로 만든다.

또한 용기 A로부터 염료가 공급될 수 있는 가는 관을 유리관의 중심에 위치시킨다. 그리고 유리관의 끝부분에는 유체속도를 조절할 수 있게 밸브 C를 설치하였다. 레이놀즈는 이 실험을 통하여 유리관 속에서 유속

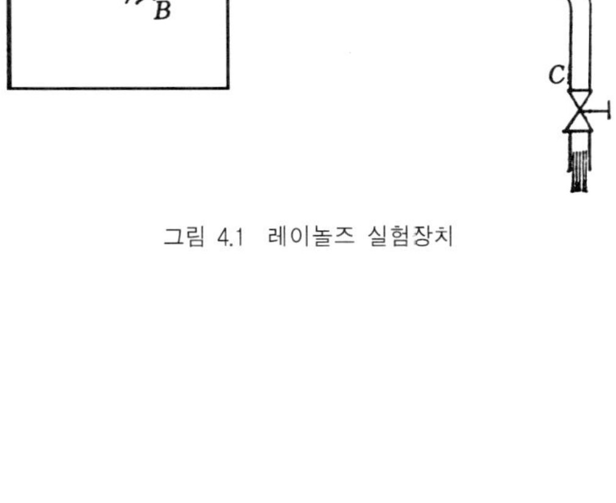

그림 4.1 레이놀즈 실험장치

이 느린 경우에는 물감물은 유리관에 평행한 하나의 흐트러지지 않는 가는 실선을 이루고, 밸브를 열어서 점차 유속을 증가시키면 물감물의 가는 선은 점차 흐트러져 안정을 잃고 나중에는 유리관 속의 유동하는 물 속으로 확산됨을 발견하였다.

즉, 유체의 입자가 서로 층의 상태로 미끄러지면서 상호 뒤섞임 없이 질서정연하게 흐르고 있는 상태를 **층류 흐름**이라 하였고, 유속이 빨라져서 유체의 입자들이 아주 불규칙한 운동을 하여 심한 운동량의 변화를 일으키면서 서로 뒤섞이어 흐르는 상태를 **난류 흐름**이라 하였다.

느린 속도에서 유속을 점차 증가시켜 어느 일정한 속도에 이르면 층류가 난류로 바뀌어지는데, 관에서 층류를 난류로 변하게 하는 유속을 **상임계속도**(upper critical velocity)라 하고, 난류 상태의 흐름에서 유속을 점차 줄이면 다시 층류 상태로 변화되는데, 이 때의 유속을 **하임계속도**(lower critical velocity)라 한다.

레이놀즈는 이상의 실험결과를 무차원 함수 R를 도입하여 일반화 하였다.

$$R = \frac{Vd\rho}{\mu} = \frac{Vd}{\nu} = \frac{\text{관성력}}{\text{점성력}} \quad \cdots\cdots (4.1)$$

여기서 V는 관 속에서의 유체의 평균속도, d는 관의 지름, ρ는 유체의 밀도, μ는 유체의 점성계수, ν는 유체의 동점성계수이며, R는 레이놀즈 수(Reynolds Number)이다.

관류에 대한 여러 종류의 실험치를 종합해 보면 일반적으로 유체의 종류, 관의 종류와 치수에 관계없이 원형관(pipe)의 흐름일 때는 다음과 같은 결과를 얻는다.

$R < 2{,}100$이면 층류
$2{,}100 < R < 4{,}000$이면 천이구역
$R > 4{,}000$이면 난류

여기서 2,100은 하임계 레이놀즈 수로 그 하한치 아래서는 어떠한 난류유동도 점성에 의하여 약화되어 없어지므로, 층류 유동이 항상 일어날 수 있는 한계치이다. 4,000은 상임계 레이놀즈 수이다. 이런 임계 레이놀즈 수의 값은 항상 일정한 값을 갖는 것이 아니고, 실험장치의 여러 기하학적인 조건 및 기타 주위 환경에 따라 크게 달라진다.

그러므로 교과서에 따라서는 하임계 레이놀즈 수를 2,000 또는 2,300으로 사용하기도 한다. 레이놀즈 수의 값에 따르는 층류와 난류의 구별은, 유체의 종류나 관의 직경에 관계없이 단면이 일정한 관 속의 흐름에 대해서는 언제나 적용된다.

예제 4.1 직경이 4cm인 수평 원관에 평균속도 0.5m/sec로 동점성계수 0.017887stokes의 물이 흐르고 있

다. 레이놀즈 수를 구하고 층류, 난류를 판별하라.

☞ $R=\dfrac{V\cdot d}{\nu}=\dfrac{0.5\times0.04}{0.017887\times10^{-4}}=11,180$

R가 4,000보다 크므로 난류 흐름이다.

예제 4.2 20℃의 물이 직경이 3cm인 원관 속을 흐르고 있다. 층류로 흐를 수 있는 최대 유량은?

☞ 층류로 흐를 수 있는 임계 레이놀즈 수를 2,100으로 놓고, 물의 동점성계수를 표에서 찾으면 $\nu=1.006\times10^{-6}$ m²/sec이므로,

$R=\dfrac{V\cdot d}{\nu}\rightarrow 2,100=\dfrac{V\times0.03}{1.006\times10^{-6}}$

$\therefore\ V=0.0704\text{m/sec}$

$Q=A\cdot V=\dfrac{\pi}{4}(0.03)^2\times0.0704=4.98\text{m}^3/\text{sec}$

4.2 경계층(Boundary Layer)

실제유체가 고체 평판 위를 통과할 때 점성의 영향으로 평판 표면에서는 속도가 0이 되고, 전단응력과 속도구배를 생기게 하며, 평판 표면으로부터 거리가 멀어질수록 유체속도는 증가한다. 그러나 평판으로부터 일정한 거리가 떨어진 다음은 유속은 일정치가 되고, 그 이상 변하지 않게 된다. 이와 같이 점성의 영향이 미치는 구역을 **경계층**(boundary layer)이라고 정의하며, 경계층 바깥에서의 실제 유체의 유동은 점성의 영향이 안 미치는 이상 유체로 생각할 수 있다. 그림 4.2는 수평 평판위에 유체가 흐를 때 경계층이 발전되는 모양을 표시한 것이다.

평판의 선단으로부터 거리가 멀어질수록 경계층의 두께는 점점 두꺼워진다. 처음 얼마까지

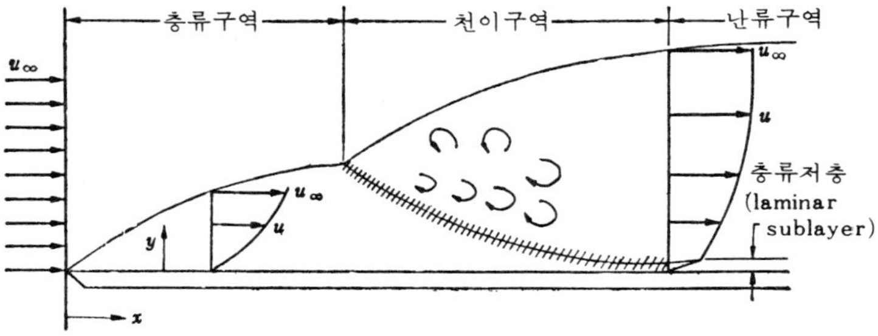

그림 4.2 평판에서의 경계층

는 흐름이 안정이 된 층류 경계층으로 시작되어 거리가 멀어질수록 천이구역(transition)을 거쳐 난류 경계층으로 발전한다. 경계층 해석에서 흐름의 특성에 따라 전단력이나 운동이 전혀 달라지기 때문에, 층류 경계층인지 난류 경계층인지 구별하는 일이 중요하다.

따라서 이 값이 변하는 점은 평판의 선단으로부터의 거리 x에 직접 관계된다. 이 때 층류에서 난류로 옮겨지는 최소의 길이 x를 임계길이라 하고, 이 임계길이를 이용해서 얻어지는 레이놀즈 수를 임계레이놀즈 수(Critical Reynolds Number)라고 정의한다.

$$R_x = \frac{\rho U_\infty x}{\mu} = \frac{U_\infty x}{\nu} \quad \cdots\cdots (4.2)$$

여기서, U_∞ : 자유 흐름의 속도

x : 평판 선단으로부터의 거리

ν : 유체의 동점성 계수

평판에서 임계 레이놀즈 수 Rx는 약 5×10^5이다. 그러나 이 값은 평판면의 조도, 유체의 성질, 자유 흐름의 안정도 등에 따라서 크게 변하며, 이 임계 레이놀즈 수의 값은 대개 5×10^5~10^6의 값이다.

경계층 두께는 경계층의 경계면으로부터의 수직거리δ로 표시해야 하나, 경계층 내의 속도분포 U와 자유 흐름의 속도 U_∞와의 한계가 명확치 않으므로 자유 흐름의 속도(free stream velocity)의 99%가 되는 점까지의 두께로 표시한다. 경계층 이론에서 이 외에 이것과 밀접한 관계가 있는 경계층의 변위두께(displacement thickness), 운동량 두께(momentum thickness), 에너지 두께(energy thickness) 등도 사용한다.

경계층의 층류 속도분포의 모양은 대략 포물선 형태이지만, 난류 경계층에서의 속도분포는 평판근방에서는 거의 직선의 형태를 이루다가 완만한 포물선 분포를 가짐을 알 수 있다.

이와 같이 평판 벽면 가까이에서 생기는 얇은 층류의 층을 층류저층(laminar sublayer)이라 한다.

(1) 프랜틀의 혼합길이(Prandtl mixing length)

유체가 평행한 경로를 따라 운동하는 층류 유동에서는 유동저항이 유체의 점성에 의하여 지배를 받으며, 제1장에서 소개한 뉴턴의 점성법칙의 지배를 받는다.

$$\tau = \mu \frac{du}{dy}$$

그러나 유체 입자가 아주 무질서하게 움직이는 난류 유동에서는 층류 유동처럼 뉴턴의 점성법칙만으로 표시할 수 없다. 임의의 순간에 유동의 변동속도 성분(fluctuating velocity component)들의 상호작용 효과를 고려해야 한다.

일반적으로 난류에서 변동속도들의 영향을 다음과 같이 정의한다.

$$\tau = \varepsilon \frac{du}{dy} \quad \cdots\cdots (4.3)$$

여기서 ε는 와점성 계수(eddy viscosity)이다.

점성계수 μ는 온도만의 함수이나 와점성 계수는 유체의 속도, 밀도 기타 난류구조 등 유동조건에 따라 변하는 유동 성질이므로, 유체 유동에 대한 일반식은 다음과 같다.

$$\tau = (\mu + \varepsilon) \frac{du}{dy} \quad \cdots\cdots (4.4)$$

여기서 층류일 때는 $\varepsilon = 0$이고, 난류 일 때는 $\mu \approx 0$이다.

즉, 플랜틀의 이론(Prantl's theory)에 의하면 와점성계수 ε는 난류에서 유체입자가 이웃에 있는 다른 속도 구역으로 이동되는 평균거리인 혼합거리 l과 속도구배 $\frac{du}{dy}$의 함수로 표시한다.

$$\varepsilon = \rho l^2 \frac{du}{dy} \quad \cdots\cdots (4.5)$$

(2) 경계층 방정식

경계층 형상의 해석은 수학적으로 복잡한 방법이 요구되나 역적과 운동량 방정식을 이용하면 편리하다. 여기서는 이 유도과정은 생략하고 간단히 결과만 살펴보기로 하자.

층류 경계층 두께 δ와 선단으로부터의 거리 x와의 관계는,

$$\frac{\delta}{x} = \frac{5.0}{R_x^{1/2}} \text{(완전해)} \quad \text{or} \quad \frac{\delta}{x} = \frac{4.64}{R_x^{1/2}} \text{(근사해법)} \quad \cdots\cdots (4.6)$$

난류 경계층 두께 δ와 선단으로부터의 거리 x와의 관계는,

$$\frac{\delta}{x} = \frac{0.376}{R_x^{1/5}} \quad \cdots\cdots (4.7)$$

위 식에서 난류경계층 두게는 $x^{4/5}$에 비례하여 증가하지만, 층류경계층은 $x^{1/2}$에 비례하여 증가하므로 층류보다 난류가 빨리 증가함을 알 수 있다.

예제4.3 경계층 밖의 자유흐름 속도가 10m/sec이면 경계층 내에서 최대속도는 몇 m/sec인가?

☞ $\frac{U}{U_\infty}=0.99$ 이므로 $U=0.99U_\infty=0.99\times10=9.9$m/sec

예제4.4 $\upsilon=16.7\times10^{-6}$ m²/sec인 공기가 평판 위를 4m/sec로 흐르고 있다. 선단으로부터 50cm인 곳의 경계층 두께는 몇 mm인가?

☞ $R_x=\frac{U_\infty \cdot x}{\nu}=\frac{4\times0.5}{16.7\times10^{-6}}=119,760<5\times10^5$이므로 층류 경계층이다.

따라서,

$$\delta=\frac{5.0x}{{R_x}^{1/2}}=\frac{5\times0.5}{(119,760)^{1/2}}=7.22\times10^{-3}\text{m}=7.22\text{mm}$$

4.3 관 속에서의 유체유동

모든 유체는 점성을 가지고 있지만, 문제의 해결을 간단히 하기 위해서 유동중에 점성의 영향은 무시할 수 있다고 가정한다. 그러나 실제유체 문제를 정확히 서술하기 위해서는 점성 효과를 고려하여야 한다. 점성은 이동하는 유체에 전단응력을 발생시키는 유체의 성질이며, 유동을 비가역으로 만들고 또한 손실의 원인이 된다.

관 속에서 유체가 비압축성 정상류 흐름일 때 베르누이 방정식은

$$\frac{P_1}{\gamma}+\frac{{V_1}^2}{2g}+z_1=\frac{P_2}{\gamma}+\frac{{V_2}^2}{2g}+z_2+H_L \text{이다.}$$

여기서 H_L은 점성으로 인한 마찰손실이다. 실험에 의하여 손실수두는 속도수두 $\left(\frac{V^2}{2g}\right)$와 길이($l$)에 비례하고, 관경($d$)에 반비례함을 알았다.

곧고 긴 원관(pipe)에서의 손실은 달시(Darcy)와 바이스바흐(Weisbach)에 의하면

$$H_L=f\frac{l}{d}\frac{V^2}{2g} \quad \cdots\cdots (4.8)$$

을 제안하였다. 이 방정식을 보통 **달시 방정식**(Darcy equation)이라 한다. 여기서 f는 **관마찰계수**(friction factor)로 주로 관의 조도(roughness)와 속도, 관 직경 및 유체의 점성계수 등의 영향을 받는다.

(1) 관내의 층류유동

수평 원관 속에 비압축성 유체가 정상류로 흐르고 있는 층류유동을 생각해 보다.

그림 4.3과 같이 수평관 중심선을 기준으로 만든 원통형 모양의 자유물체도를 생각해 보면 정상류 흐름이기 때문에 가속도가 없어 외력만으로 평형을 이루어야 하므로, 외부에 작용하는 전외력의 합은 0이어야 한다.

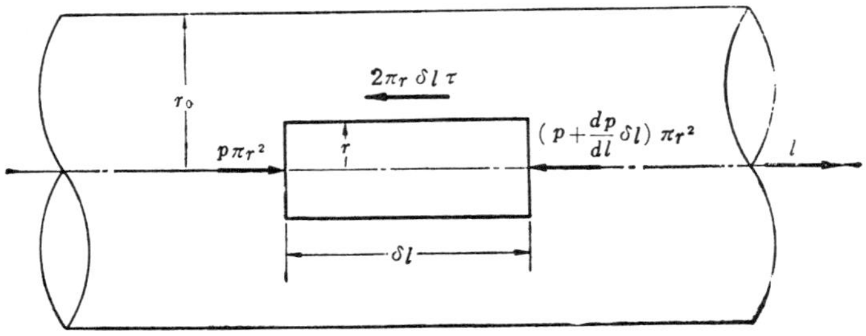

그림 4.3 원관 속 흐름에 대한 자유물체도

외력의 합을 구하면,

$$p\pi r^2-\left(p+\frac{dp}{dl}\delta l\right)\pi r^2-2\pi r\delta l\tau=0$$

$$\therefore\ \tau=-\frac{dp}{dl}\frac{r}{2} \quad \cdots\cdots (4.9)$$

1차원 층류 흐름에 대해서 뉴턴의 점성법칙 $\tau=\mu\frac{du}{dy}=-\mu\frac{du}{dr}$ 를 위 식에 대입하면,

$$\frac{du}{dr}=\frac{1}{\mu}\frac{dp}{dl}\frac{r}{2}$$

이 식에서 dp/dl는 관의 길이만의 함수로서 반경 r과는 무관하므로 적분하면

$$U=\frac{1}{4\mu}\frac{dp}{dl}r^2+C$$

벽면 $r=r_0$에서 유속 $u=0$이므로

$$C=-\frac{1}{4\mu}\frac{dp}{dl}{r_0}^2$$

따라서 수평원관 흐름의 층류 속도분포 방정식은

$$U = -\frac{1}{4\mu}\frac{dp}{dl}(r_0^{\,2} - r^2) \qquad (4.10)$$

관중심 r=0에서 속도가 최대이므로 최대속도 U_{max} 는

$$U_{max} = -\frac{1}{4\mu}\frac{dp}{dl}r_0^{\,2} \qquad (4.11)$$

방정식 (4.9)에서 dp/dl의 값은 관의 길이 l만의 함수로 관의 임의 한 단면에서는 상수이므로 전단응력은 반경 γ만의 함수이다.

즉, 그림 4.4와 같이 관중심에서 0이고 관벽까지 선형적으로 증가한다. 속도분포는 방정식 (4.10)에서와 같이 반지름 r의 제곱에 비례하므로 포물선의 형태를 갖는다.

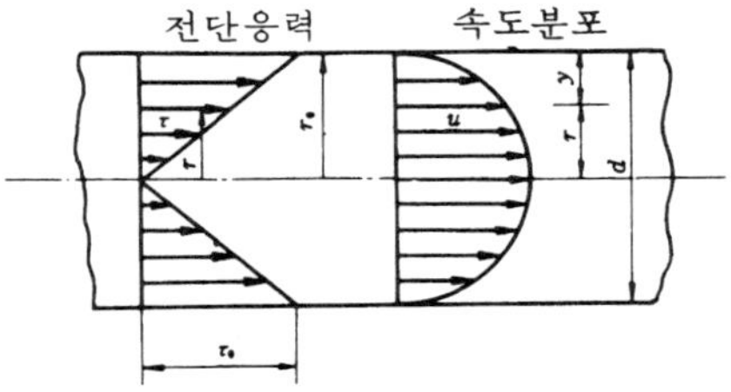

그림 4.4 전단응력과 속도분포

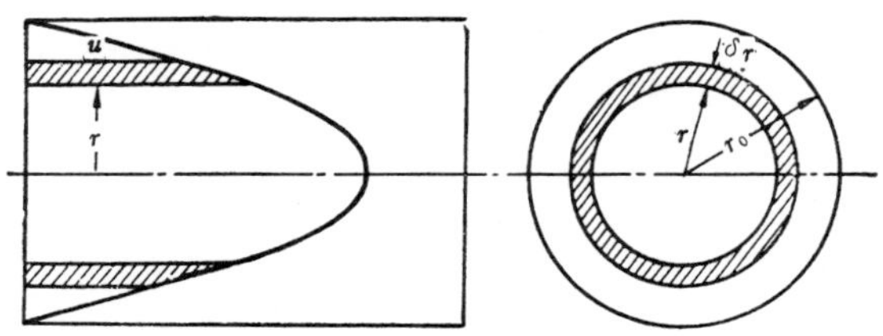
그림 4.5 유량측정을 위한 면적요소

유량 Q는 그림 4.5에서 미소면적 dA에 속도 U의 값을 전 단면적에 대해 적분함으로써 얻는다.

$$Q = \int_0^{r_0} U dA = \int_0^{r_0} U \cdot 2\pi r dr$$

여기서 U대신 방정식 (4.10)을 대입하면

$$Q = -\frac{\pi}{2\mu}\frac{dp}{dl}\int_0^{r0}(r_0^{\,2} - r^2)\gamma d\gamma = -\frac{\pi r_0^{\,4}}{8\mu}\frac{dp}{dl} \qquad (4.12)$$

$-\frac{dp}{dl}$ 대신 $\frac{\Delta p}{L}$ 로 쓰면

$$Q = \frac{\Delta p \pi r_0^{\,4}}{8\mu L} = \frac{\Delta p \pi d^4}{128\mu L} \qquad (4.13)$$

식 (4.13)을 하겐-포아젤방정식(Hagen-Poiseuille equation)이라 한다.

그리고 평균속도 V는

$$V=\frac{Q}{A}=\frac{\frac{\Delta p\pi r_0^{\ 4}}{8\mu L}}{\pi r_0^{\ 2}}$$

$$=\frac{\Delta p r_0^2}{8\mu L} \quad\cdots\cdots (4.14)$$

식 (4.14)를 식 (4.11)로 나누면 최대속도와 평균속도와의 관계는

$$\frac{V}{U_{\max}}=\frac{1}{2} \quad\cdots\cdots (4.15)$$

압력강하는 식 (4.13)에서

$$\Delta p=\frac{128\mu LQ}{\pi d^4} \quad\cdots\cdots (4.16)$$

그리고 손실수두 H_L은

$$H_L=\frac{\Delta p}{\gamma}=\frac{128\mu LQ}{\gamma\pi d^4}$$

$$=\frac{128\mu L\frac{\pi}{4}d^2\cdot V}{\rho g\pi d^4}=\frac{64\mu}{\rho d}\frac{l}{d}\frac{V}{2g}=\frac{64}{\rho Vd/\mu}\frac{l}{d}\frac{V^2}{2g}$$

$$=\frac{64}{R}\frac{l}{d}\frac{V^2}{2g}$$

따라서 층류인 경우 관 마찰계수 f는 (4.8) 식과 비교해 보면 다음과 같다.

$$f=\frac{64}{R} \quad\cdots\cdots (4.17)$$

관마찰계수 f는 레이놀즈 수와 상대조도 e/d와의 함수관계가 있다. 즉, 층류 구역일 때는 e/d에 관계없이 R만의 함수이고, 완전한 난류구역에서는 R에는 별 영향이 없이 다만 e/d에만 함수관계가 있다. 또한 천이구역에서는 R와 e/d의 함수가 된다.

난류역 매끈한 관에서는

$$f=\frac{0.3164}{R^{1/4}},\ \ 3,000<R<100,000 \quad\cdots\cdots (4.18)$$

이 식을 블라시우스(Blasius)의 난류마찰식이라 한다. 콜부르크(Colebrook)는 상업용 관에

서 전 난류역 및 매끈한 관, 보통 관, 완전히 거친 관에서 적용할 수 있는 마찰계수에 대한 실험식을 제안하였다.

$$\frac{1}{\sqrt{f}} = -0.86 ln\left(\frac{e/d}{3.7} + \frac{2.51}{R\sqrt{f}}\right) \quad \cdots\cdots (4.19)$$

이 식을 토대로 하여 그려진 선도를 무디 선도(Moody diagram)라 한다.

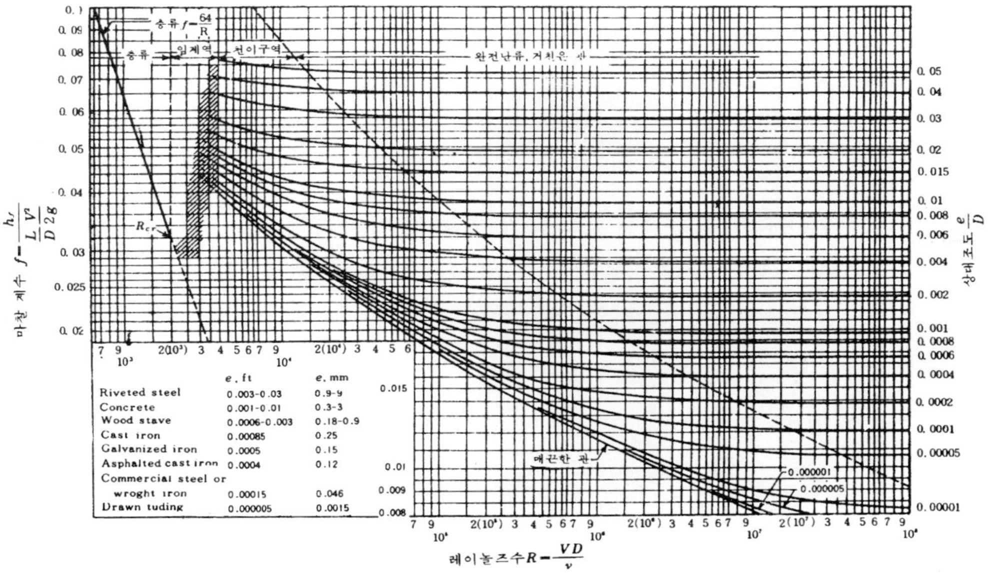

그림 4.6 무디선도(Moody diagram)

(2) 비원형 단면의 관마찰손실

지금까지는 대부분 원형 단면을 갖는 관만을 취급하였다. 그러나 단면이 비록 원형이 아니어도 직경 d와 같은 의미의 특성 길이를 정의함으로써, 비원형관에 대해서도 달시(Darcy) 방정식이나 레이놀즈 수 등을 적용시킬 수 있다. 수력 반지름(hydraulic radius)의 개념은 비원형 단면을 가진 관이 유체 역학적으로 원형 관과 동등한 영향을 줄 수 있는 특성길이이다.

$$\text{수력반경}(R_h) = \frac{\text{단면적(cross sectional area)}}{\text{접수길이(wetted perimeter)}}$$

$$= \frac{\pi d^2/4}{\pi d} = \frac{d}{4} \quad \cdots\cdots (4.20)$$

위 식에서 $d=4R_h$이므로 달시 방정식을 비원형 관인 경우로 고쳐 쓰면

$$H_L = f\frac{l}{4R_h}\frac{V^2}{2g} \quad \cdots\cdots (4.21)$$

$$R = \frac{\rho V(4R_h)}{\mu}, \quad e/d = \frac{e}{4R_h} \quad \cdots\cdots (4.22)$$

예제 4.5 유동 단면이 4cm×4cm인 관에 액체가 가득차 흐른다. 표면의 절대조도 e=0.006m이라면 상대조도는?

☞ 수력반지름 $= R_h = \frac{A}{p} = \frac{4\times4}{4\times2+4\times2} = 1\text{cm} = 0.01\text{m}$

상대조도 $\frac{e}{d} = \frac{e}{4R_h} = \frac{0.006}{4\times0.01} = 0.15$

예제 4.6 저장용기로부터 10℃의 물을 길이 300m, 직경 900mm인 콘크리트 수평 원관을 통하여 공급하고 있다. 유량이 1.25m³/sec일 때 원관에서의 압력강하를 계산하라. 단, 동점성계수는 $\upsilon = 1.31\times10^{-6}$m²/sec이고 부분적 손실은 무시한다.

☞ 유속 $v = \frac{Q}{A} = \frac{1.25\times4}{\pi\times(0.9)^2} = 1.96\text{m/sec}$

그림 4.6에서 콘크리트 관의 절대조도 e=0.3～3mm이므로,
산술평균치를 써서 e=1.7mm로 하면,

$$e/d = \frac{1.7}{900} = 0.0019$$

$$R = \frac{v\cdot d}{\nu} = \frac{1.96\times0.9}{1.31\times10^{-6}} = 1.35\times10^6$$

이므로 난류 흐름이다.

그림 4.6의 Moody 선도에서 f =0.023이므로 손실수두는

$$H_L = f\frac{l}{d}\frac{V^2}{2g} = 0.023\times\frac{300}{0.9}\frac{\times(1.96)^2}{2\times9.8} = 1.5\text{m}$$

압력강하는

$$\Delta P = \gamma H_L = \rho g H_L = 9.8\times999.7\times1.5 = 14{,}695.6\,\text{N/m}^2$$
$$≒ 147\text{kPa}$$

예제 4.7 직경 52mm의 강관에 물이 흐른다. 관 길이는 60m이고 펌프가 마찰손실을 이겨내기 위하여 15m의 수두를 공급할 수 있다면 유량은 얼마나 되겠느냐? 단, 물의 동점성계수는 $\upsilon = 1.003\times10^{-6}$ m²/s이다.

☞ f=0.03으로 가정하면 달시 방정식에서

$$15 = 0.03 \times \frac{60}{0.052} \times \frac{v^2}{2 \times 9.8}$$

v=2.9(m/s)

$$R = \frac{v \cdot D}{\nu} = \frac{2.9 \times 0.052}{1.003 \times 10^{-6}} = 1.5 \times 10^5$$

그림 4.6에서 e=0.046mm이므로

$$\frac{e}{D} = \frac{0.046}{52} = 0.0009$$

e/D=0.0009와 R=1.5×10^6으로 무디 선도에서 마찰계수를 구하면 f=0.0212이므로 처음 가정은 정확하다고 볼 수 없다.

다시 f=0.0212로 가정하면 같은 방법으로,

$$15 = 0.0212 \times \frac{60}{0.052} \times \frac{v^2}{2 \times 9.8}$$

v=3.47m/s

$$R = \frac{v \cdot D}{\nu} = \frac{3.47 \times 0.052}{1.003 \times 10^{-6}} = 1.8 \times 10^5$$

여기서 구한 R과 e/D=0.0009로 무디 선도에서 f를 구하면 f=0.0212으로 두 번째 가정은 충분히 정확하다고 보아서 유량 Q는

$$Q = AV = \frac{\pi \times (0.052)^2}{4} \times 3.47 = 0.0737\text{m}^3/\text{s}$$

이와 같이 만족할 만큼 근사한 f가 구해질 때까지 가정을 반복하는 이러한 계산법을 시행착오법(trial and error method)이라 한다. 실용상 계산에는 Depuit의 가정에 의해 f=0.03을 많이 사용한다.

4.4 관로의 부분적 손실

앞에서는 단면적이 일정한 곧고 긴 관에서의 손실을 보았지만, 단면적의 변화로 인한 부분적 손실(minor loss)도 무시할 수 없다. 즉, 관 내에서의 단면변화, 벤드(bend), 엘보우(elbow), 밸브(valve) 및 기타 관의 부품에서 생기는 손실로 이들을 부차적손실 또는 미소손실이라고도 한다. 이 부분적 손실은 일반적으로 두 가지 형태로 나타내고 있다.

첫째는 부분적 손실의 크기는 대부분 실험으로 결정되는데, 이는 모두 속도수두 $\frac{V_2}{2g}$에 비례하므로 다음과 같이 속도수두의 함수로 표시되고 있다.

$$H_L = K\frac{V^2}{2g} \quad \cdots\cdots (4.23)$$

여기서 K는 부분적 손실계수로서 관의 기하학적 형태, 표면조도, 레이놀즈 수 등에 따라 결정되지만 대부분 실험으로 구한다.

둘째는 부분적 손실을 이것과 같은 손실을 갖는 곧고 긴 관로에서의 길이로 환산하여 계산하는 경우이다. 이 환산된 길이를 관의 상당길이(equivalent length of pipe)이라고 한다.

즉, $H_L = f\dfrac{l_e}{d}\dfrac{V^2}{2g} = K\dfrac{V^2}{2g}$ 이므로

$$l_e = \frac{k \cdot d}{f} \quad \cdots\cdots (4.24)$$

여기서 l_e는 상당길이(등가길이)이며, 이를 실제의 관길이에 더하여 줌으로써 부분적 손실을 고려하게 되는 것이다.

(1) 돌연확대관(abrupt enlargement)

관의 단면이 갑작스럽게 확대되면 그 부분에서 많은 에너지의 손실이 수반되며, 이 때의 손실은 운동량 방정식과 베르누이 방정식을 적용함으로써 계산된다.

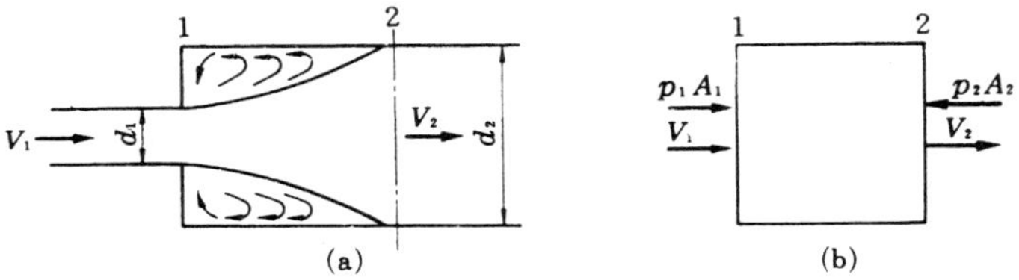

그림 4.7 돌연확대관

$$P_1A_1 - P_2A_2 = \rho Q(V_2 - V_1)$$

$$\frac{V_1^2}{2g} + \frac{P_1}{\gamma} = \frac{V_2^2}{2g} + \frac{P_2}{\gamma} + H_L$$

$\dfrac{P_2 - P_1}{\gamma}$에 대해 풀고 같게 놓고 정리하면

$$H_L = \frac{(V_1 - V_2)^2}{2g} = \frac{\left(V_1 - \dfrac{A_1}{A_2}V_1\right)^2}{2g} = \frac{\left[1 - \left(\dfrac{A_1}{A_2}\right)\right]^2 V_1^2}{2g}$$

$$= \left[1 - \left(\frac{d_1}{d_2}\right)^2\right]^2 \frac{V_1^2}{2g} \quad \cdots\cdots (4.25)$$

식 (4.23)과 (4.25)를 비교해 보면 손실계수 K는

$$K=\left[1-\left(\frac{d_1}{d_2}\right)^2\right]^2 \quad \cdots\cdots (4.26)$$

돌연확대관에서 d_1에 비해 d_2가 아주 큰 경우 즉, $d_2 \gg d_1$이면 K=1이 된다.

(2) 돌연축소관(abrupt contraction)

유체가 큰 관으로부터 작은 관으로 흐를 때는, 일단 수축한 다음 다시 관 전체에 차서 흐르게 되는데 이 경우의 손실은 수축할 때의 손실과 확대할 때의 손실을 합한 것이다.

그러나 단면적이 A_0로 수축한 다음 다시 A_2로 흐름이 확대될 때의 손실이 크게 되므로, 돌연확대관인 경우와 같이 쓸 수 있다.

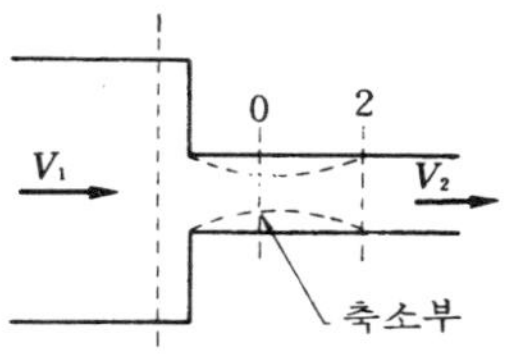

그림 4.8 돌연 축소관

$$H_L=\frac{(V_0-V_2)^2}{2g} \quad \cdots\cdots (4.27)$$

연속 방정식 $A_0V_0=A_2V_2$ 및 수축계수 $C_c=\frac{A_0}{A_2}$ 이므로,

$$V_0=\frac{A_2}{A_0}V_2=\frac{1}{C_c}V_2 \text{이다.}$$

$$H_L=\left(\frac{1}{C_c}-1\right)^2\frac{V_2^2}{2g}=K\cdot\frac{V_2^2}{2g} \quad \cdots\cdots (4.28)$$

표 4.1은 물이 흐르고 있을 때의 수축계수에 대한 바이스바흐(Weisbach)의 실험값이다.

표 4.1

A_2/A_1	0	0.1	0.2	0.2	0.4	0.5	0.6	0.7	0.8	0.9	1
Cc	0.617	0.624	0.632	0.643	0.659	0.681	0.712	0.755	0.823	0.892	1.00
K	0.50	0.46	0.41	0.36	0.30	.24	0.18	0.12	0.06	0.02	0

특히 저수지나 탱크와 같은 커다란 용기에 관이 직접 연결되어 있게 되면 A_2/A_1의 값이 0이 되어 K는 0.5가 된다. 이 경우는 관의 입구가 날카롭게 모가 진 경우이고, 입구가 둥글고 매끈하게 다듬어져 있게 되면 K값은 아주 작게 된다. 그 밖에 표 4.2는 관의 부품들에 대한 부분적 손실계수 K값이다.

표 4.2 관 부속품의 손실계수

종류 및 상태	K
글로브 밸브(globe valve)(완전개방)	10.0
앵글 밸브(angle valve)(완전개방)	5.0
게이트 밸브(gate valve)(완전개방)	0.19
(3/4개방)	1.15
(1/2개방)	5.6
(1/4개방)	24.0
리턴 벤드(return bend)	2.2
90°엘보(elbow)	0.9
45°엘보(elbow)	0.42
표준티(standard tee)	1.8
스윙체크 밸브(swing check valve) 완전개방	2.5

(3) 점차확대관(conical enlargement)

점차적으로 단면적이 확대되는 관에서의 손실은 돌연확대관의 경우보다 훨씬 적으며, 손실은 확대각 및 두 단면적비 A_2/A_1에 따라 다르다.

깁슨(Gibson)의 실험결과가 그림에 표시되어 있다.

점차확대관에서 손실을 최소로 하는 원추각은 약 7°이며, 62° 근방에서는 K값이 오히려 돌연확대관인 경우의 값 1보다도 크게 되므로, 구태여 점차확대관을 사용할 필요가 없을 것이다.

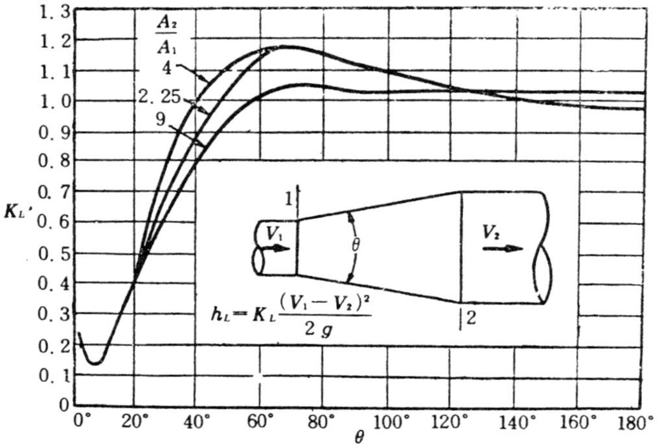

그림 4.9 점차확대관에서의 손실계수

확대관(diffuser)은 때로는 유체의 압력을 증가시키는 목적으로 많이 이용된다.

예제 4.8 길이 1.5m, 직경 50mm인 배관이 탱크의 수면으로부터 3.6m인 곳에 붙어 있다. 탱크 가까이에 다음 그림과 같이 글로브 밸브를 설치했다. 이 때 글로브 밸브를 완전히 열었을 때 유량 Q를 구하여라. 단, 관 마찰계수는 f=0.02이다.

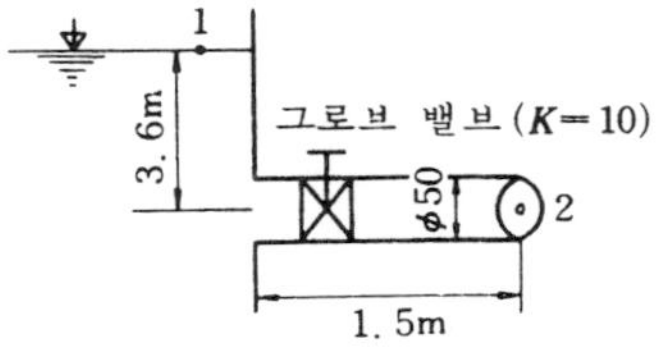

☞ 총 손실수두 h_L은

$$h_L = 0.5\frac{V^2}{2g} + 10\frac{V^2}{2g} + 0.02\frac{1.5}{0.05}\frac{V^2}{2g} = 11.1\frac{V^2}{2g}$$

1과 2에 베르누이 방정식을 적용하면,

$$0+0+3.6 = 0+\frac{V^2}{2g}+0+11.1\frac{V^2}{2g} \quad \therefore\ V=2.41[\text{m/s}]$$

유량 Q는

$$Q = \frac{\pi(0.05)^2}{4}\times 2.41 = 0.00473[\text{m}^3/\text{s}]$$

예제 4.9 직경 150mm의 상용 강관에 완전 난류가 흐르고 있다. 만일 이 관로의 부분적 손실계수의 총합이 12라고 하면, 달시 방정식을 써서 전 손실수두를 구하기 위하여 실제 관 길이에 더해야 할 등가길이(l_e)는 얼마인가?

☞ 강관에 대하여 e=0.046×10^{-3}m, D=150×10^{-3}m이므로

$$\frac{e}{D} = \frac{0.046}{150} = 0.0003$$

완전난류 구역에서는 f가 e/D만의 함수이므로 Moody 선도에서 f=0.015

(4.24) 식에 의하면

$$l_e = \frac{k\cdot d}{f} = \frac{12\times 150\times 10^{-3}}{0.015} = 120[\text{m}]$$

예제 4.10 다음 그림에서 관에 흐르는 유량은 몇 m³/sec인가?

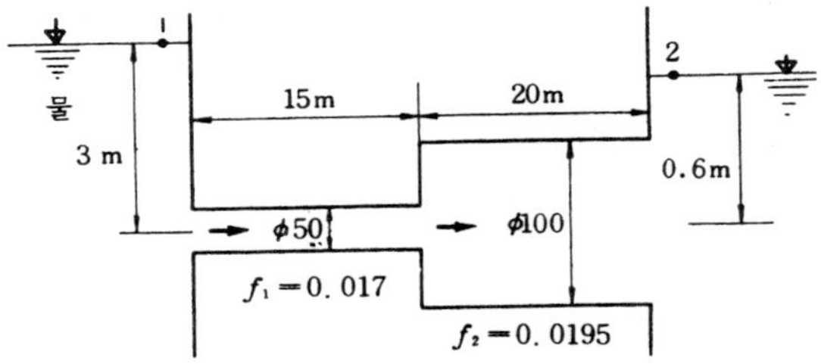

☞ 총 손실수두 h_L은

$$h_L = 0.5\frac{V_1^2}{2g} + f_1\frac{L_1}{d_1}\frac{V_1^2}{2g} + \frac{(V_1 - V_2)^2}{2g} + f_2\frac{L_2}{d_2}\frac{V_2^2}{2g} + \frac{V_2^2}{2g}$$

여기서 연속방정식에 의해서 V_1=4V_2 이므로

$$h_L = 0.5\frac{16V_2^2}{2g} + 0.017\frac{15}{0.05}\frac{16V_2^2}{2g} + \frac{9V_2^2}{2g} + 0.0195\frac{20}{0.1}\frac{V_2^2}{2g} + \frac{V_2^2}{2g} = \frac{103.5V_2^2}{2g}$$

1과 2에 베르누이 방정식을 적용하면

$$0+0+3 = 0+0+0.6+103.5\frac{V_2^2}{2g}$$

$\therefore$ V_2 =0.674m/s

유량 Q는

$$Q = \frac{\pi(0.1^2)}{4}\times 0.674 = 5.3\times 10^{-3}\mathrm{m^3/s}$$

4.5 실제 관로의 제손실 계산

직관 손실수두와 관로 형상 변화에 의한 제손실수두 및 관로 출구의 속도수두를 고려하면 관로 입구의 전 수두는 다음과 같다.

$$H_L = f\frac{l}{d}\frac{v^2}{2g} + (\sum K)\frac{v^2}{2g} + \frac{v^2}{2g}\ [\mathrm{m}] \quad \cdots\cdots (4.29)$$

단, ΣK : 관로 형상 변화에 의한 손실계수의 합

식 (4.29)에서 관내 유속을 구하면

$$v = \sqrt{\frac{2gH_L}{f\frac{l}{d} + \sum K + 1}}\ [\mathrm{m/s}] \quad \cdots\cdots (4.30)$$

관로손실이 커질수록 관내 유속은 작아진다.

관 내경을 d[m](면적 $A = \frac{\pi}{4}d^2$)라면 유량 Q는 다음과 같다.

$$Q = A\cdot v = \frac{\pi}{4}d^2\sqrt{\frac{2gH_L}{f\frac{l}{d} + \sum K + 1}}\ [\mathrm{m^3/s}] \quad \cdots\cdots (4.31)$$

수도 배관의 밸브를 잠궈가면 밸브의 손실계수가 증가하여 유속이 작아져서 유량은 감소

한다. 또한, 펌프로 급수하는 경우 펌프토출시 압력이 커져도 관로손실이 커지면 유량은 그만큼 감소한다.

예제 4.11 내경이 20cm이며, 직관길이가 1,000m인 강관을 사용하여 유량 0.081m³/s의 물을 급수할 경우 마찰손실수두는 얼마인가? 단, 관 마찰계수 f는 0.03이다.

☞ $v=\dfrac{Q}{A}$ 이므로, 유속 $v=\dfrac{0.081}{(\pi/4)\times0.2^2}=2.58\text{m/s}$

마찰손실수두 $h_L=f\dfrac{l}{d}\dfrac{v^2}{2g}=0.03\times\dfrac{1,000\times2.58^2}{0.2\times2\times9.8}=50.9\text{m}$

예제 4.12 내경이 20cm인 주철관에 15℃ 물 동점성계수 υ=1.15×10^{-6}m²/s을 평균유속 2.8m/s로 급수할 경우 관 마찰계수를 무디 선도를 사용하여 구하라.

☞ v=2.8m/s, d=0.20m, ν=1.15×10^{-6}m²/s이므로,

$R_e=\dfrac{vd}{\nu}=\dfrac{2.8\times0.20}{1.15\times10^{-6}}=4.87\times10^5$

주철관의 내벽면의 상대조도는 무디선도에서 d=200mm에서 $\dfrac{\varepsilon}{d}\fallingdotseq0.0014$이므로 관 마찰계수는 Re와 ε/d의 관계에서 $f\fallingdotseq0.022$

예제 4.13 내경이 40cm인 직관을 사용하여 4km 떨어진 탱크에 1시간당 800m³의 물을 송수할 때 몇 Kpa의 압력이 필요한가? 단, 관마찰계수를 0.03, 송수관 출구의 압력을 대기압으로 하여 구한다.

☞ 송수관 입구는 출구보다도 마찰손실로 잃는 압력만큼 높을 필요가 있다.

그 크기는 $\Delta p=\rho gh=\rho g\lambda\dfrac{l}{d}\dfrac{v^2}{2g}=\dfrac{\rho\lambda lv^2}{2d}$ [Pa]

$Q=Av$에서

$v=\dfrac{800}{60\times60\times(\pi/4)\times0.4^2}=1.77\text{m/s}$

입구에서의 압력 p는

$p=\Delta p=1,000\times0.03\times\dfrac{4,000\times1.77^2}{2\times0.4}=470\text{kPa}$

예제 4.14 원유(비중 0.96, 점도 0.49Pa · s)를 내경이 800mm인 원관으로 10km 떨어진 장소로 수송할 때 압력손실은? 단, 원유의 평균유속은 0.6m/s이다.

☞ 레이놀즈 수 Re를 구하여 흐름의 상태를 알아본다.

점성계수 μ=0.49Pa · s(=0.49N · s/m²)이므로 동점성계수 ν는

$$\nu = \frac{\mu}{\rho} = \frac{0.49}{0.96\times1,000} = 5.10\times10^{-4}\text{m}^2/\text{s}$$

$$R_e = \frac{vd}{\nu} = \frac{0.6\times0.8}{5.10\times10^{-4}} = 941$$

이 값은 임계 레이놀즈 수 2,300보다 작으므로 흐름 상태는 층류이다.

층류인 경우 관마찰계수 $f = \frac{64}{R_e}$ 이므로

$$f = \frac{64}{R_e} = \frac{64}{941} = 0.0680$$

압력손실은 $\Delta p = \rho gh$에서, $\left(h_L = f\frac{l}{d}\cdot\frac{v^2}{2g}\right)$

$$\Delta p = \rho f\frac{l}{d}\cdot\frac{v^2}{2} = 960\times0.0680\times\frac{10\times10^3\times0.6^2}{2\times0.8} = 147\text{kPa}$$

예제 4.15 단면적이 0.1m²에서 0.4m²로 급확대되는 관로에 유량 0.3m³/s인 물을 급수할 때 손실수두는?

☞ 단면적이 급확대될 때 k는

$$k = \left(1 - \frac{A_1}{A_2}\right)^2 = \left(1 - \frac{0.1}{0.4}\right)^2 = 0.563$$

유속 v는 $v = \frac{Q}{A_1} = \frac{0.3}{0.1} = 3\text{m/s}$,

$$h_L = K\frac{v^2}{2g} = 0.563\times\frac{3^2}{2\times9.8} = 0.259\text{m}$$

예제 4.16 그림과 같이 내경이 50.8mm인 90°엘보의 손실계수를 구하기 위하여 U자관 마노미타를 설치하여 손실수두를 측정하였다. 물을 0.012m³/s로 보냈더니 수은주 높이차는 160mm를 나타냈다. 이때의 손실계수를 구하여라.

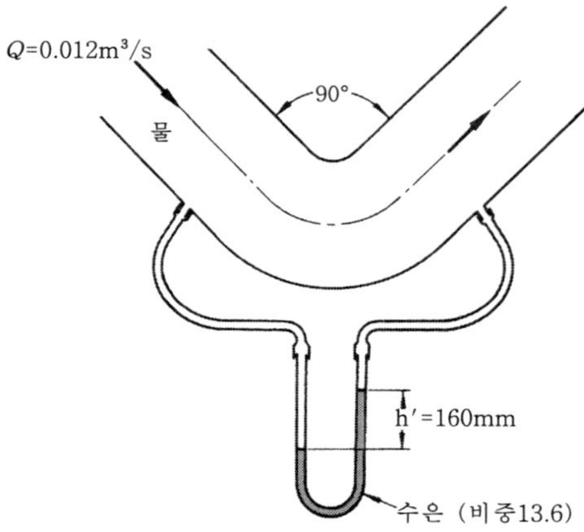

☞ 수은주 160mm는 손실수두 (수주)로 환산하면, $h_L=(13.6-1)h'$이므로

$h_L=12.6h' = 12.6\times0.16=2.02$m

즉, 손실수두는 2.02m이다.

유속 v는 $Q=Av$에서

$$v=\frac{0.012}{\pi/4\times0.0508^2}=5.92\text{m/s}$$

K는 $h_L=K\frac{v^2}{2g}$에서

$$K=\frac{2gh_L}{v^2}=\frac{2\times9.8\times2.02}{5.92^2}=1.13$$

예제4.17 그림과 같이, 내경 500mm, 길이 2,000m인 직관을 사용하여 저수지에서 물을 공급하고 있다. 저수지 취입구의 수심이 10m일 때 유량은 얼마인가? 단, 손실은 직관의 마찰손실만 고려하며 그 때 마찰계수는 0.03이다.

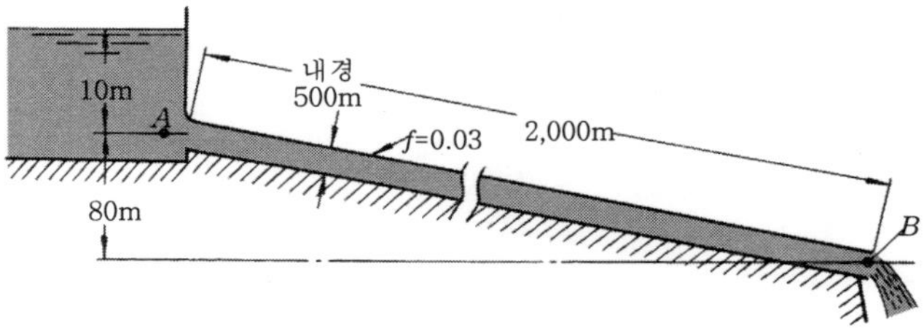

☞ 직관의 입구 A 및 B에서 손실을 고려하여 베르누이 방정식을 적용한다. A점에서는 압력수두 $\frac{p_1}{\rho g}$과 위치수두 Z_1의 합이며, B점에서는 속도수두 $\frac{v_2^2}{2g}$ 뿐이다. 그러므로 직관의 손실수두를 h_L이라 면, $\frac{p_1}{\rho g}+Z_1=\frac{v_2^2}{2g}+h_L$이 된다.

p_1은 A점의 수압이므로 $p_1=\rho gH$, $\frac{p_1}{\rho g}=H=10$m, Z_1=80m, 관내 유속은 출구의 유속과 동일하므로 손실수두 h_L은

$$h_L=f\frac{l}{d}\cdot\frac{v^2}{2g}=0.03\times\frac{2,000}{0.5}\times\frac{v^2}{2g}=120\times\frac{v^2}{2g}$$

따라서, 손실을 고려한 베르누이 방정식은 다음과 같이 된다.

$$10+80=\frac{v^2}{2g}+120\times\frac{v^2}{2g}$$

여기서 v는, $v=\sqrt{\frac{2\times9.8\times90}{121}}=3.82\text{m/s}$

유량 Q[m^3/s]는 $Q=A \cdot v=(\pi/4)\times0.5^2 \times3.82=0.750$m^3/s

예제 4.18 그림과 같이 물탱크에 내경 50mm인 강관을 배관하였다. 물탱크의 수위가 일정하고 게이트밸브를 전개시켰을 때 유량을 구하여라.

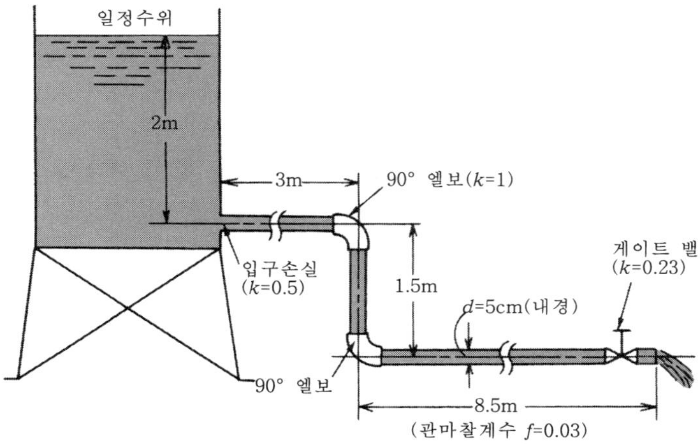

☞ 유량을 구하려면 유속을 구할 필요가 있다. 유속 v는 관로의 각 부분의 손실을 고려한 베르누이 방정식

$$H_L=f\frac{l}{d}\cdot\frac{v^2}{2g}+(\Sigma K)\frac{v^2}{2g}+\frac{v^2}{2g}$$

에서 구한다. 여기서 전수두 H_L은 물탱크 수면과 관로 출구의 위치수두의 차가 된다.

관로의 각각 손실수두는 다음과 같다.

- 직관 마찰손실 : $h_1=0.03\times\frac{3+1.5+8.5}{0.05}\times\frac{v^2}{2g}=7.8\times\frac{v^2}{2g}$
- 입구 손실 : $h_2=0.5\times\frac{v^2}{2g}$
- 90°엘보(2개)의 손실 : $h_3=2\times1\times\frac{v^2}{2g}$
- 게이트 밸브 손실 : $h_4=0.23\times\frac{v^2}{2g}$
- 방출속도수두 : $h_5=\frac{v^2}{2g}$

물탱크 수면과 관로출구의 위치수두차는 3.5m이므로, 손실을 고려한 베르누이 방정식은 다음과 같다.

$$3.5=(7.8+0.5+2+0.23+1)\times\frac{v^2}{2g}=11.53\times\frac{v^2}{2g}$$

여기서, $v=\sqrt{\frac{2\times9.8\times3.5}{11.53}}\fallingdotseq 2.44\text{m/s}$

그러므로, 유량은 $Q=Av=\frac{\pi}{4}\times0.05^2\times2.44=0.00479\text{m}^3/\text{s}=4.79\ l/\text{s}$

예제4.19 그림과 같은 펌프 흡입관에 부착되어진 진공계의 눈금은 수두로 몇 m인가? 또한 수은주라면 몇mm인가? 단, 관내 평균유속은 2m/s이다.

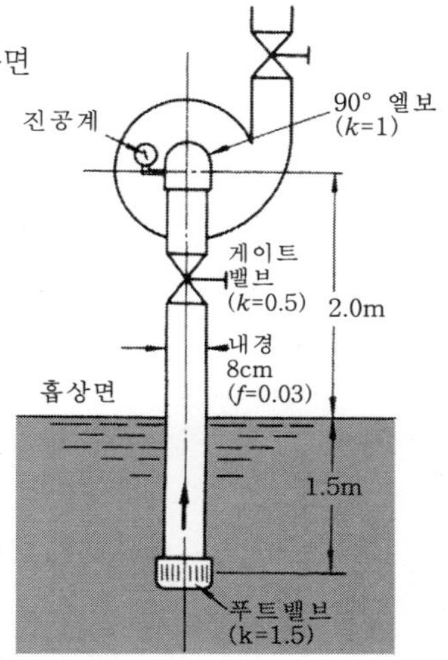

☞ 흡상면을 기준하여, 손실수두를 고려하여 베르누이 방정식을 세우면

$0=\frac{p}{\rho g}+Z+\frac{v^2}{2g}+\Sigma h_L\,[\text{m}]$이 된다.

손실을 고려한 베루누이 방정식에서

$\frac{p}{\rho g}=-\left(Z+\frac{v^2}{2g}+\Sigma h_L\right)[\text{m}]$

관로의 제손실을 구하면,

- 직관의 마찰손실수두 :

$h_1=0.03\times\frac{3.5\times2^2}{0.08\times2\times9.8}=0.268\text{m}$

- 90°엘보의 손실수두 : $h_2=1\times\frac{2^2}{2\times9.8}=0.204\text{m}$
- 게이트 밸브의 손실수두 : $h_3=0.5\times\frac{2^2}{2\times9.8}=0.102\text{m}$
- 푸트 밸브의 손실수두 : $h_4=1.5\times\frac{2^2}{2\times9.8}=0.306\text{m}$

위치수두 Z=2m, 속도수두 $\frac{v^2}{2g}=0.204\text{m}$이므로,

$\frac{p}{\rho g}=-(2+0.204+0.268+0.204+0.102+0.306)\,[\text{m}]=-3.08\text{m}$

수은주(Hg) $=-3.08\times\frac{1{,}000}{13.6}=-226\text{mm}$

4.6 수격작용

배관 내 물이 밸브를 급격하게 폐쇄하면 밸브 직전의 압력은 현저하게 상승하며 반면에 정지하고 있는 배관 내 물은 밸브를 급격하게 열면 압력은 현저하게 떨어진다. 이런 현상을 수격작용(water hammering)이라고 하며, 유체기계와 배관을 파손시키는 주요한 원인이 된다. 그림 4.8과 같이 길이 l[m]인 관 선단에 밸브를 설치하고 이것을 폐쇄하면 압력변화는 파동이 되어 관내를 왕복한다. 이 압력파의 전달속도를 a[m/s]라 하면 밸브 직전 압력상승이

반사하여 다시 밸브 위치까지 되돌아오는 시간은 $2l/a$[s]이다.

밸브 폐쇄시간 T[s]가 이것보다 작을 때($T \leq 2l/a$)을 **급폐쇄**라 하며, 클 때($T > 2l/a$)를 **완폐쇄**라 한다. 급폐쇄 때 강한 수격작용이 발생되며, 이 때 압력상승 최대치 h_{max}을 수두[m]로 나타내면 다음 식과 같다.

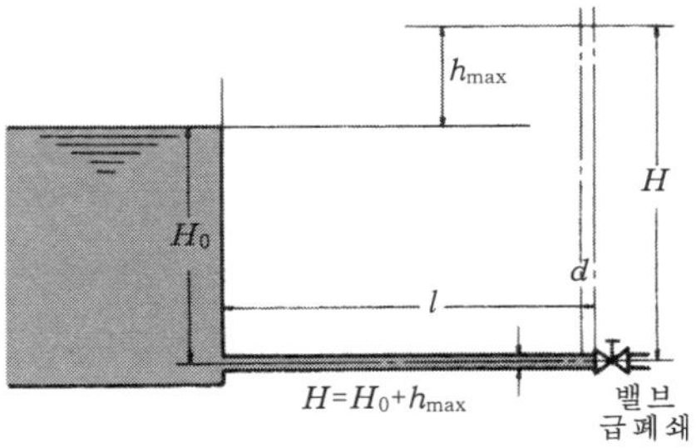

그림 4.8 수격작용

$$h_{max} = \frac{av}{g} \text{ [m]} \quad \cdots\cdots (4.32)$$

v[m/s]는 관내 물 밸브를 폐쇄하기 직전의 속도이다. 압력파의 전파속도는 강관 내에서는 보통 900[m/s] 전후이다. 완폐쇄에서는 처음 발생한 압력파가 다시 밸브로 되돌아왔을 때 또는 밸브 일부를 열어 두고 거기서 물이 도피하므로 압력상승은 급폐보다 적다.

수격작용의 피해를 줄이기 위해서는 밸브 개폐를 서서히 하든가, 상승압력의 에너지를 다른 곳으로 도피시키는 연구를 해야 한다.

압력파의 전파속도 a는 Allievi의 식에 의하면,

$$a = \frac{\sqrt{K/\rho}}{\sqrt{1+(K/E)(d/s)}} \text{ [m/s]} \quad \cdots\cdots (4.33)$$

이다.

여기서, K : 유체의 체적탄성계수[Pa]
g : 중력가속도 9.8[m/s^2],
ρ : 유체의 밀도[kg/m^3],
E : 배관의 탄성계수[Pa],
d : 관내경[m]
S : 배관두께[m]

예제 4.20 15℃ 물의 밀도 ρ=999kg/m^{3}이고, 체적탄성계수 K=2.15GPa(G→10^9)이며, 강관을 사용하여 E=208GPa일 때 a의 값을 (d/S)의 함수로 한 식으로 표시하라.[$a=f(d/S)$]

☞ 식 4.33에서 k=2.15GPa, ρ=999kg/m^3, E=208GPa을 대입하면,

$$a = \frac{\sqrt{2.15 \times 10^9/999}}{\sqrt{1+2.15 \times 10^9/208 \times 10^9 (d/s)}} = \frac{1.467}{\sqrt{1+1.034 \times 10^{-2}(d/S)}}$$

연습문제

1. 관류문제에서 Q, d, ν로 레이놀즈 수를 나타내면?

답 $\dfrac{4Q}{\pi \nu d}$

2. 온도 66℃, 절대압력 380KPa인 이산화탄소CO_2가 1.5[m/s]로 5[cm]인 관 속을 흐르고 있을 때 유동상태는? 단, 이산화탄소의 기체상수 R=187.8[N · m/kg°K], 점성계수 μ =1.772×10^{-5}[kg/m · s]이다.

답 난류이다.

3. 층류로 흐르면서 5.67×10^{-3} m³/sec의 경유를 수송하는 관의 직경을 구하라. 단, 이 경유의 동점성계수는 6.08×10^{-6}m²/sec이다.

답 0.5654≒600mm 표준관

4. 동점성계수가 2×10^{-5}m²/sec인 공기가 평판위를 2m/sec의 속도로 흐르고 있다. 선단으로부터 20cm되는 곳에서의 레이놀즈 수는 얼마인가?

답 20,000

5. 평판 위를 10m/sec의 속도로 흐르고 있는 공기가 있다. 선단으로부터 40cm 되는 지점에서의 경계층의 두께는 얼마인가? 단, 공기의 동점성계수는 1.6×10^{-5}m²/sec이다.

답 4mm

6. 층류저층이란?

답 난류 경계층 구역에서 평판 경계면에 인접해서 생기는 층류의 얇은 막이다.

7. 내경이 d_1, 외경 d_2인 동심 2중관에 액체가 가득차 흐를 때 수력반경 R_h는?

답 $\dfrac{1}{4}(d_2-d_1)$

8. 380l/min의 유량으로 기름(s=0.9, μ=0.0575N · s/m²)이 직경 75mm인 관 속을 흐르고 있다. 관의 길이가 300m라 하면 손실수두 h_L은 몇 m인가?

답 15.94m

9. 물(동점성계수 ν=9.8×10⁻⁷m²/s)이 직경 30cm인 주철관(절대조도 e=0.024cm) 속을 4.9m/s로 흐를 때 관 마찰계수는? 단, 무디 선도를 이용하여라.

답 0.0187

10. 직경 4cm인 매끈한 원관에 물(동점성계수 ν=1.15×10⁻⁶m²/s)이 2m/s로 흐르고 있다. 길이 50m에 대한 손실수두는 몇 m가 되는가?

답 4.97m

11. 그림과 같이 확대관 ①과 ②와의 정압차를 수은 마노미터로 측정하였더니 14mm이었다. 이 때 가는 관의 유속은 3m/s이었다. 확대관의 손실수두 및 손실계수를 구하여라.

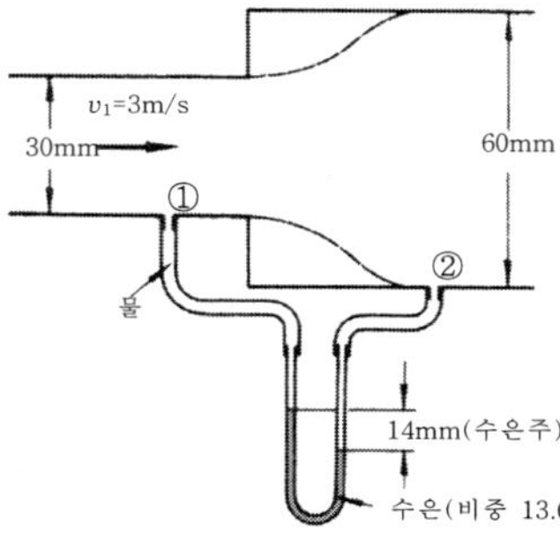

답 ①, ②에서 손실수두를 고려한 베르누이 방정식을 세워 보면,

$$\frac{p_1}{\rho g}+\frac{v_1^2}{2g}=\frac{p_2}{\rho g}+\frac{v_2^2}{2g}+h_L,$$

즉, $h_L=\dfrac{p_1-p_2}{\rho g}+\dfrac{v_1^2-v_2^2}{2g}$

연속 방정식에서 $v_1A_1=v_2A_2$,

$$\therefore v_2=\frac{A_1}{A_2}v_1=\left(\frac{d_1}{d_2}\right)^2 v_1=\left(\frac{30}{60}\right)^2\times 3=0.75\text{m/s}$$

$p_1<p_2$ 이므로,

$$\frac{p_1-p_1}{\rho g}=-(13.6-1)H=-(13.6-1)\times 0.014=-0.1764\text{m}$$

따라서, $h_L=-0.1764+\dfrac{3^2-0.75^2}{2\times 9.8}=0.254\text{m}$

$h_L=K\dfrac{v^2}{2g}$ 에서, $K=\dfrac{2gh_L}{v^2}=\dfrac{2\times 9.8\times 0.254}{3^2}=0.553$

12. 40℃인 물이 레이놀즈 수 80,000으로 직경 75mm인 관속을 흐르고 있다. 조도가 0.15mm인 상업용 관이라면 관의 길이 300m에 대해서 예상되는 손실수두를 구하여라. 단, 물 40℃에서 동점성계수 ν는 0.658×10⁻⁶m²/s이다.

답 2.59m

13. 관마찰계수 f=0.022인 직경 50mm관에 물이 흐르고 있다. 글로브 밸브(K=10)와 표준 티(K=1.8)가 결합되어 있는 경우, 관의 상당 길이는 몇 m인가?

답 26.8m

14. 직경 10cm인 매끈한 원관에 물(동점성계수 $\nu=10^{-6}\text{m}^2/\text{s}$)이 $0.02\text{m}^3/\text{s}$의 유량으로 흐르고 있을 때 길이 100m당 손실수두는 몇 m인가?

답 4.66m

15. 내경 300mm인 강관 내를 유속 2.5m/s로 물이 흐를 때, 100m당 손실수두를 구하여라. 단, f=0.02이다.

답 $h_L = f\frac{l}{d}\cdot\frac{v^2}{2g}$, $h_L = 0.02\times\frac{100\times2.5^2}{0.3\times2\times9.8} = 2.13\text{m}$

16. 단위 길이당 손실수두 $\frac{h_L}{l}$가 일정한 배관의 유량은 $Q=Kd^{\frac{5}{2}}$임을 유도하라. 단, K : 비례상수, d : 관직경이다.

답 $h_L = f\frac{l}{d}\cdot\frac{v^2}{2g}$

$$v=\sqrt{\frac{2gdh_L}{fl}}$$

$$Q=Av=\frac{\pi}{4}d^2v=\frac{\pi}{4}d^2\sqrt{\frac{2gdh_L}{fl}}=\frac{\pi}{4}\sqrt{\frac{2gh_L}{fl}}\,d^{\frac{5}{2}}$$

$\frac{\pi}{4}\sqrt{\frac{2gh_L}{fl}}=K(\text{一定})$으로 두면, $Q=Kd^{\frac{5}{2}}$

17. 직경 200mm, 길이 1,000m인 새 주철관을 사용하여 손실수두 10m로 송수할 때 유속을 구하라. f=0.025이다.

답 $h_L = f\frac{l}{d}\cdot\frac{v^2}{2g}$, $v=\sqrt{\frac{2gdh_L}{fl}}=\sqrt{\frac{2\times9.8\times0.2\times10}{0.025\times1,000}}=1.25\text{m/s}$

18. 부분적 손실계수가 K=5인 밸브를 관마찰계수가 f=0.025이고, 직경이 2cm인 관으로 환산한다면 관의 상당길이는 몇 m인가?

답 4m

19. 2km 떨어진 곳에 내경 20cm인 파이프 2개를 사용하여 매시 430m³ 물을 수송하고 있다. 이것을 내경 30cm 파이프 1개로 바꿔 동일한 양의 물을 수송한다면 손실수두는 몇 m 감소하는가? f는 0.03이다.

답 $Q = \dfrac{430}{3,600} = 0.1194\text{m}^3/\text{s}$,

$v_1 = \dfrac{0.1194}{\dfrac{\pi}{4}\times 0.2^2 \times 2} = 1.90\text{m/s}$,

$v_2 = \dfrac{0.1194}{\dfrac{\pi}{4}\times 0.3^2} = 1.69\text{m/s}$,

$h_L = f\dfrac{l}{d}\cdot\dfrac{v^2}{2g}$에서, 각각 손실수두는,

$h_{1L} = 0.03\times\dfrac{2,000\times 1.9^2}{0.2\times 2\times 9.8}\times 2 = 110.5\text{m}$

$h_{2L} = 0.03\times\dfrac{2,000\times 1.69^2}{0.3\times 2\times 9.8} = 29.1\text{m}$

따라서, $h_{1L} - h_{2L} = 110.5 - 29.1 = 81.4\text{m}$

20. 그림과 같은 A, B 2개의 물탱크를 내경 20cm, 전길이 100m인 파이프로 연결하여 물을 A에서 B로 공급하고 있다. 물탱크 수면차가 30m이면 유량은 얼마나 되나?

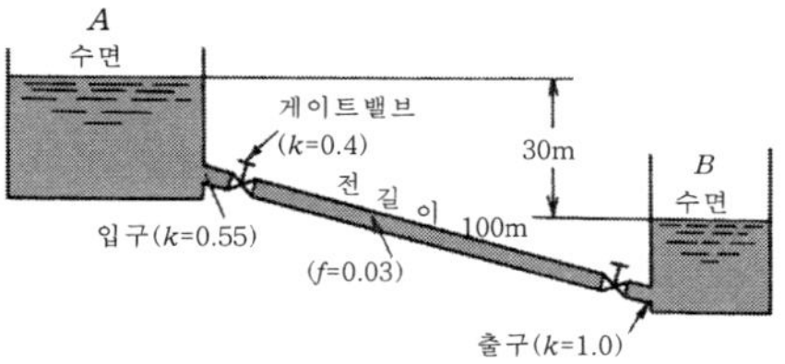

답 2개의 물탱크 수면에서 관로의 손실을 고려하여 베르누이 방정식을 세우면,

$$Z_A + \frac{p_A}{\rho g} + \frac{v_A^2}{2g} = Z_B + \frac{p_B}{\rho g} + \frac{v_B^2}{2g} + h_L$$

$P_A = P_B =$ 대기압, $v_A \fallingdotseq 0$, $v_B \fallingdotseq 0$이라고 생각하고,

$h_L = z_A - z_B = 30\text{m}$, 관로 제손실은 유속을 v라 하면

$$h_L = \left(0.03\times\frac{100}{0.2} + 0.55 + 2\times 0.4 + 1.0\right)\frac{v^2}{2g} = 17.35\times\frac{v^2}{2g}$$

따라서, v는 $v = \sqrt{\dfrac{2\times 9.8\times 30}{17.35}} = 5.28\text{m/s}$

유량 Q는 $Q = \dfrac{\pi}{4}\times 0.2^2 \times 5.82 = 0.183\text{m}^3/\text{s}$

21. 그림에서 높이 20m인 저수탱크에 0.36m^3/min의 물을 양수하는데 펌프가 물에 가해 주어야 할 전수두는 몇 m인가?

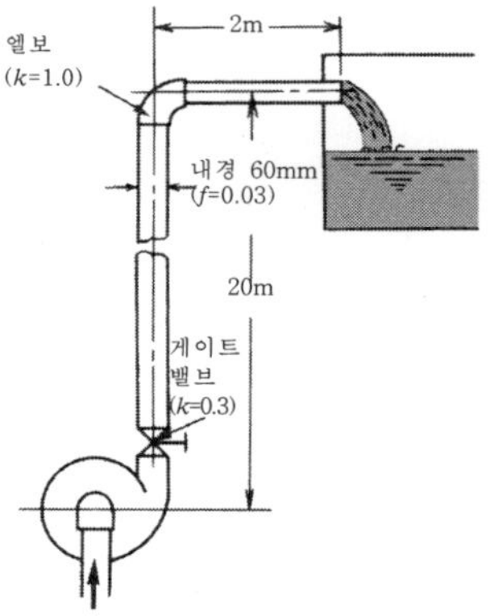

답 전수두 H는

$$H = Z + \frac{v^2}{2g} + h_L, \quad v = \frac{0.36}{60 \times \frac{\pi}{4} \times 0.06^2} = 2.12\text{m/s}$$

$$h_L = \left(0.03 \times \frac{20+2}{0.06} + 0.3 + 1.0\right) \times \frac{v^2}{2g} = 12.3 \times \frac{v^2}{2g}$$

$$\therefore \ H = Z + \frac{v^2}{2g} + 12.3\frac{v^2}{2g} = 20 + (1 + 12.3) \times \frac{2.12^2}{2 \times 9.8} = 23.05\text{m}$$

22. 다음 그림과 같은 관에서 흐르는 유량은 몇 m^3/sec인가? 단, 관 마찰계수는 0.027이다.

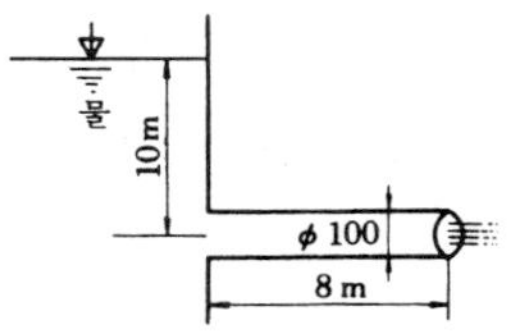

답 0.0575m^3/sec

23. 단면적이 0.4m^2 에서 단면적이 0.2m^{2}로 돌연 축소하는 관이 있다. 축소계수 C_c가 0.681이면 축소부(vena contracta)의 단면적은 몇 m^{2}인가?

답 0.1362m^2

24. 레이놀즈 수가 1,200일 때 관마찰계수 f는 얼마인가?

답 0.0533

25. 길이가 100m이고, 유동단면이 30cm×40m인 관에 기름이 가득차 평균속도 4m/s로 흐르고 있다. 이 때 손실수두 h_L은 몇 m인가? 단, 관마찰계수는 0.01이다.

답 2.38m

26. 그림에서 유량은 몇 m³/sec인가? 단, 관마찰계수는 f=0.02이다.

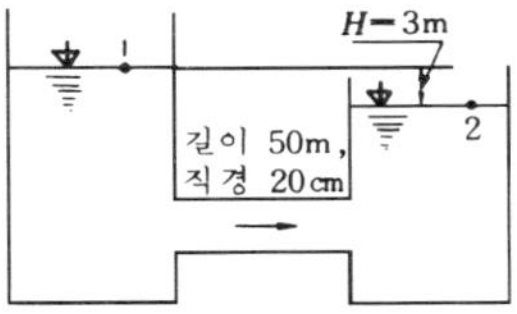

답 0.094m³/sec

27. 급수관 내를 5m/s로 물이 흐르고 있다. 압력수두가 300m인 관 앞에 있는 밸브를 급격히 닫으면 최고수압은 수두로 몇 m나 되는가? 단, 압력파의 전파속도를 900m/s로 계산하라.

답 $h_{\max} = \frac{av}{g} = \frac{900\times5}{9.8} = 459\text{m}$, 그러므로

$H = H_0 + h_{\max} = 300 + 459 = 759\text{m}$

28. 길이 2,000m인 급수관 내 흐름을 관말의 밸브로 폐쇄하여 급격한 압력상승에 의한 장해를 없애는 데는 밸브를 폐쇄하는 시간을 이론치의 3배 이상으로 할 필요가 있다고 한다. 밸브를 폐쇄하는 시간을 몇 초 이상으로 하면 좋은가? 단, 압력파의 전파속도는 900m/s이다.

답 급격한 압력상승을 방지하는 데 이론적으로

$\frac{2l}{a}$초 이상 시간이 걸리고, 천천힌 밸브를 닫을 필요가 있다.

이 경우는 이론치의 3배이므로,

$T = 3\times\frac{2l}{a} = 3\times\frac{2\times2,000}{900} = 13.3$ 따라서 14초 이상

5 유량 계측

유체의 유량을 정학하게 아는 것은 건축설비에 있어서 매우 중요하다. 따라서 각종 유량계와 유량측정법이 고안되어 있지만, 여기서는 기본적인 유량측정 원리와 유량 계산방법을 이해한다.

5.1 유량

유량이라 함은 유체가 단위시간에 어느 단면을 통과하는 양으로, 다음 3종류가 있다.

- 단위시간당 체적으로 표시되는 체적유량 Q [m³/s]
- 단위시간당 질량으로 표시되는 질량유량 Q_m[kg/s]
- 단위시간당 중량으로 표시되는 중량유량 G[N/s]

(1) 체적유량 Q [m³/s]

체적유량을 측정하는 가장 간단한 방법을 액체로 예로 들면, 사전에 체적 V[m³]를 알고 있는 용기에 액체가 채워지는 시간 t [s]를 측정하면(체적식 유량 측정법이라고도한다)(그림 5.1참조)

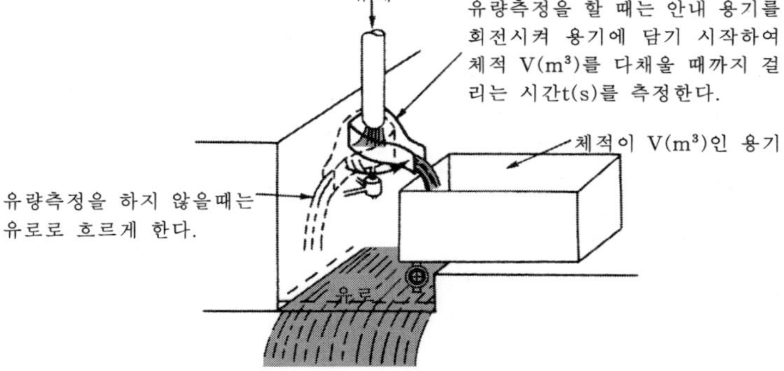

그림 5.1 유량 측정(체적식 유량계)의 예

$$Q = \frac{V}{t}\ [\mathrm{m^3/s}] \quad \cdots\cdots (5.1)$$

체적유량 또는 유량이라고 부른다.

(2) 질량유량 Q_m〔kg/s〕

질량유량을 구하려면 액체인 경우 체적유량을 구한 값에 그 액체의 밀도 $\rho[\mathrm{kg/m^3}]$의 값을 곱하여 구한다.

즉,

$$Q_m = \rho Q\ [\mathrm{kg/s}] \quad \cdots\cdots (5.2)$$

이다.

(3) 중량유량 G〔N/s〕

중량유량을 구하려면 유량 Q를 구한 값에 그 액체의 단위체적당 중량인 비중량 $\rho g[\mathrm{N/m^3}]$를 곱하여 구한다.

$$G = \rho g Q[N/s] \quad \cdots\cdots (5.3)$$

또한, 액체의 경우, 용기를 놓고 그 용기에 액체를 넣어 중량 W[N]를 다 채우는 시간 t[s]를 측정하면 $G=W/t$ [N/s]로 구할 수 있다. 어느 경우나 유량 $Q[\mathrm{m^3/s}]$가 기본이다.

5.2 벤츄리 미터

관내를 흐르는 유량은 연속방정식 $Q = Av$에서 알 수 있듯이 관 단면적 A와 그 단면에서의 속도 v를 알면 구할 수 있다. 또한 베르누이 방정식 $\frac{v^2}{2g} + Z + \frac{p}{\rho g}$ =일정에서 알수 있듯이 수평하게 놓여진 관로에서 유량이 일정할 때 유속 v는 압력 p가 증가하면 감소하고, 역으로 압력이 감소하면 증가한다. 그 원리를 응용하여 유량을 구하는 것이 벤츄리미터(Ventrui meter)이다.

벤츄리 미터는 그림 5.2와 같은 구조로 되어 있어 흐름을 교축하는 것에 의해서 생기는

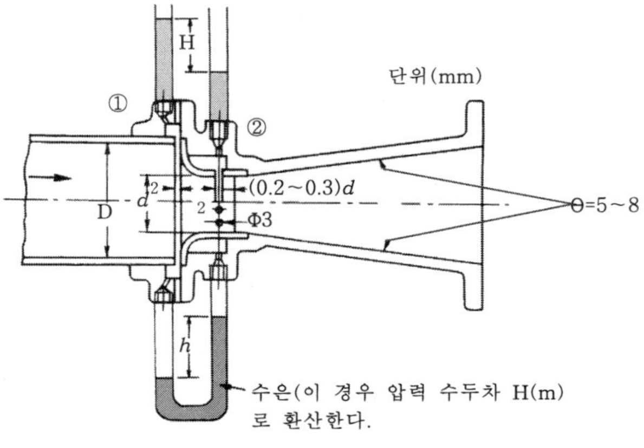

그림 5.2 벤츄리미터

압력수두차를 측정하여 그 단면의 유속을 구하여 그 단면의 면적과의 곱에 의하여 유량을 구하는 것이다.

그림 5.2와 같이 벤추리 미터를 수평 ($z_1 = z_2$)하게 설치하고 교축 전후의 단면 ①과 ②(내경 D, d)에 대하여 베르누이 정리를 적용하면,

$$\frac{v_1^2}{2g} + \frac{p_1}{\rho g} = \frac{v_2^2}{2g} + \frac{p_2}{\rho g} \ \text{[m]} \quad \cdots\cdots (5.4)$$

이 된다. 또한 연속방정식에서 $Q = \frac{\pi}{4} D^2 v_1 = \frac{\pi}{4} d^2 v_2$, 즉 $v_1 = \left(\frac{d}{D}\right)^2 v_2$이므로 이것을 식 (5.4)에 대입하여 정리하면,

$$\frac{{v_2}^2}{2g}\left(1 - \frac{d^4}{D^4}\right) = \frac{p_1}{\rho g} - \frac{p_2}{\rho g} \ \text{[m]}$$

이 된다. 이것에서 단면 ②(내경 d)에 대한 유속 v_2를 구하면 다음과 같다.

$$v_2 = \sqrt{\frac{2g}{1 - \frac{d^4}{D^4}}\left(\frac{p_1 - p_2}{\rho g}\right)} \ \text{[m/s]} \quad \cdots\cdots (5.5)$$

$m = d^2/D^2$(개구비라 한다)으로 정의하면 다음과 같다.

$$\therefore v_2 = \sqrt{\frac{2}{1 - m^2}\left(\frac{p_1 - p_2}{\rho}\right)} \ \text{[m/s]} \quad \cdots\cdots (5.6)$$

식 (5.5)에서 $(p_1 - p_2)/\rho g$는 단면 ①과 ②에서 압력수두차 H 이므로

$$\therefore\ v_2 = \sqrt{\frac{2gH}{1-m^2}}\ [\text{m/s}] \cdots\cdots (5.7)$$

로 나타낼 수 있다.

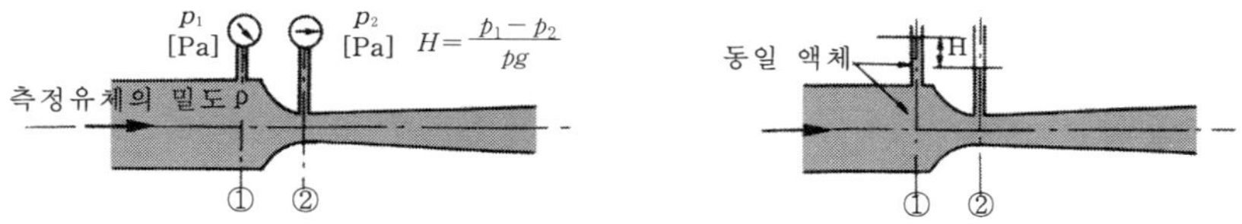

그림 5.3 v_2 구하는방법

따라서 유량 Q는

$$Q = \frac{\pi}{4} d^2 v_2 = \frac{\pi d^2}{4}\sqrt{\frac{2(p_1 - p_2)}{(1-m^2)\rho}}\ [\text{m}^3/\text{s}]$$

$$= \frac{\pi d^2}{4}\sqrt{\frac{2gH}{1-m^2}}\ [\text{m}^3/\text{s}] \cdots\cdots (5.8)$$

로 되며 압력수두차 $\left(H = \frac{p_1 - p_2}{\rho g}\right)$를 알면 유량을 구할 수 있다. 그러나 실제유량은 식 (5.8)에서 구한 값과 다소 차이가 있으므로 실유량 Q_a는

$$Q_a = C \cdot Q\ [\text{m}^3/\text{s}] \cdots\cdots (5.9)$$

$$\left(= C \cdot \frac{\pi d^2}{4}\sqrt{\frac{2(p_1 - p_2)}{(1-m^2)\rho}} = C \cdot \frac{\pi d^2}{4}\sqrt{\frac{2gH}{1-m^2}}\right)$$

에서 구한다. C를 유량계수라 하며 1개의 벤츄리로는 거의 일정한 값이며 보통 0.96～0.99이다. 벤츄리미터는 비교적 에너지 손실이 적지만 유속이 작은 경우는 적합하지 않다.

예제 5.1 내경이 260mm인 송수관에 벤츄리 미터를 설치하여 압력차를 측정하였더니 수은 마노미터로 300mm이였다. 벤츄리 미터 목부의 내경을 130mm, 유량계수를 0.98이라면 유량은 얼마인가? 단, 수은의 비중은 13.6이다.

☞ 수은주 h=300mm를 압력수두차 H[m]로 환산하고 식 (5.9)를 사용하여 구한다.

압력수두차 H 는 수은주 h=300mm 이므로, mm는 m로 환산하여 h=0.3m 또는 액체중 수은은 배제한 액체의 무게만큼 가볍게 되는 것에 주의하여 H=(수은의 비중−그액체의 비중)×h=(13.6−1)×0.3=3.78m이 된다.
또는, $D=0.26\,\text{m}$, $d=0.13\,\text{m}$이므로 개구비 m은

$$m=\left(\frac{d}{D}\right)^2=\left(\frac{0.13}{0.26}\right)^2=\frac{1}{4} \text{ 이 된다.}$$

따라서 유량 Q는 식 (5.9)에서

$$Q=C\cdot\frac{\pi d^2}{4\sqrt{1-m^2}}\sqrt{2gH}=0.98\times\frac{\pi\times0.13^2}{4\sqrt{1-(1/4)^2}}\times\sqrt{2\times9.8\times3.78}=0.116\,\text{m}^3/\text{s}$$

5.3 오리피스

물탱크와 벽 등의 흐름을 막는 판에 구멍을 내어 유체를 유출시킬때 이 구멍를 오리피스(orifice)라 한다. 그림 5.4와 같이 물탱크 벽면에 오리피스를 설치하여 여기서 유출하는 액체의 유량을 구해보자. 토리체리의 정리에서 오리피스의 유출속도 v는

$$v=\sqrt{2gH}\ [\text{m/s}] \quad \cdots\cdots (5.10)$$

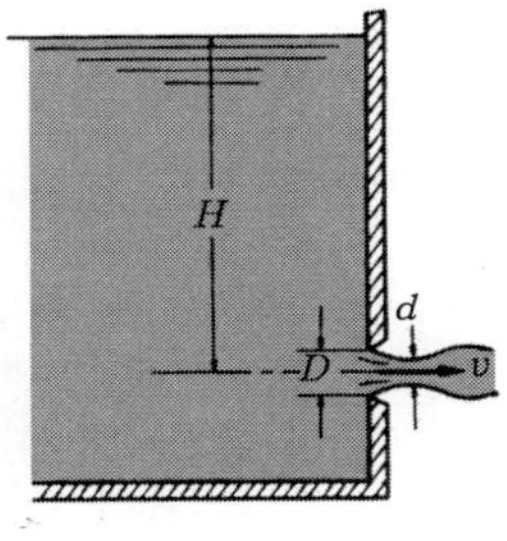

그림 5.4 오리피스

이 된다. 따라서 오리피스의 유량 Q는

$$Q=Av=\frac{\pi}{4}D^2\sqrt{2gH}\ [\text{m}^3/\text{s}] \quad \cdots\cdots (5.11)$$

이다. 그러나, 실제는 점성이나 마찰저항 때문에 유속은 작아지며 분류 단면적도 흐름의 관성 때문에 교축을 발생시켜[1] 오리피스 단면적보다 작아지기 때문에 실유량 Q_a는

$$Q_a=C\cdot Q\ [\text{m}^3/\text{s}] \quad \cdots\cdots (5.12)$$

로 된다. C는 유량계수이며 오리피스의 크기, 형상, 수두, 유체의 점성 등에 따라 차이가 나며 보통 0.59～0.68 정도이다.

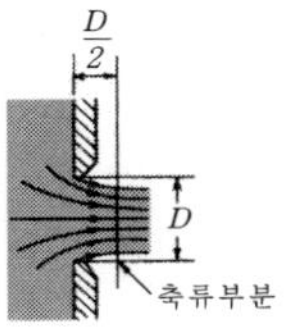

1) 흐름은 액체의 관성이며 거의 교축되어 유출되며 출구보다 오리피스 경의 약 1/2을 통과한 부분에서 최소가 된다. 이 부분을 교축이라 한다.

유량 측정은 오리피스의 가장자리를 얇은 칼날같이 하여 흐름을 안정시키도록 한 오리피스가 이용된다.

그림 5.5는 관내 유량을 측정하는 데 사용되는 오리피스(관오리피스)의 원리와 구조예이다. 이 오리피스는 오리피스 전후의 압력수두차 H를 알면 유량을 다음 식으로 구한다.

$$Q = \alpha \frac{\pi}{4} d^2 \sqrt{2gH} \ \mathrm{m^3/s} \quad \cdots\cdots (5.13)$$

α : 관오리피스의 유량 계수 , d : 관오리피스구멍의 직경[m]

H : 압력수두차 $H = \dfrac{p_1 - p_2}{\rho g}$ m, p_1, p_2 : 오리피스 전후의 압력 [Pa]

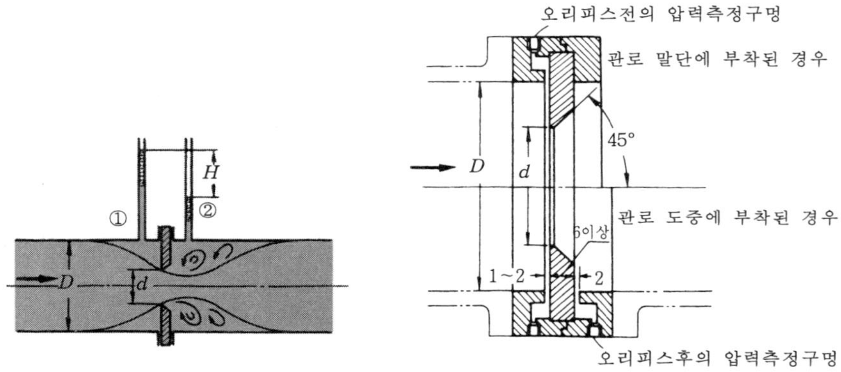

(a)오리피스의 원리 (b)구조 예

그림 5.5 관오리피스의 원리와 구조

유량계수 α의 값은 개구비 m 및 레이놀즈 수 $R_e = \dfrac{vD}{\nu}$ 에 따라 변하지만 레이놀즈 수가 어느 값 이상이 되면 레이놀즈 수에 따르지 않게 된다. 이 경우는 개구비 m의 함수가 되며, 그림 5.6에 그 값을 나타낸다.

관오리피스는 비교적 유량이 적은 경우에도 적합하지만 에너지손실이 크다. 오리피스를 관로에 부착한 경우 오리피스 전후에 충분히 긴 직관부를 설치할 필요가 있다.

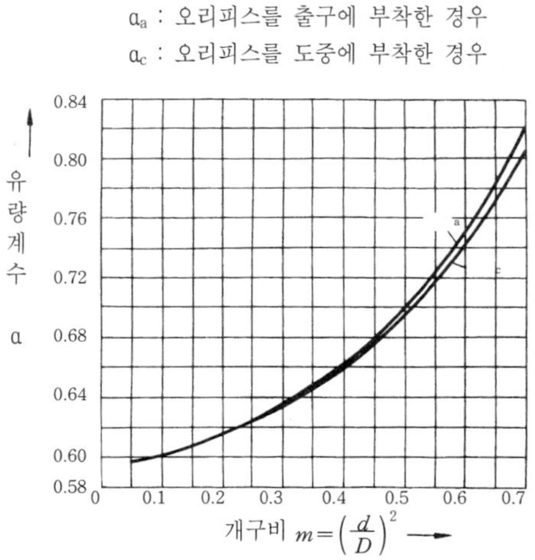

m	$R_e=\frac{vD}{\nu}$ 하한 값
0.05	2×10^4
0.10	3×10^4
0.20	5×10^4
0.30	8×10^4
0.40	12.5×10^4
0.50	17×10^4
0.60	22.5×10^4
0.70	30×10^4

그림 5.6 오리피스 유량 계수 값

예제 5.2 그림 5.4와 같이 탱크 벽에 설치되어진 직경 60mm의 원형 오리피스에서 물이 유출되고 있다. 수면에서 오리피스 중심까지의 깊이가 4m일 때 유출량은 얼마인가? 유량계수를 0.64로 하여 계산한다.

☞ C=0.64, D=0.06m, H=4m를 식(5.12)에 대입하여

$$Q_a=C\frac{\pi}{4}D^2\sqrt{2gH}=0.64\times\frac{\pi}{4}\times0.06^2\times\sqrt{2\times9.8\times4}=0.016\,\mathrm{m^3/s}$$

예제 5.3 깊이가 1.2m로 일정한 물탱크 바닥에 부착된 원형 오리피스(직경 40mm) 에서 유출수량을 측정하였더니 3.8 l/s 이였다. 유량계수는 얼마인가?

☞ 이론유량 Q는

$$Q=\frac{\pi}{4}D^2\sqrt{2gH}=\frac{\pi}{4}\times0.04^2\times\sqrt{2\times9.8\times1.2}$$

$$=0.00609\,\mathrm{m^3/s}=6.09\,l/\mathrm{s}$$

실유량 $Q_a=3.8\,l/s$이므로 유량계수 C는 식(5.9)에서

$$C=\frac{Q_a}{Q}=\frac{3.8}{6.09}=0.624$$

예제 5.4 직경 160mm인 파이프로 물을 수송하고 있다. 관로 도중에 원형 오리피스(구멍직경 100mm)을 부착하여 압력수두차 H를 측정 하였더니 1.2m이였다. 이 때 유량을 구하라

☞ 관 직경 D=0.16m, 오리피스 구멍 직경 d=0.1m이므로 개구비 m은

$$m=\left(\frac{d}{D}\right)^2=\left(\frac{0.1}{0.16}\right)^2=0.39$$

레이놀즈 수 R_e가 1.25×10^5 이상이므로 그림 5.6에서 유량계수 α를 구하면 $\alpha\fallingdotseq0.656$[2], 따라서 유량 $Q\text{m}^3/\text{s}$는 식(5.13)에서

$$Q=0.656\times\frac{\pi}{4}\times0.1^2\times\sqrt{2\times9.8\times1.2}=0.025\ \text{m}^2/\text{s}$$

5.4 피토관

피토관(Pitot tube)은 주로 유체의 국부 유속을 측정하는 데 이용되지만 거기서 평균유속을 구하여 유량을 구할 수도 있다.

그림 5.7은 피토관의 원리, 그림 5.8은 피토관의 구조 예이다.

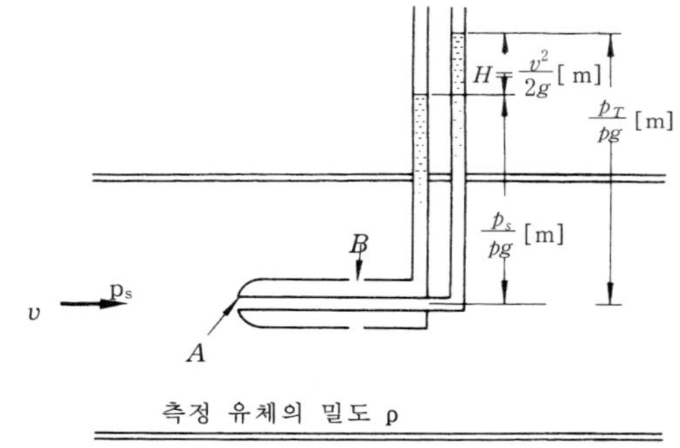

그림 5.7 피토관의 원리

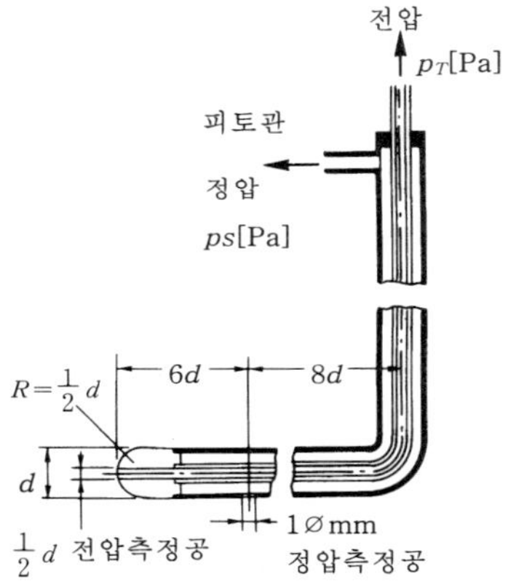

그림 5.8 피토관

관내 유속을 v, 압력을 p_s로 하여 피토관 선단의 구멍 A 내의 압력을 P_T이라면 구멍 A에서 유속은 0이므로 베르누이 정리에서

---

2) 물의 동점성 계수 $\nu=1.14\times10^{-6}\text{m}^2/\text{s}$로 Re를 구해보면

$$v=\frac{0.0250}{\frac{\pi}{4}\times0.1^2}=3.18\,\text{m/s}$$ 이므로.

$$Re=\frac{vD}{\nu}=\frac{3.18\times0.1}{1.14\times10^{-6}}=2.79\times10^5$$

이 된다. 이 값은 Re의 한계치 1.25×10^5보다 크므로 α는 그림 5.6에서 $\alpha\fallingdotseq0.656$ 임을 알수 있다.

$$\frac{v^2}{2g} + \frac{p_s}{\rho g} = \frac{p_T}{\rho g} \text{ [m]} \quad \cdots\cdots (5.14)$$

이 된다. 이것에서,

$$v = \sqrt{2g\frac{p_T - p_s}{\rho g}} \text{ [m/s]} = \sqrt{\frac{2(p_T - p_s)}{\rho}} \text{ [m/s]} \quad \cdots\cdots (5.15)$$

이 된다. 흐름에 평행한 피토관 벽에 구멍을 낸 구멍 B에 작용하는 압력은 p_s에 동일하다고 생각되므로 압력 차($p_T - p_s$)를 구하면 유속을 산출할 수 있다.

식 (5.14)에서 p_T를 전압력(전압), P_s를 정압력(정압), $p_T - p_s$를 동압력(동압)이라 한다.

실제유속 v는 식(5.15)에서 계산한 값과 다소 차이가 나므로 보정계수 C를 곱하여 다음 식으로 구한다.

$$v = C\sqrt{2g\frac{p_T - p_s}{\rho g}} = C\sqrt{2\frac{p_T - p_s}{\rho}} = C\sqrt{2gH} \text{[m/s]} \quad \cdots\cdots (5.16)$$

C를 속도계수, 또는 피토관 계수라 하며 피토관의 형상, 레이놀즈 수에 따라 변하는 값이다. 보통 9.8~1.01 정도다.

측정점은 그림 5.9에 표시한 측정관로 단면에 직경상의 다음 20점으로 한다.

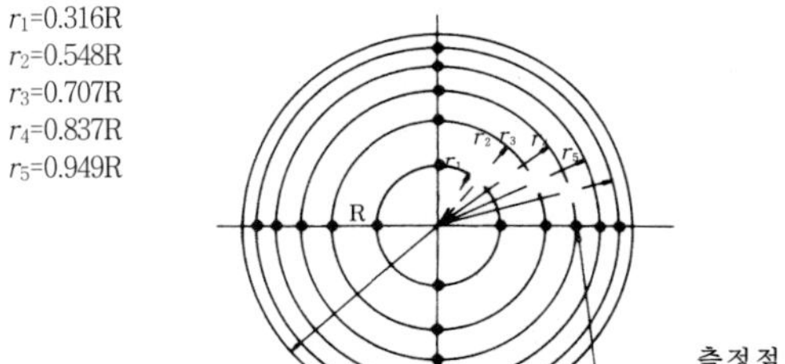

그림 5.9 피토관의 측정점

유량을 구할 경우, 관내 유속분포를 측정 (그림 5.9 참조) 하고, 여기서 평균 유속 v_m을 내면 관 단면적을 A로 하여 다음 식에서 구할 수 있다.

$$Q = Av_m \text{[m}^3\text{/s]} \quad \cdots\cdots (5.17)$$

그림 5.9는 관로 내 평균유속을 내기 위한 측정점의 일예이다. (각 측정점의 유속의 합을 구하여 그 수로 나눈 값이 평균유속이다.)

예제 5.5 수로의 유속을 구하기 위하여 그림 5.10과 같이 직각으로 구부려진 유리관의 한쪽 끝을 흐르는 방향에 대하여 수직으로 세웠더니 유리관 내 수위가 수면보다 25mm 높았다. 유속은 얼마인가? 단, 피토관 계수는 C=1.0이다.

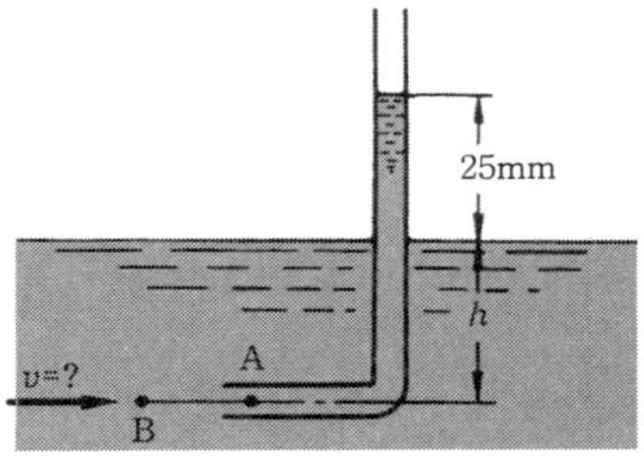

그림 5.10

☞ 수면에서 깊이 h인 점에서는 정압 $p_s = \rho gh[Pa]$,

전압 $p_T = \rho g(h+25)[Pa]$이므로

$$H = \left(\frac{p_T - ps}{\rho g}\right) = 25\text{mm} = 0.025\text{m}$$

이다. 따라서 유속 v는 식 (5.16)에서

$$v = C\sqrt{2gH} = 1.0\times\sqrt{2\times9.8\times0.025} = 0.7\,\text{m/s}$$

예제 5.6 피토관에서 풍동(직경0.3m)의 유속을 측정하였더니 중심에서 전압이 수주(수두)로 60mm, 정압이 수주(수두)로 30mm였다. 풍동 내 평균유속을 중심유속의 4/5로 하여 공기 유량을 계산하라. 단, 풍동 내 공기의 밀도를 1.25kg/m³로 하며 피토관 계수는 1.0이다.

☞ 동압 = 전압(p_T) − 정압(p_s), 또는 $p_T - p_s = \rho gH$

$p_T - p_s = 1,000\times9.8\times(0.06-0.03) = 294Pa$이다.

따라서 중심유속 v는 식(5.15)에서

$$v = \sqrt{2\frac{p_T - p_s}{\rho}} = \sqrt{2\times\frac{294}{1.25}} = 21.7\,\text{m/s}$$

평균유속 v_m은

$$v_m = \frac{4}{5}v = \frac{4}{5}\times21.7 = 17.4\,\text{m/s}$$

따라서 유량 Q는 $Q=CQ$ 에서, $C=1$ 이므로

$$Q = A\cdot v_m = \frac{\pi}{4}\times0.3^2\times17.4 = 1.23\,\text{m}^3/\text{s}$$

연습문제

1. 그림 5.1과 같은 측정장치를 사용하여 물의 유량을 측정하였다. 용기 크기는 가로×세로×깊이가 2m×1.5m×0.8m였다. 그리고 이 용기에 물을 넣기 시작하여 가득 채울 때까지의 시간이 60초 걸렸다면 이 물의 유량은 얼마인가? 또한, 질량 유량은 얼마인가?

답 식 (5.1)에서

$$Q = \frac{V}{t}\,[\mathrm{m^3/s}] = \frac{2\times1.5\times0.8}{60} = 0.04\,\mathrm{m^3/s}\,(4\times10^{-2}\,\mathrm{m^3/s})$$

질량유량 Q_m은 식 (5.2)에서 물의 밀도 $\rho = 1{,}000\,\mathrm{kg/m^3}$로 하여

$$Q_m = \rho Q\,[\mathrm{kg/s}] = 1{,}000\times0.04 = 40\,\mathrm{kg/s}$$

2. 직경이 2m인 파이프로 평균유속 1.25m/s로 송수할 때 중량 유량 [N/s]을 구하여라.

답 식 (5.3)에서 $Q_G = \rho g Q = \rho g A v$

$$= 1{,}000\times9.8\times\frac{\pi}{4}\times2^2\times1.25 = 38{,}485\,\mathrm{N/s} \fallingdotseq 38.5\,\mathrm{kN/s}$$

3. 내경이 80mm인 관으로 급수하고 있다. 이 관에 목부 직경이 50mm인 벤츄리 미터를 설치하여 U자관 마노미터로 압력을 측정하였더니 수은주로 50cm 였다. 벤츄리 계수를 0.98로하여 유량을 구하여라. 수은의 비중은 13.6이다.

답 개구비 $m = \left(\frac{d}{D}\right)^2 = \left(\frac{50}{80}\right)^2 = 0.39$

압력수두차

$$H = (\text{수은비중} - \text{물비중})\times h' = (13.6-1)\times0.5 = 6.3\,\mathrm{m}$$

식 (5.8), (5.9)에서

$$\therefore\ Q = 0.98\times\frac{\pi}{4}\times0.05^2\times\sqrt{\frac{2\times9.8\times6.3}{1-0.39^2}} = 0.0232\,\mathrm{m^3/s}$$

4. 내경이 120mm인 관에 목부 내경 60mm인 벤츄리 미터를 부착하여 압력수두차를 측정하였더니 수두로 환산하여 16m이였다. 수두로 10m가 되는 데는 목부 내경이 몇 mm인 벤츄리 미터를 사용하면 좋은가? 유량계수는 동일하다.

답 $Q_a = C \cdot \frac{\pi}{4} D^2 \frac{m}{\sqrt{1-m^2}} \sqrt{2gH} = C \cdot \frac{\pi}{4} D^2 \sqrt{\frac{m^2}{1-m^2}} \sqrt{2gH}$

따라서 각각 벤츄리 미터의 개구비를 m_1, m_2

압력수두차를 H_1, H_2 이라면

$$Q_a = C \cdot \frac{\pi}{4} D^2 \sqrt{\frac{m_1^2}{1-m_1^2}} \sqrt{2gH_1} = C \cdot \frac{\pi}{4} D^2 \sqrt{\frac{m_2^2}{1-m_2^2}} \sqrt{2gH_2}$$

여기서 $\frac{m_2^2}{1-m_2^2} \cdot 2gH_2 = \frac{m_1^2}{1-m_2^2} \cdot 2gH_1$

$$\therefore \frac{m_2^2}{1-m_2^2} = \left(\frac{H_1}{H_2}\right)\left(\frac{m_1^2}{1-m_1^2}\right)$$

그런데 $m_1 = \left(\frac{d_1}{D}\right)^2 = \left(\frac{60}{120}\right)^2 = \frac{1}{4}$, $H_1 = 16\text{m}$, $H_2 = 10\text{m}$ 이므로

$$\frac{m_2^2}{1-m_2^2} = \left(\frac{16}{10}\right)\left\{\frac{\left(\frac{1}{4}\right)^2}{1-\left(\frac{1}{4}\right)^2}\right\} = 0.107$$

$m_2^2 = 0.107 - 0.107 m_2^2$

$m_2^2(1+0.107) = 0.107$

$m_2^2 = \frac{0.107}{1+0.107}$

$\therefore m_2 = \sqrt{\frac{0.107}{1+0.107}} = 0.311$

$\therefore d_2 = \sqrt{m_2} \cdot D = \sqrt{0.311} \times 120 = 66.9\text{mm}$

5. 깊이가 2.6m인 물탱크 바닥에 오리피스를 설치하여 유출수량을 $0.006\text{m}^3/\text{s}$로 하는데 오리피스 직경 [cm]을 얼마로 하면 좋은가? 유량계수를 0.65로 하여 계산하라.

답 $Q_a = C \cdot \frac{\pi}{4} D^2 \sqrt{2gH}$

$$D^2 = \frac{4Q_a}{C \cdot \pi \cdot \sqrt{2gH}}$$

$$= \frac{4 \times 0.006}{0.65 \times 3.14 \times \sqrt{2 \times 9.8 \times 2.6}} = 0.00165\text{m}^2 = 16.5\text{cm}^2$$

$\therefore D = \sqrt{16.5} = 4.06\,\text{cm}$

6. 내경이 180mm인 관에 20℃ 물(동점성계수 $\nu = 1.0 \times 10^{-6}\,\mathrm{m^2/s}$) 을 유속 2m/s로 송수할 경우 도중에 구멍 직경 100mm 관 오리피스를 설치하면 그 전후 압력 차는 수두(수주)로 얼마인가?

답 $R_e = \dfrac{vD}{\nu} = \dfrac{2 \times 0.18}{1.0 \times 10^{-6}} = 360,000$, $m = \left(\dfrac{d}{D}\right)^2 = \left(\dfrac{100}{180}\right)^2 = 0.31$

따라서 그림 5.4에서 α=0.635

$Q_a = \dfrac{\pi}{4} D^2 \cdot v = \alpha \dfrac{\pi}{4} d^2 \sqrt{2gH}$이므로 이것에서

$$H = \frac{v^2}{2g\alpha^2}\left(\frac{D}{d}\right)^4 = \frac{2^2}{2 \times 9.8 \times 0.635} \times \left(\frac{180}{100}\right)^4 = 5.32\,\mathrm{m}$$

7. 관오리피스를 사용하여 유량을 측정할 때 매분 400l 유량으로 오리피스 전후 수두차가 2m라면 오리피스 직경[cm]을 얼마로 하면 좋은가? 오리피스 유량계수 α=0.6으로 계산한다.

답 $Q_a = \alpha \dfrac{\pi}{4} d^2 \sqrt{2gH}$ 에서 $d^2 = \dfrac{4Q_a}{\pi\alpha\sqrt{2gH}}$

$Q_a = 400\,l/\min = 0.00667\,\mathrm{m^3/s}$, $H = 2\mathrm{m}$, $\alpha = 0.6$이므로

$$d^2 = \frac{4 \times 0.00667}{3.14 \times 0.6 \times \sqrt{2 \times 9.8 \times 2}} = 0.00226$$

$$\therefore\ d = \sqrt{0.00226} = 0.0476\mathrm{m} = 4.76\,\mathrm{cm}$$

8. 수로 흐름에 피토관을 넣어 동압을 측정하였더니 수두로 40mm이였다. C=100로 하여 수속을 구하라.

답 $H = \dfrac{p_T - p_s}{\rho g} = 0.04\,\mathrm{m}$이므로

$$v = C\sqrt{2gH} = 1.00 \times \sqrt{2 \times 9.8 \times 0.04} = 0.885\,\mathrm{m/s}$$

9. 풍동의 중심에서 피토관으로 측정한 결과 전압과 정압차가 수주로 60mm 이였다. 풍동 중심의 풍속을 구하여라. 단, 공기 밀도는 1.2kg/m³이며, 피토관 계수는 0.99이다.

답 물 밀도를 1,000 kg/m³라면 전압과 정압차, 동압은

$$p_T - p_s = 1,000gH\ [Pa] = 1,000 \times 9.8 \times 0.06 = 588\,\mathrm{Pa}$$

식 (5.16)에서 $v = C\sqrt{\dfrac{2(p_T - p_s)}{\rho}} = 0.99\sqrt{\dfrac{2 \times 588}{1.2}} = 31.0\,\mathrm{m/s}$

10. 풍동실험으로 풍동에 공기를 보냈더니 피토관의 마노미터가 각각 그림 5.11과 같은 값이였다. 이 때 ①, ②의 값을 구하여라. 단, 공기밀도는 1.25 kg/m³, 피토관 속도계수는 1.00이다.

① 풍동내 정압 ps [Pa]

② 공기유속 v [m/s]

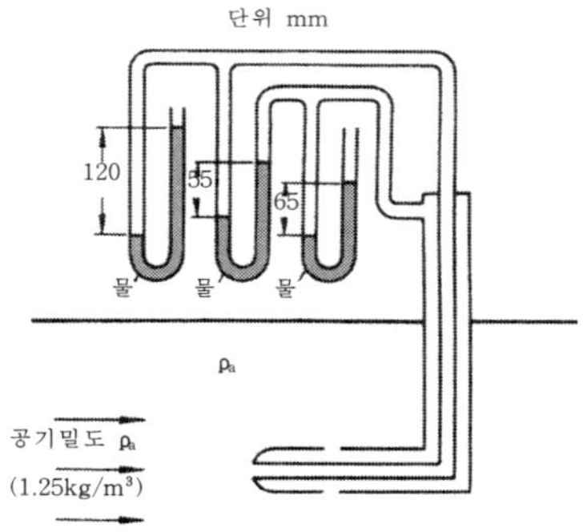

그림 5.11

답 ① $\dfrac{p_s}{\rho \cdot g} = 65\ \text{mmAq}(H_2O)$이므로

$p_s = \rho g \times 0.065 = 1000 \times 9.8 \times 0.0065 = 637\ \text{Pa}$

② C=1.00, ρ=1.25 kg/m³ 또는 동압

($p_T - p_{s)}$를 수두차로 구하면 그림 5.11에서

$\dfrac{p_T - p_s}{\rho g} = 0.055\ \text{mAq}$

$\therefore\ p_T - ps = 1,000 \times 9.8 \times 0.055 = 539\ \text{Pa}$

따라서 식 (5.16)에서,

$v = 1.00 \times \sqrt{\dfrac{2 \times 539}{1.25}} = 29.4\ \text{m/s}$

11. 식 (5.9)의 벤츄리 미터 유량공식을 다음 식으로 유도해 보라.

$$Q_a = C\frac{\pi}{4}D^2\frac{\text{m}}{\sqrt{1-\text{m}^2}}\sqrt{2gH}$$

답 $m = \dfrac{d^2}{D^2}$. $\therefore\ d^2 = \text{m}D^2$을 식 (5.8)에 대입하여 구한다.

6 펌프와 수차 계산

펌프는 액체에 에너지를 가하여 액체를 높은 장소로 퍼올리든지 압력을 높여 주기 위한 기계이다. 종류도 많고 용도도 다양하지만 이 장에서는 주로 가장 많이 사용되어지고 있는 원심펌프를 중심으로 그 원리와 특성을 설명한다.

또한 수차(water turbine)는 물의 유동에너지를 기계적 에너지로 변환시키는 수력기계이다. 보통 발전기에 직결시키든지 발전기를 돌려 전력을 생산한다. 여기서는 주요한 수차의 원리와 출력계산에 대해서 설명한다.

6.1 펌프의 양정

펌프는 물을 높은 장소로 퍼올리는 기계로 실제로 퍼올린 높이를 **실양정**(actual head)이라고 한다. 그 중 흡입수면에서 펌프의 중심까지의 높이를 **흡입 실양정**이라 하고, 펌프중심에서 토출수면까지의 높이를 **토출 실양정**이라고 한다.

토출 실양정에는 이론적인 한도는 없지만, 흡입 실양정에는 한도가 있다. 그것은 펌프 흡입구에서 절대압력이 0이 될 때이며, 대기압과의 압력차에 해당되는 수두가 약 10m이다. 실제로는 관마찰손실 등이 있기 때문에 6～7m가 한도이다.

물은 퍼올리는 도중에서 관내 마찰손실과 기타 손실에 해당되는 수두를 잃기 때문에 펌프는 그 손실수두분만큼의 수두를 물에 보충해 주어야 한다. 실양정에 여러 종류의 손실에 해당되는 수두를 가해 준 것을 펌프의 **전양정**(total head)이라고 한다.

보통, 펌프 제작회사의 카달로그에 있는 양정은 전양정이므로 펌프를 구입할 때는 관마찰손실 등 제 손실을 고려하여 실양정보다 큰 양정의 펌프를 선택해야 한다.

펌프 입・출구에 진공계와 압력계를 부착하고, 그 압력수두를 측정하면 다음과 같이 된다.

입구 압력수두 $H_1 = -\left(h_s + f_s \dfrac{v_s^2}{2g}\right)(H_1 < 0)$

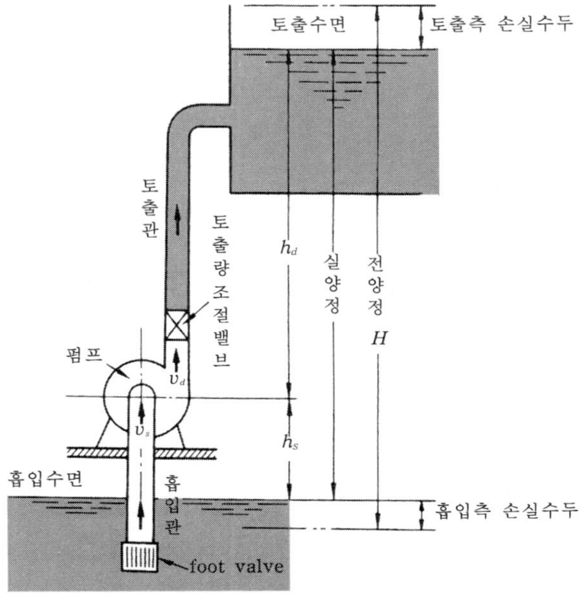

그림 6.1 펌프의 양정

출구 압력수두 $H_2 = \left(h_d + f_d \dfrac{v_d^2}{2g} \right)$

h_s, h_d : 흡입 실양정, 토출 실양정

v_s, v_d : 흡입관, 토출관 내 유속

f_s, f_d : 흡입관로, 토출관로의 마찰계수

물은 유동하기 위한 속도수두를 갖고 있으므로 펌프 입구와 출구에서 전수두는

$$\text{입구측 전수두} = H_1 + \frac{v_s^2}{2g} = -\left(h_s + f_s \frac{v_s^2}{2g} \right) + \frac{v_s^2}{2g}$$

$$\text{출구측 전수두} = H_2 + \frac{v_d^2}{2g} = \left(h_d + f_d \frac{v_d^2}{2g} \right) + \frac{v_d^2}{2g}$$ 이 된다.

출구측 전수두에서 입구측 전수두를 뺀 수두가 펌프가 물에 준 에너지, 즉 펌프의 전양정이다. 전양정 H는

$$H = \text{출구측 전수두} - \text{입구측 전수두}$$

$$= H_2 - H_1 + \frac{v_d^2 - v_s^2}{2g} \quad \cdots\cdots (6.1)$$

$$= h_d + h_s + \left(f_d \frac{v_d^2}{2g} + f_s \frac{v_s^2}{2g}\right) + \frac{v_d^2 - v_s^2}{2g}\ [\mathrm{m}] \cdots\cdots (6.2)$$

흡입관과 토출관의 관경이 같은 경우는, $v_s = v_d = v$이므로,

$$H = H_2 - H_1 = (h_d + h_s) + (f_d + f_s)\frac{v^2}{2g}\ [\mathrm{m}] \cdots\cdots (6.3)$$

(실양정) (관로의 손실수두)

일반적으로 H_1은 진공계로 읽기 때문에 마이너스 값이다. 따라서 $H = H_2 - H_1$은 $H = |H_2| + |H_1|$로 되며, 압력계(토출)와 진공계 절대 값의 합에서 실제적으로는 H를 구하여도 좋다.

예제 6.1 깊이 6m인 지하수를 20m 높이에 있는 저수지로 퍼올리는 펌프의 전양정은 얼마인가? 단, 관로의 전손실수두는 3m이며 토출관과 흡입관의 관경은 동일한 것으로 가정한다.

☞ 토출관과 흡입관의 관경이 동일한 경우 전 양정은 식 (6.3)에서

$H = (h_d + h_s) + (f_d + f_s)\frac{v^2}{2g}$ 로 된다.

문제 조건에서 흡입 실양정 h_s=6m, 토출 실양정 h_d=20m이고,

$(f_d + f_s)\frac{v^2}{2g} = 3\mathrm{m}$ 이므로,

H=20+6+3=29m이다.

예제 6.2 운전중인 펌프의 압력을 측정하였더니 토출측에서는 200kPa, 흡입측에서는 진공계로 −21kPa였다. 이 펌프의 전양정은 몇 m인가? 단, 압력계는 아래 그림과 같이 부착되었으며 흡입관과 토출관의 관경은 동일한 것으로 본다.

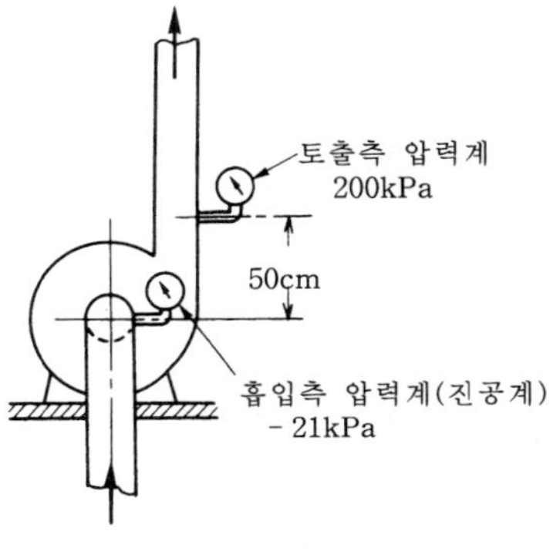

☞ 1kPa이 몇 m 수두에 해당되는지를 알면 각각의 압력계 눈금을 수두로 환산할 수 있다. 또한 펌프 중심에서 토출측 압력수두는 압력계 부착위치에서 압력수두보다도 0.5m 커진다.

$1\text{mAq} = 9,800\text{Pa},\ 1\text{Pa} = \frac{1}{9,800}\text{ mAq},\ 1\text{kPa} = \frac{1,000}{9,800}\text{ mAq}$ 이므로

펌프 흡입측의 압력수두 H_1은

$$H_1 = -21 \times \frac{1,000}{9,800} = -2.14\text{m}$$

펌프 토출측의 압력수두 H_2는 압력계 부착위치를 고려하면

$$H_2 = 200 \times \frac{1,000}{9,800} + 0.5 = 20.9\text{m}$$

그러므로 전양정 H는

$$H = H_2 - H_1 = 20.9 - (-2.14) \fallingdotseq 23.0\text{m}$$

6.2 펌프의 운전동력

ρgQ[N/S]의 물을 H[m]의 높이로 퍼올리는 일은 ρgQH[N · m/s]이다. 따라서 매초 Q [m]^{3}의 물을 전양정 H[m]의 높이로 퍼올리는 펌프의 이론 동력 L_0는

$$\begin{aligned} L_0 &= \rho gQH[\text{N} \cdot \text{m/s}],\ [\text{W}] \\ &= \frac{\rho gQH}{1,000}[\text{kW}] \end{aligned}$$

물인 경우,

$$L_0 = gQH\,[\text{kW}]\ (\text{물의 밀도 } \rho = 1,000\text{kg/m}^3) \cdots\cdots (6.4)$$

L_0를 **펌프의 수동력**(water horse power)이라고도 한다. 그러나, 실제적으로 펌프를 운전할 경우 펌프 내 유체마찰, 베어링 등의 기계마찰, 누수 등에 의해서 동력 손실이 발생되므로 이론동력보다 큰 동력이 필요하다. 이를 실제적으로 운전하기 위한 필요동력을 **축동력**(shaft horse power)이라 한다.

수동력의 축동력에 대한 비율을 **펌프효율** η이라고 한다.

$$\eta = \frac{\text{수동력}L_0}{\text{축동력}L} \times 100[\%] \cdots\cdots (6.5)$$

펌프효율은 펌프의 형식, 양정, 양수량 등에 따라 다르지만 대략 60~85%이다.

일반적으로 펌프효율 η는

$$\eta = \eta_h \cdot \eta_v \cdot \eta_m [\%] \quad \cdots\cdots (6.6)$$

유체의 마찰손실에 따른 수력효율 η_h, 누수손실에 따른 체적효율 η_v, 베어링 등 기계부품의 마찰손실에 따른 기계효율 η_m의 곱이 펌프효율이다.

예제 6.3 전양정 24m, 양수량 0.03m³/s인 펌프가 있다. 이 펌프의 이론동력은 얼마인가? 또한, 펌프 효율이 70%이면 축동력은 얼마인가? 단, 물의 밀도 ρ=1,000kg/m³이다.

☞ ρ=1,000kg/m³, Q=0.03m³/s, H=24m이므로, 식 (6.4)에서,

$L_0 = gQH$=9.8×0.03×24=7.06kW

또한, 축동력 L은, 식 (6.5)에서

$$L = \frac{L_0}{\eta} = \frac{7.06}{0.70} = 10.1\,\text{kW}$$

예제 6.4 원심펌프를 모터직결로 운전하고 전양정 16m로 분당 0.42m³ 물을 퍼올릴 때 모터 입력이 2.0kW였다. 이 때 모터효율 η_M을 0.85라면 펌프효율은 얼마인가? 단, 운전효율 η_d는 1.00이다.(ρ=1,000kg/m³)

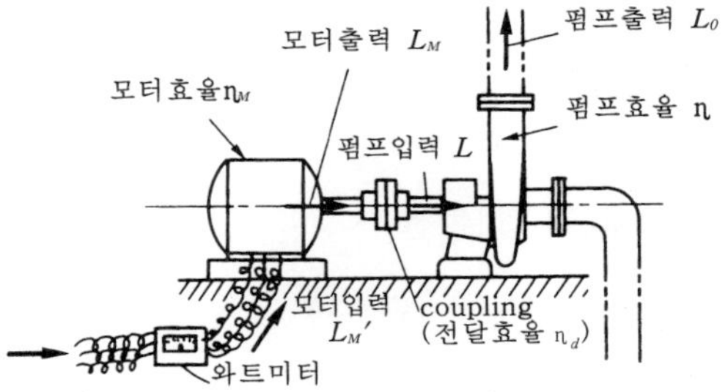

그림 6.2 동력 전달도

☞ 그림에서 펌프가 출력 L_0를 발생할 때까지 동력전달에 대해서 생각해 보면, 모터는 입력 L_M' 중 $L_M=\eta_M L_M'$만을 출력으로 발생시키고, 펌프로는 전달손실을 뺀 $L=\eta_d L_M = \eta_d \cdot \eta_m \cdot L_M'$을 축동력(펌프 입력)으로 준다. 펌프는 축동력 L 중 펌프 내에서의 손실을 뺀 $L_0 = \eta \cdot L$을 물에 주게 된다. 펌프가 물에 준 동력은 펌프 이론동력이므로 $L_0=gQH$[kW]이다.

펌프 이론동력 $L_0 = gQH = \dfrac{9.8\times0.42\times16}{60} = 1.10\text{kW}$

펌프 축동력 $L = \eta_d \cdot \eta_M \cdot L_M' = 1\times0.85\times2.0 = 1.70\text{kW}$

따라서, 펌프효율 $\eta = \dfrac{L_0}{L} = \dfrac{1.1}{1.7} = 0.647(=64.7\%)$

6.3 원심펌프 원리

원심펌프 내에서 물은 중심에서 외주로 향하므로 날개에 따라 흐른다. 펌프 날개의 주속도를 U[m/s], 물의 절대속도를 v[m/s], 물과 날개와의 상대속도를 w[m/s]로 표시하면 회전차 입구 ①, 출구 ②에서 속도 관계는 그림 6.3과 같다.

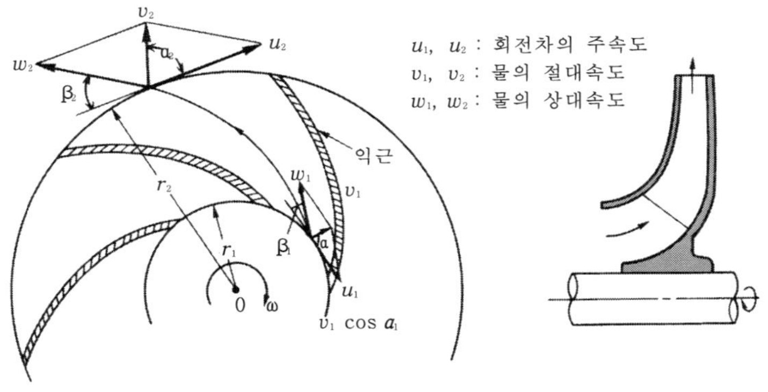

그림 6.3 회선차의 속도선도

물은 절대속도 v_1으로 주속도 U_1에 대하여 α_1의 각도로 회전 차에 들어오고 절대속도 v_2로 U_2에 대하여 α_2의 각도로 유출한다.(상대속도 w_1, 각도 β_1으로 유입, 상대속도 w_2, 각도 β_2로 유출) Q[m^3/s]의 물이 회전차 내를 흐른다면 회전차 입구에서 회전방향으로 운동하는 유체의 중량 유량은 $\rho Q v_1 \cos\alpha_1$[m/s], 축에 관한 모멘트는 $\rho Q v_1 r_1 \cos\alpha_1$ [N · m]이다. 마찬가지로 출구에서 모멘트는 $\rho Q v_2 r_2 \cos\alpha_2$ [N · m]이다. 따라서 회전차가 물에 준 회전력은, 이 양 모멘트의 차이므로

$$T = \rho Q(r_2 v_2 \cos\alpha_2 - r_1 v_1 \cos\alpha_1)\,[\mathrm{N \cdot m}] \quad \cdots\cdots (6.7)$$

이다. 회전차의 회전 각 속도를 w라 하면 $u_1 = r_1 w$, $u_2 = r_2 w$이므로 회전차가 1초당 물에 준 일량, 즉 동력 L_0는

$$L_0 = Tw = \rho Q(u_2 v_2 \cos\alpha_2 - u_1 v_1 \cos\alpha_1)\,[\mathrm{N \cdot m/s}],\ [\mathrm{W}] \quad \cdots\cdots (6.8)$$

이다.

한편, Q[m^3/s]인 물을 전양정 H_{th}[m] 올리는 데 필요한 이론동력은 식 (6.4)에서 $L_0 = \rho g Q H_{th}$[N · m/s], [W]이므로, 이것과 식 (6.8)에서,

$$H_{th}=\frac{1}{g}(u_2v_2\cos\alpha_2-u_1v_1\cos\alpha_1)\,[\mathrm{m}] \quad\cdots\cdots (6.9)$$

이 된다. 이 H_{th}을 펌프의 이론 양정이라 한다. 식(6.9)에서, H_{th}은 α_1=90°일 때 최대가 되며,

$$H_{th}\max=\frac{1}{g}u_2v_2\cos\alpha_2=\frac{1}{g}u_2(u_2-w_2\cos\beta_2)\,[\mathrm{m}] \quad\cdots\cdots (6.10)$$

이다. 실제로는 α_1=90°로 하고, β_2=18～27°정도로 한다.

예제 6.5 그림 6.3에서 회전차의 출구 직경 $2r_2$=400mm, α_1=90°, β_2=22°, w_2=12m/s로 하고 펌프의 회전수를 1,400rpm이라면, 이론양정은 얼마인가?

☞ α_1=90°인 때 이론양정은 최대로 되며 식(6.10)에서

$H_{th}=\frac{1}{g}u_2(u_2-w_2\cos\beta_2)$이다.

위 식에서 회전차 출구에서 주속도 u_2는 회전차의 각속도 w가

$w=\frac{2\pi N}{60}=\frac{2\pi\times1,400}{60}=146.5\mathrm{rad/s}$이므로,

$u_2=r_2w=0.2\times146.5=29.3\mathrm{m/s}$이다.

또한, w_2=12m/s, cos β_2=cos22°=0.9272이므로

$H_{th}=\frac{29.3}{9.8}\times(29.3-12\times0.9272)=54.3\mathrm{m}$

6.4 비속도

펌프의 날개 성능을 연구하든지 양정과 수량에 접합한 회전차를 선택하는 경우는 수차와 마찬가지로 비속도라고 하는 것을 이용한다. 비속도는 비교회전수라고도 하며 실제로 펌프와 기하학적으로 상사하게 만들어진 펌프를 양수량 1m³/min, 전양정 1m로 운전할 때 매분당 회전수로 나타낸다.

회전수가 N[rpm]으로 양수량이 Q[m³/min], 양정 H[m]인 펌프의 비속도 N_s는

$$N_s=\frac{NQ^{\frac{1}{2}}}{H^{\frac{3}{4}}} \quad\cdots\cdots (6.11)$$

이다. 단, 양흡입형에서는 Q는 1/2로 되며, 다단 펌프에서 H는 1단당 양정이다. *Ns*와 회전차와의 형상관계는 그림 6.4와 같다.

〔주〕 *Ns*는 양정 *H*, 양수량 *Q*, 회전수 *N*의 단위를 취하여 값이 달라지므로 JIS에서는 양정 *H*[m], 양수량 *Q*[m³/min], 회전수 *N*[rpm]을 채용하고 있다.

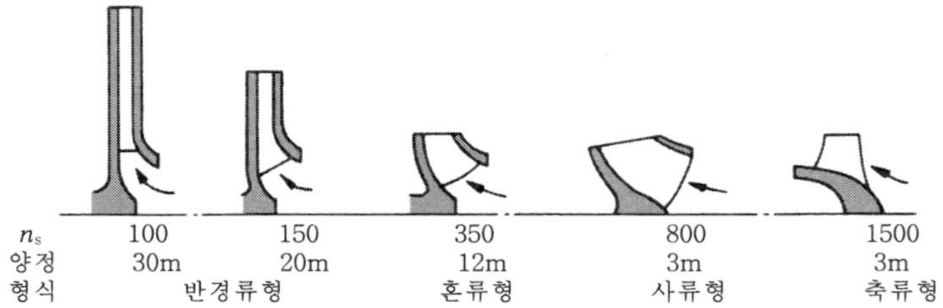

그림 6.4 회전차의 모양과 N_s의 개략값

예제 6.6 전양정 18m, 양수량 2.4m³/min, 회전수 1,500rpm인 편흡입 원심펌프의 비속도를 구하여라.

☞ 식 (6.11)에서

$$N_s = \frac{NQ^{\frac{1}{2}}}{H^{\frac{3}{4}}}, \quad N = 1,500\text{rpm}, \quad Q = 2.4\text{m}^3/\text{min}, \quad H = 18\text{m}\text{이므로}$$

$$N_s = \frac{1,500 \times 2.4^{\frac{1}{2}}}{18^{\frac{3}{4}}} = \frac{1,500 \times \sqrt{2.4}}{\sqrt{18} \times \sqrt{\sqrt{18}}} = 266$$

$$\left(18^{\frac{3}{4}} = 18^{\frac{2}{4}} \times 18^{\frac{1}{4}} = 18^{\frac{1}{2}} \times 18^{\frac{1}{4}} = \sqrt{18} \times \sqrt{\sqrt{18}}\right)$$

예제 6.7 양정 8m, 양수량 1.5m³/s, 회전수 750rpm인 양흡입 원심펌프의 비속도를 구하라.

☞ 양흡입형이므로

$$Q = \frac{1}{2} \times 1.5 \times 60 = 45\,\text{m}^3/\text{min},$$

$$N_s = \frac{NQ^{\frac{1}{2}}}{H^{\frac{3}{4}}} = \frac{750 \times 45^{\frac{1}{2}}}{8^{\frac{3}{4}}} = \frac{750 \times \sqrt{45}}{\sqrt{8} \times \sqrt{\sqrt{8}}} = 1,060$$

6.5 유압펌프

이 펌프에는 용적형 펌프가 많다. 용적형 펌프는 공간용적을 변화시키는 것에 의해서 유체에 압력을 주고 토출하는 형태의 펌프이다.

(1) 유압펌프의 운전동력

유량 Q[m³/s]인 유체를 압력 p[Pa]로 토출할 때의 이론동력 L_0는

$$L_0 = pQ\,[\mathrm{W}] = \frac{pQ}{1,000}\,[\mathrm{kW}] \quad \cdots\cdots (6.12)$$

이다. 펌프효율을 η라 하면 펌프를 운전하는데에 필요한 축동력 L은

$$L = \frac{L_0}{\eta} = \frac{pQ}{\eta}\,[\mathrm{W}] = \frac{pQ}{1,000\eta}\,[\mathrm{kW}] \quad \cdots\cdots (6.13)$$

이다.

유압펌프의 토출량(유량)의 단위는 l/s, cm³/s 등이 잘 사용되고 있다.

(2) 왕복펌프의 토출량

왕복펌프는 피스톤의 왕복운동에 의하여 직접 액체에 압력을 주는 펌프이다. 그림 6.5와 같은 크랭크 축으로 구동시키는 왕복펌프에서 크랭크의 반경을 r, 크랭크각을 Θ, 각속도를 w라하면, 연접봉과 크랭크의 반경의 비는 일반적으로 5~6으로 크기 때문에 피스톤 속도는 근사적으로 $u = wr\sin\Theta$이다.

토출량은 피스톤 속도에 비례하므로 크랭크각 Θ를 횡축으로, 토출량을 종축으로 나타내면 그림 6.6과 같다.

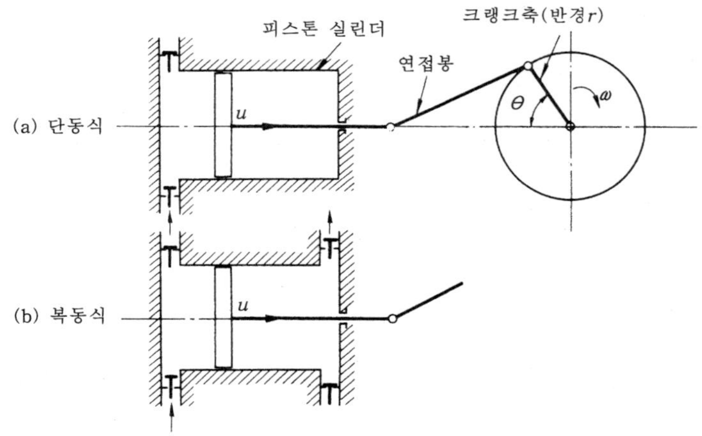

그림 6.5 왕복펌프

실린더 직경을 D[cm], 피스톤의 행정을 S[cm]라 하면 피스톤이 1왕복할 사이에 토출한 양은 $\frac{\pi}{4}D^2S$[cm³]이므로 왕복 펌프의 이론 토출량은 피스톤의 매분행정수(크랭크의 회전 수)를 N이라 하면,

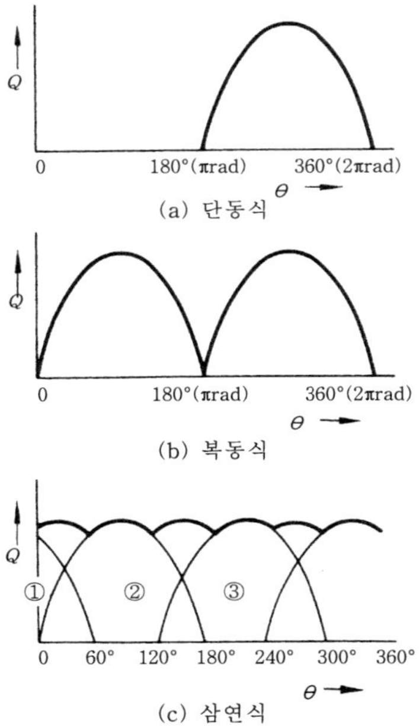

그림 6.6 토출곡선

$$Q_{th}=\frac{\pi}{4}D^2S\frac{N}{60}\ [\mathrm{cm^3/s}] \qquad (6.14)$$

이다. 실제 토출량은 체적효율을 η_v이라 하면

$$Q=Q_{th}\eta_v=\frac{\pi}{4}D^2S\frac{N}{60}\eta_v\ [\mathrm{cm^3/s}] \qquad (6.15)$$

이다. 이상은 단동식 경우이며 복동식인 경우는 2배로 한다. η_v 값은 보통 0.85~0.95 정도이다.

(3) 치차펌프의 토출량

그림 6.7과 같이 치차를 2개 조합시켜 회전시키면 케이스와 치차 사이의 공간에 들어 있던 액체는 케이스 내면을 따라 이동하고, 치차의 맞물림에 의하여 송출된다. 그림 6.7에서 2개의 치차는 상호 동등한 표준치차로 치선원직경을 D_2[cm], 기초원직경을 D_g[cm], 치폭을

B[cm]라 하면, 2개의 치차 1회전당 토출량은 근사적으로 $\frac{\pi}{4}(D_2^2 - D_g^2)B$ [cm³]로 나타낼 수 있다.

치차의 모듈을 m[mm], 치수를 z라 하면,

$D_2 = \frac{m(z+2)}{10}$, $D_g = D_2 - \frac{4m}{10} = \frac{4m(z-2)}{10}$ 이므로 1회전당의 토출량은

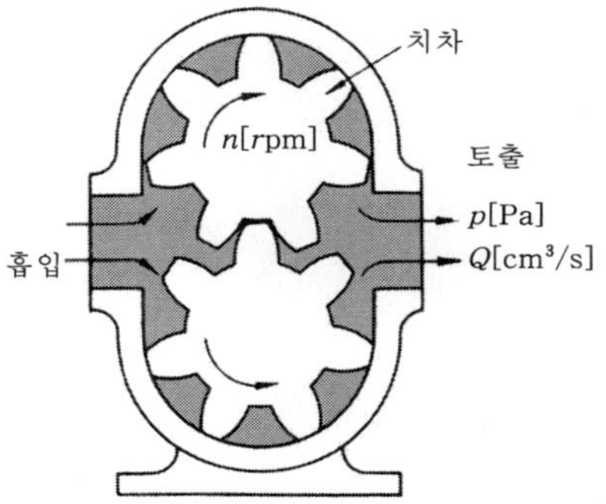

그림 6.7 치차펌프

$$\frac{\pi}{4}(D_2^2 - D_g^2)B = \frac{\pi}{4}\left[\left\{\frac{m(z+2)}{10}\right\}^2 - \left\{\frac{m(z-2)}{10}\right\}^2\right]B$$

$$= \frac{2\pi z m^2 B}{100} \text{ [cm}^3\text{]}$$

이다. 치차펌프의 이론토출량은 회전수를 N[rpm]

$$Q_{th} = \frac{2\pi m^2 zBN}{100\times 60} \text{ [cm}^3\text{/s]} \quad \cdots\cdots (6.16)$$

이다. 실제 토출량은 체적효율을 η_v라 하면

$$Q = \frac{2\pi m^2 zBN\eta_v}{100\times 60} \text{ [cm}^3\text{/s]} \quad \cdots\cdots (6.17)$$

이다.

예제 6.8 매분 300l의 기름을 압력 98kPa로 토출시키는 왕복펌프의 이론동력은 몇 kW인가? 또한 펌프효율을 74%라 하면 축동력은 몇 kW인가?

☞ $Q = 300\,l/\min = 0.005\,m^3/s$($1000l = 1m^3$이므로 $0.3m^3/\min = 0.3/60m^3/s = 0.005m^3/s$),

$P = 98000\,Pa$ 이므로, 이론동력 L_0은 식(6.12)에서

$$L_0 = \frac{pQ}{1,000} = \frac{98,000 \times 0.005}{1,000} = 0.49\,\text{kW}$$

축동력 L은 식 (6.13)에서

$$L = \frac{L_0}{\eta} = \frac{0.49}{0.74} = 0.662\,\text{kW}$$

예제 6.9 단동 왕복 펌프의 실린더 직경은 10cm, 피스톤 행정은 18cm, 분당 행정수를 80이라면, 이론 토출량은 몇 l/min 인가? 또한, 실제토출량을 측정했더니 104 l/min 이었다. 체적효율은 얼마인가?

☞ 단동왕복펌프의 이론 토출량은 식(6.14)에서

$$Q_{th} = \frac{\pi}{4} D^2 S \frac{N}{60}\ \text{cm}^3/\text{s} = \frac{\pi D^2 SN}{4000}\ l/\ \text{min}$$

D=10cm, S=18cm, N=80 이므로

$$Q_{th} = \frac{\pi \times 10^2 \times 18 \times 80}{4000} = 113\,l/\,\text{min}$$

또한, 체적효율 η_v은 식(6.15)에서

$$\eta_v = \frac{Q}{Q_{th}} = \frac{104}{113} = 0.92(=92\,\%)$$

예제 6.10 그림 6.7과 같은 치차펌프에서 치차의 모듈 5, 치차 18, 치폭 30mm, 회전수 800 rpm이라면 토출량은 몇 l/s인가? 단, 체적효율은 76%이다.

☞ 식 (6.17)에서 m=5, z=18, B=30cm, N=800 rpm, η_v=0.76 이므로

$$Q = \frac{2\pi z m^2 B N \eta_v}{100 \times 60} = \frac{2 \times \pi \times 18 \times 5^2 \times 3.0 \times 800 \times 0.76}{100 \times 60}$$

$$= 860\ cm^3/s = 0.86\,l/s$$

예제 6.11 그림 6.7과 같은 치차 펌프에서 모듈 10, 치폭 6cm, 회전수 1200rpm 일 때 토출량이 약 15l/s 가 되기 위해서는 치수를 몇매로 하면 좋은가? 단, 체적효율은 80%로 계산하시오.

☞ 식 (6.17)에서 $z = \dfrac{6,000Q}{2\pi\,\text{m}^2 B N \eta_v}$

$Q = 15\,l/s = 15,000\ \text{cm}^3/\text{s}$, $m = 10$, $B = 6\,\text{cm}$,
$N = 1,200\,\text{rpm}$, $\eta_v = 0.80$ 이므로

$$z = \frac{6,000 \times 15,000}{2 \times \pi \times 10^2 \times 6 \times 1,200 \times 0.80} = 24.9$$

따라서 치수는 25매.

6.6 수차의 원리

(1) 펠톤수차의 원리

펠톤수차의 구조는 그림 6.8과 같다. 회전축 주위에 있는 다수의 물받이(bucket)에 노즐로 분류를 부딪치면 그 충격으로 회전차가 회전하여 동력을 발생시킨다.

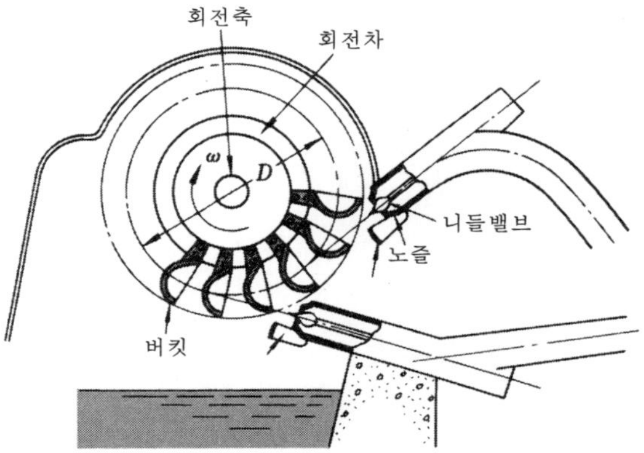

그림6.8 펠톤수차

펠톤수차에 의해서 발생된 동력을 생각해 보자. 노즐에서 분류속도를 v[m/s], 유효낙차(수차입구에서 수차에 작용하는 수두)를 H[m], C_v를 속도 계수라 하면

$$v = C_v\sqrt{2gH}\,[\mathrm{m/s}] \quad \cdots\cdots (6.18)$$

이다. 일반적으로 C_v는 0.96~0.98이다.

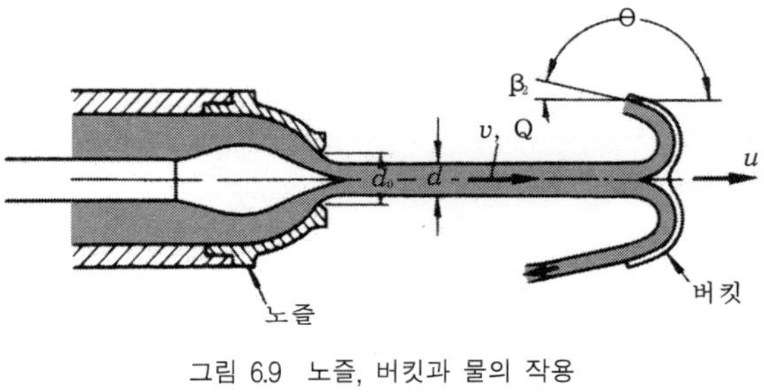

그림 6.9 노즐, 버킷과 물의 작용

분류가 버킷에 미치는 힘 F[N]는

$$F = \rho Q(v-u)(1-\cos\Theta)\,[\mathrm{N}]$$
$$= \rho Q(v-u)(1+\cos\beta_2)\,[\mathrm{N}] \quad \cdots\cdots (6.19)$$

Q : 분류의 유량 [m^3/s]

v : 분류속도[m/s]

u : 버킷의 주속도[m/s]

Θ : 버킷을 떠날 때 분류가 버킷의 운동방향과 이루는 각도

β_2 : Θ의 보각(=180°- Θ)

ρ : 물의 밀도=1000[kg/m^3]

따라서 분류가 1초 동안 하는 일량, 즉 분류가 수차에 주는 동력 L[N · m/s], [W]는 다음과 같다.

$$L = F \cdot u = \rho Qu(v-u)(1+\cos\beta_2)\,[\mathrm{N \cdot m/s}],[\mathrm{W}]$$
$$= Qu(v-u)(1+\cos\beta_2)\,[\mathrm{kW}] \quad \cdots\cdots (6.20)$$

여기서, $\beta_2 = 0$, $u = \frac{1}{2}v$로 한 경우, L은 이론적으로 최대가 된다.

$$L_{\max} = \frac{\rho Qv^2}{2}\,[\mathrm{N \cdot m/s}],\ [\mathrm{W}] = \frac{Qv^2}{2}\,[\mathrm{kW}] \quad \cdots\cdots (6.21)$$

보통 $\beta_2 = 4 \sim 15°$이다. 그림 6.8과 같이 노즐이 2개인 경우는 분류의 유량은 2배가 되어 동력 L도 2배가 된다. 버킷 수는 그림 6.8의 피치원 직경 D와 그림 6.9의 분류직경 d와의 비 D/d에 의하여 표 6.1과 같다.

〔주〕 $-\cos\Theta = -\cos(180° - \beta_2) = -(-\cos\beta_2) = \cos\beta_2$

표 6.1 펠톤 수차의 버킷수

D/d	8	12	16	20	24
z	18~22	20~24	22~26	24~28	26~30

예제 6.12 펠톤 수차 노즐의 분출속도를 60m/s이라면 유효낙차를 얼마로 하면 좋은가? 단, 노즐 속도계수는 0.94이다.

☞ 펠톤 수차의 경우 물이 갖는 위치에너지(유효낙차)가 노즐에서 분출속도에 따라 변하므로 식 (6.18)

을 사용하여

$$H = \frac{v^2}{2gC_v^2} = \frac{60^2}{2 \times 9.8 \times 0.94^2} = 208\,\text{m}$$

예제 6.13 펠톤 수차에서 노즐의 분출속도를 40m/s, 유량을 0.8m³/s, 버킷의 주속도를 22m/s, $\beta_2 = 15°$ 일때 출력은 몇 kW인가?

☞ 식 (6.20)에서 $L = \rho Qu(v-u)(1+\cos\beta_2)$,

$Q = 0.8\,\text{m}^3/\text{s}$, $u = 22\,\text{m/s}$, $v = 40\,\text{m/s}$, $\cos 15° = 0.9659$

$\therefore\ L = 1,000 \times 0.8 \times 22 \times (40-22)(1+0.9659) = 623\,\text{kW}$

예제 6.14 노즐의 분출속도가 50m/s, 유량이 1m³/s 인 펠톤 수차에서 버킷 출구각이 $\beta_2 = 20°$일 때 최대 출력은 몇 kW인가?

☞ 이론적으로 주속도 u가 분춘속도 v의 $\frac{1}{2}$일 때 최대출력이 된다.

그러므로 식 (6.20)에서 $u = \frac{1}{2}v$로 대치하면

$$L_{\max} = Q \cdot \frac{v^2}{4}(1+\cos\beta_2) = \frac{1 \times 50^2 \times (1+\cos 20°)}{4} = 1,212\,\text{kW}$$

6.7 수차의 출력

(1) 유효낙차

수차는 높은 곳의 위치에너지를 갖는 물을 사용하여 동력을 발생시키는 유체기계이다. 물은 취입구에서 수로와 수압관을 통하여 수차에 인도되어 방수관을 통하여 나가지만, 저수지 수면과 방수면과의 높이차를 **총 낙차**(total head)라고한다.

수로, 수압관, 방수관 등에 손실이 발생되므로 실제로 수차에 유효하게 작용하는 낙차는 총 낙차에서 모든 손실수두를 빼야한다.

이 수차에 유효하게 작용하는 수두를 **유효낙차**(effective head)라 한다. 총 낙차를 H_t [m], 제 손실수두의 합을 $\sum h_e$[m]라하면 유효낙차 H[m]는,

$$H = H_t - \sum h_e\,[\text{m}] \quad \cdots\cdots (6.22)$$

이 된다.

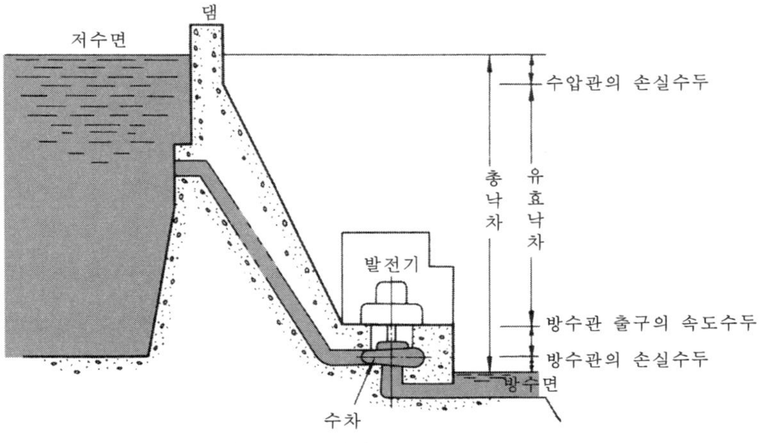

그림 6.10 유효낙차

(2) 이론출력

유량이 Q [m^3/s]인 물이 유효낙차 H[m]로 수차에 작용될 때 수차의 이론동력 L_{th} [kW]은 물의 밀도 ρ=1,000kg/m^3 이므로,

$$L_{th} = \rho gQH\,[\mathrm{W}] = gQH\,[\mathrm{kW}] \quad \cdots\cdots (6.23)$$

위식에서 ρgQ는 단위시간당 흘러 떨어지는 물의 중량이므로 ρgQH는 Q [m^3/s]인 물이 H [m] 낙하할 때 잃는 단위시간당의 위치에너지를 표시한다.

(3) 수차의 유효동력과 효율

수차가 출력축 끝에서 발생하는 정미동력을 **유효동력**이라 한다. 유효동력은 이론동력에서 수차 내부의 회전차, 기타 유동손실 등에서 발생되는 기계마찰손실을 제외하고 남은 동력이다. 유효동력 L_e의 이론동력 L_{th}에 대한 비율을 **수차의 효율**η이라 한다.

$$\eta = \frac{L_e}{L_{th}} \times 100\,[\%] \quad \cdots\cdots (6.24)$$

수차의 효율은 형식과 운전상태에 따라 다르지만 대개 80~92%이다. 또한, 출력이 클수록 효율이 좋다. 수력발전소에서 발생하는 발전기의 유효동력 L_e'는 발전기의 효율을 η'라 하면 다음과 같다.

$$L_e' = \eta \cdot \eta' \rho gQH\,[\mathrm{W}] = \eta \cdot \eta' gQH\,[\mathrm{kW}] \quad \cdots\cdots (6.25)$$

여기서 수차의 효율 η와 발전기의 효율 η′의 곱 η·η′가 발전소 전체의 효율이 된다.

예제 6.15 댐 수면에서 방수면까지의 높이가 146m, 유량이 $2\mathrm{m^3/s}$인 수차의 유효동력이 1,650 kW이라면 이 수차의 효율은 얼마인가? 단, 수로 전손실수두를 50m로 본다.

☞ 식 (6.22)에서 유효낙차 H는

$H = H_t - \sum h_e = 146 - 50 = 96m$

이론동력 L_{th}은 식 (6.23)에서

$L_{th} = gQH = 9.8 \times 2 \times 96 = 1,882kW$

수차의 효율 η는

$$\eta = \frac{L_e}{L_{th}} = \frac{1,650}{1,882} = 0.877(=87.7\%)$$

예제 6.16 유효낙차 150m, 유량 $24\mathrm{m^3/s}$인 수차의 이론동력은 몇 kW인가? 또한, 이수차의 효율이 90%이라면 유효동력은 몇 kW인가?

☞ 식 (6.23)에서 $Q = 24\,\mathrm{m^3/s}$, $H = 150\,\mathrm{m}$이므로,

$L_{th} = gQH = 9.8 \times 24 \times 150 = 35,280\,\mathrm{kW}$

또한 식(6.24)에서 $\eta = 0.9$이므로 유효동력 L_e[KW]은

$L_e = \eta \cdot L_{th} = 0.9 \times 35,280 = 31,752\,\mathrm{kW} \fallingdotseq 31.8\mathrm{MW}(\mathrm{M} \to 10^6)$

예제 6.17 유효낙차 80m, 유량 $25\mathrm{m^3/s}$인 수차에 직결된 발전기가 15,000 kW의 전력을 발전하고 있다. 발전기의 효율이 90%이라면, 수차의 효율은 얼마인가? 또한, 발전소 전체의 효율은 얼마인가?

☞ $H = 80\,\mathrm{m}$, $Q = 25\,\mathrm{m^3/s}$, $L_e' = 15,000\,\mathrm{kW}$, $\eta' = 0.9$이므로 식 (6.25)에서, 수차의 효율 η는

$$\eta = \frac{L_e'}{\eta' gQH} = \frac{15,000}{0.9 \times 9.8 \times 25 \times 80} = 0.85(=85\%)$$

발전소 전체의 효율 η_t는

$\eta_t = \eta \cdot \eta' = 0.85 \times 0.9 = 0.765(=76.5\%)$

6.8 수차의 회전속도와 비속도

수차는 낙차, 유량 및 회전속도의 조합으로 성능을 비교하기 위한 척도로서 비속도(specific speed) 또는 비교회전수라고 하는 식 (6.26)를 사용한다.

어느 수차의 유효낙차를 H[m], 유효출력을 L_e[kW], 회전수를 N [rpm]이라면 그 수차의 비속도 N_s는 다음과 같다.

$$N_s = \frac{N\sqrt{L_e}}{H^{\frac{5}{4}}} \qquad \cdots\cdots (6.26)$$

따라서, 원 수차와 상사한 모형수차를 만들어서 유효낙차 1m로 운전하여 유효출력 1kW를 발생시킨다면 이 모형수차의 회전수가 원 수차의 비속도가 된다.

식 (6.26)에서 $L_e = \rho gQH$이므로

$$N_s \propto \frac{\sqrt{Q}}{H^{\frac{3}{4}}}$$

이다.

표 6.2 수차의 비속도

수차의 종류	비속도 N_S
펠톤수치	8 ~ 25
프란시스 수차(저속)	50 ~ 110
프란시스 수차(고속)	200 ~ 350
사류수차	100 ~ 350
프로펠러 수차	200 ~ 900

※ 유효낙차의 단위 [m], 출력의 단위 [kW]일때 N_s의 값

여기서, Q가 작고 H가 클 때는 N_S는 작고, 역으로 Q가 크고 H가 작을 때는 N_s는 커진다. 각종 수차의 N_s의 값은 경험상 표 6.2와 같다. N_S가 일정 할때 수차의 회전수 N은 식 (6.26) 에서

$$N = \frac{N_s H^{\frac{5}{4}}}{\sqrt{Le}} \text{ [rpm]} \qquad \cdots\cdots (6.27)$$

로 구한다. 또한, 수차에 교류발전기가 직결되어 있는 경우, 발전기의 자극수와 발전전류의 주파수에서, 수차의 회전수는 다음 식으로 구한다.

$$N = 120 \cdot \frac{f}{p} \text{ [rpm]} \qquad \cdots\cdots (6.28)$$

여기서 f : 주파수 [Hz]

p : 교류발전기의 자극수

예제 6.18 유효낙차가 190m 이고 유효동력이 12,000 kW, 회전수가 500 rpm 인 수차의 비속도는 얼마인가?

☞ 식 (6.26)에서 $N = 500\,rpm$, $L_e = 120,000\,\text{kW}$, $H = 190\,\text{m}$이므로

$$N_s = \frac{N\sqrt{L_e}}{H^{\frac{5}{4}}} = \frac{N\sqrt{L_e}}{H \cdot \sqrt{\sqrt{H}}} = \frac{500 \times \sqrt{120000}}{190 \times \sqrt{\sqrt{190}}} = 246$$

예제 6.19 유효낙차 80m, 유량 6m³/s, 회전수 900rpm인 수차의 비속도를 구하라. 단, 수차의 효율은 80%이다.

☞ 수차의 유효동력 L_e 는 식 (6.24)에서

$$L_e = \eta \cdot L_{th} = gQH = 0.80 \times 9.8 \times 6 \times 80 = 3.763\,\text{kW}$$

따라서 비속도 N_s는

$$N_s = N\frac{\sqrt{L_e}}{H^{\frac{5}{4}}} = \frac{900\sqrt{3763}}{80^{\frac{5}{4}}} = 231$$

〔주〕 $X = 80^{\frac{5}{4}}$로 놓고 양변을 대수로 취하면

$$\log X = \log 80^{\frac{5}{4}} = \frac{5}{4}\log 80 = \frac{5}{4}(\log 10 + \log 8)$$

$$\therefore\ X = 239$$

또는 $80^{\frac{5}{4}} = 80 \times \sqrt{\sqrt{80}} = 80 \times 2.991 = 239$

연습문제

1. 원심펌프를 사용하여 지하 7m의 지하수를 매분 3.6m³로 지상 40m에 있는 저수탱크로 퍼올리기 위해서는 양정이 얼마인 펌프를 사용하면 좋은가? 단, 흡입관과 토출관 모두 내경 100mm인 관을 사용하며, 관길이 50m, 관마찰계수 0.03이고, 전손실수두는 관의 마찰손실수두의 1.1배로 한다.

답 관로의 마찰손실수두

$$h_l = f \cdot \frac{l}{d} \cdot \frac{v^2}{2g}, \quad v = \frac{Q}{A} = \frac{3.6}{\frac{\pi}{4} \times 0.1^2 \times 60} = 7.64\ \text{m/s}$$

$$\therefore \ h_l = 0.03 \times \frac{50}{0.1} \times \frac{7.64^2}{2 \times 9.8} = 4.47\ \text{m}$$

$$\therefore \ H = (h_d + h_s) + (f_d + f_s)\frac{v^2}{2g}$$

$$= 40 + 7 + 4.47 \times 1.1 = 51.92\text{m} ≒ 52\text{m}$$

2. 운전중인 펌프의 흡입압력이 수은주로 280mm, 토출압력이 310kPa이다. 이 때 펌프의 전양정은 얼마인가? 또한, 이 펌프가 분당 18m³의 물을 양수한다면 펌프가 물에 준 동력은 몇 kW인가?

답 $H_1 = -280\ \text{mmHg} = -3.81\text{m Aq}$

$$H_2 = 310,000\ Pa = 310,000 \times \frac{1}{9,800} = 31.6\text{m}$$

$$760\text{mmHg} = 10.33\text{m Aq}$$

$$\therefore -280\ \text{mmHg} = \frac{-280 \times 10.33}{760}$$

$$\therefore H_1 = -3.81\ \text{mm Aq}$$

$$\therefore H = H_2 - H_1$$

$$= 31.6 - (-3.81) = 35.4\ \text{m}$$

$$L_0 = \frac{gQH}{60} = \frac{9.8 \times 18 \times 35.4}{60} = 104\ \text{kW}$$

3. 양정 17m, 양수량 2.4m^3/min일 때 축동력 10.6kW가 필요한 원심펌프의 효율을 구하여라.

답 $L_0 = \dfrac{gQH}{60} = \dfrac{9.8 \times 2.4 \times 17}{60} = 6.66\,\text{kW}$

$\eta = \dfrac{L_0}{L} = \dfrac{6.66}{10.6} = 0.628(≒63\%)$

4. 전양정 20m, 양수량 4.8m^3/min인 펌프가 있다. 펌프 효율이 78%일 때 소요동력[kW]을 구하라. 또한, 이것을 전동기 직결로 운전할 때 소요동력 [kW]은 얼마인가? 단, 전동기 효율은 92%이다.

답 $L = \dfrac{L_0}{\eta} = \dfrac{9.8 \times 4.8 \times 20}{60 \times 0.78} = 20.1\,\text{kW}$

소요전력 $W = \dfrac{L}{\eta_d \cdot \eta_m} = \dfrac{20.1}{1.00 \times 0.92} = 21.8\,\text{kW}$

5. 전양정 20m, 양수량 4.8m^3/min, 회전수 1,450 rpm인 원심펌프의 비속도는 얼마인가?

답 $N_s = \dfrac{NQ^{\frac{1}{2}}}{H^{\frac{3}{4}}} = \dfrac{1450 \times 4.8^{\frac{1}{2}}}{20^{\frac{3}{4}}} = \dfrac{1,450 \times \sqrt{4.8}}{\sqrt{20} \times \sqrt{\sqrt{20}}} = 336$

6. 전양정 80m, 양수량 1.6m^3/min, 회전수 900rpm, 4단 터빈펌프의 비속도는?

답 1단당 양정 $H = 20\,\text{m}$, $Q = 1.6\,\text{m}^3/\text{min}$, $N = 900\text{rpm}$

$\therefore\ N_s = \dfrac{NQ^{\frac{1}{2}}}{H^{\frac{3}{4}}} = \dfrac{900 \times 1.6^{\frac{1}{2}}}{20^{\frac{3}{4}}} = 120.4$

7. 원심펌프의 회전차 출구의 직경을 52cm, 회전수를 1,500rpm, $\alpha_1 = 90°$, $\beta_2 = 26°$, $w_2 = 26.8\,\text{m/s}$라고 할 때 이론양정은 얼마인가?

답 $u_2 = r_2 \cdot w = r_2 \cdot \dfrac{2\pi N}{60}$

$= \dfrac{0.26 \times 2\pi \times 1,500}{60} = 40.8\,\text{m/s}$

$H = \dfrac{1}{g} u_2(u_2 - w_2 \cos\beta_2)$

$= \dfrac{40.8}{9.8} \times (40.8 - 26.8 \times \cos 26°) = 69.6\,\text{m}$

8. 실린더의 직경 200mm, 피스톤 행정 260mm, 피스톤의 분당 왕복 수 150 인 단동왕복 펌프의 토출량(l/s)을 구하라. 단, 체적효율은 90%이다.

답 $Q = \dfrac{\pi D^2 S N \eta_v}{4\times 60} = \dfrac{\pi \times 20^2 \times 26 \times 150 \times 9.8}{4\times 60} = 18,370\ \text{cm}^3/\text{s} = 18.4\ l/s$

9. 유량이 680l/min인 기름을 353kPa로 토출하는 왕복펌프의 소요동력은 몇 kW인가? 펌프효율을 80%로 하여 계산하라.

답 $L = \dfrac{pQ}{1,000\eta} = \dfrac{353,000\times 680}{1,000\times 60\times 0.8} = 0.5\ kW$

10. 그림 6.7과 같은 치차펌프로 모듈 6, 치수 14, 치폭 5cm, 회전수 2,000rpm, 체적효율 88% 이라면 토출량[cm^3/s]은 얼마인가? 또한, 이때 토출압력을 7.84 MPa(7,840,000Pa), 펌프효율을 80%이라면 소요동력은 얼마인가?

답 $Q = \dfrac{2\pi m^2 z B N \eta_v}{100\times 60}$

$= \dfrac{2\pi \times 6^2 \times 14 \times 5 \times 2,000 \times 0.88}{100\times 60} = 4640\, cm^3/s (= 0.00464\, m^3/s)$

$L = \dfrac{pQ}{\eta} = \dfrac{7,840,000 \times 0.00464}{1,000\times 0.8} = 45.5\ kW$

11. 유효낙차 400m인 펠톤 수차 노즐에서 분류속도는 얼마인가? 노즐의 속도계수를 0.9로 계산하여라

답 $v = C_v\sqrt{2gH} = 0.9\times\sqrt{2\times 9.8\times 400} = 79.7\ \text{m/s}$

12. 노즐에서 분류의 속도 60m/s, 수량 0.62m^3/s인 펠톤 수차에서 버킷(물받이)의 출구각 $\beta_2 = 15°$일 때 최대출력은 몇 kW인가?

답 식 (6.20)에서 $u = \dfrac{v}{2}$일 때 최대출력이 얻어지므로 최대출력 $L_{\max}$은

$L_{\max} = Qu(v-u)(1+\cos\beta_2)$

$L_{\max} = Q\times\dfrac{v^2}{4^2}(1+\cos\beta_2)$

$= \dfrac{0.62\times 60^2}{4}\times(1+\cos 15°)(\cos 15° = 0.9659)$

$= 1,097\ \text{kW}$

13. 유효낙차 300m, 유량 1.5m³/s인 수차의 유효동력이 4,000kW 이다. 이 수차의 효율을 구하여라.

답 $L_{th} = gQH = 9.8 \times 1.5 \times 300 = 4,400$ kW

따라서 $\eta = \dfrac{L_e}{L_{th}} = \dfrac{4,000}{4,410} = 0.907\,(=90.7\%)$

14. 유효낙차가 60m인 어느 댐의 물을 이용하여 유량 100m³/s인 어느 수차를 작동시켜 50,000 kW의 출력을 얻었다. 이 수차의 효율을 구하여라.

답 식 (6.24)에서 $\eta = \dfrac{L_e}{L_{th}} \times 100 = \dfrac{50,000}{gQH} \times 100 = \dfrac{50,000}{9.8 \times 100 \times 60} \times 100 = 0.85(=85\%)$

15. 어느 발전소의 낙차는 140m, 발전량은 32,000 kW이다. 발전소의 효율을 84%이라면 발전소의 사용수량을 추정하여라.

답 발전소 효율 $\eta_t = \eta \cdot \eta' = 0.84$이므로, $L_e' = \eta\eta' gQH$에서

$$Q = \frac{L_e'}{\eta\eta' gH} = \frac{32,000}{0.84 \times 9.8 \times 140} = 27.8\,\mathrm{m^3/s}$$

16. 유효낙차 300m, 사용수량 6m³/s의 발전소 발생전력을 구하여라. 단, 수차의 효율은 86%, 발전기의 효율은 90%이다.

답 식 (6.25)에서

$\eta = 0.86$, $\eta' = 0.9$, $Q = 6\,\mathrm{m^3/s}$, $\mathrm{H} = 300\,\mathrm{m}$, $\rho = 1,000\mathrm{kg/m^3}$ 이므로

$L_e' = 0.86 \times 0.9 \times 9.8 \times 6 \times 300 = 13653\,kW \fallingdotseq 13.7MW$

17. 유효낙차 40m, 유량 30m³/s, 회전수 158rpm인 수차의 비속도를 구하라. 단, 수차의 효율은 90%이다.

답 $L_e = \eta gQH = 0.9 \times 9.8 \times 30 \times 40 = 10,584$ kW

따라서 $N_s = \dfrac{N\sqrt{L_e}}{H^{\frac{5}{4}}} = \dfrac{158 \times \sqrt{10,584}}{40 \times \sqrt{\sqrt{40}}} = 161.6$

2

열역학

제1장 열역학의 개요

제2장 열역학 제1법칙

제3장 이상기체

제4장 열역학 제2법칙

제5장 증기

제6장 냉동기와 냉동사이클

제7장 습공기

제8장 전열

제9장 연료 및 연소

1 열역학의 개요

열역학은 에너지를 취급하는 자연과학분야의 학문으로 관찰과 경험으로부터 귀납적으로 얻어진 자연 법칙에 대하여 기초적인 물리량과 성질에 의해 구성되어 있다. 이 장에서는 제1편 제1장에서 취급한 물리량 외에 온도, 비열, 열량 및 일과 동력에 관한 내용을 기술하였으며, 물질의 열팽창과 상태량 및 열에 의한 물질의 상(相)변화에 대한 기술을 하였다.

열역학의 기초사항인 압력에 관한 내용은 대단히 중요하므로, 제1편 제1장 및 2장에서 다시 한 번 학습하기 바란다.

1.1 공업열역학

역사적 관점으로 볼 때 인간은 보다 향상된 생활을 영위하기 위하여, 나아가서는 보다 발전된 문명을 건설하기 위해 자신이 보유하고 있는 에너지보다 더 많은 양의 에너지를 필요로 하여 왔으며, 그 방법으로 다른 사람을 고용하거나 짐승 등을 부렸으며 또는 바람이나 수력 등의 자연에너지도 이용하여 왔다.

그러나 이것은 긴 역사를 통한 원시적인 방법이었으며, 과학적인 탐구와 체계적이고 정량적인 접근은 1700년 이후 부터라 할 수 있다. 1775년에 와트(Watt)의 증기기관 출현으로 인한 원동력으로 산업혁명과, 1807년에는 휴턴(Futon)의 증기선이 허드슨강을 순항하고, 발전기와 전동기 1831년, 가솔린기관 1876년, 증기터빈 1884년, 가스터빈 1930년, 로켓 1940년, 원자탄 1945년, 제트기 1950년, 이후 인공위성시대가 열린 것이다.

이와 같은 문명의 발달에 사용되는 에너지원으로는 인간, 동물, 물, 바람, 그리고 화석 연료인 석탄, 석유, 가스 등으로 진보되었으며, 또한 지금은 핵연료의 시대에 이르고 있다. 이 에너지원의 정량적인 변환을 다루는 열역학은 자연과학의 한 분야로 물질과 주위사이의 물리적, 화학적변화에 의해 생기는 에너지의 이동이나 변환관계 또는 그로 인한 상태변화를 다루는 학문이며, 공학적인 응용분야를 연구하는 것을 공업열역학이라 한다.

공업열역학은 열에너지와 물질의 온도, 압력, 체적 등의 변화를 거시적이고 현상론적으로 다루고 있다. 이와함께 공업열역학의 응용분야는 대체로 열기관, 공기조화, 연소, 유체의 압축과 팽창등 다양하게 적용되어 에너지 이용의 효율화 및 안전에 기여하고 있다.

1.2 계와 동작물질

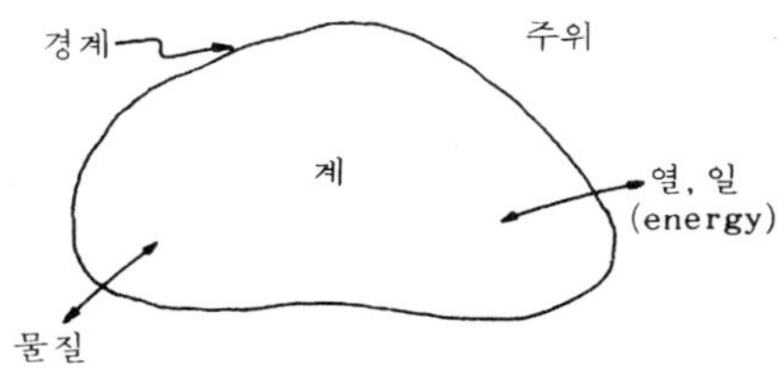

그림 1.1 계 및 주위

열역학적인 문제의 대상이 되는 물질이 모인 것을 계(係:system)라 하고, 계가 아닌 외계를 주위(surrounding)라 하며, 계와 주위와의 사이를 경계(boundary)라 한다.

이와 같은 계에서 에너지를 저장 또는 운반하는 물질, 예로서 증기터빈의 증기, 냉동기의 냉매, 내연기관의 공기와 연료의 혼합물과 같은 물질을 작업물질 또는 동작물질(working fluid)이라 한다.

이 때 동작물질과 에너지가 계와 주위사이를 이동하는 계를 개방계(open system)라 하고, 이 과정을 유동과정(flow process)이라 한다. 또한 동작물질은 이동하지 않고 에너지만을 교환하는 계를 밀폐계(close system)라 하며, 이 과정을 비유동과정(nonflow process)이라 한다. 한편 계와 주위 사이에 아무런 상호작용이 없는 계를 절연계(isolated system)라 하며 또한 경계를 통하여 열의 출입이 없는 계를 단열계(adiabatic system)라 부른다. 실제 문제를 해결하기 위하여는 실제계(actual system)대신 이상계(ideal system)를 고려하는 경우가 많다. 그 이유는 이상계는 실제계와 유사하면서 실제계보다 단순하기 때문이다.

1.3 溫度

우리들의 신체에 물체가 접촉하면 온냉의 감각을 느끼게 되는데 이러한 온・냉의 정도를 나타내는 것을 온도라 한다.

온도의 측정은 물체의 길이, 체적, 전기저항, 열기전력 등이 온도에 비례하여 변화하는 성질을 이용하며 이와같이 온도의 측정에 사용하는 기기를 온도계라 한다.

온도의 단위로는 섭씨온도 (℃)가 있다. 이것은 표준대기압하에서 순수의 빙점을 0, 비등점을 100으로 하여 그 사이를 100등분 한 것을 1℃로 정한 것을 말하며, 화씨온도는 표준대기압하에서 순수의 빙점을 32°F, 비등점을 212°F로 하고 그 사이를 180등분한 것을 1°F로 정한 것이다.

이들 섭씨온도 t와 화씨도 F와의 사이에는 다음과 같은 관계가 있다.

$$\left.\begin{aligned} &0℃=32°F\ ,\ 100℃=212°F \\ &t = \frac{5}{9}(F-32), \\ &F = \frac{9}{5}t+32 \end{aligned}\right\} \cdots\cdots (1.1)$$

이와 같은 온도눈금은 온도계에 사용되는 물질에 따라 각 눈금이 엄밀하게 일치하지는 않는다. 그러므로 사용되는 물질에 따라 그 온도가 좌우되지 않는 온도눈금으로 열역학적 절대온도(thermodynamic absolute temperature)로 섭씨온도를 기준으로 할 때는 캘빈(Kelvin)온도 (T K)를, 화씨온도를 기준으로 할 때는 랜킨(Rankine)온도(T R)를 사용한다.

이 캘빈온도와 섭씨온도와의 관계는

$$T\ K = t_c + 273 \cdots\cdots (1.2)$$

또한 랜킨온도와 화씨온도와의 관계는

$$T\ R = t_F + 460 \cdots\cdots (1.3)$$

이상의 ℃, K, °F, R의 상호관계는 그림 1.2와 같다.

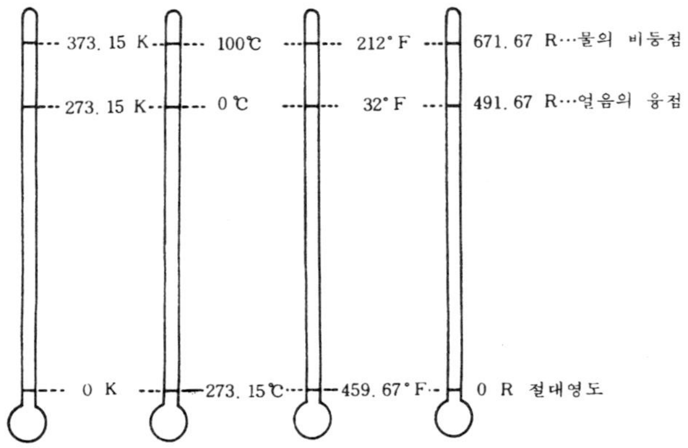

그림 1.2 온도눈금 K, ℃, °F, R의 상호관계

예제 1.1 섭씨 35℃를 화씨온도 °F, 캘빈온도 K, 랜킨 온도 R로 각각 환산하시오.

☞ i) $F = \frac{9}{5}t + 32$ (1.1)

$= \frac{9}{5} \times 35 + 32 = 95\,°F$

ii) T K $= t + 273$

$= 35 + 273 = 308$

iii) T R $=$ F $+ 460$

$= 95 + 460 = 555$

1.4 비열, 열량, 비중량

단위 중량인 물체를 단위온도차 상승시키는데 필요한 열량을 비열(specific heat)이라 하며, 단위는 kcal/kg℃ 또는 kcal/kg로 표시한다.

만약 단위 중량(1kg)의 물체에 dq(kcal)의 열량을 가하여 온도가 dt℃만큼 상승했다면, 비열 C에 관한 식은 다음과 같이 된다.

$$C = \frac{dq}{dt} \text{ kcal/kg℃} \quad \cdots\cdots (1.4)$$

비열은 물체를 가열하는 방법에 따라 달라진다. 즉, 일정한 체적하에서 가열할 경우의 비열을 정적비열(specific heat under constant volume) C_v로, 일정한 압력하에서 가열할 경우의 비열을 정압비열(specific heat under constant pressure) C_p로 표시하며, 일반적으로 $C_p > C_v$의 관계가 있다.

비열은 열역학상으로 가정하는 완전가스에서는 그 값이 일정하다고 볼 수 있으나, 완전가스로 볼 수 있는 공기나 산소 일지라도 엄밀한 의미에서는 온도에 따라 복잡한 변화를 한다.

어느 물체 G(kg)를 t_1(℃)에서 부터 t_2(℃)까지 가열할 때 필요한 열량을 Q(kcal)라 하면

$$Q = G\int_{t_1}^{t_2} C\,dt \text{ [kcal]} \quad \cdots\cdots (1.5)$$

이때 비열 C가 평균비열 C_m이라고 하면

$$Q = GC_m(t_2 - t_1) \text{ [kcal]} \quad \cdots\cdots (1.6)$$

이와 같이 어느 물체의 비열과 온도변화를 알면 그 물체에 가해진 열량을 알 수 있다. 여기서 열량의 단위는 순수한 물 1kg을 표준대기압력하에서 14.5℃를 15.5℃로 올리는데 필요한 열량을 단위 열량으로 하며, 이것을 1kcal라고 한다.

또 열량단위로 Btu(Britsh thermal unit)가 사용되는데 이것은 물 1lb의 온도를 1°F만큼 올리는데 필요한 열량을 말하고, kcal와 Btu를 조합한 단위인 Chu(centigrade heat unit)는 물 1lb의 온도를 1℃만큼 높이는데 필요한 열량을 말한다.

표 1.2는 열량의 단위를 비교한 것이다.

표 1.1 열량의 단위비교

kcal	Btu	Chu
1	3.968	2.205
0.252	1	0.5556
0.454	1.800	1

물체의 상태변화를 나타내는데 있어서 그 상태를 지정하는 요소로서 체적이 이용되며, 이는 기체 또는 액체 1kg이 차지하는 체적을 비체적(specific volume)이라 하며, 공학단위는 m^3/kg 이다. 또한 체적 $1m^3$의 중량을 비중량(specific weight)이라 하며, 공학단위는 kg/m^3이다. 일반적으로 비체적은 υ비중량은 γ로 표시되며 이들은 역수의 관계가 있다.

예제 1.2 10℃의 물 10kg을 80℃로 높이기 위해서는 몇 kcal의 열량이 필요한가?

☞ $Q = GC\,(t_2 - t_1)$

$= 10 \times 1 \times (80 - 10) = 700$ kcal

예제 1.3 10℃의 물 50kg과 90℃의 물 25kg을 혼합하면 물의 온도는 몇℃가 되겠는가?

☞ 10℃의 물이 얻은 열량을 Q_1, 90℃의 물이 얻은 열량을 Q_2라면 $Q_1 + Q_2 = 0$

정리하면 $G_1C\,(t_2 - t_1) + G_2C\,(t_2 - t_1) = 0$

즉, $50 \times 1 \times (t_2 - 10) + 25 \times 1 \times (t_2 - 90) = 0$

$\therefore\ t_2 = 36.7$℃

예제 1.4 그림과 같은 온수난방에서 방열기로 들어오는 온수의 온도는 65℃, 출구의 온도가 50℃일 때 시간당 방열기로부터의 방열량을 구하시오. 단, 온수는 시간당 2500kg이 흐른다.

☞ $Q = GC\ (t_2 - t_1)$kcal/h

$= 2500 \times 1 \times (50 - 65) = -37500$

부호가 負이므로 방열기는 시간당 37500 kcal의 열량을 방출한다.

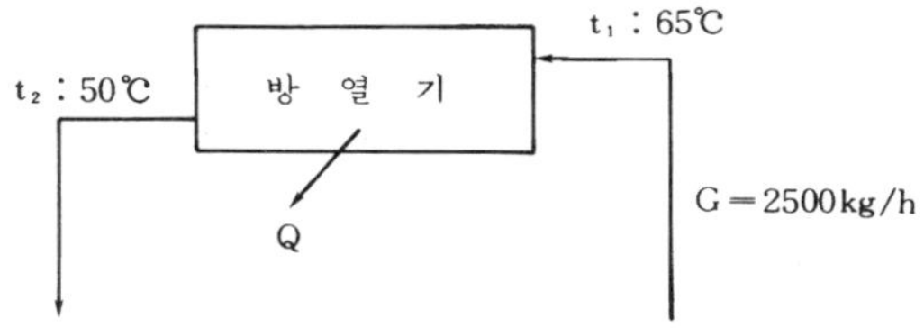

예제 1.5 20℃의 물 1ton을 100℃로 가열하기 위해 저위발열량 5000kcal/l인 연료를 시간당 10 l 연소시킬 때 소요 시간을 구하시오. 단, 연소효율은 65%이며, 기타의 열손실은 없는 것으로 한다.

☞ 소요열량 $Q_1 = G_1 C_1\ (t_2 - t_1) = 1000 \times 1 \times (100 - 20) = 80000$kcal

연료의 발생연량 $Q_2 = G_2 \times H_l \times \eta = 10 \times 5000 \times 0.65 = 32500$kcal/h

$\therefore$ 소요시간 $= \dfrac{Q_1}{Q_2} = \dfrac{80000}{32500} \fallingdotseq 2.46h$

예제 1.6 용량 1kW 의 전기 포트로 1kg의 물을 10℃에서 100℃까지 가열하는데 몇 분 걸리는가? 단, 열손실은 없는 것으로 한다.

☞ 소요열량 $Q = GC\ (t_2 - t_1) = 1 \times 1 \times (100 - 10) = 90$kcal

1kW =860kcal/h 이므로 소요시간 $= \dfrac{90}{860} = 0.1.05\,h = 6.3\,\mathrm{min}$

1.5 일과 동력

(1) 일과 열에너지(Energy)

일이 언어지려면 물체에 힘이 작용하고, 물체가 이동하여야 한다.

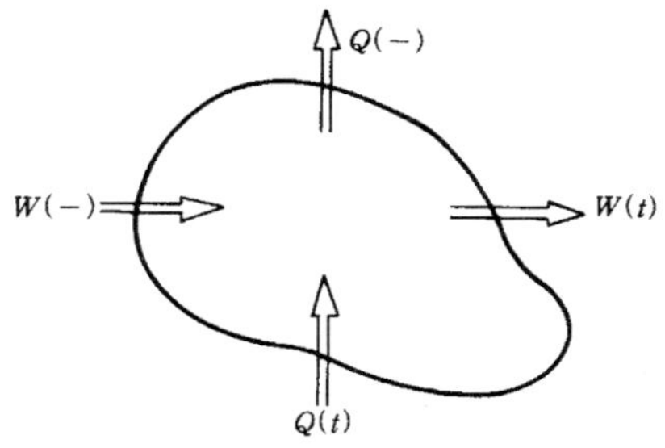

- W 〉0 : 계가 외부로 일을 줄 때(피스톤의 팽창일)
- W 〈 0 : 계가 외부로부터 일을 받을 때(피스톤의 압축일)
- Q 〉0 : 열이 주위로부터 계로 이동될 때
- Q 〈 0 : 열이 계로부터 주위로 이동될 때

그림 2-1 일과 열의 부호성

힘을 F라 하고 변위를 dx라 할 때 일 dw는

$$dx = F \cdot dx \ (\text{kg} \cdot \text{m}) \quad \cdots\cdots \quad (1.7)$$

힘 F는 변위의 일직선상에 작용하여야 한다. 일은 과도적 에너지로 저항을 이기는 힘이 작용하여 변위 사이에서 존재하고, 움직이면 일이 얻어지고, 정지하면 일도 소멸된다.

열역학에서 이상적인 일은 마찰을 무시한 상태의 일로, 이 때 발생된 일은 모두 다른 에너지로 변화시킬 수가 있다. 이 때 계(system)가 일을 받으면 -의 일이고, 일을 주면 정의 일, 즉 +로 규정하기로 한다.

일의 단위는 kg · m로 하고, ft · lb, Joule(=N · m), kWh, PSh 등으로도 표시할 수 있다.

(2) 동력

단위 시간당에 행한 일을 공률(power) 또는 동력이라고 하고, kg · m/s, kW, PS 등으로 나타내며, 이들 사이의 관계는 다음과 같다.

$$P = \frac{dw}{dt} = \frac{dF \cdot s}{dt} = F \cdot \frac{ds}{dt} = F \cdot v$$

표 1.3 일 및 에너지 환산표

	Joule	kg · m	ft · 1b	KWh	PSh	HPh
1Joule	1	0.10197	0.7376	0.2778×10^{-6}	0.3777×10^{-6}	0.3724×10^{-6}
1kg · m	9.807	1	7.223	0.2724×10^{-5}	0.3704×10^{-5}	0.3652×10^{-5}
1ft.1b	1.356	0.1383	1	0.3766×10^{-6}	0.5121×10^{-6}	0.5049×10^{-6}
1kWh	3.6×10^{6}	3.671×10^{5}	2.655×10^{6}	1	1.3596	1.3405
1PSh	2.648×10^{6}	2.700×10^{5}	1.953×10^{6}	0.7355	1	0.9859
1HPh	2.686×10^{6}	2.739×10^{5}	1.981×10^{6}	0.746	1.0143	1

표 1.4 동력의 환산표

	PS	HP	kW	kg · m/s	ft.1b/s
1PS	1	0.9859	0.7355	75	542.5
1HP	1.0143	1	0.746	76.07	550.2
1kW	1.3596	1.3405	1	101.97	737.6

	PS	HP	kW	kg · m/s	ft.1b/s
16kg · m/s	0.01333	0.01315	0.009807	1	7.233
1ft.1b/s	0.000843	0.001817	0.001356	0.1383	1

1kW ≒ 102kg · m/s ≒ 860kcal/h

1PS ≒ 75kg · m/s ≒ 632.5kcal/h

예제 1.7 어느 엘리베이터의 자체 중량은 500kg이고 탈 수 있는 정원은 10명이며, 1인당 중량은 65kg, 운행속도는 100m/min으로 할 때 필요한 전동기 동력은 몇 마력(PS)인가? 단,마찰 손실은 무시한다.

☞ 소요동력 = 힘 × 거리 ÷ 시간kg · m/sec

$$= (500 + 10 \times 65) \times \frac{100}{60} = 1917\,\mathrm{kg \cdot m/sec}$$

1PS =75kg · m/s 이므로

$$\therefore \text{소요마력} = \frac{1917}{75} = 25.6\mathrm{PS}$$

1.6 열팽창

물체에 열을 가하면 일반적으로 온도에 비례하여 팽창하므로 길이나 체적이 증가한다. 이때 온도가 1℃상승할 때 마다 길이가 0℃일 때의 몇 배 증가하는가를 나타내는 값을 선팽창계수(coefficient of linear expansion)라 하고, 체적이 몇 배 증가하는가를 나타내는 값을 체적팽창계수(coefficient of volume expansion)라고 한다. 0℃인 물체에 열을 가하여 t℃가 되었을 때, 물체의 길이 및 체적이 각각 L_0에서 L, V_0 에서 V로 되었을 때 선팽창계수를 α, 체적팽창계수를 β라고 하면, 팽창 후의 길이와 체적은 다음과 같이 된다.

팽창후의 길이는

$$L = L_0 + L_0 \alpha t = L_0(1 + \alpha t) \quad \cdots\cdots (1.8)$$

팽창 후의 체적은

$$V = V_0 + V_0 \beta t = V_0(1 + \beta t) \quad \cdots\cdots (1.9)$$

그리고 0℃에서 한 변의 길이가 L_0, 체적이 V_0인 정육면체에서는 $V_0 = L_0^3$, $V = L^3$이므로 위 식에서, $V = L_0^3(1+\alpha t)^3 = V_0(1+3\alpha t + 3\alpha^2 t^2 + \alpha^3 t^3)$

여기에서 α^2, α^3은 값이 적으므로 무시하면

$$V = V_0(1+3\alpha t) \quad \therefore \beta = 3\alpha \quad \cdots\cdots (1.10)$$

가 되어 체적 팽창계수는 선팽창계수의 약 3배와 같고 α, β 중 어느 하나를 알면 다른 것도 알 수 있다.

표 1.5 재료의 선팽창계수

재료	α	재료	α
연강	1.15×10^{-5}	청동	1.80×10^{-5}
주철	1.04×10^{-5}	알루미늄	2.38×10^{-5}
동	1.65×10^{-5}	콘크리트	1.43×10^{-5}
황동	1.84×10^{-5}	유리	0.80×10^{-5}

예제 1.8 길이 30m의 강관내에 간헐적으로 수증기가 통과하여 관의 온도가 10℃에서 100℃로 상승한다. 강관의 선팽창계수가 16.6×10^{-6} 이라면 수증기가 통과할 때 강관의 길이는 몇mm인가?

☞ $L = L_0\{1 + a(t_2 - t_1)\} = 30\times10^3\{1 + 16.6\times10^{-6}(100-10)\} = 30044.82\text{mm}$

예제 1.9 그림과 같은 온수 보일러 내에 있는 60℃의 물이 90℃로 상승할 때 팽창탱크 수위는 몇 cm 상승하겠는가? 단, 물의 체적팽창계수는 2.07×10^{-4}이고 보일러의 용적은 500 l이며, 팽창 탱크의 수평면적은 400cm²이다.

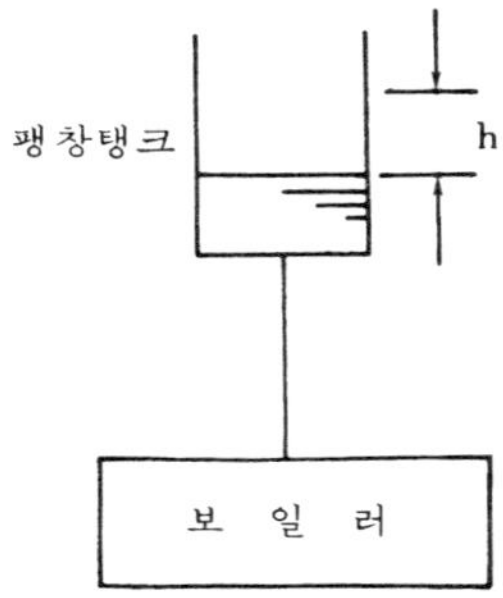

☞ 물의 체적 팽창량은

$\Delta V = V_0\beta(t_2 - t_1) = 500\times2.07\times10^{-4}\times(90-60) = 3.105l$

$\therefore h = \dfrac{\Delta V}{A} = \dfrac{3.105\times10^3}{400} = 7.76\text{cm}$

1.7 상태량

열역학에서 취급하는 물리량은 상태량(quality of state)과 상태량이 아닌 것으로 구별하

여 생각한다. 이것은 열역학을 전개하는데 있어서 중요한 개념이다. 상태량이란 주어진 상태 1에서 상태 2로 변화할 때 그 변화가 오로지 최종상태에 대응하는 량(量)과, 최초상태에 대응하는 량(量)과의 차이만으로 구해질 때 이 양을 상태량이라 한다.

예를 들면 물체의 열역학적 상태를 결정하는 양으로서 온도, 체적, 뒤에 기술하는 엔탈피 및 엔트로피 등은 상태량이다. 또 상태량 중에서 물질의 양에 따라 변하지 않는 양, 예를 들면 온도, 압력 등을 강도성 상태량(intensive property)이라고 하며, 물질의 양에 따라 변하는 양 즉, 체적, 내부 에너지, 엔탈피, 엔트로피 등은 용량성 상태량(extensive property)이라 한다.

이것에 대해서 열량 Q나 일량 W는 물체가 어떤 경로에 따라 현재의 상태에 도달했는가 하는 과거의 경로에 관계되는 양이므로 상태량은 아니다. 경험에 의하면 순수한 물질의 경우에는 압력 p, 비체적 v, 온도 T와같은 상태량 중에서 독립적으로 변화할 수 있는 것은 그 중 2개의 상태량 뿐이다. 그러므로 만일 P와 T를 독립적으로 변하는 상태량으로 택하면 다른 임의의 상태량, 이를테면 비체적 v는 압력P와 온도T가 정하여지면 결정된다. 즉, v는 P와 T의 함수라고 할 수 있다.

그러므로,

$$v = f(p, T) \text{ 또는 } F = (p, v, T) = 0 \quad \cdots\cdots (1.11)$$

와 같이 p, v, T 사이의 한 관계식이 성립한다. 이 식을 상태식(equation of state)이라고 한다.

1.8 열에 의한 상태변화

(1) 증발, 비등, 액화

일반적으로 물체는 열에 의하여 그 온도가 변하는데, 열을 가하여도 온도는 변화하지 않고 증발하여 기체가 되거나 또는 녹아서 액체가 되는 수가 있다. 이와같은 현상을 상변화라고 한다.

개방된 용기에 물을 넣고 가열하면, 물의 온도가 높아짐에 따라 수면으로 부터의 증발은 차차 활발해진다. 일반적으로 액체가 증발하여 기체가 되는 것을 기화(氣化)라 한다. 여기서 물을 계속 가열하면 온도는 점차 높아진다. 그러나 표준기압에 있어서는 100℃(그림 1.3에 있어서의 D점)가 되면 계속 가열해도 물의 온도는 더 이상 올라가지 않는다. 이때의 온도를 끓는 점, 또는 비등점이라 한다. 이 상태에 있어서는 수면에서 증발할 뿐 아니라 수중에서도 증발하여 기포가 올라가게 된다. 이 현상을 비등이라 한다.

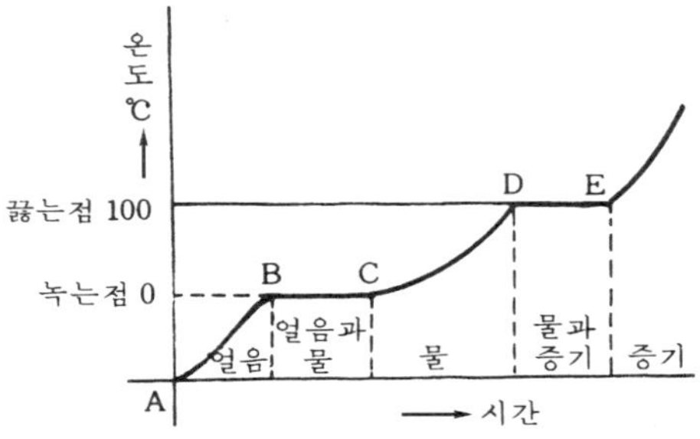

그림 1.3 온도와 물의 상태변화

물의 비등점은 100℃이고, 그 밖의 물질의 비등점은 표 1.7에 제시하였다.

비등 온도, 즉, 비등점은 수면에 작용하는 압력의 크기, 수중의 용해물질 등의 정도에 따라서 달라진다.

물이 100℃에서 끓는다 하는 것은 순수한 물을 1기압하에서 가열했을 때의 일이다. 수면에 작용하는 압력이 높아지면 끓는 점도 높아지고, 반대로 압력이 낮아지면 끓는 점도 낮아져 80℃나 50℃에서도 끓는다. 수면에 작용하는 압력과 끓는 점과의 관계를 표 1.6에 나타냈다.

액화는 기화의 반대현상으로 기체가 같은 물질의 액체로 되는 것을 말한다. 그래서 증기가 물이 되는 것은 액화라고 하지만, 산소와 수소의 두 기체로부터 물이 만들어져도 액화라고는 하지 않는다. 같은 물질의 액체가 된 것이 아니라 다른 물질이 된 것으로서 이때는 화합이라 한다.

(2) 현열과 잠열

물을 가열하면 끓는 점에 달할 때 까지는 물에 가해진 열량은 온도의 상승으로 되어 나타난다. 이것을 현열(sensible heat)이라 한다.

이를테면 1kg의 물을 16℃에서 100℃까지 높이는데 필요한 열량 즉, 현열량을 계산하면 다음과 같다.

$$
\begin{aligned}
Q &= GC(t_2 - t_1)\\
&= 1\,\mathrm{kg} \times 1\,\mathrm{kcal/kg℃} \times (100℃ - 16℃)\\
&= 84\mathrm{kcal}
\end{aligned}
$$

그런데 100℃의 뜨거운 물을 대기압에서 계속 가열하여도 물의 온도는 더 이상 상승하지 않고 증기만 발생한다. 이와 같이 가해진 열량이 액체에서 증기로 변화시킬 때 이것을 증발열, 증발잠열 또는 잠열(latent heat)이라 하고, 또한 얼음에 열을 가하여 온도변화 없이 물로 변화게 하는 열량은 융해잠열이라 한다.

그러면 증발할 때 어느 정도의 열량을 흡수하는 것일까? 실험의 결과에 의하면 표준기압에 있어서 온도 100℃, 1kg의 물이 전부 100℃의 증기가 되는데 539kcal의 열량을 흡수한다.

이만한 열량을 가해 주지 않으면 100℃의 물이 100℃의 증기가 되지 않는다. 즉, 100℃의 물이 539kcal/kg의 열량을 보유하여 증기가 되는 것이다.

이와 반대로 증기가 같은 온도의 물이 되는데, 바꿔 말하자면 기체가 액체로 되는데는 기체가 가진 열을 외부로 방출하는 것이다. 즉, 액화하려면 식혀 주지 않으면 않된다. 이를테면 증기난방에 있어서 100℃의 증기가 전부 100℃의 응축수가 되어 방출하는 열량은 539 kcal/kg 인데 이만큼의 열량을 방열기에서 방열하게 된다. 이 열 즉, 액화할 때 방출한 열량을 액화열 또는 응축열이라 한다. 같은 물질의 증발열과 응축열량은 동일하며, 표 1.7에 물질의 증발열을 나타냈다.

표 1.6 압력과 물의 비등점과의 관계

게이지압(kg/cm²)	끓는 점(℃)
0	110
0.5	111
1.0	120
1.5	127
2.0	133
2.5	138
3.0	143
3.5	147
4.0	151
4.5	155
5.0	158

표 1.7 물질의 비등점과 증발열

물질	끓는 점(℃)	증발열(kcal/kg)
물	100	539.1
에틸알코올	78.3	220.9
에테르	34.6	95.5
암모니아	-33.4	325
후레온R-12	-10	38.1
후레온R-22	-40	55.7

이중 물의 증발열은 특히 크다. 이것은 난방에서 열매(熱媒)로 증기를 사용하는 중요한 이유이다.

물은 풍부하고, 가격이 저렴한 것도 한가지 이유이지만, 값싸고 풍부한 물도 만일, 증발열이 2.3kcal/kg 정도라면 열매로서 증기 이외의 다른 물질을 생각하지 않으면 안된다.

보통 우리의 신체에서 발생하고 있는 현상에 대해서 예를 들면, 심한 운동을 했을 때 또는 여름의 더운날 땀이 나는 것은 피부의 땀샘에서 수분을 분비하여 그것을 증발시키고, 그 증발열에 의하여 체온을 냉각조절하기 위해서이다. 증발에 의한 냉각은 암모니아나 후레온 등의 냉매를 증발시켜 물체를 냉각시키는 냉동기에도 응용되고 있다.

(3) 융해와 응고

0℃ 이하의 얼음을 용기에 넣어 실내(26℃)에 놓아두면, 실내 공기로부터 열을 받아 얼음의 온도는 그림 1.3의 곡선 A, B에 따라 점차 올라간다. 얼음의 온도가 B가 되면 얼음의 일부가 녹기 시작하고, 온도는 일정한 상태(B, C)를 유지한다. 그러나 얼음이 다 녹아버리면 물의 온도는 C,D 곡선을 따라 올라가기 시작한다. 반대로 물을 냉각하여 얼음으로 될 때도 이 곡선 D, C, B, A에 따라 온도가 내려간다. 이때 일정온도 BC를 융점(融點) 또는 응고점(凝固點)이라 한다. 이 일정 온도 BC의 상태는 물뿐만 아니라 얼음에서도 마찬가지로서 고체와 액체가 평형상태에 있다고 생각 할 수 있다.

일반적으로 고체가 액체로 되는 것을 융해라 하고, 액체가 고체로 되는 것을 응고라 하는데, 얼음이 융해하여 물이 될 때 외부에서 열이 가해져 얼음이 녹는데 쓰이는 열량으로서 이것을 융해열이라 한다. 또한 물이 얼어 고체(얼음)로 될 때는 열을 제거하지 않으면 안된다. 이것을 응고열이라 하는데, 융해열과 응고열량은 동일하며 몇가지 물질의 예를 표 1.8에 나타냈다.

표 1.8 융점과 융해열

물질	융점(℃)	융해열(kcal/kg)
얼음	0	80
알코올	-117	24
수은	-39	2.8
백금	1,774	27
철 (순철)	1,530	64
동	1,083	49
납	327	6
알루미늄	660	95

표 1.8에서 납의 응고열을 6kcal/kg로서 물에 비하면 매우 작다. 우리가 보통 납코킹 등에서 볼 수 있듯이 녹은 납은 곧 굳어지는데 비하여 물이 응고하여 얼음이 되는데는 상당한 시간이 걸린다. 이것은 물의 응고열이 80kcal/kg인데 비하여 납은 겨우 6kcal/kg인 것만 보아도 알 수 있다. 여기서 얼음의 융해열은 매우 크기 때문에 물체를 냉각시키기에 편리하며,지구상에 있어서 우리 인간 생활에 유용한 현상으로 자연계에서 기온이 내려 갔을 때, 물은 다량의 응고열을 방출하고 결빙한다. 더구나 지구상에는 다량의 물이 존재하고 이것에 의하여 주위 기온의 급격한 저하를 완화하고 있다.

최근 우주여행이 세계의 관심거리가 되어 있지만 달표면에 대한 여러 가지 관측에 의하여 달에는 물이 없다고 생각되고 있다. 따라서 태양으로부터의 방사열에 의하여 주간에도 달표면이 매우 뜨거워 진다(그것은 물의 증발열에 의하여 냉각시키는 현상이 없기 때문). 그러나 밤이 되면 급격히 냉각되어 영하의 온도가 된다고 생각된다. 이것이 달에는 생물이 존재하지 않을 것으로 예측하는 이유중의 하나이다.

지구상에도 이와같은 현상이 있다. 대륙내부에서는 대륙성 기후라 하여 낮에는 덥고 밤에는 추워지지만, 섬이나 바다에 면한 지방에서는 그 차가 비교적 심하지 않다. 이것도 앞에서 말한 달의 경우와 같이 물의 증발열 및 응고열의 영향 때문이다.

표준기압에 있어서 얼음의 융점(물의 응고점)은 0℃이다. 그런데 얼음의 융점이 0℃라는 것은 순수(純水)일 경우이고, 물속에 식염이나 염화칼슘 등을 넣으면 융점이 내려간다. 이와 같이 저온을 만들 목적으로 만들어지는 혼합물을 한제(寒劑)라 하며 식염과 얼음, 알코올과 드라이 아이스 등이 한제로서 많이 쓰인다.

연습문제

1. 우리생활 주변에서 볼 수 있는 다음과 같은 예를 개방계, 밀폐계, 단열계로 분류하시오.

① 급수펌프	② 송풍기	③ 냉동기내에서 압축기
④ 냉동기	⑤ 밀폐된 상태의 보온병	

답 개방계 : ①, ②, ③ / 밀폐계 : ④ / 단열계 : ⑤

2. 1000K를 R로, 1000 R를 K로 환산하시오.

답 ① 1800R, ② 556K

3. 증기가 흐르는 배관계통에서 한 곳은 게이지 압력이 $10kg/cm^2G$을 나타내고 있고, 또 한 곳은 180mmHg의 진공을 나타내고 있다. 이때 대기압력이 750mmHg라고 하면 파이프내의 절대압력은 각각 얼마인가?

답 ① 11.02 kg/cm^2, ② 0.775 kg/cm^2

4. 0℃의 물 1 kg을 100℃로 높이는데 필요한 열량을 Btu, Chu로 각각 환산하시오.

답 ① 396.8Btu ② 220.5Chu

5. 60℃의 목욕물을 만들기 위해서는 20℃의 물 1000kg에 80℃의 물 몇kg을 혼합하면 되겠는가? 단, 외부에 열손실을 없다.

답 2000kg

6. $500m^3$의 액체연료를 100m 높이에 있는 탱크로 끌어 올리려 할 때 얼마의 일량(kg · m)이 필요한가? 단, 연료의 비중량은 900 kg/m^3이며, 펌프 및 관의 마찰손실 등은 없는 것으로 한다.

답 45×10^6 kg · m

7. -10℃에서 강관의 길이가 20m였다. 온도가 25℃로 되면 몇 mm 늘어나는가? 단, 강관의 선팽창계수는 1.5×10^{-5}이다.

답 10.5mm

8. 5℃를 유지하는 냉장창고에 온도 20℃, 비열 0.94kcal/kg℃인 채소가 4ton들어왔다. 채소로부터 흡수한 열량은 얼마인가? 단, 채소로부터 발열은 무시한다.

답 56400kcal

9. 대기압 상태에서 -10℃의 얼음 20kg을 모두 100℃의 증기로 만들기 위해 가해야할 열량은 몇kcal인가? 단, 얼음의 비열은 0.5 kcal/kg℃로 한다.

답 14480kcal

10. 공기가 압력이 일정한 상태에서 상태변화를 할 때, 그 비열이 C=0.2405+0.000019t의 식으로 주어질 경우, 3kg의 공기를 0℃로부터 300℃까지 가열하는데 요하는 열량을 구하시오. 또 이 사이의 평균비열을 구하시오.

답 ① 219kcal, ② 0.2433kcal/kg℃

2 열역학 제1법칙

설비공학분야에서 취급하는 물질인 공기, 물, 증기 등은 유동물질이다. 이와같은 물질을 정량적으로 취급하기 위해 에너지 평형식을 세우고, 열과 일과의 상호관계 및 물질의 내부에너지와 엔탈피라는 에너지 단위를 정의한다. 열역학 제1법칙은 에너지 보존법칙으로 우리가 일반물리학에서 배워왔던 내용을 열역학적으로 표현한 것이다.

정상류 에너지 방정식은 제 1편의 베르누이 방정식과 함께 물질의 평형 및 에너지 평형식으로 많이 응용된다.

2.1 열과 일의 상호관계

열과 일은 에너지의 일종으로 열은 일로, 일은 열로 변화시킬 수 있다. 증기기관이나 내연기관을 보면 열에너지를 이용하여 기계적인 작동에 의해 일을 하고 있으며, 또는 압축기나 마찰부분에서 보면 기계적인 작동(일)에 의해 열이 발생되는 것을 볼 수 있다. 이때 열이 일로, 일이 열로 변환되는 비율은 언제나 양적으로 일정하다고 하는 것이 열역학 제1법칙이다. 즉, 열량을 Q[kcal], 일량을 W[kg · m]라고 하면 열역학 제1법칙은 다음과 같이 표시된다.

$$Q=AW \text{ 또는 } W=JQ \qquad (2.1)$$

여기서 일의 열당량(thermal equivalent of work) A는

$$A=\frac{1}{427}\,\text{kcal/kg}\cdot\text{m}$$

열의 일당량(mechanical equivalent of heat) J는

$$J=427\text{kg}\cdot\text{m/kcal}$$

또는 일량과 열량과의 비례 관계는

$$1\text{kg}\cdot\text{m} = \frac{1}{427}\text{kcal}$$

$$1\text{kcal} = 427\text{kg}\cdot\text{m}$$

즉, 열량 1kcal에 상당하는 일량은 427kg · m이다. 이와같이 열역학 제 1 법칙(the first law of thermodynamics)은 에너지 변환에서 양적인 비례 관계는 일정하다는 에너지 보존법칙(law of conservation of energy), 즉, 「한 형식의 에너지는 변환이 있더라도 이것들의 에너지는 다른 형식의 에너지로 변환될 뿐이며, 언제나 같은 능력이 보존된다.」고 할 수 있다.

예제 2.1 500kcal의 열량을 일량으로 환산하면 몇 kg · m 인가?

☞ $Q = AW \quad \therefore W = \frac{Q}{A} = 427\times500 = 213500\ \text{kg}\cdot\text{m}$

예제 2.2 10kg의 물체를 50m 끌어 올릴 수 있는 일량을 열량으로 환산하면 몇 kcal인가?

☞ 물체의 이동한 높이를 S 라고 하면 일량은 $W = G\times S = 10\times50 = 500\ \text{kg}\cdot\text{m}$

일량을 열량으로 환산하면 $Q = AW = \frac{1}{427}\times500 = 1.17\text{kcal}$

예제 2.3 용량 5kW인 전열기로 24시간 발생시킬 수 있는 열량은 얼마인가?

☞ $1\text{kW} = 860\text{kcal/h}$

그러므로 5kW, 24시간 발열량은 $Q = 860\times5\times24 = 103200\text{kcal}$

2.2 내부에너지

우물물 1컵과 수도물 1컵을 각각 책상위에 놓았을 때 외관상으로 봐서는 물이 가지고 있는 에너지 양을 계량하기가 곤란하다. 그러나 온도계를 컵속에 넣어 측정해 보면 각각 온도가 다를 수 있다. 이때 어느 한 쪽에 있는 물의 온도가 높다고 하면, 높은 온도쪽의 물이 낮은 온도쪽의 물보다 분자의 운동이 활발하다고 할 수 있고, 운동량이 클수록 물체가 보유하고 있는 에너지양은 많다고 할 수 있다. 이와같이 물체의 내부에 가지고 있는 에너지를 내부 에너지(internal energy)라고 한다.

중량 1kg 의 물체가 보유하고 있는 내부에너지를 비(比)내부에너지라 하여 u로 표시하며, 단위는 kcal/kg 또는 Gkg에 대한 내부에너지는 $U=Gu$[kcal]로 표시한다.

일반적으로 온도는 내부에너지에 비례하여 증가하지만, 온도를 측정함으로써 내부에너지가 측정되느냐 하면 반드시 그런 것은 아니다. 그 이유는 증발열이나 융해열과 같은 잠열도 내부에너지이며, 이와 같이 온도에 비례하지 않는 내부에너지도 있기 때문이다.

2.3 내부에너지와 열역학 제1기초식

그림 2.1과 같이 압력 p, 내부에너지 U인 계(얇은 고무풍선과 같이)에 외부로부터 열량 dQ가 가해지면 계내의 물체에는 du의 내부에너지가 증가하고, 동시에 일정한 압력 P하에서 체적은 dV만큼 증가하게 되면, 이로 인하여 외부에 대해서는 $dW= pdV$의 일을 하게 된다.

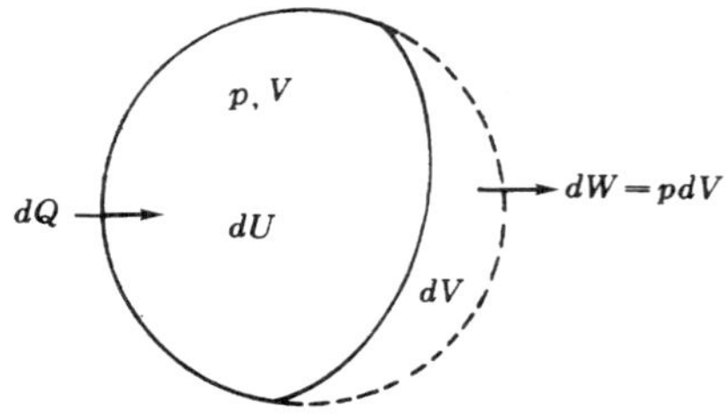

그림 2.1 수열과 내부에너지변화 및 팽창일

한편 내부에너지의 일부는 물체의 온도를 상승시키는 현열(顯熱 : sensible heat) 또는 융해나 증발에 필요한 잠열로 된다. 이들의 관계를 식으로 표시하면 다음과 같이 된다.

$$dQ= dU+ ApdV= (dU_s+ dU_i) + AdW= dU+ AdW \quad \cdots\cdots (2.2)$$

또한 물질 1kg 대한 에너지식은

$$dq= du+ Adw \quad \cdots\cdots (2.3)$$

여기서,

Q : 열량[kcal]	U : 내부에너지[kcal]	U_s : 현열[kcal]
U_l : 잠열[kcal]	P : 압력[kg/m^2]	V : 체적[m^3]
W : 일량[kg · m]		

식 2.3은 열역학상 중요한 기초식으로 열역학 제 1법칙의 제1기초식이라고 한다. 다시 말하면 어떠한 계가 최초상태로부터 최종상태에까지 변화하는 사이에 외부로부터 주어지는 열량을 ${}_1Q_2$, 물체가 외부에 대하여 한 일을 ${}_1W_2$, 최초의 내부 에너지를 U_1, 최종의 내부에너지를 U_2라고 하면 다음과 같이 열역학 제1법칙 제1 기초식을 쓸 수 있다.

$${}_1Q_2 = U_2 - U_1 + A\,{}_1W_2\ [\text{kcal}] \quad \cdots\cdots (2.4)$$

여기서 ${}_1Q_2$ 를 dQ, $U_2-U_1=\triangle U$ 를 dU, A_1W_2를 AdW라고 하면 식2.4는 2.2식과 동일하다. 다만 열량은 외부로부터 물체(系)에 주어지는 열을 (+)로 하고, 물체로부터 주위에 방출되는 열을 (-)로 한다. 또한 일에 대해서는 계가 외부에 한 일을 (+)로, 외부로부터 받은 일을 (-)로 정한다.

식 2.2에서 dQ, dU, dW 중 어느 것 하나가 0일 때, 나머지 두 량(量)의 부호는 다음의 (a)~(c′)에 표시되는 6가지로 생각할 수 있다. 즉, 공급열량, 내부에너지의 변화량 및 일 사이의 관계를 구체적으로 고찰하면 다음과 같다.

(a) $dQ=0$, $dU>0$, $AdW<0$

즉, 외부로부터 유체에 주어진 일의 열량만큼 내부에너지가 증가한다.

(a′) $dQ=0$, $dU<0$, $AdW>0$

즉, 내부에너지를 소비하여 유체가 외부에 대해서 일을 한다.

(b) $dU=0$, $dQ>0$, $AdW>0$

즉, 가해진 열량만큼 유체는 외부에 대하여 일을 한다.

(b′) $dU=0$, $dQ<0$, $AdW<0$

즉, 외부로부터 유체에 주어진 일의 열당량 만큼 열을 방출한다.

(c) $AdW=0$, $dQ>0$, $dU>0$

즉, 유체가 외부에 대해서 일을 하지도 않고 받지도 않을 때 열량은 모두 내부에너지로 나타난다.

(c′) $AdW=0$, $dQ<0$, $dU<0$

즉, 유체가 외부에 대해서 일을 하지도 않고 받지도 않을 때 내부에너지를 감소시킨 것만큼 외부에 열을 방출한다.

예제2.4 온수 저장탱크에 10℃의 물 1ton이 들어있다. 이 물을 가열하여 90℃로 상승시켰다면 물의 내부에너지 변화는 얼마인가?

☞ $Q=\triangle U+AW$ $\quad\therefore \triangle U=Q-AW$ ($AW=0$이고 가열량은 현열증가이므로)

즉, $\triangle U_s=GC\,(t_2-t_1)=1000\times1\times(90-10)=80000$kcal (증가)

예제2.5 시린더 속에 들어 있는 가스를 압축하는데 2000kg · m의 일을 한다면 외부에 방출되는 열량은 얼마인가? 단, 이때 가스의 내부에너지 증가는 1kcal라고 한다.

☞ $Q = \triangle U + AW \text{kcal}$

$= 1 + \frac{1}{427}(-2000) = -3.68$(부호가 負이므로 외부로 방출)

예제2.6 용기에 들어있는 5kg 의 가스에 20kcal의 열을 가했더니 용기가 팽창하여 700kg · m의 일을 외부에 했다. 용기내에 있는 가스의 내부에너지 변화는 얼마인가?

☞ $Q = \triangle U + AW \text{kcal}$(증가)

$\therefore \triangle U = Q - AW = 20 - \frac{1}{427} \times 700 = 18.4$

2.4 내부에너지와 엔탈피

물체가 보유하는 에너지는 전기적에너지, 역학적에너지 및 내부에너지로 나눈다. 전기적에너지는 기계공학과 관계되는 열역학에서는 생략해도 좋다. 역학적에너지는 운동에너지와 위치에너지로 되어있으며, 전자는 운동을 할 때 갖는 에너지이며, 후자는 외력작용에 의한 위치(potential)에 관계되는 에너지이다. 열역학에서는 대부분의 경우 위치에너지는 생략해도 좋다. 그러므로 내부에너지는 정지하고 있는 물체가 내부에 보유하는 총에너지를 말한다.

다음은 임의의 관로(管路)(그림 2.2)내를 정상적으로 유동하고 있는 유체와 더불어 이동하는 에너지에 대해서 생각한다. 지금 어떤 관로의 단면 ①-①′을 단위시간에 흐르는 에너지의 유량 E[kcal/s]는

$$E = U + APV + AG\frac{w^2}{2g} = H + AG\frac{w^2}{2g} \quad \cdots\cdots (2.5)$$

여기서 enthalpy $H = U + APV$ 단, P는 압력[kg/m²], V는 체적[m³], w는 유동속도 [m/sec], g는 중력가속도[m/ s^2]이다. 위 식에서 U는 유체와 더불어 운반되는 내부에너지이며, $AG\frac{w^2}{2g}$은 유체의 운동 에너지이다. 또한 APV는 유체가 바로 앞의 유체를 밀면서 흐를 때 하는 일이며, 이것도 관로의 단면 ①-①′을 단위시간에 APV[kcal/s]만큼 통과한다.

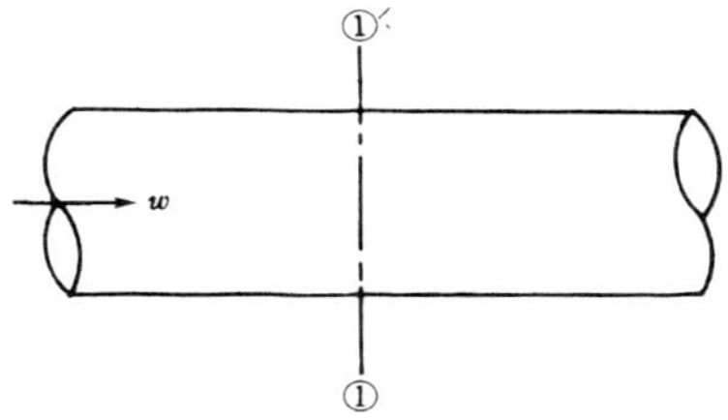

그림 2.2 임의의 단면에서 energy 유량

U와 APV의 항은 유동계의 경우에는 언제나 동시에 나타나는 항이므로, 이것들의 합을 열역학적 물리량으로 표시하면 편리하다. 이 물리량은 물체 Gkg에 대해서는 H로 표시하고 엔탈피라 하며, 단위는 kcal 이다. 또한 단위중량 1kg의 물체에 대해서는 비(比) 엔탈피라 하며, h로 표시하고 단위는 kcal/kg으로 한다.

즉, 단위중량의 물체에 대한 비(比) 엔탈피는

$$h = u + Apv\,[\mathrm{kcal/\,kg}] \quad \cdots\cdots (2.6)$$

또 물체 Gkg에 대한 전 엔탈피 H는

$$H = G_{h=U+A}PV\,[\mathrm{kcal}] \quad \cdots\cdots (2.7)$$

로 각각 표시된다.

앞의 식 2.5에서 에너지의 유량 E는 엔탈피 H와, 운동에너지 $AG\frac{w^2}{2g}$의 합으로 표시되며, 속도w가 40～50m/s 이하의 경우에는 운동에너지 $AG\frac{w^2}{2g}$의 값은 무시해도 좋다.

즉, (w 〈 40～50m/s의 경우)

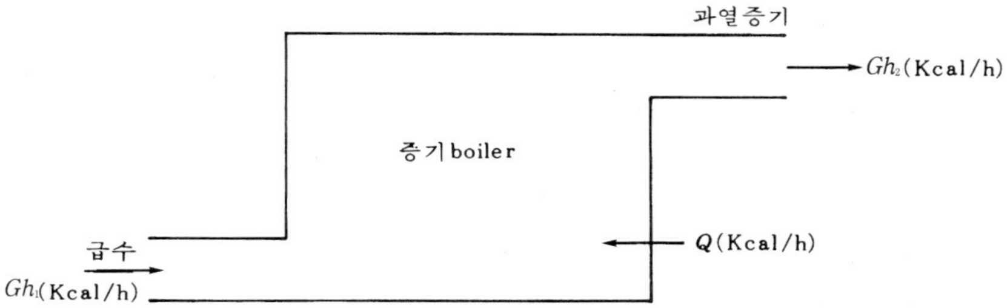

그림 2.3

이 관계를 그림 2.3에서 표시한 증기 보일러의 경우에 적용시키면 보일러의 증발량을 G[kg/h], 급수의 엔탈피를 h_1 [kcal/kg], 과열증기의 보일러 출구에서의 엔탈피를 h_2[kcal/kg]라고 하면, 단위시간에 급수와 더불어 보일러에 유입하는 에너지는 Gh_1이며, 과열증기와 더불어 보일러를 나가는 에너지는 Gh_2와 같다. 또 보일러에서 단위시간에 흡수하는 열량을 Q [kcal/h] 라고 하면 보일러에 들어오는 에너지와 나가는 에너지는 동일한 양이므로

$$Gh_1 + Q = Gh_2, \quad \therefore Q = G(h_2 - h_1) \quad \cdots\cdots (2.8)$$

의 관계가 구해진다.

즉, 단위시간에 보일러에서 흡수된 열량은 보일러를 나가는 과열증기의 엔탈피와 보일러에 유입하는 급수의 엔탈피와의 차와 같다.

예제 2.7 다음 그림과 같은 증기난방 시스템에서 난방부하가 5000kcal/h인 경우

a) 난방 소요 증기량[kg/h],

b) 보일러에 환수된 응축수에게 주어야 할 열량[kcal/h],

c) 소요연료량[l/h]를 구하시오.

단, 보일러 출구의 증기는 온도100℃(h=639kcal/kg), 환수되는 물의 온도60℃ (h=60kcal/kg)이며, 연료는 저위발열량8000kcal/l, 보일러효율은 80%이다.

☞ a) 소요증기량 G는,

$Q = G\ (h_2 - h_1)$에서

$$G = \frac{Q}{h_2 - h_1} = \frac{5000}{639 - 60} = 8.6\text{kg/h}$$

b) 응축수에게 주어야 할 열량

$$Q = G\ (h_2 - h_1)$$

$$= 8.6(639 - 60) = 4979.4\text{kcal/h}$$

c) 소요연료의 양

$$G' = \frac{Q}{H_i \cdot \eta} = \frac{4979.4}{8000 \times 0.8} = 0.778\ l/\text{h}$$

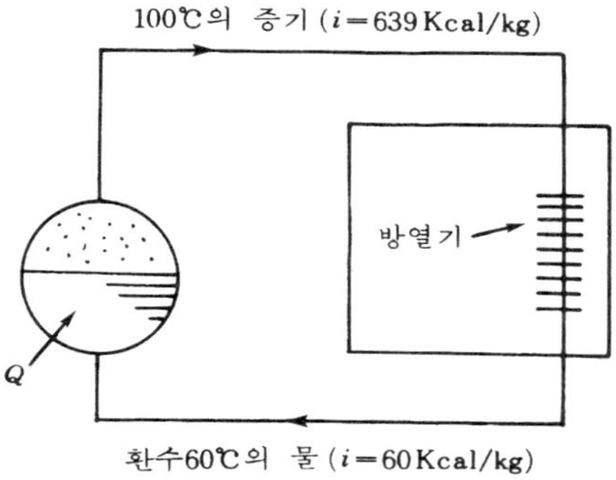

예제 2.8 표준 대기압 상태에서 실내공기의 비체적이 $0.834\text{m}^3/\text{kg}$이고 내부에너지가 4kcal/kg이라면, 실내공기 1kg의 엔탈피는 얼마인가?

☞ 엔탈피의 정의에서 $h = u + Apv = 4 + \frac{1}{427} \times 1.0332 \times 10^4 \times 0.834 = 24.18\text{ kcal/kg}$

예제 2.9 실내 체적이 200m^3인 교실에 위 예제와 같은 공기의 전 엔탈피를 구하시오. 단, 공기의 비체적은 $0.77\text{m}^3/\text{kg}$이다.

☞ 공기의 중량

$$G = \frac{V}{v} = \frac{2000}{0.77} = 2597.4\text{kg} \quad H = Gh = 2597.4 \times 24.18 = 62805.1\text{ kcal}$$

예제 2.10 압력1atm, 온도100℃의 물 1kg이 539.06kcal의 열을 받아 같은 온도의 수증기로 변했다. 이때 a) 내부 에너지의 변화량, b) enthelpy의 변화량은 각각 얼마인가? 단, 1atm 100℃일 때 물의 비체적은 $v' = 0.00104\text{m}^3/\text{kg}$, 수증기의 비체적은 $v'' = 1.67300\text{m}^3/\text{kg}$이다.

☞ a) 우선 물이 증기로 될 때 팽창일은

$$w = p\ (v'' - v') = 1.0332\times10^4\times(1.67300 - 0.00104) = 17275\text{kg}\cdot\text{m/kg}$$

따라서 내부 에너지의 변화량 $\triangle u$는

$$\triangle u - Aw = 539.06 - \frac{1}{427}\times17275 = 499\ \text{kcal/kg}$$

b) 엔탈피와 변화량 $\triangle h$는

$$\triangle h = \triangle u + A(p_2 v'' - p_1 v')$$

$$= 499 + \frac{1}{427}(1.0332\times1.67300 - 1.0332\times0.00105)\times10^4 = 539\ \text{kcal/kg}$$

예제 2.11 10kg의 어떤 가스가 압력 0.5kg/cm², 체적 2.5m³의 상태에서 압축되어 압력 12kg/cm² 체적 0.2m³의 상태로 변화하였다. 만일 가스의 내부에너지의 변화가 없다고 할 때 엔탈피의 증가량은 얼마인가?

☞ 엔탈피의 정의에서 $h = u + Apv$ kcal/kg

즉, $h_2 - h_1 = (u_2 - u_1) + A(p_2 v_2 - p_1 v_1)$ 또한 $u_2 = u_1$이므로

$$h_2 - h_1 = A(p_2 v_2 - p_1 v_1) = \frac{1}{427}\times(12\times0.2 - 0.5\times2.5)\times10^4 = 26.9\ \text{kcal/kg}$$

예제 2.12 보일러 급수 및 발생증기의 엔탈피를 각각 150, 670kcal/kg라고 할 때 20000kg/h의 증기를 얻으려면 공급 열량은 얼마가 필요한가?

☞ $q = h_2 - h_1 = 670 - 150 = 520\ \text{kcal/kg}$이므로

공급열량은 $Q = G\times q = 20000\times520 = 10.4\times10^6\ \text{kcal/h}$

2.5 엔탈피와 열역학 제2법칙

앞에서 열역학적 물리량인 엔탈피를 $h = u + Apv$ [kcal/kg]으로 정의했다. 여기서 단위 중량에 대한 엔탈피 h, 내부 에너지 u, 압력p, 비체적v는 모두가 점(點)함수인 상태량이므로 이것들의 미소량을 취하면 다음과 같이 쓸 수 있다.

$$dh = du + Ad(Pv)$$

$$= du + A(vdP + Pdv)$$

$$= (du + A\,Pdv) + A\,vdp$$

다시쓰면

$$(du + APdv) = dh - A\,vdP \quad \cdots\cdots (2.9)$$

그런데 열역학 제1법칙 제1기초식에서 얻었으므로 2.9식은

$$dq = dh - AvdP \ [\text{kcal/kg}] \quad \cdots\cdots (2.10)$$

또 물질 Gkg에 대해서는

$$dQ = dH - AVdP\,[\text{kcal}] \quad \cdots\cdots (2.11)$$

가 된다. 식 2.10, 2.11은 열역학 제1법칙 제2기초식이라 하며, 열역학적 계산에서 대단히 중요한 기초식으로 이용된다.

예제 2.13 난방용 덕트 경로중 송풍기를 설치하여 비체적 $0.816\text{m}^3/\text{kg}$, 압력 1kg/cm^2의 공기를 압력 2kg/cm^2으로 송풍한다. 이때 송풍기와 duct 출구사이에서 열손실을 5kcal/kg라 하고 송풍기 자체의 발열은 없는 것으로 하면, 공기 1kg당 엔탈피변화는 얼마인가?

☞ 제2 기초식에서

$dq = dh - AvdP$를 이용하면

$dh = dq + AvdP$

즉 $\triangle h = q_{12} + Av(P_2 - P_1)$

$= (-5) + \dfrac{1}{427} \times 0.816(2-1) \times 10^4$

$= 14\ \text{kcal/kg}$(증가)

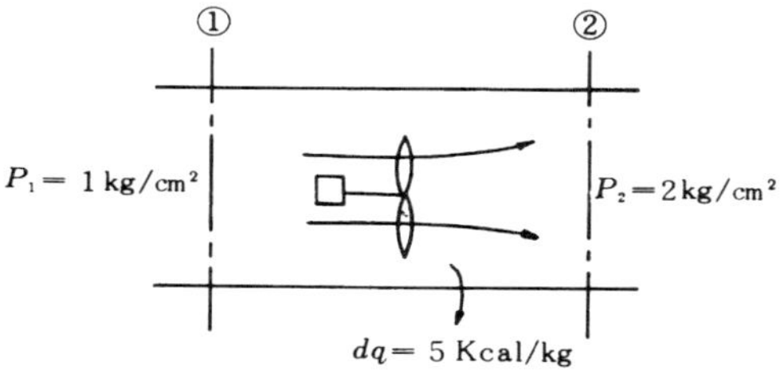

예제 2.14 냉방장치인 공조기에 6℃의 물이 유입되어 11℃로 되어 나간다면, 공조기 입출구 사이에서 물의 단위 중량당 엔탈피변화는 얼마인가? 단, 입출구 사이에서 물의 압력 및 속도 변화는 없는 것으로 한다.

☞ 물의 입출구 상태는 내부에너지 변화만 있으므로

$\triangle h = c(t_2 - t_1) = 1(11-6) = 5\text{kcal/kg}$ (증가)

2.6 P-V 선도와 일

그림 2.4와 같이 압력P를 종축(縱軸), 체적V를 횡축(橫軸)으로 잡은 P-V선도(diagram)에서 과정 1-2와 같은 상태변화에서 계가 외부에 대하여 하는 일은, 비유동계에서는 $\int_1^2 PdV$로, 유동계에서는 $\int_1^2 VdP$로 각각의 적분치로서 표시할 수 있다.

즉,

$$({}_1W_2)_a = \int_1^2 PdV = \text{면적}12ba \cdots\cdots\cdots (2.12)$$

$$({}_1W_2)_t = \int_1^2 vdP = \text{면적}12dc \cdots\cdots\cdots (2.13)$$

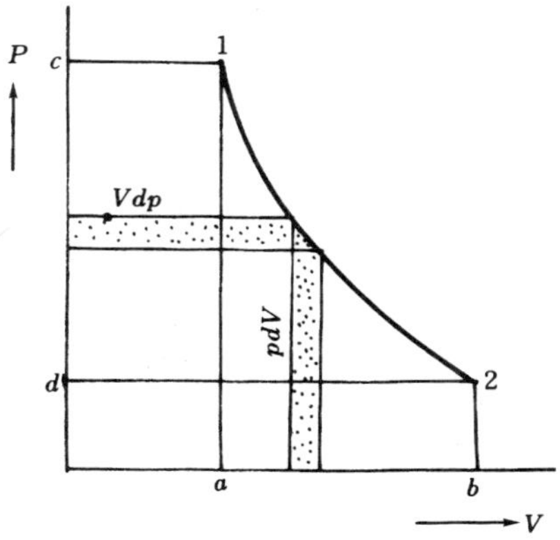

그림 2.4 과정간의 공업일과 절대일

의 2가지 일이 있으며 전자를 절대일(absolute work), 후자를 공업일(technical work) 또는 유동일(flow work)이라 한다. 절대일$({}_1W_2)a$와 유동일 $({}_1W_2)$사이의 관계는 그림으로부터

$$({}_1W_2)_t = P_1V_1 + ({}_1W_2)_a - P_2V_2 + ({}_1W_2)_a + P_1V_1 - P_2V_2$$

이다.

또한 엔탈피 h [kcal/kg] 는

$$h = u + Apv$$

로 정의 되었으므로, Gkg에 대해서

$$H = U + APV$$

따라서 $dH = dU + APdV + AVdP$

한편, 열역학 제1법칙 제1 기초식으로부터 $dQ = dU + APdV$이므로

$$dH = dQ + AVdP$$

그러므로

$$H_2 - H_1 = {}_1Q_2 + A\int_1^2 Vdq = {}_1Q_2 + A({}_1W_2)_t \cdots\cdots\cdots (2.14)$$

예제2.15 공기 압축기에서 매 분 공기 6kg을 흡입하여 압축할 때, 공기의 엔탈피증가가 40.5kcal/kg이고 압축기 구동동력이 35ps이면 압축기로부터의 매시간당 열손실은 얼마인가?

☞ $\triangle H = {}_1Q_2 + A\int_1^2 VdP = {}_1Q_2 + AW_t$

$\therefore\ {}_1Q_2 = \triangle H + AW_t = 60 \times 6 \times 40.5 + (-35 \times 632) = -7540\,\text{kcal/h}$(방열 ; 放熱)

2.7 정상류 에너지 방정식

개방계에서 계내의 각 점의 성질이 시간에 따라 변하지 않는 계를 정상유동계(steady flow system)라고 부른다. 정상류가 되려면 다음 조건을 만족하여야 한다.

- 계의 각 점에서 유체의 성질은 변하지 않는다.
- 계의 경계를 통과한는 질량유량은 일정하다.
- 계로 들어오는 유량과 나가는 유량은 같다. 즉, 계내에 포함되는 유량은 일정하다.
- 주위와의 모든 상호작용은 일정한 율로 일어난다.

다시 말하면 다음 그림 2.5와 같이 작동유체 및 에너지의 출입이 있는 개방계에서 작동 유체의 유출입 에너지의 수수가 모두 정상적(시간에 따라 변화하지 않는다)일 때 이 계를 정상류계라 한다. 정상류계의 일점 또는 일단면에서의 상태량은 언제나 일정하며 시간에 따라 변화하지 않는다.

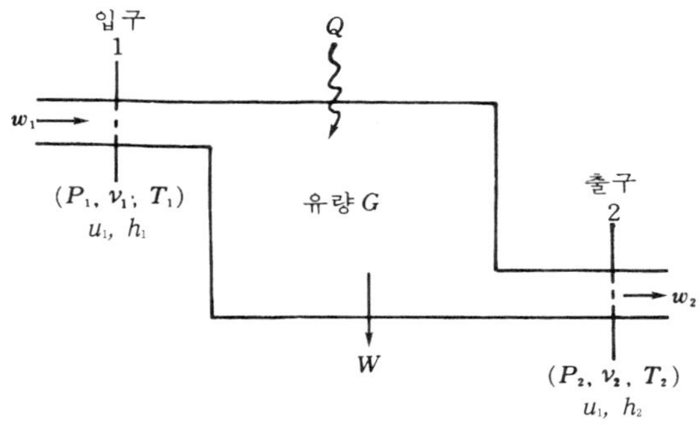

그림 2.5 정상유동계

정상류계에 열역학 제1법칙을 적용하면 다음과 같다. 계의 입구 상태를 1, 출구 상태를 2로 표시하고, 1. 2간의 흐름에서 받는 열량을 Q, 유체가 외부에 대해서 하는 일을 W라고 하면,

계로 들어오는 총 에너지 = 계밖으로 나가는 총 에너지

즉,

$$G(u_1 + AP_1 v_1 + \frac{A}{2g} w_1^2 + Az_1) + Q$$
$$= G(u_2 + AP_2 v_2 + \frac{A}{2g} w_2^2 + Az_2) + AW \cdots\cdots (2.15)$$

여기서, G : 유체의 유량[kg/s], 정상류계에서는 일정

Q : 단위시간에 계에 가해지는 열량[kcal/s]

W: 단위시간에 계외부로 나가는 일[kg · m/s]

u : 유체의 내부 에너지 [kcal/kg]

P : 유체의 압력[kg/m^2]
v : 유체의 비체적[m^3/kg]
w : 유체의 속도[m/s]
z : 유체의 기준면에서의 높이[m]

이 식에서 P_1v_1은 계외에서 계내로 유체를 밀어 넣기 위한 일, P_2v_2는 계에서 밖으로 유체를 밀어내기 위한 일이다. 또 $w_1^2/2g$, $w_2^2/2g$은 유입, 유출하는 유체가 갖는 운동 에너지이다.

엔탈피를 사용하면 정상유동계의 에너지식은 다음과 같이 쓸 수 있다.

$$G(h_1 + A\frac{w_1^2}{2g} + Az_1) + Q = G(h_2 + A\frac{w_2^2}{2g} + Az_2) + AW \cdots\cdots\cdots\cdots (2.16)$$

식 2.16을 다시 정리하면,

$$Q - AW = G(h_2 - h_1) + AG(\frac{w_2^2 - w_1^2}{2g}) + AG(z_2 - z_1) \cdots\cdots\cdots\cdots (2.17)$$

위 식을 간결하게 하기 위해 Gkg의 유체에 대한 입, 출구의 엔탈피 변화를 $\triangle H$, 운동 에너지의 변화를 $\triangle KE$, 위치 에너지의 변화를 $\triangle PE$라고 한다면 식 2.17은 다음과 같이 쓸 수 있다.

즉,

$$Q - AW = \triangle H + \triangle KE + \triangle PE \cdots\cdots\cdots\cdots (2.18)$$

여기서, 엔탈피의 변화량 $\triangle H = G(h_2 - h_1)$ [kcal]

운동 에너지의 변화량 $\triangle KE = AG(\frac{w_2^2 - w_1^2}{2g})$ [kcal]

위치 에너지의 변화량 $\triangle PE = AG(z_2 - z_1)$ [kcal]

과정중에 만약 단열과정이면 Q=0, 일의 출입이 없으면 AW=0, 속도의 변화가 없다면 $\triangle KE = 0$, 위치에너지의 변화를 무시한다면 $\triangle PE = 0$ 등의 조건을 식 2.18에 적용시키면 된다.

예제 2.16 공기 20kg/h가 엔탈피 21kcal/kg, 풍속10m/s로 송풍기로 들어와서 엔탈피가 38kcal/kg, 풍속 20 m/s로 나간다. 도중에 열손실이 없다면 송풍기 소요동력은 몇 kW인가?

☞ 정상유동계의 에너지식에 적용시키면, $Q - AW = \triangle H + \triangle KE + \triangle PE$ 여기서 Q =0, $\triangle PE = 0$

이므로 $AW = G\left\{(h_1 - h_2) + A(\frac{w_1^2 - w_2^2}{2g})\right\} = -340$ kcal/h 1kW = 860kcal/h

소요동력(kW)= $\frac{-340}{860} \fallingdotseq -0.4$[kW] (부호가 -이므로 일을 외부로부터 받음)

예제 2.17 분수의 노즐을 통해 20m/s의 속도로 분출시킬 때 분수의 높이는 얼마가 되겠는가?

☞ 정상유동계 방정식에 적용시키면

$Q - AW = \triangle H + \triangle KE + \triangle PE$에서 $Q = 0$, $AW = 0$, $\triangle H = 0$

이므로 $\triangle PE = -\triangle KE$ 단위중량 1kg에 대해 적용시키면,

$$\mathrm{A}\,(z_2 - z_1) = \mathrm{A}\,(\frac{w_1^2 - w_2^2}{2g}) \quad \therefore z_2 = \frac{20^2}{2 \times 9.8} = 20.4\ \mathrm{m}$$

예제 2.18 위 예제에서 시간당 분출하는 유동(流動)을 300ton으로 할 때 펌프의 소요동력은 몇 마력(ps)인가? 단, 펌프의 효율은 60%로 한다.

☞ $Q - AW = \triangle H + \triangle KE + \triangle PE$에서 $Q = 0$, $\triangle H = 0$, $\triangle PE = 0$으로 가정하면

$$AW = AG(\frac{w_1^2 - w_2^2}{2g}) = \frac{1}{427} \times 300000(\frac{0 - 20^2}{2 \times 9.8}) = 14338\mathrm{kcal/h}$$

$1\,PS = 632\mathrm{kcal/h}$이고 펌프 효율0.6이므로 소요동력$(PS) = \frac{14338}{632 \times 0.6} = 38PS$

연습문제

1. 3KWh 1psh의 열량은 각각 몇 kcal인가?

답 a) 860kcal b) 632kcal

2. 60W의 전열기 5개를 매일 6시간씩 1개월간(30日)사용 했을 때 이를 열량으로 환산하면 몇 kcal 인가?

답 46440kcal

3. 물 1 ton을 20m 높이의 옥상으로 끌어 올리는데 필요한 일량을 열량으로 환산하면 몇 kcal인가?

답 46.84kcal

4. 100m 높이에 있는 물방울이 땅에 떨어졌을 때 물방울의 온도상승은 얼마인가? 단, 위치에너지 변환은 모두 물방울로만 전달된다.

답 0.234deg

5. 대기압 상태에서 100℃의 물 1kg에 539kcal의 열을 가했더니 모두 증발했다면 증발과정에서 내부에너지 증가는 얼마인가? 단, 100℃의 물 및 증기의 비체적은 각각 0.0010435m^3/kg, 1.673m^3/kg이다.

답 498.5kcal/kg

6. 펌프를 사용하여 물을 10m 높이로 유량 1m^3/min을 퍼 올리고 있다. 이때 펌프 흡입구의 압력 -0.5atg, 유량 10m/s이고, 출구는 5atg, 20m/s일 때 펌프의 구동마력(ps)를 구하시오. 단, 물의 내부에너지 변화는 무시하며 펌프효율은 80%로 한다.

답 22.3ps

7. 밀폐된 용기내에 50℃의 공기 10kg이 들어 있다. 외부로부터 가열하여 120℃까지 온도를 상승시키면 내부에너지의 증가는 얼마인가? 단, 공기의 평균 정적비열은 Cv=0.174 kcal/kg℃이다.

답 121.8kcal

8. 10ps로 구동되는 냉동기의 압축기가 있다. 압축기에 흐르는 냉매의 순환량은 1kg/min이고, 압축기 흡입과 배출측의 냉매의 엔탈피는 각각 350kcal/kg, 400kcal/kg이다. 이 때 압축기의 실린더로부터 공기중에 배출되는 열량을 구하시오.

답 3320kcal/h

9. 압력 1atm, 엔탈피 70kcal/kg의 공기가 60m/s의 속도로 원심압축기에 들어가서 3.5kg/cm^{2}abs, 103kcal/kg의 엔탈피, 120m/s의 속도로 나올 때 시간당 450kg의 공기를 압축하는데 필요한 동력(kW)을 구하시오. 단, 압축기의 열손실을 없는 것으로 한다.

답 18kW

10. 정상류(定常流)과정에서 입구상태가 p_1=10ata, v_1=0.01m^3/kg, u_1=40kcal/kg, w_1=20 m/s이고 출구상태는 p_2=3ata, v_2=0.04m^3/kg, u_2=10kcal/kg, w_2=30m/s이며 입구와 출구의 높이 차이는 없다면 이 과정간에 출입한 열량은 얼마인가?

답 −29.47kcal/kg

11. 밀폐계의 마찰없는 과정에서 $P=(15+20V)$kg/cm^{2}의 관계에 따라 변한다. 체적이 0.1m^{3}에서 0.4 m^{3}로 변하는 동안 계가 한 일을 몇 kg · m인가?

답 6×10^4

12. 태양열 보일러가 700w/m^2 의 율로 열을 흡수한다. 열효율이 80%인 장치로 56kW의 동력을 얻으려면 전열면적은 몇 m^{2}인가? [SI단위]

답 100m^2

3 이상기체

공학에서 취급되는 기체 상태량의 파악은 이상기체의 특성에 기초를 두고 있다. 이 장에서는 보일과 샤알의 법칙을 기초로 이상기체의 상태식을 세워 기체의 상태량을 해석하고 또 한편, 기체의 상태변화를 통한 출입에너지를 파악할 수 있게 하여 각종 장치에 응용할 수 있도록 하였다.

3.1 이상기체

이상기체(ideal gas) 또는 완전가스(perfect gas)란 분자가 존재하는 공간에 비하여 체적이 무시될 수 있고 또, 분자 상호간의 인력이 작용하지 않는 것으로 가정될 수 있는 가스로서 보일의 법칙, 게이 루삭의 법칙 등에 따르는 가스를 말한다. 그러나 이와같은 가스는 실제로 존재하지 않는다.

공학에서 응용되고 있는 동작물질로서의 가스는 공기, 수소, 산소, 헬륨, 수증기, 암모니아가스, 연료와 공기의 혼합가스, 연소가스 등 여러 가지가 있으며 이들은 보일러, 냉동기, 터빈, 내연기관, 압축기 등 다양한 분야에 적용되고 있어 이와같은 물질의 특성을 파악 한다는 것은 대단히 중요한다.

이러한 가스중에는 공기, 산소, 수소, 헬륨 등과 같이 분자간의 거리가 멀고 분자의 크기도 무시할 정도로 작아 분자력이 작용하지 않으며, 보통온도에서 액화하기 곤란한 가스 등을 이상기체(完全gas)로 취급해도 공학적으로는 실용상 별 지장이 없다.

그러나 수증기, 암모니아가스, 프레온가스 등은 쉽게 액화되는 가스로 쉽게 액체와 기체 사이를 증발 응축하며, 분자력이나 분자의 용적도 무시할 수가 없어 보통 상태에서는 완전가스로 취급할 수가 없는 가스를 불완전가스(imperfact gas)라 한다.

그러나 이와같은 실제 가스는 분자량이 작을수록, 압력이 낮을수록, 온도가 높을수록 비체적이 클수록 이상기체의 상태에 근사적으로 접근한다.

3.2 이상기체의 법칙

(1) 보일의 법칙(Boyle's law)

이상기체는 절대온도 T가 일정한 상태변화에서 비체적 v는 압력P에 반비례한다. 그림 3.1과 같이 1의 상태에서 2의 상태 변화하는 과정을 식으로 표시하면 다음과 같이 되며, P와 v와의 관계는 그림 3.2와 같이 직각쌍곡선이 된다.

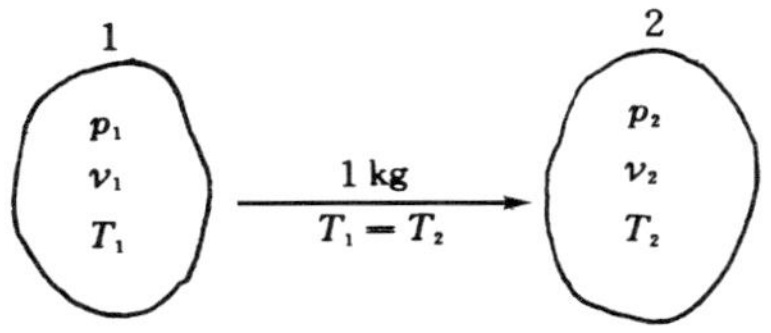

그림 3.1 상태 1에서 등온변화를 하여 상태 2가 된다.

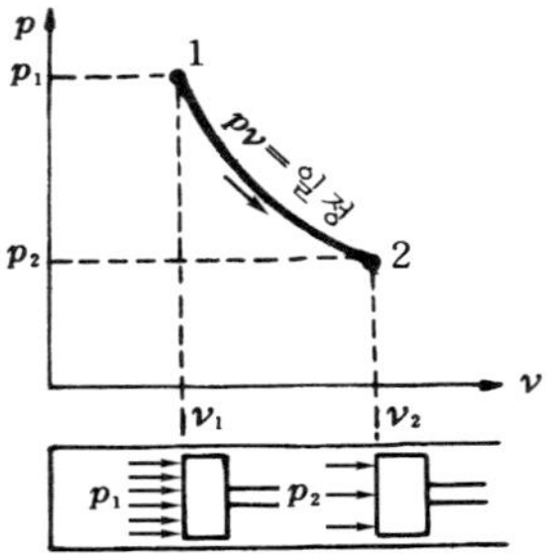

그림 3.2 등온변화를 하면 직각쌍곡선(Pv=일정)상을 이동한다.

즉, $T_1 = T_2$ 일 때

$$P_1 v_1 = P_2 v_2 = C(\text{일정}),\quad \frac{v_2}{v_1} = \frac{P_1}{P_2} \quad \cdots\cdots (3.1)$$

여기서 T : 절대온도[K], P : 압력[kg/cm²], v : 비체적[m³/kg]

(2) 샤를 또는 게이-뤼삭 법칙

- 기체의 압력 P가 일정한 상태변화에서 비체적 v는 절대온도 T에 비례한다. 즉, 압력이 일정한 상태변화에서 기체의 체적은 온도가 1℃상승(강하)하면 0℃에서의 용적의 1/273만큼 증가(감소)한다.
  그림 3.3과 같이 기준상태를 압력 P_0, 비체적 v_0, 온도 0℃로 놓고 일정한 압력하에서 상태 1(P_1, v_1, t_1) 및 상태 2(P_2, v_2, t_2)가 되었다고 할 때, 비체적과 온도의 관계는 다음과 같이 된다.

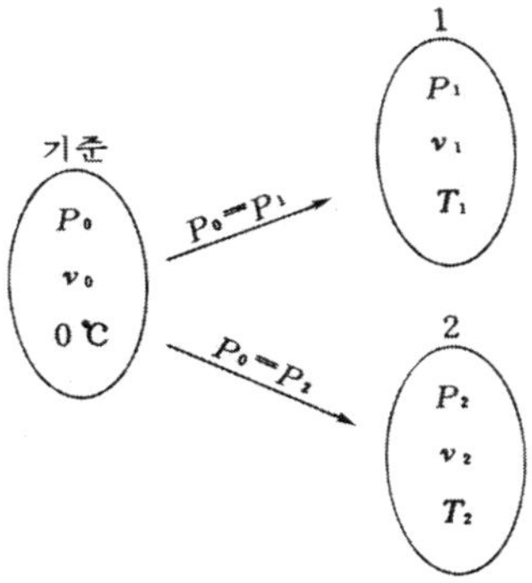

그림 3.3 기준 상태에서 등압변화하여 상태 1 및 상태 2가 된다.

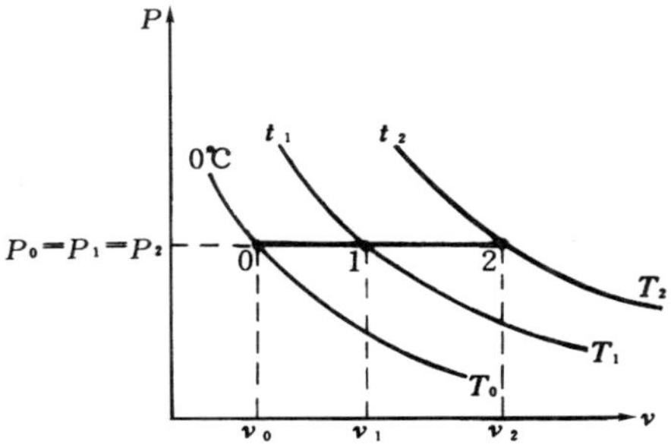

그림 3.4 P-V 선도상의 등압변화

$$v-1=v_0(1+at_1),\qquad v_2=v_0(1+\alpha t_2) \quad \cdots\cdots (3.2)$$

여기서 α는 체적팽창계수(體積膨脹係數) (coefficient of expansion)이며, 이상기체에 가까운 기체에 대해 실험결과에 의하면 약 1/273의 정수가 된다. 그러므로 식 3.2를 정수로 바꾸어 쓰고 정리하면

$$v_1=v_0\left(1+\frac{t_1}{273}\right),\quad v_2=v_0\left(1+\frac{t_2}{273}\right) \quad \cdots\cdots (3.3)$$

$$\therefore \frac{v_1}{v_2}=\frac{t_1+273}{t_2+273} \quad \cdots\cdots (3.4)$$

$$즉,\ \frac{v_1}{v_2}=\frac{T_1}{T_2} \quad \cdots\cdots (3.5)$$

- 이상기체는 체적 v가 일정할 때 압력 P는 절대온도 T에 비례한다. 그림 3.5와 같이 기준 상태를 압력 P_0, 비체적 v_0, 온도 0℃로 놓고 일정한 체적 하에서 상태 1(P_1, v_1, t_1) 및 상태 2(p_2, v_2, t_2)가 되었다고 할 때, 압력과 온도의 관계는 다음과 같이 된다.

$$P_1=P_0(1+\alpha t_1)\quad P_2=P_0(1+\alpha t_2) \quad \cdots\cdots (3.6)$$

$$\therefore \frac{P_1}{P_2}=\frac{t_1+273}{t_2+273} \quad \cdots\cdots (3.7)$$

$$즉,\ \frac{P_1}{P_2}=\frac{T_1}{T_2} \quad \cdots\cdots (3.8)$$

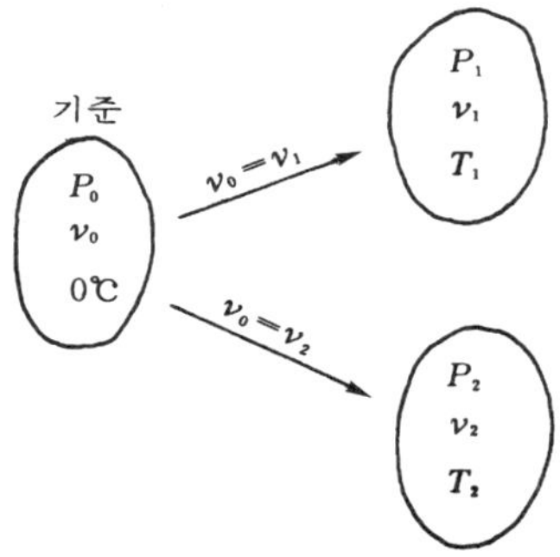

그림 3.5 기준 상태에서 등적 변화하여 상태1 및 상태 2가 된다.

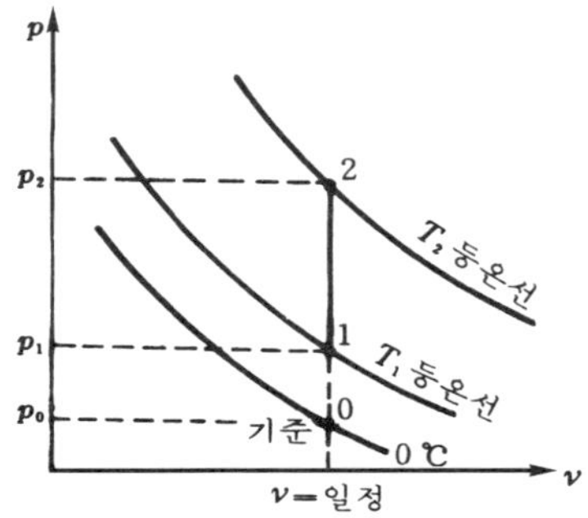

그림 3.6 P-V 선도상의 등적변화

3.3 이상기체의 상태식

앞에 있었던 보일의 법칙과 샤를 또는, 게이 뤼삭의 법칙을 조합시켜 그림 3.7과 같이 상태 1에서 상태 2로 등온변화 시킨 후, 다시 상태 2에서 등압 변화하여 상태 3이 되었다고 하자. 이때 상태 1→ 2과정은 보일의 법칙이 상태 2→3의 과정은 샤를(게이 뤼삭)의 법칙이 성립된다.

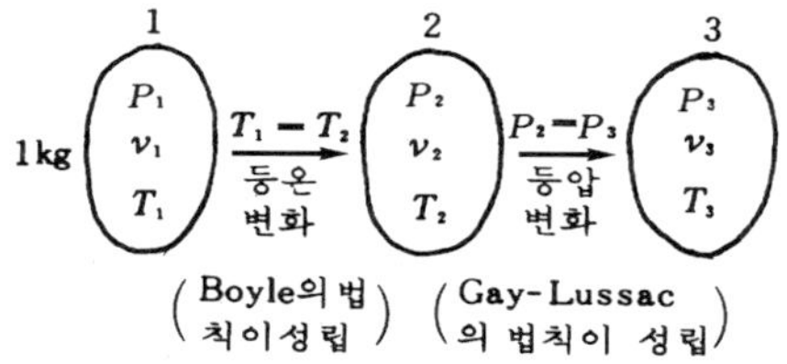

그림 3.7 기준 상태 1에서 1→2는 등온변화. 2→3은 등압변화

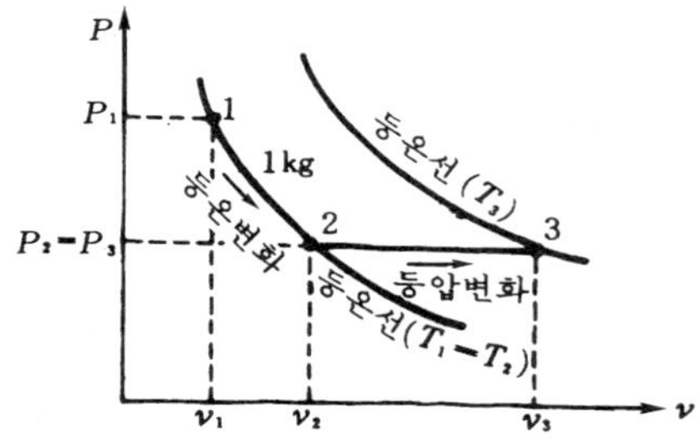

그림 3.8 상태1에서 상태 3까지 변화를 등온변화, 등압 변화로 나누어 생각한다.

보일의 법칙에 의하면 그림 3.8에서 $P_1 v_1 = P_2 v_2$이고 $P_2 = P_3$이므로

$$\therefore v_2 = v_1 \frac{P_1}{P_2} = v_1 \frac{P_1}{P_3} \quad \cdots\cdots (3.9)$$

샤를(게이 뤼삭)법칙에서 $\frac{v_2}{v_3}=\frac{T_2}{T_3}$ 이고, 그림 3.8에서 $T_2=T_1$이므로

$$\therefore v_2=v_3\frac{T_1}{T_3} \qquad (3.10)$$

3.9 식과 3.10 식을 조합하면 $v_1\frac{p_1}{p_3}=v_3\frac{T_1}{T_3}$ 이 되며, 이를 다시 정리하면,

$$\frac{P_1v_1}{T_1}=\frac{P_3v_3}{T_3} \qquad (3.11)$$

식 3.11은 상태변화가 상태 1에서 상태 3으로 일어날 때 P, v 및 T의 값은 상태량이므로, 도중의 변화과정을 고려할 필요가 없다. 따라서 식 3.11에서 이상기체의 임의 상태에서는 P, v 및 T사이에는 언제나

$$\frac{Pv}{T}=\text{const} \qquad (3.12)$$

의 관계가 있다는 것을 알 수 있다.

또한 식 3.12에서 일정치를 R이라고 하면 중량 1kg에 대한 이상기체는 다음과 같이 말할 수 있다.

$$\frac{Pv}{T}=R \qquad (3.13)$$

$$\therefore Pv=RT \qquad (3.14)$$

또 Gkg의 중량에 대해서는

$$PV=GRT \qquad (3.15)$$

이와 같은 식 3.14 및 식 3.15를 이상기체 상태식(equation of state for ideal gas)이라고 하며, 정수 R은 이상기체의 종류에 따라 결정되는 상수로 Gas정수(gas constant)라 하고, 단위는 kg · m/kgK가 된다.

각종 기체의 가스 정수는 표 3.1과 같다.

예제 3.1 체적2m³인 용기에 산소가 10℃, 5kg/cm²의 상태로 들어 있었으나, 직사광선을 받아 온도가 40℃로 상승되었다면 용기 내의 압력은 얼마로 되었는가?

☞ 정적(定積)과정이므로 charles의 법칙에 의해

$$\frac{P_2}{P_1}=\frac{T_2}{T_1} \quad \therefore P_2=\frac{P_1T_2}{T_1}=\frac{5\times313}{283}=5.53\,\text{kg/cm}^2$$

예제 3.2 온도 0℃, 압력 1kg/cm², 체적 1m³인 어느 이상기체를 등온 하에서 2kg/cm²까지 압축한 후, 다시 등압 하에서 체적 0.8m³까지 팽창시켰다. 이 과정을 p-v선도상에 나타내고 최종 상태의 온도를 구하시오.

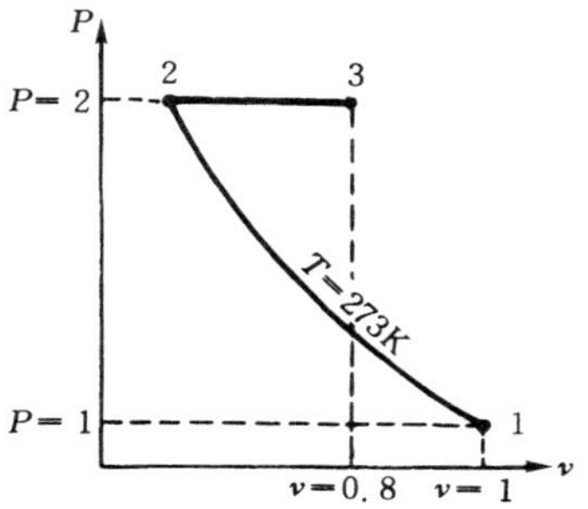

☞ 그림에서 ①~② 과정은 등온과정이므로

$$\frac{P_2}{P_1}=\frac{v_1}{v_2} \quad \therefore v_2=\frac{P_1v_1}{P_2}=\frac{1\times1}{2}=0.5\,\text{m}^3$$

②~③ 과정은 등압과정이므로

$$\frac{v_3}{v_2}=\frac{T_3}{T_2} \quad \therefore T_3=\frac{v_3\cdot T_2}{v_2}=\frac{0.8\times273}{0.5}=436.8\,\text{K}$$

즉, $t_3=436.8-273=163.8$℃

예제 3.3 표준대기압하에서 0℃인 건조공기의 비체적이 0.7733m³/kg이라면 이 공기의 가스정수는 얼마인가?

☞ 이상기체의 상태식에서

$$Pv=RT \quad \therefore R=\frac{Pv}{T}=\frac{1.0332\times10^4\times0.7733}{273}\fallingdotseq 29.27\,\text{kg}\cdot\text{m/kgK}$$

예제 3.4 체적 10m³인 탱크 속에 산소가 저장되어 있다. 전날 측정한 압력과 온도는 10atg, 25℃였으며, 대기압은 750mmHg 였으나 현재는 7 atg, 20℃이며 대기압은 760mmHg이다. 사용된 산소량은 얼마인가? 단, 산소의 가스 정수 R=26.49kg · m/kgK 이다.

☞ a) 전날 용기내의 절대압력, 체적 및 중량은 각각

$$P_1=\frac{750}{760}\times1.0332+10=11.02\,\text{kg/cm}^2$$

$$T_1=273+25=298K,\ V_1=10\text{m}^3$$

$$\therefore G_1=\frac{P_1V_1}{RT_1}=\frac{11.02\times10^4\times10}{26.49\times298}=139.6\,\text{kg}$$

b) 현재 용기내의 절대압력, 절대온도, 체적 및 중량은 각각

$$P_2=1.0332+7=8.0332\,\text{kg/cm}^2, \quad T_2=273+20=293\,\text{K}, \quad V_2=10\text{m}^3$$

$$\therefore G_2=\frac{P_2V_2}{RT_2}=\frac{8.0332\times10^4\times10}{26.49\times293}=103.5\,\text{kg}$$

c) 산소의 사용량은 $\triangle G=G_1-G_2=149.6-103.5=46.1\,\text{kg}$

예제 3.5 실내의 체적이 $300m^3$이며 기온은 20℃이고 공기의 상대습도는 50%이다. 대기압을 70mmHg 라고 할 때 실내공기의 가스정수 및 무게를 구하시오. 단, 이때 공기의 비체적은 $0.834m^3/kg$ 이다.

☞ a) 이상기체의 상태식에서

$$Pv = RT$$

$$\therefore R = \frac{Pv}{T} = \frac{\frac{700}{760} \times 1.0332 \times 10^4 \times 0.834}{293} = 27.09\ \mathrm{kg \cdot m/kgK}$$

b) $PV = GRT$에서 $G = \frac{PV}{RT} = \frac{\frac{700}{760} \times 1.0332 \times 10^4 \times 300}{27.09 \times 293} = 359.7\ \mathrm{kg}$

3.4 일반기체상수

이상기체의 물리량으로 단위중량 1kg외에 1kmol과 단위체적 $1Nm^3$ (표준상태인 0℃, 760 mmHg에서 $1m^3$을 뜻하며 normal m^3) 등이 사용된다.

아보가르도에 의하면「온도 및 압력이 같을 경우, 모든 가스는 단위 용적 속에 같은 수의 분자를 갖는다」라고 되어 있다. 이를테면 표준상태(0℃, 760mmHg)에서 $1m^3$속에 포함되는 분자수는 모두 같다(2.7×10^{19}). 바꾸어 말하면 온도와 압력이 일정하면 모든 가스의 분자수는 같은 용적을 차지한다는 것이다.

분자량(1 mol의 질량) M인 경우 그 가스 1Mkg의 양을 1 Kmol이라고 말한다. Avogadro의 법칙에 의하면 같은 온도 같은 압력의 경우 모든 가스의 1 Kmol이 차지하는 체적은 같다(1 Kmol속의 분자수는 모든 가스에 대하여 같으므로). 예로서 산소의 분자량은 32이며 표준상태에서 $1m^3$의 무게(比重量)는 1.4292kg이므로, 1 Kmol이 차지하는 체적은

$$V_{kmol} = MV$$
$$= \frac{M}{\gamma} = \frac{32}{1.429} \fallingdotseq 22.41m^3$$

따라서 표준상태하에서 모든 가스 1 Kmol은 $22.4m^3$의 체적을 차지하게 된다. 여기서 이상기체의 상태식을 변형해 보면,

1 kg에 대해서

$$Pv = RT \quad \cdots\cdots (3.16)$$

M kg에 대해서

$$MPv = MRT \quad \cdots\cdots (3.17)$$

여기서 분자량 M의 기체에 대해서 생각하면 Mkg이 1 Kmol이므로 1 Kmol에 대해서 식 3.17이 성립된다. 이 식에서 1 Kmol의 기체의 체적 Mv를 Vkmol로 놓으면 3.17식은 다음과 같이 된다.

$$PV_{kmol} = MRT \quad \cdots\cdots (3.18)$$

이 식 3.18을 써서 MR의 값을 산출하기로 한다. 표준상태에서는

$$P = 1.0332\,kg/cm^2 = 1.0332 \times 10^4 kg/m^2$$

$$T = 0℃ = 273K$$

$$V_{kmol} = 22.41m^3$$

이 값은 3.18식에 대입하여

$$MR = \frac{pV_{kmol}}{T} = \frac{1.0332 \times 10^4 \times 22.41}{273} = 848\ kg \cdot m/kmol\ K$$

즉, 이상 기체에서는 MR의 값은 기체의 종류와는 관계없이 일정한 값 848kg · m/kmol K이다. 여기서,

$$MR = 848\,[kg \cdot m/Kmol°K] = \overline{R}\,[kg \cdot m/kmol°K] \quad \cdots\cdots (3.19)$$

라고 놓으면 식 3.18은 다음과 같이 쓸 수 있다.

$$pV_{kmol} = \overline{R}T \quad \cdots\cdots (3.20)$$

식 3.20은 이상기체 1 kmol의 상태식이다. 그리고 R를 일반기체상수(universal gas constant)라고 한다.

표 3.1 각종기체의 분자량 가스정수 및 비열

gas	분자기호	원자수	분자량 M	gas정수 R J/kg K	gas정수 R kg·m/kg K	空氣에 대한 比重	0℃ 및 미소압력 에서의 비열의 값 [kcal/kg K] C_P	[kcal/kg K] C_v	[kcal/kmol K] C_P	[kcal/kmol K] C_v	$k=\frac{C_p}{C_v}$
헤 륨	He	1	4.003	2078	211.9	0.1381	1.251	0.755	5.00	3.01	1.66
아 르 곤	Ar	1	39.944	208.2	21.23	1.379	0.125	0.076	5.00	3.01	1.66

gas	분자기호	원자수	분자량 M	gas정수 R $\frac{J}{kg\ K}$	gas정수 R $\frac{kg \cdot m}{kg\ K}$	空氣에 대한 比重	0℃ 및 미소압력 에서의 비열의 값 [kcal/kg K]		[kcal/kmol K]		$k=\frac{C_p}{C_v}$
							C_P	C_v	C_P	C_v	
수소	H_2	2	2.016	4122	420.3	0.0695	3.403	2.417	6.84	4.87	1.409
질소	N_2	2	28.016	296.7	30.26	0.968	0.2482	0.1774	6.96	4.97	1.400
산소	O_2	2	32.000	259.8	26.49	1.105	0.2184	0.1562	6.99	5.00	1.399
공기	-		28.964	287.0	29.27	1.000	0.240	0.171	6.95	4.96	1.402
일산화탄소	CO	2	28.01	296.9	30.28	0.967	0.2486	0.1775	6.96	4.97	1.400
일산화질소	NO	2	30.008	277.0	28.25	1.037	0.2384	0.1722	7.16	5.17	1.385
염화수소	HCI	2	36.465	228.0	23.25	1.268	0.191	0.136	6.96	4.97	1.40
수증기	H_2O	3	18.016	461.5	47.06	0.622	0.444	0.334	8.00	6.01	1.33
탄산 gas	CO_2	3	44.01	188.8	19.25	1.530	0.1957	0.1505	8.62	6.63	1.301
산화질소	N_2O	3	44.016	188.8	19.26	1.538	0.2131	0.1680	9.36	7.47	1.270
아황산가스	SO_2	3	64.06	129.8	13.24	2.264	0.1453	0.1143	9.29	7.30	1.272
암모니아	NH_3	4	17.032	488.2	49.78	0.596	0.491	0.374	8.36	6.37	1.313
아세틸렌	C_2H_2	4	26.036	319.6	32.59	0.906	0.3613	0.2904	10.13	8.14	1.255
메탄	CH_4	5	16.042	518.7	52.89	0.554	0.515	0.390	8.27	6.28	1.319
메틸 클로라이드	CH_3CI	5	50.491	164.7	16.79	1.785	0.176	0.137	8.87	6.88	1.29
에틸렌	C_2H_4	6	28.052	296.7	30.25	0.975	0.385	0.308	10.02	8.03	1.249
에탄	C_2H_6	8	30.068	276.7	28.22	1.049	0.413	0.345	12.41	10.34	1.20
에틸 클로라이드	C_2H_5CI	8	64.511	128.9	13.14	2.228	0.32	0.276	20.3	17.8	1.16

또, mol수 $n=\frac{G}{M}$ 으로 하면 이상기체 상태식은 다음과 같이 된다.

$$PV_n = nRT \quad \cdots\cdots (3.21)$$

표 3.1에는 각종 기체의 분자량 및 가스정수를 나타내고 있다.

예제 3.6 암모니아 gas를 이상기체로 보고 가스정수를 구하시오. 단, 분자량은 17.03이다.

☞ $R=\frac{R}{M}=\frac{848}{17.03}=49.79\ \text{kg}\cdot\text{m/kg°K}$

예제 3.7 0℃, 760mmHg의 상태에서 gas 1 kmol의 체적을 구하시오. 또 20℃, 5kg/cm² 에서 의 체적을 구하시오.

☞ a) $PV_{kmol}=MRT$에서

$$V_{kmol} = \frac{MRT}{p} = \frac{RT}{p} = \frac{848 \times 273}{1.0332 \times 10^4} = 22.41 m^3/Kmol$$

b) $$V_{kmol} = \frac{RT}{p} = \frac{848 \times 293}{5 \times 10^4} = 4.97 m^3/Kmol$$

3.5 이상기체의 내부 변화량

이상기체(理想氣體)의 내부 에너지 U는 Joule의 실험결과에 따르면 온도 T만의 함수관계임을 제시한다. 앞에서 밝힌 열역학 제1법칙의 제1 기초식인 $dq=du+APdv$

이상기체의 정적변화인 경우를 생각하면, $dv=0$ $\therefore dq=du$가 되어 계에 가해진 열량 dq는 모두 내부 에너지증가를 위해 소비되는 것이다. 따라서 이상기체에서는 정적비열 Cv는 내부 에너지가 온도만의 함수이므로

$$C_v = \frac{du}{dT} \text{ kcal/kg K} \quad \cdots\cdots (3.22)$$

$$\therefore du = C_v dT \text{ kcal/kg} \quad \cdots\cdots (3.23)$$

따라서 제1기초식은 다음과 같이 나타낼 수 있다.

$$dq = C_v dT + APdv \text{ kcal/kg} \quad \cdots\cdots (3.24)$$

또한 상태1 로부터 상태2로 상태변화할 경우 내부 에너지 u의 변화는

$$u_2 - u_1 = \int_{T_1}^{T_2} C_v dT \text{ kcal/kg} \quad \cdots\cdots (3.25)$$

여기서 평균정적비열을 C_{vm}이라고 하면

$$u_2 - u_1 = C_{vm}(T_2 - T_1) \text{kcal/kg} \quad \cdots\cdots (3.26)$$

이 된다.

예제 3.8 비열이 $C=\alpha+\beta_t+\gamma\ \ t_2$ kcal/kg℃로 주어질 때 t_1으로 부터 t_2℃까지 변화할 때 평균 비열은 얼마인가?

☞ $C_m = \alpha + \frac{1}{2}\beta(t_2+t_1) + \frac{1}{3}v(t_2+t_2t_1+t_1^2)$

3.6 비열 및 엔탈피 변화량

제1장 4절에서 비열을 정의했다. 이상기체에서도 정적상태에서의 비열을 정적비열, 정압상태에서의 비열을 정압비열이라 한다. 여기서는 이상기체의 정적 , 정압 하에서의 비열과, 기체상수 및 비열비(比)의 관계를 알아본다. 열역학 제1법칙 제2 기초식에 의하면 계에 가해진 열량 dq는 다음과 같이 에너지 평형식이 성립되었다.

$$dq = dh - AvdP$$

여기서 정압변화인 경우를 생각하면,

$$dP = 0$$
$$\therefore dq = dh$$

그런데 엔탈피의 정의에서 $h=u+Apv$이고 이상기체의 특성식 $Pv=RT$의 관계식을 조합하면, 엔탈피는

$$h = u + ART \ \text{kcal/kg} \quad \cdots\cdots (3.27)$$

여기서 A와 R는 상수이고, u는 T만의 함수이므로 이상기체의 엔탈피(h) 역시 온도 (T)만의 함수가 된다. 따라서 정압비열은,

$$C_p = \frac{dh}{dT} \ \text{kcal/kg K} \quad \cdots\cdots (3.28)$$

또한 식 3.28에 $h=u+ART$를 대입하면

$$C_p = \frac{du}{dT} + AR \quad \cdots\cdots (3.29)$$

한편 식 3.22에 의하면 $\frac{du}{dT} = C_p$이었으므로 이 식을 3.29식에 대입하면

$$C_p = C_v + AR \ \text{또는,} \ C_pC_v = AR \quad \cdots\cdots (3.30)$$

또한 C_p와 C_v의 비를 비열비 라고 하면,

$$k = \frac{C_p}{C_v} \quad \cdots\cdots (3.31)$$

또한 3.30식의 양변을 C_v로 나누면 다음과 같은 관계식을 얻을 수 있다.

$$\frac{C_p}{C_v} - 1 = \frac{AR}{C_v} \qquad \therefore C_v = \frac{1}{k-1} AR$$

$$C_p = \frac{k}{k-1} AR \quad \cdots\cdots (3.32)$$

또한 상태변화에 따른 엔탈피의 변화와 비열과의 관계는 앞의 식 3.28에서

$$C_p = \frac{dh}{dT} \text{ 이므로}$$

$$dh = C_p dT \quad \cdots\cdots (3.33)$$

그러므로 상태 1로부터 상태 2로 상태변화를 할 경우 엔탈피의 변화는,

$$h_2 - h_1 = \int_{T_1}^{T_2} C_p dT \ \text{kcal/kg} \quad \cdots\cdots (3.34)$$

이때 평균정압비열을 C_{pm}이라 하면 다음과 같이 된다.

$$h_2 - h_1 = C_{pm}(T_2 - T_1) \ \text{kcal/kg} \quad \cdots\cdots (3.35)$$

표 3.1에는 각종 가스의 정압비열 및 정적비열, 비열비의 값을 나타내고 있다.

예제 3.9 밀폐된 용기내에 10kg의 공기가 20℃ 상태로 들어 있다. 외부로부터 열을 받아 150℃까지 온도를 상승시키면 내부 에너지의 변화는 얼마인가? 단, 공기의 정적비열은 0.17kcal/kg℃이다.

☞ 비유동계의 에너지식(열역학 제1법칙, 제1기초식)에 의해

$Q = \triangle U + AW$

그런데 밀폐된 용기이므로 일량은 0,

즉, $\triangle U = GC_v(t_2 - t_1)$

$= 10 \times 0.171(150 - 20) = 222.3\,\text{kcal}$ (증가)

예제 3.10 분자량28.97, 비열비1.4인 완전가스 10kg을 0℃에서 26℃까지 정압하에서 가열할 경우 필요한 열량과 엔탈피 변화량을 비교하시오.

☞ a) 가열량

$$R = \frac{R}{M} = \frac{848}{28.97} = 29.97$$

$$C_p = \frac{k}{k-1} AR$$

$$= \frac{1.4}{1.4-1} \times \frac{1}{427} \times 29.97 = 0.24\,\text{kcal/kg℃}$$

$\therefore {}_1Q_2 = GC_p(t_2 - t_1) = 10 \times 0.24(26-0) = 62.4\text{kcal}$

b) 엔탈피변화량 $\triangle H = {}_1Q_2 + AVdp$ 정압과정이므로 $dp=0$ $\therefore \triangle H = {}_1Q_2$

즉, 가열량은 모두 엔탈피변화량과 동일하다.

예제3.11 분자량이 18인 이상기체 10kg을 정적 하에서 20℃에서 60℃도 가열하는데 137kcal의 열량이 소요됐다. 이 가스의 정적비열, 정압비열, 비열비를 구하시오.

☞ 정적하에서 가열량은

$Q = GC_v(t_2 - t_1)$

a) $C_v = \dfrac{Q}{G(t_2 - t_1)} = \dfrac{137}{10 \times (60-20)} = 0.3425\text{kcal/kg℃}$

또, 분자량 M=18이므로

$$R = \frac{R}{M} = \frac{848}{18} = 47.11\text{kg} \cdot \text{m/kgK}$$

b) $C_p = C_v + AR = 0.3425 + \dfrac{1}{427} \times 47.11 = 0.4258\text{kcal/kg℃}$

c) $k = \dfrac{C_p}{C_v} = \dfrac{0.4528}{0.3425} = 1.32$

예제3.12 교실의 규격이 $15\text{m} \times 30\text{m} \times 3\text{m}$이다. 실내온도를 0℃ 에서 24℃ 로 상승시켰다면 실내공기의 엔탈피변화는 얼마인가? 단, 실내공기는 건조공기로 생각하고 비체적은 $0.8\text{m}^3/\text{kg}$으로 계산한다.

☞ 실내공기의 중량 $G = \dfrac{V}{v}$

$$= \frac{15 \times 30 \times 3}{0.8} = 1687.5\text{ kg}$$

$\therefore H = GC_p(t_2 - t_1)$

$= 1687.5 \times 0.24(24-0) = 9720\text{kcal}$

3.7 이상기체의 상태변화

이상기체를 가열, 냉각, 팽창, 압축 등을 할 때는 다음과 같은 상태변화를 한다. 이와 같은 상태변화 과정에서 단위중량 1kg에 대해 P, v, T의 관계 및 가스의 상태식인 $Pv=RT$와 에너지 기초식 $dq=du+APdv$, $dq=dh-AvdP$의 관계식을 활용하여 계에 출입열량 및 일량과 상태량을 알아본다.

(1) 등압변화(constant pressure change)

이상기체에서 그림 3.9와 같이 상태 1에서 상태 2로 상태변화를 시킬 때 다음의 특성식이 성립된다.

$$P_1 v_1 = RT, \quad P_2 v_2 = RT_2 \quad \cdots\cdots (3.36)$$

여기서 등압변화이므로 $P_1 = P_2$, 따라서 식 3.36에 의해 v나 T와의 관계식은

$$\frac{v_1}{v_2} = \frac{T_1}{T_2} \quad \cdots\cdots (3.37)$$

따라서 비유동계(밀폐계)의 일 W_a는 그림에서 면적 $12v_2v_1$과 같으므로 계산식은 앞의 식 2.12에 의해

$$W_a = \int_1^2 Pdv = P\int_1^2 dv = P(v_2 - v_1) = R(T_2 - T_1)\text{kg}\cdot\text{m/kg} \cdots (3.38)$$

또, 유동계(개방계)가 하는 일 Wt는 앞의 식2.13에 의해 면적 $12p_1p_2$이므로 계산식은,

$$W_t = -\int_1^2 vdP = 0 \ \text{kg}\cdot\text{m/kg} \quad \cdots\cdots (3.39)$$

또, 이 과정동안 계에 출입한 열량 q_{12}는 등압과정이므로 이상기체의 비열은 정압비열 C_P가 적용된다. 따라서 출입열량 q_{12}는

$$q_{12} = \int_1^2 C_p dT = C_p\int_1^2 dT = C_p(T_2 - T_1) \ \text{kcal/kg} \quad \cdots\cdots (3.40)$$

또, 열역학 제 2기초식 $dq=dh-AVdp$에서 dp=0이라고 하면 $dp=dh$이므로 출입열량 q_{12}는 다음과 같이 표시된다.

$$q_{12} = \int_1^2 dq = \int_1^2 dh = h_2 - h_1 \ \text{kcal/kg} \quad \cdots\cdots (3.41)$$

즉, 등압변화는 개방계가 하는 일은 0이며, 외부로부터 가해진 열량은 모두 엔탈피 증가에 사용된다. 관내를 유동하는 기체나 증기를 단지 가열이나 냉각을 할 때는 이 경우에 가깝다.

예제3.13 등압상태에서 1000kg의 공기를 0℃에서 20℃로 상승시키기 위해 필요한 연료의 양을 구하시오. 단, 연료의 발열량은 9000kcal/ℓ이며 이 열량중 70%가 공기에 전달된다.

☞ 공기의 온도상승에 필요한 열량 Q_{12}는

$$Q_{12}=\int_1^2 GC_p dT=GC_p\int_1^2 dT=GC_p(t_2-t_1)=1000\times0.24\times(20-0)=4800\text{kcal}$$

소요 연료의 G'는 연료의 저위 발열량 H_l, 효율η 라고 할 때

$$G'=\frac{Q_{12}}{H_l\times\eta}=\frac{4800}{9000\times0.7}\fallingdotseq o.76l$$

(2) 등적변화(constant volume change)

이상기체 1kg이 그림 3.10과 같이 상태1에서 상태2로 변화하면 등적변화가 되므로 P, v, T간의 관계에서 $v_1=v_2$가 된다. 따라서

$$\frac{P_1}{P_2}=\frac{T_1}{T_2} \qquad \cdots\cdots (3.42)$$

밀폐계가 하는 일 Wa는 dv=0이므로

$$W_a=\int_1^2 pdv=0\ \text{kg}\cdot\text{m/kg}$$

개방계가 하는 일은

$$W_t=-\int_1^2 Vdp=-V\int_1^2 dp=v(p_1-p_2)\ \text{kg}\cdot\text{m/kg}$$

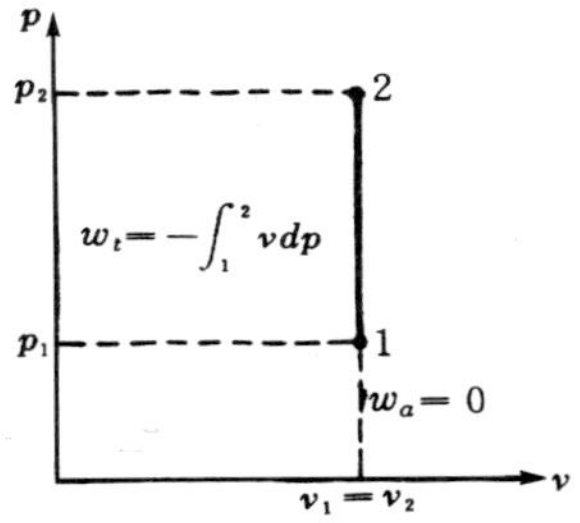

그림 3.10 등적변화

또 열역학 제1기초식 $dq=du+Apdv$ 에서 dv=0가 되면 $dq=du$이며 또, 비열은 정적비열 C_v를 사용하게 되므로 출입열량 q_{12}는

$$q_{12}=\int_1^2 dq=\int_1^2 du=u_2-u_1$$

$$=C_v(T_2-T_1)\ \text{kcal/kg} \qquad \cdots\cdots (3.43)$$

가 된다. 즉, 등적변화에서는 밀폐계가 하는 일은 0이며, 외부로부터 가해지는 열량은 전부 내부 에너지를 증가시키는데 사용된다.

예제 3.14 송풍기를 이용하여 시간당 5,000m³의 공기를 표준상태에서 게이지 압력 1kg/cm²까지 높여 duct를 통해 배출시키려 한다. 송풍기의 소요동력은 몇 마력(kW)인가? 단, 압축 전 후에 공기의 비체적의 변화는 없는 것으로 한다.

☞ 유동계이므로 송풍기의 일량 W_t는

$$W_t = -\int_1^2 Vdp = V(P_1 - P_2)$$

$$= 5000(1.0332\times10^4 - 2.0332\times10^4)$$

$$= -5000\times10^4 \text{kg}\cdot\text{m}$$ (부호가 -이므로 일이 소요됨)

또한 1kW =102kg · m/s이므로

$$\text{송풍기 소요동력(kW)} = \frac{5000\times10^4}{102\times3600} = 136.2\,\text{kW}$$

(3) 등온변화(constant temperature or isothermal change)

이상기체 1 kg이 그림 3.11과 같이 상태 1에서 상태 2로 등온 변화할 때 p, v, T간의 관계식은 $T_1 = T_2$이므로

$$P_1 v_1 = P_1 v_2 \quad \cdots\cdots (3.44)$$

즉, Boyle의 법칙이 성립하며 $p-v$ 선도상에서는 직각쌍곡선을 나타낸다. 밀폐계가 하는 일은

$$W_a = \int_1^2 Pdv = \int_1^2 \frac{RT}{v} dv = RT\int_1^2 \frac{1}{v} dv$$

$$= RT\ l_n \frac{v_2}{v_1} = RT\ l_n \frac{P_1}{P_2} \text{kg}\cdot\text{m/kg} \quad \cdots\cdots (3.45)$$

개방계가 하는 일은

$$w_t = -\int_1^2 vdP = -\int_1^2 \frac{RT}{P} dP = -RT\int_1^2 \frac{1}{P} dP$$

$$= RT\ l_n \frac{P_1}{P_2} = RT\ l_n \frac{v_2}{v_1} = w_a \ \ \text{kg}\cdot\text{m/kg} \quad \cdots\cdots (3.46)$$

이 과정간에 출입한 열량은 열역학의 제 1 기초식 $dq=du+Adv$에서 이상기체의 내부 에너지는 등온변화이므로 $du=0$이 된다. 따라서 $dq=Adv$가 되며, 출입열량 q_{12}는

$$q_{12} = A\int_1^2 dv = ART\ l_n \frac{v_2}{v_1}$$

$$= ART\ l_n \frac{P_1}{P_2} = AW_a = AW_t \quad \cdots\cdots (3.47)$$

가 된다. 이상에서 등온변화일 때 밀폐계가 하는 일 W_a와 개방계가 하는 일 W_t 및 이 과정사이에 출입열량 q_{12}는 서로 같은 양이다. 이것은 등온에서는 변화 전 후의 가스가 같은 엔탈피, 내부 에너지는 모두 같으므로 가열된 열량은 전부 일로서 방출된다는 것을 알 수 있다.

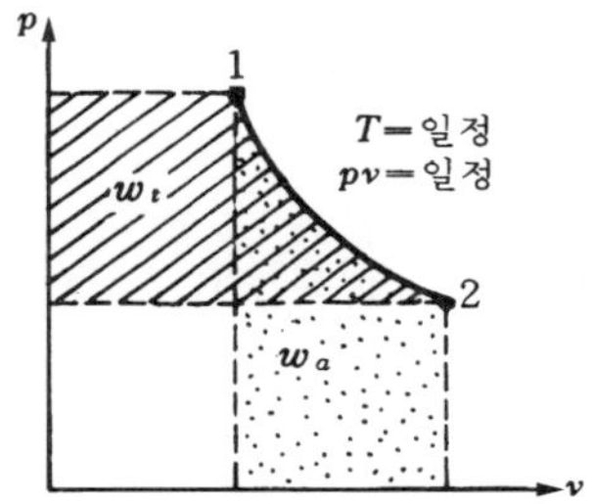

그림 3.11 등온변화

예제3.15 공기 압축기가 1 ata, 20℃의 공기를 흡입하여 이것을 2ata까지 압축하여 매시간 600m³ 의 압축 공기를 송출한다. 압축된 공기의 온도가 20℃로 일정한 경우, a) 압축기에 매시간 흡입되는 공기의 체적 b) 압축도중에 방열해야할 열량 c) 압축기를 운전하는데 소요되는 동력(kW)을 구하시오.

☞ a) 등온과정이므로

$$P_1 v_2 = P_2 v_2$$

$$\therefore v_1 = v_2 \times \frac{P_2}{P_1} = 6000 \times \frac{2}{1} = 12000 \text{ m}^3/\text{h}$$

b) 등온변화이므로 $du=0$

$$\therefore Q = AW_t = ART \ l_n \frac{v_2}{v_1} = AP_1 v_1 l_n \frac{v_2}{v_1}$$

$$= \frac{1}{427} \times 1 \times 10^4 \times 12000 \times l_n \frac{6000}{12000}$$

$$= -19475 \text{ kcal/h}$$ (부호가 부(負)이므로 방열(放熱))

c) 1 kW=860 kcal/h 이므로

$$\text{소요동력(kW)} = \frac{194795}{860} = 226.5 \text{ kW}$$

(4) 단열변화(adiabatic change)

외부와 열의 출입이 전혀없이 기체를 변화시키는 것을 단열변화라고 한다. 기체가 그림 3.12와 같이 상태 1에서 상태 2로 단열변화를 할 때 압력과 체적과의 관계는 다음과 같다.

$$P_1 v_1^k = P_2 v_2^k \quad \cdots\cdots (3.48)$$

여기서 $k = C_p/C_v$ 이다. 또 T와 v와의 관계는

$$T_1 v_1^{k-1} = T_2 v_2^{k-1} \quad \cdots\cdots (3.49)$$

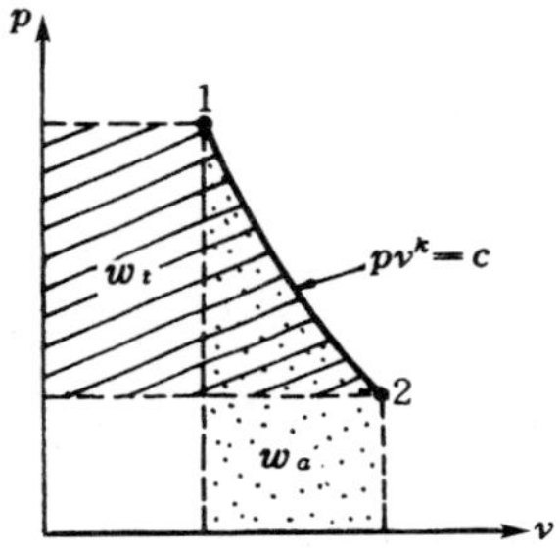

그림 3.12 단열변화

또 p와 T와의 관계는

$$\frac{P_1^{\frac{k-1}{k}}}{T_1} = \frac{P_2^{\frac{k-1}{k}}}{T_2} \quad \cdots\cdots (3.50)$$

이 되며 이 식들을 조합하면 상태변화 1→2간에 p, v, T의 관계식은 다음과 같이 얻어진다.

$$\frac{T_2}{T_1} = \left(\frac{v_1}{v_2}\right)^{k-1} = \left(\frac{P_2}{P_1}\right)^{\frac{k-1}{k}} \quad \cdots\cdots (3.51)$$

이와 같은 단열변화에서 계가 하는 일(또는 받는 일)은 역시 그림 3.12에서 면적으로 나타내어진다.

즉, 비유동계가 하는 일 W_a는

$$\begin{aligned} w_a &= \int_1^2 Pdv \\ &= \frac{1}{k-1}(P_1v_1 - P_2v_2) = \frac{R}{k-1}(T_1 - T_2) \\ &= \frac{P_1v_1}{k-1}\left\{1-\left(\frac{v_1}{v_2}\right)^{k-1}\right\} = \frac{P_1v_1}{k-1}\left\{1-\left(\frac{P_2}{P_1}\right)^{\frac{k-1}{k}}\right\} \\ &= \frac{RT_1}{k-1}\left\{1-\left(\frac{P_2}{P_1}\right)^{\frac{k-1}{k}}\right\} \ \mathrm{kg \cdot m/kg} \quad \cdots\cdots (3.52) \end{aligned}$$

또, 유동계 즉, 개방계의 일 W_t는

$$\begin{aligned} w_t &= -\int_1^2 vdP \\ &= \frac{k}{k-1}(P_1v_1 - P_2v_2) = k \cdot w_a \ \mathrm{kg \cdot m/kg} \quad \cdots\cdots (3.53) \end{aligned}$$

또한 단열변화에서 기체가 팽창하여 일을 할 경우에는 밖에서 열이 공급되지 않으므로(dq $=0$) 내부에너지가 소비되어 온도가 내려간다. 또 압축될 때는 밖에서 가해준 기계적에너지는 내부에너지로서 축적되어 기체의 온도가 올라간다.

예제 3.16 표준상태(0℃, 760mHg)의 공기를 체적이 1/2로 줄어들도록 단열압축하면 공기의 온도는 몇℃가 되는가?

☞ 단열과정에서 상태식은 $\dfrac{T_2}{T_1}=\left(\dfrac{v_1}{v_2}\right)^{k-1}$이고

비열량 $k=\dfrac{C_p}{C_v}=\dfrac{0.24}{0.171}=1.4$이므로

$$T_2=T_1\left(\frac{v_1}{v_2}\right)^{k-1}=273\left(\frac{2}{1}\right)^{1.4-1}=360\text{ K}$$

$$\therefore t℃=360-273=87℃$$

예제 3.17 냉매로 사용되고 있는 암모니아(NH_3) 가스를 이상기체로 보고 압축기 흡입압력 1.2kg/cm² abs, 흡입 가스 온도 -30℃에서 5kg/cm² abs까지 단열압축하면 가스의 온도는 얼마가 되겠는가? 또한 유동계로 볼 때 압축일(kg · m/kg)은 얼마인가? 단, 암모니아 가스의 기체상수는 49.78kcal/kgK, 비열비는 1.313이다.

☞ a) 압축후의 온도는

$$\frac{T_2}{T_1}=\left(\frac{P_2}{P_1}\right)^{\frac{k-1}{k}}$$

$$T_2=T_1\left(\frac{P_2}{P_1}\right)^{\frac{k-1}{k}}=243\left(\frac{5}{1.2}\right)^{\frac{1.313-1}{1.313}}=341.5\text{K}$$

$$\therefore t℃=341.5-273=68.5℃$$

b) 단열과정에서 유동계의 일(W_t)은

$$W_t=kw_a$$

$$=\frac{kRT_1}{k-1}\left\{1-\left(\frac{p_2}{p_1}\right)^{\frac{k-1}{k}}\right\}$$

$$=\frac{1.313\times49.78\times243}{1.313-1}\left\{1-\left(\frac{5}{1.2}\right)^{\frac{1.313-1}{1.313}}\right\}$$

$$=-20563\ \text{kg}\cdot\text{m/kg}$$

(5) 실제의 변화(폴리트로픽 변화)

우리 주위에 있는 여러 가지 내연기관이나 공기 압축기와 같은 가스사이클의 각 상태 변화는, 앞에서 거론한 바와 같이 등온변화와 단열변화 등과 같은 4개의 변화만으로는 설명되지 않으므로 근사적으로 다음과 같이 폴리트로픽 변화를 한다. 즉, 이상기체가 상태 1에서 상태 2로 상태변화를 할 때 P와 v의 상호관계는

$$P_1 v_1^n = P_2 v_2^n \quad \cdots\cdots (3.54)$$

이것이 폴리트로픽 변화이며 n을 폴리트로픽 지수라고 한다. 지수 n의 값은 동일기체일지라도 팽창 및 압축의 상태에 따라 달라진다.

- n=0 일 때
  P=일정이며, 등압변화
- n=1 일 때
  Pv=일정, 등온변화
- n=k 일 때
  Pv^k=일정, 단열변화
- n=∞일 때
  v=일정, 등적변화

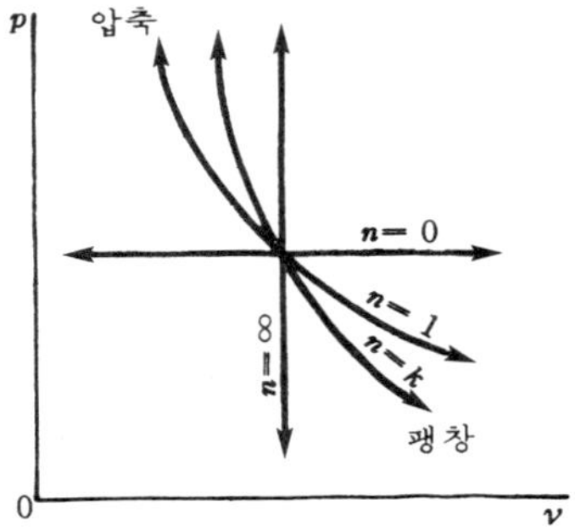

그림 3.13 폴리트로픽 변화

라 한다. 위의 지수들을 p-v 선도상에 표시하면 그림 3.13과 같다. 폴리트로픽 변화중의 상태변화는 단열지수 k대신 지수 n을 사용한 것과 같으므로 단열변화의 경우와 마찬가지로 P, v, T의 상호관계식은 다음과 같다.

$$\frac{T_2}{T_1} = \left(\frac{v_1}{v_2}\right)^{n-1} = \left(\frac{P_2}{P_1}\right)^{\frac{n-1}{n}} \quad \cdots\cdots$$

비유동계의 일 W_{12}는

$$\begin{aligned} W_a &= \frac{1}{n-1}(P_1 v_1 - P_2 v_2) \\ &= \frac{P_1 v_1}{n-1}\left\{1 - \left(\frac{P_2}{P_1}\right)^{\frac{n-1}{n}}\right\} = \frac{RT_1}{n-1}\left\{1 - \left(\frac{P_2}{P_1}\right)^{\frac{n-1}{n}}\right\} \\ &= \frac{R}{n-1}(T_1 - T_2) = \left(\frac{k-1}{n-1}\right) C_v (T_1 - T_2)\frac{1}{A} \\ &= \frac{1}{A}\left(\frac{k-1}{n-1}\right)(u_1 - u_2) \text{ kg} \cdot \text{m/kg} \quad \cdots\cdots (3.56) \end{aligned}$$

유동계의 일 w_t는

$$w_t = \frac{n}{n-1}(P_1 v_1 - P_2 v_2) = \frac{nR}{n-1}(T_1 - T_2)$$

$$= \frac{nRT_1}{n-1}\left\{1-\left(\frac{P_2}{P_1}\right)^{\frac{n-1}{n}}\right\} = nW_a \ \ \text{kg}\cdot\text{m/kg} \quad \cdots\cdots (3.57)$$

또, 공급된 열량은 열역학 제1기초식 $dq = du + APdv$에 의하여

$$q_{12} = u_2 - u_1 + A\int_1^2 Pdv = u_2 - u_1 + AW_a$$

$$= C_v(T_2 - T_1) + \frac{AR}{n-1}(T_1 - T_2)$$

$$= C_v(T_2 - T_1) + \frac{k-1}{n-1}C_v(T_2 - T_1)$$

$$= \frac{n-k}{n-1}C_v(T_2 - T_1) \ \ \text{kcal/kg} \quad \cdots\cdots (3.58)$$

여기서 $[(n-k)/(n-1)]C_v = C_n$라고 놓으면 식은 다음과 같이 표시된다.

$$q_{12} = C_n(T_2 - T_1) \ \ \text{kcal/kg} \quad \cdots\cdots (3.59)$$

여기서 C_n을 폴리트로픽 비열이라고 한다.

연습문제

1. 표준상태에 있는 공기를 일정한 온도하에서 압력을 10ata까지 압축시키면 비중량은 처음의 몇 배가 되는가?

답 9.68배

2. 등온점(等溫下)에서 체적 1 m^3, 압력 1ata에서 체적 0.5m^3 으로 압축시키면 압축후 가스의 압력은 얼마가 되는가?

답 2 ata

3. 1 atm 20℃에서 메탄가스의 체적이 10m^3을 차지하고 있다면 중량은 몇 kg인가? 단, 가스정수 R=52.9kg · m/kg K이다.

답 6.67kg

4. 수증기를 이상기체로 보고 가스정수와 표준상태에서 비체적을 구하시오. 단, 수증기의 분자량 M=18.016이다.

답 ① 47.07kg · m/kg K, ② 1.24m^3/kg

5. 체적 0.6m^3인 가스저장용기에 20℃의 산소가 12ata의 상태로 들어있다. 산소의 중량은 얼마인가? 또 온도가 60℃로 상승했다면 압력은 어떻게 되는가? 단 산소의 가스정수 R=26.5kg · m/kgK 이다.

답 ① 9.27kg, ② 13.64 kg/cm^2

6. 암모니아 가스를 이상기체로 보고 가스정수, 정압비열, 정적비열을 구하시오. 단, 암모니아 가스의 분자량은 17.032, 비열비는 1.313이다.

답 ① 49.79kg · m/kg K, ② 0.489kcal/kg, ③ 0.372kcal/kg℃

7. 실내의 체적이 $20m \times 20m \times 3m$이다. 압력일정하에서 실내공기를 0℃에서 25℃로 가열할 경우 필요한 열량, 내부에너지의 변화, 엔탈피의 변화를 구하시오. 단, 공기의 비중량은 $1.2kg/m^3$ 이다.

답 ① 8640kcal, ② 6120kcal, ③ 8640kcal

8. 500 l의 산소용기에 20℃, 30ata의 상태로 산소가 들어있다. 사용 후 15℃, 5ata의 상태로 되었다면 사용한 산소량은 몇 kg인가? 단, 산소의 가스정수는 26.49 kg · m/kg K 이다.

답 16kg

9. 공기 1kg을 압력 $6kg/cm^2$, 온도 200℃의 상태로부터 압력 $1kg/cm^2$의 상태까지 등온(等溫)변화시킬 경우 외부에 대하여 하는 절대일과 공기에 가해진 열량을 구하시오.

답 ① 24800kg · m/kg ② 58.1 kcal/kg

10. 온도 0℃, 압력 1ata, 체적$1.68m^3$의 공기를 압력이 25ata로 될 때까지 단열적으로 변화시켰을 경우 다음과 같은 값을 구하시오. 단, k=1.4이다.

① 공기의 중량 ②변화 후의 체적 ③ 변화 후의 온도

④ 필요한 일량 ⑤ 내부에너지의 증가량

답 ① 2.1kg, ② $0.169m^3$, ③ 412℃, ④ -63311kg · m ⑤ 148 kcal

11. 실린더 안에 0.01kg의 헬륨기체가 1.2bar의 압력과 $0.05m^3/kg$의 비체적을 갖고 기체가 마찰이 없는 Pv=1.3 일정 과정으로 압력이 2bar가 될 때까지 압축된다. 헬륨의 내부에너지 $U=1.5Pv$로 표시될 때에 이 압축 과정에서 전달된 열량을 구하라.

답 Q=-13.75J

12. 0.01kg의 질소가 처음 체적의 2배가 되는 단열팽창(1~2), 처음 상태의 체적으로 감소되는 정압압축(2~3), 정적팽창(3~1) 과정을 이루면서 한 사이클을 완성한다. 처음의 온도, 압력은 160℃, 5atm 일 때 다음을 구하라.

① 총일량 ② 총열량

답 ① W_t=29.105J, ② Q_t=29.18hJ

4 열역학 제 2 법칙

열역학 제 1법칙과 함께 제 2법칙은 열역학의 중추를 이룬다. 열역학 제 2법칙을 이해함으로써 에너지 이동의 방향성을 추측하고 열기관의 효율 및 냉동기의 성능을 파악할 수 있다.

한편 물리량으로 엔트로피를 정의하고 상태변화에 따른 엔트로피의 변화량을 계산하여 에너지 이동의 방향과 양적인 관계를 파악한다.

4.1 열역학 제2법칙의 표현

열과 일의 상호전환 가능성과 양적인 비례관계를 표시한 것이 열역학 제1법칙이다.

즉, 열에너지를 기계적 에너지로, 또는 기계적 에너지를 열에너지로(여기에서 에너지의 형식은 내부에너지, 운동에너지, 위치에너지, 또는 엔탈피의 형식 등), 상호 변환할 때 양적인 비례관계를 표현한 것을 열역학 제 2법칙이라 한다.

그런데 이들의 상호변환에는 방향성이 있으므로 우리는 실제 자연 현상계에서 경험할 수 있다. 즉, 기계적 일은 열로 변환이 쉬우나 열 에너지가 기계적 에너지로의 변환은 잘 되지 않는다든가, 온도가 높은 물체에서 온도가 낮은 물체로 열의 흐름은 가능하나, 자연적으로 열의 흐름이 반대방향으로는 이루어 지지 않는 등 변환이 용이한 방향과, 변환이 용이하지 않은 방향이 있음을 우리는 경험으로도 알 수 있다. 이와 같은 현상을 체계화시킨 것을 열역학 제 2법칙(the second law of thermodynamics)이라 한다.

열역학 제 2법칙은 열역학 제 1법칙과 함께 에너지를 취급하는 공학 분야에서 중요한 부분을 차지하고 있다.

이와 같은 열역학 제 2법칙의 현상을 한마디로 정의한 것은 없으나, 많은 학자들이 여러 가지 방법으로 표현하고 있으며. 이 중 몇 가지를 소개하면 다음과 같다.

● Clausious의 표현

"열은 그 자신으로는 다른 물체에 아무런 변화도 주지 않고, 저온의 물체에서 고온의 물체로 이동하지 않는다. 즉, 열을 그 자신만으로는 저온 물체에서 고온 물체로 이용할 수 없다. 예를 들면, 냉동기는 외부에서 공급된 일에 의하여 저온물체에서 고온 물체로 열전달이 이루어진다. 그러므로 클라우시우스의 정확한 표현은 성능 계수가 무한대인 냉동기는 만들 수 없다는 의미이다. 다시 말하면 제 1법칙은 가역적인 것을 허용하였으나 제 2법칙은 비가역적 현상을 말하고 있다.

● Kelvin-Planck의 표현

"하나의 열원에서 열을 받고, 버리면서 열을 일로 바꿀 수는 없다." 즉, 열기관이 동작유체에 의하여 일을 발생시키려면 공급열원보다 더 낮은 열원이 필요하게 된다. 만약 하나의 열원에서 열을 주고 받는다면 열을 전부 일로 전환이 가능하다는 결과를 가져오는데, 이것은 불가능하다는 것이다. 따라서 위의 표현은 효율이 100%인 열기관을 제작할 수 없다는 뜻이다.

● Ostwald의 표현

'제 2종의 영구운동기관은 존재할 수 없다.' 여기서 제 2종 영구운동기관이라 함은 어떤 열원으로부터 열원의 온도를 떨어뜨리는 일이 없이 또, 외부에 아무런 변화를 일으키지 않고 열을 기계적 일로 바꾸는 기관을 말한다.

4.2 cycle과 열효율

한 상태에 있는 동작물질이 임의의 과정을 거치는 동안에 상태량인 성질이 변화했다면 이것을 과정(process)이라 한다.

이 과정들이 임의의 과정을 거쳐 다시 처음의 상태로 돌아 왔다면 모든 과정의 합은 1이 되는 것이다.

시스템에서 한 번 진행된 과정이 역으로 진행될 수 있으며 그 때 시스템이나 주위에 아무런 변화를 남기지 않는 사이클은 가역사이클이고, 처음의 과정이 역으로 진행될 수 없다면, 비가역 사이클인 것이다. 실제 우리 주위에는 이러한 사이클을 이루면서 동작물질이 일을 발생시키는 동력발생기관, 또는 열을 이동시키는 냉동기 등이 있으며, 이러한 실제 사이클들은 모두 비가역 사이클인 것이다. 이와같이 사이클이 비가역을 이루는 원인은 작동 중에 동작물질 또는 기관의 마찰, 유한한 온도차를 통한 열전달, 자유팽창(free expansion), 혼합(mixing), 비탄성변형(inelastic deformation), 전기저항, 화학반응, 삼투압, 확산 등이 있기 때문이다. 그러나 기관의 효율이 높게 되기 위해서는 실제 사이클은 이상 사이클에 가까워져야 한다.

동작물체가 사이클을 형성하면서 외부로부터 열 에너지를 공급받아 일로 변화시키는 동력 발생기관의 효과를 알아보기 위해 그림 4.1과 같은 열기관은 그림 4.2와 같은 p-v 선도상에 표현한다.

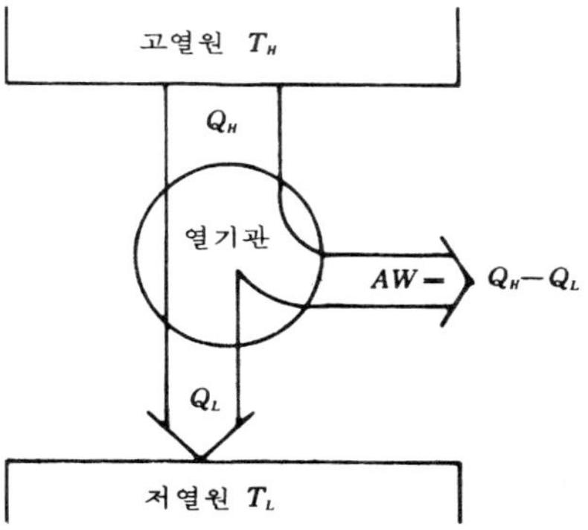

그림 4.1 열기관

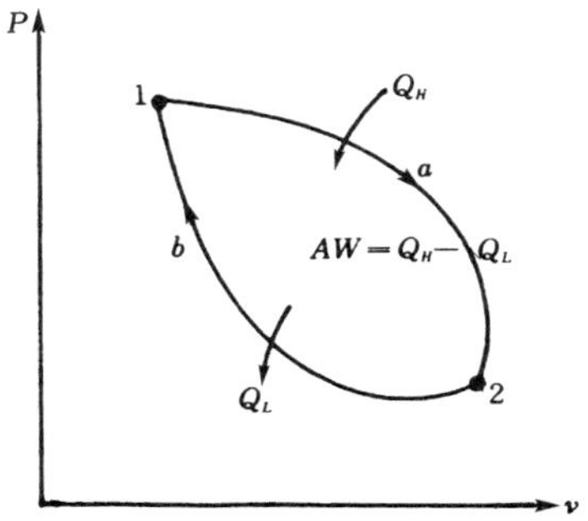

그림 4.2 열기관의 p-v 선도

열기관은 온도가 높은 곳에서 열을 공급받는 과정과, 온도가 낮은 곳에 열을 방출하는 과정이 합해진 사이클을 이루면서 외부에 일을 하게 된다. 이때 온도가 높은 쪽을 고열원(T_H), 온도가 낮은 곳을 저열원(T_L)이라 하며, 열기관은 고열원으로부터 열량 Q_H를 공급받아 외부에 AW의 일을 하고 저열원에 Q_L을 버리게 된다.

예를 들면 자동차 기관과 같은 내연기관에서 보면 연료가 연소하면 고열원인 T_H의 온도가 형성되고, 대기온도는 저열원 T_L이 되어 동작유체인 연소가스가 고열원 T_H에서 T_H의 열을 받아 피스톤을 움직이고(연소가스의 팽창에 의해) 대기 중에 배기가스의 열량 Q_L을 버리게 된다. 이 과정을 $P-v$선도상에 나타내면 그림 4.2와 같이 되어, 고열원으로부터 열을 공급받은 과정은 상태점 1에서 a의 과정을 거쳐 2의 상태에 이르는 과정이며, 상태점 2에서 b의 과정을 거쳐 1에 이르는 과정은 열을 방출하는 과정이며, 1사이클을 이루었을 때 발생된 일량은 사이클의 내부면적($AW = Pdv$)에 상당한다.

즉, 동작물질에 열량 Q_H를 공급하여 Q_L을 버리고 $Q_H - Q_L$에 상당하는 유효일로 바꾸는 셈이다. 따라서 유효일량과 공급열량의 비를 열효율(thermal efficiency)라고 하며, 열기관의 효율을 나타내는 기준이 된다. 열효율을 η_t로 표시하면 다음과 같다.

$$\eta_t = \frac{(Q_H - Q_L)}{Q_H} = 1 - \frac{Q_L}{Q_H} \quad \cdots\cdots (4.1)$$

4.3 냉동 cycle과 성적계수

열기관의 사이클은 진행 과정의 방향이 시계방향으로 사이클을 이룰 때 고열원으로부터 열 에너지를 공급받아 외부에 일을 했다. 그러나 만약 그림 4.3과 같은 기관이 있어 외부로부터 AW의 일을 공급받아, 저열원으로부터 Q_L의 열량을 받아들여 고열원으로 Q_H의 열량을 이송시키는 사이클로 작동한다면 이것을 냉동기(refrigerator), 또는 열펌프(heat pump)라 하며, 이와 같은 사이클을 냉동사이클이라 한다. 이 상황을 $p-v$선도상에 나타내면 그림 4.4와 같다.

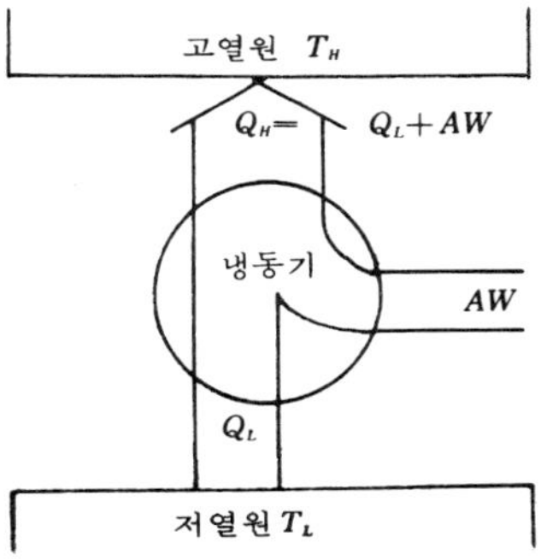

그림 4.3 냉동기

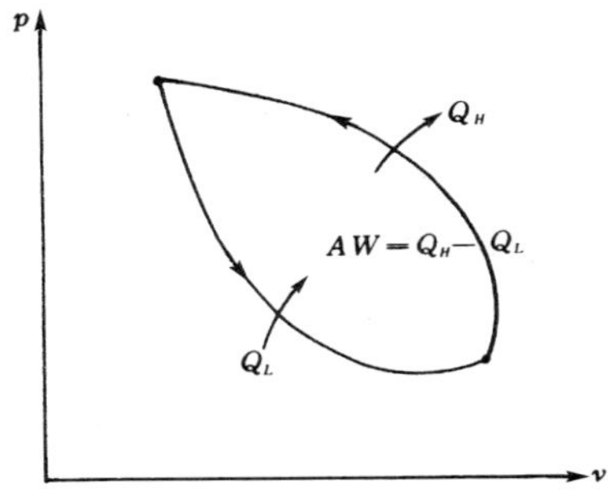

그림 4.4 냉동기의 p-v 선도

이 그림에서 저열원 TL로부터 열량 Q_L을 끌어내기 위해 동작 유체에 가한 일량 AW와 Q_L과의 비(比)를 이 냉동기의 성능계수(coefficiency of performance)라 하며, 냉동기의 성능을 나타내는 기준이 된다. 여기서 냉동기와 열 펌프는 구조 및 기능은 동일하나 냉각의 목적에 사용될 경우는 냉동기, 가열의 목적에 사용될 때는 열 펌프라 한다.

냉동기의 성능계수를

$$\varepsilon_R = \frac{Q_L}{AW} = \frac{Q_L}{Q_H - Q_L} \quad \cdots\cdots (4.2)$$

만약 냉동기를 고열원에 열을 공급하는 heat pump로 사용 할 때 heat pump의 성능계수를 ε_H라면

$$\varepsilon_H = \frac{Q_H}{AW} = \frac{Q_H}{Q_H - Q_L} = 1 + \varepsilon_R \quad \cdots\cdots (4.3)$$

위 두 식을 비교해보면 열펌프의 성능계수가 냉동기의 성능계수보다 1만큼 더 크다.

예제 4.1 어느 열기관의 고열원으로부터 1cycle당 100kcal의 열량을 공급받아 저열원에 30kcal의 열량을 방출하면서 일을 한다. 이 열기관의 열효율은 몇%인가?

☞ $\eta_t = \frac{출력}{공급열량} = \frac{AW}{Q_H} = \frac{Q_H - Q_L}{Q_H} = \frac{100-30}{100} = 70\%$

예제 4.2 어느 냉동기가 1 ps의 동력을 소비하여 저열원으로분터 시간당 1500kcal 열량을 제거한다면 이 냉동기의 성적계수는 얼마인가? 또 이 냉동기가 열 펌프로 작동한다면 열 펌프의 성능계수는 얼마인가?

☞ $1Ps$ =632kcal/h

a) 냉동기의 성능계수 ε_R는

$$\varepsilon_R = \frac{Q_L}{AW} = \frac{1500}{632} = 2.37$$

b) heat pump의 성능계수 ε_H는

$$\varepsilon_H = 1 + \varepsilon_R = 3.37$$

예제 4.3 성적계수가 3인 냉동기를 사용하여 어느 건물의 구조상 냉방부하가 100kcal/m²h인 실내면적 500m²에 소요되는 냉동기 동력은 몇 kW인가?

☞ 소요냉방부하 $Q_L = 500\text{m}^2 \times 100\text{kcal/m}^2\text{h} = 50000\text{kcal/h}$

냉동기의 성적계수 $\varepsilon_R = \frac{Q_L}{AW}$ 이므로 냉방에 소요일 AW는

$$AW = \frac{Q_L}{\varepsilon_R} = \frac{5000}{3} = 16667\text{kcal/h}$$

또한 1 kW=860kcal/h 이므로 소요동력은

$$소요동력(\text{kW}) = \frac{16667}{860} \fallingdotseq 19\text{kW}$$

4.4 카르노 사이클과 역 카르노 사이클

열역학 제 2법칙에서 100%의 열효율을 가진 기관은 만들 수 없다고 하였는데, 그러면 열기관의 설계에 있어서 효율의 상한은 얼마인가? 이 문제를 해결한 것이 카르노 기관이다. 카르노는 마찰, 복사에 의한 열에너지의 손실은 무시하고 주어진 조건하에서 모든 물리적 법칙을 만족하면서 작동하여 효율이 최대인 이상적인 기관을 구상했다.

이러한 고찰에서 어떤 과정이 가역적이기 위해서는 계가 항상 평형상태를 유지하면서 표

준적인 과정을 갖추어야 한다. Carnot기관은 두 열원 사이에 단일사이클로 작동하는 이상적인 가역기관으로 기관 중 효율이 가장 큰 기관이다.

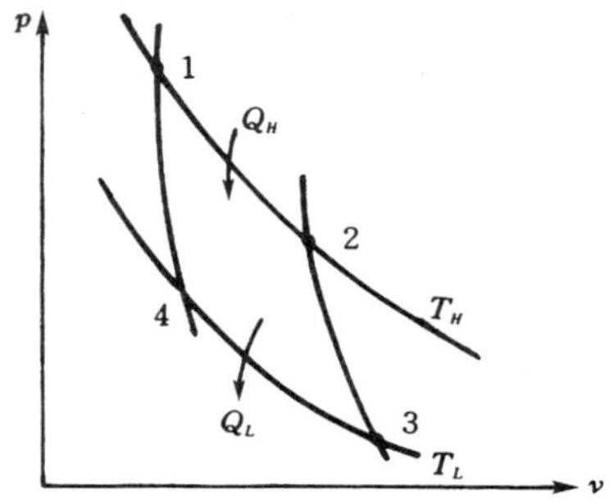

그림 4.5 Carnot Cycle

그림 4.5는 카르노 기관의 한 사이클을 표시한 것으로 표준적으로 1～2 과정은 등온팽창, 2～3과정은 단열팽창 3～4과정은 등온압축, 4～1과정은 단열압축 등의 4과정으로 조합된 가역사이클이다. 이 과정 중에서 기관은 고열원 T_H로부터 열량 Q_H를 1～2과정 중에 수열하고, T_L온도에 열량 Q_L을 3～4과정 중에 방열하면서 폐곡선 1 2 3 4 1에 상당하는 일을 발생시킨다.

이 일량을 AW라 하면 내부에너지는 1 사이클을 완성하면서 처음의 상태로 되돌아가기 때문에 $U_2 - U_1 = 0$이 되어 열역학 제2법칙으로부터

$$Q_H - Q_L = \triangle U + AW \quad \text{즉,} \quad Q_H - Q_L = AW$$

따라서 카르노 사이클의 열효율은 다음과 같이 표시된다.

$$\eta_c = \frac{AW}{Q_H} = \frac{Q_H - Q_L}{Q_H} = 1 - \frac{Q_L}{Q_H} \quad \cdots\cdots (4.4)$$

한편 카르노 사이클과 반대방향으로 작용하는 역카르노 사이클인 경우에는, 외부에서 작업유체에 AW의 일을 공급하여 저열원으로부터 Q_L의 열을 빼앗아 고열원에 Q_H의 열을 공급한다.

즉, 역 카르노 사이클은 냉동기의 이상적인 사이클이다. 다음에 카르노 사이클을 이상기체로서 상태변화를 행하는 경우로 생각하면 각 과정에서 다음의 유도식을 얻을 수 있다.

과정 1～2, 3～4는 등온과정이므로

$$Q_H = ART_H l_n \frac{V_2}{V_1} = ART_H l_n \frac{P_1}{P_2} \quad \cdots\cdots (a)$$

$$Q_L = ART_L l_n \frac{V_3}{V_4} = ART_L l_n \frac{P_4}{P_3} \quad \cdots\cdots (b)$$

다음에 과정 2～3, 4～1은 단열과정이므로

$$\frac{T_L}{T_H} = \left(\frac{V_2}{V_3}\right)^{k-1} \quad \cdots\cdots (c)$$

$$\frac{T_L}{T_H} = \left(\frac{V_1}{V_4}\right)^{k-1} \quad \cdots\cdots\cdots (d)$$

인 관계식을 얻게 되며 따라서,

$$\frac{V_2}{V_3} = \frac{V_1}{V_4} \quad \text{또는} \quad \frac{V_2}{V_1} = \frac{V_3}{V_4} \quad \cdots\cdots\cdots (e)$$

이 된다. (e)식과 (a), (b)식을 정리하면,

$$\frac{Q_H}{T_H} = \frac{Q_L}{T_L} \quad \text{또는} \quad \frac{T_L}{T_H} = \frac{Q_L}{Q_H} \quad \cdots\cdots\cdots (4.5)$$

이므로 카르노 사이클의 열효율은

$$\eta_c = \frac{AW}{Q_H} = 1 - \frac{Q_L}{Q_H} = 1 - \frac{T_L}{T_H} \quad \cdots\cdots\cdots (4.6)$$

위의 결과로서 카르노 사이클의 열효율은 동작물질에 관계없이 양쪽 열원의 절대온도에만 관계됨을 알 수 있다.

또한 역 카르노 사이클에도 똑같이 성립되어 역카르노 사이클의 성적계수 ε_c는 다음과 같이 쓸 수 있다.

$$\varepsilon_c = \frac{Q_L}{AW} = \frac{Q_L}{Q_H - Q_L} = \frac{T_L}{T_H - T_L} \quad \cdots\cdots\cdots (4.7)$$

이상과 같이 카르노 사이클을 요약하면 다음과 같다.

- 카르노 사이클은 열기관의 이상 사이클로서 최고의 열효율을 갖는다.
- 같은 두 열원에서 작동하는 모든 가역 사이클의 열효율은 동일하다.
- 카르노 사이클의 특징은 동작유체의 온도를 열원의 온도와 같게 한 것이고, 이것은 제1법칙에 의하여 열량을 주고 받을 때 가장 이상적인 방법이지만 실제의 경우로는 불가능하다. 따라서 카르노 사이클은 열기관의 이론상의 이상사이클일 뿐이다.

예제4.4 태양열에 의한 복사면의 온도는 60℃이고, 바닷물의 온도는 10℃라면 이 사이에 작동하는 카르노 사이클의 열효율은 얼마인가?

☞ $\eta_c = \frac{AW}{Q_H} = \frac{Q_H - Q_L}{Q_H} = \frac{T_H - T_L}{T_H} = \frac{333 - 283}{333} = 15\%$

예제 4.5 0℃와 30℃ 사이에서 작동하는 냉동기가 역 카르노 사이클로 작동되며, 시간당 1000kcal 의 열량을 저열원으로부터 흡수하게 할 때 a) 성적계수, b) 소요동력은 몇 kW인가?

☞ a) 성적계수 ε_c는

$$\varepsilon_c = \frac{Q_L}{AW} = \frac{Q_L}{Q_H - Q_L} = \frac{T_L}{T_H - T_L} = \frac{273}{303-273} = 9.1$$

b) 소요동력은

$$AW = \frac{Q_L}{\varepsilon_c} = \frac{1000}{9.1} = 109.9\text{kcal/h}$$

$$\text{소요동력(kw)} = \frac{109.9}{860} = 0.12\text{kW}$$

4.5 엔트로피

열역학 제 2법칙의 표현을 수학적으로 하기 위하여 엔트로피(entropy)라는 새로운 물리량을 도입해본다. 물질의 물리량으로 압력, 온도, 비체적 등은 우리 생활 주변에서 감각적으로나 시각적으로 양적인 비교, 측정을 할 수 있으나, 새로운 물리량으로 엔트로피의 개념을 도입하면 생소하게 느껴진다.

그러나 어떤 변화 현상에 엔트로피라는 물리량을 도입하므로서 변화의 방향, 변화량, 효과, 변화의 가능성 등을 예측할 수 있고 정량적인 계산을 할 수 있다. 어떤 과정에서 계에 전달되는 미소열량 dQ를 그때의 절대온도 T로 나눈 양을 dS라 하면,

$$dS = \frac{dQ}{T}$$

$$\therefore S = \int \frac{dQ}{T} \quad \cdots\cdots (4.8)$$

이 S로 표시되는 양을 엔트로피라고 하며, 물질 1kg에 대한 엔트로피를 비엔트로피[kcal/kg K], Gkg에 대한 엔트로피를 $S=G \cdot s$ [kcal/K]라 한다.

그러면 어떠한 열역학적 현상에서 엔트로피의 변화량을 고찰하기 위해, 가역 사이클로 작동하는 경우와 비가역 사이클에서의 엔트로피변화량을 살펴보기로 한다.

우선, 가역 엔트로피인 앞절의 그림 4.5와 같은 카르노 사이클에서 각 과정 및 사이클에서 엔트로피의 변화량을 고찰해 본다.

■ 과정 1~2간의 $\triangle S_1 = \int_1^2 \frac{dQ_H}{T_H}$ [dQ_H가 수열(+)이므로 $\triangle S$는 正]

■ 과정 2~3간의 $\triangle S_2 = \int_2^3 \frac{dQ}{T} = 0$ [dQ가 0인 단열과정이므로 $\triangle S = 0$]

■ 과정 3~4간의 $\triangle S_3 = \int_4^3 \frac{dQ_L}{T_L}$ [dQ_L이 방열이므로 $\triangle S$는 負]

■ 과정 4~1간의 $\triangle S_4 = \int_1^4 \frac{dQ}{T} = 0$ [단열과정이므로 $\triangle S = 0$]

그런데 카르노 사이클에서는 $\frac{Q_H}{T_H} = \frac{Q_L}{T_L}$ 이므로,

$$|\triangle S_1| = |\triangle S_2|$$

$$\therefore \oint \frac{dQ}{T} = 0 \quad \cdots\cdots (4.9)$$

이와 같이 가역 사이클에서는 엔트로피의 변화가 0이되며 이를 클라우시우스의 적분이라고 한다.

카르노 사이클의 엔트로피변화관계를 T-S선도상에 표시하면 그림 4.6과 같이 되며, T-S선도상에서 과정간에 나타난 면적은 과정간의 이동열량으로 표시된다.

$$\text{즉, } dQ = TdS \quad \cdots\cdots (4.10)$$

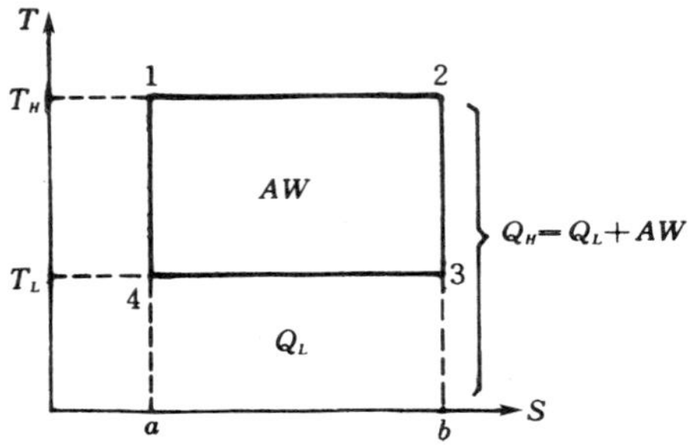

그림 4.6 Carnot cycle의 T-S 선도

그림 4.6에서 1 사이클중 과정간에 출입한 열량을 살펴보면,

■ 과정 1~2 (등온 팽창과정)

$_1Q_2 = T_H(S_b - S_a)$: 면적 12bal

■ 과정 2~3 (단열 팽창과정)

$_2Q_3 = 0$: 면적 23b32=0

■ 과정 3~4(등온 압축과정)

$_3Q_4 = T_L(S_a - S_b)$: 면적 34ab($S_a - S_b$ 〈0이므로 $_3Q_4$는 부호가(-), 즉 방열)

■ 과정 4~1(단열 압축과정)

$_4Q_1 = 0$: 면적41a4=0

이와 같은 각 과정의 합인 1 사이클 동안에 계에 들어온 열량과 버려진 열량과의 차가 계가 하는 일량이 되며, 일량의 부호가 (+)이면 계가 외부로부터 열을 공급받아 일을 하는 동력 발생기관이 되며, 부호가 (-)이면 냉동기과 같이 외부로 부터 일을 공급받아 열 이동을 시키는 기관이 된다.

이와 같이 에너지의 이동에서 엔트로피의 개념을 도입하면 에너지의 흐름방향 및 양적인 관계를 파악하기 편리하다.

그런데 앞서 말한 카르노 사이클은 가역과정 및 사이클이었으나, 우리 주위에는 가역 과정 및 사이클은 없고 모두 비가역 과정, 사이클로 이루어진다.

한 예를 들면 열 이동의 경우 각각 고열원 T_1과 저열원 T_2의 두 물체 A, B가 있어서 지금 극소량의 열량 $\triangle Q$가 A로부터 B로 이동 한다고 하자.

이때,

A의 엔트로피 변화량은

$$\triangle S_1 = \frac{\triangle Q}{T_1}$$

B의 엔트로피 변화량은

$$\triangle S_2 = \frac{\triangle Q}{T_2}$$

그런데 $T_1 > T_2$이므로

$$\triangle S_1 < \triangle S_2$$

즉, 전체의 엔트로피변화량은

$\triangle S = \triangle S_2 - \triangle S_1 > 0$이 되어 전체의 엔트로피는 증가한다.

따라서 엔트로피의 일반식은 다음과 같이 나타낼 수 있다.

$$\triangle S = \oint_1^2 \frac{dQ}{T} \geq 0 \quad \cdots\cdots (4.11)$$

즉, 가역 사이클이면 엔트로피는 일정하며 비가역 사이클이면 엔트로피는 항상 증가한다.

4.6 이상기체의 엔트로피 변화량

이상기체 1 kg이 상태 1에서 상태 2로 변화할 때 다음의 각 경우에 대한 엔트로피 변화량을 살펴본다. 여기서 각 변화에 따르는 상황은 그림 4.7의 T-S선도상에 나타낸다.

(1) 등온변화

앞에서 엔트로피의 정의는 $ds=\frac{dq}{T}$가 되었으며 등온 과정에서는 T가 일정하다. 따라서 과정 1~2간의 엔트로피 변화량은

$$T=T_1=T_2=\text{일정},\quad dT=0,\quad P_1v_1=P_2v_2$$

즉,

$$ds=\frac{sq}{T}=\frac{du+APdv}{T}$$

$$=\frac{Cvdt}{T}+\frac{APdv}{T}=\frac{AP}{T}dv=\frac{AR}{v}dv$$

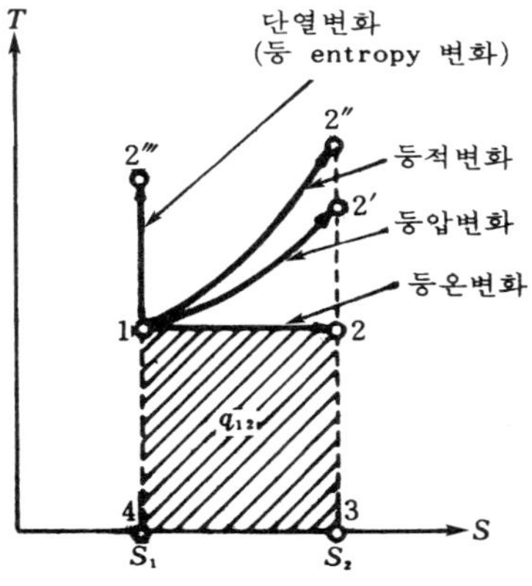

그림 4.7 대표적 변화의 T-S 선도

그런데 식 3.47은 등온 과정에서 $q_{12}=ART\ l_n\frac{v_2}{v_1}$이므로

$$s_2-s_1=AR\ l_n\frac{v_2}{v_1}=AR\ l_n\frac{p_1}{p_2}\quad[\text{kcal/kg K}]\quad\cdots\cdots(4.12)$$

를 얻는다. T-S선도상에서의 변화는 그림 4.7의 1→2와 같다.

(2) 등압변화

등압변화에서는 식 3.40에서 $dq=C_pdT$이므로

$$s_2-s_1=\int_1^2\frac{dq}{T}=\int_1^2C_p\frac{dT}{T}=C_p\int_1^2\frac{dT}{T}$$

$$=C_pl_n\frac{T_2}{T_1}=C_pl_n\frac{v_2}{v_1}\quad[\text{kcal/kgK}]\quad\cdots\cdots(4.13)$$

가 되며 그림 4.7에서 1→2′와 같다.

(3) 등적변화

등적변화에서는 식 3.42에서 $dq = C_v dT$ 이므로

$$s_2 - s_1 = \int_1^2 \frac{dq}{T} = \int_1^2 \frac{C_v dT}{T} = C_v \int_1^2 \frac{dT}{T}$$

$$= C_v l_n \frac{T_2}{T_1} = C_v l_n \frac{P_2}{P_1} \quad [\text{kcal/kg°K}] \cdots\cdots (4.14)$$

가 되며 그림 4.7에서 1→ 2″와 같다

(4) 단열변화

단열변화에서는 dq= 0 이므로

$$s_2 - s_1 = \int_1^2 \frac{dq}{T} = 0 \quad 즉, \quad s_2 = s_1 \cdots\cdots (4.15)$$

이 되며 그림 4.7에서 1→ 2‴와 같은 직선이 된다. 다시 말하면 엔트로피의 변화량이 없는 (일정) 변화를 등엔트로피 변화 또는 단열변화라 한다.

(5) 폴리트로픽 變化

여기서는 식 3.59에서 $dq = C_n dT$가 되므로

$$s_2 - s_1 = \int_1^2 \frac{dq}{T} = \int_1^2 \frac{C_n dT}{T}$$

$$= C_n l_n \frac{T_2}{T_1} \quad [\text{kcal/kg°K}] \cdots\cdots (4.16)$$

이상의 각 상태변화에 대한 엔트로피의 증가량을 다음 식으로 구할 때는, 각각의 변화에 관한 비열을 대입하여 구하면 된다.

$$s_2 - s_1 = C\ l_n \frac{T_2}{T_1} \cdots\cdots (4.17)$$

예제 4.6 100℃의 물 1 kg을 증발시키기 위해 539kcal 의 열량을 소요했다. 증발과정에서 엔트로피 변화는 얼마인가?

☞ $\triangle S = \frac{\triangle Q}{T} = \frac{\gamma}{T} = \frac{539}{373} = 1.445\text{kcal/kg K}$

예제 4.7 표준대기압에서 0℃의 물 1kg을 100℃의 건포화 증기가 될 때까지 가열하면 엔트로피변화량은 얼마인가? 단, 물의 증발잠열은 539 kcal/kg이다.

☞ a) 우선 0℃의 물 1kg이 100℃까지 변화하는 동안의 엔트로피변화량은,

$$\triangle S_1 = \int_1^2 \frac{dQ}{T} = \int_1^2 \frac{C \cdot dT}{T} = C\ l_n \frac{T_2}{T_1}$$

$$= 1 \times l_n \frac{373}{273} = 0.312\ \mathrm{kcal/kg\ K}$$

b) 다음에 100℃의 물이 100℃의 증기로 변화는 동안 증발 잠열을 539kcal/kg로 하여

$$\triangle S_2 \frac{\triangle Q}{T} = \frac{\gamma}{T} = \frac{539}{373} = 1.445\mathrm{kcal/kg\ K}$$

c) 따라서 全엔트로피 의 변화는

$$\triangle S = \triangle S_1 + \triangle S_2 = 0.312 + 1.445 = 1.757\ \mathrm{kcal/kg\ K}$$

예제 4.8 10℃의 물 100kg과 100℃의 물 200kg을 혼합했다. 전체의 엔트로피변화는 얼마인가?

☞ 2가지 온도의 물을 혼합했을 때 서로 잃거나 얻은 열량의 합은 0이다.

$$Q_1 + Q_2 = 0$$

즉, $G_1 C \triangle t + G_2 C \triangle t = 0$

다시쓰면 $100 \times 1(t_2 - 10) + 200 \times 1 \times (t_2 - 100) = 0$

∴ 혼합후의 온도 $t_2 = 70$℃

a) 10℃ 물의 엔트로피변화

$$\triangle S_1 = G_1 \int_1^2 \frac{dQ}{T} = GC\ l_n \frac{T_2}{T_1}$$

$$= 100 \times 1 \times l_n \frac{343}{283} = 19.2\ \mathrm{kcal/K}$$

b) 100℃ 물의 엔트로피변화

$$\triangle S_2 = G \int_1^2 \frac{dQ}{T} = GC\ l_n \frac{T_2}{T_1} = 200 \times 1 \times l_n \frac{343}{373} = -16.8\mathrm{kcal/K}$$

c) 혼합 후의 전체 엔트로피변화

$$\triangle S = \triangle_1 + \triangle_2 = 19.2 - 16.8 = 2.4\mathrm{kcal/K}$$ (증가)

예제 4.9 10kg의 공기가 온도 0℃ 압력 1 $\mathrm{kg/cm^2}$으로부터 일정한 압력하에서 가열되어 24℃로 변화하였다. a) 가해진 열량 b) 외부에 대한 팽창일 c) 엔트로피 변화량을 구하시오.

☞ a) $Q = G\ C_p(T_2 - T_1)$

$$= 10 \times 0.24(297 - 273) = 57.6\mathrm{kcal}$$

b) $W_a = \int_1^2 PdV = P\int_1^2 dv = P(V_2 - V_1)$

$= GR(T_2 - T_1) = 10 \times 29.27(297 - 273) = 7024.8\,\text{kg} \cdot \text{m}$

c) $\triangle H = G\ C_p(T_2 - T_1) = Q = 57.6\text{kcal}$

d) $\triangle S = \int_1^2 \frac{dQ}{T} = GC_p\, l_n \frac{T_2}{T_1} = 10 \times 0.24 l_n \frac{297}{273} = 0.02\ \text{kcal/K}$

예제4.10 5kg의 산소가 압력일정하에서 체적이 0.1m^3로부터 0.4m^3로 변화하였다. $C_p = 0.22\text{kcal/kg}℃$ 로 하여 엔트로피의 변화를 구하시오.

☞ $\triangle S = \int_1^2 \frac{dQ}{T} = GC_p \int_1^2 \frac{dT}{T} = GC_p\, l_n \frac{T_2}{T_1} = GC_p\, l_n \frac{V_2}{V_1}$

$= 5 \times 0.22\ l_n \frac{0.4}{0.1} = 1.525\text{kcal/K}$

연습문제

1. 여름에 해변가의 백사장 온도는 60℃이고 바닷물의 온도는 20℃라 할 때 백사장을 고열원(高熱源)으로 하는 카르노 사이클의 열효율을 구하시오.

답 12%

2. 어느 이상적인 냉동기가 저열원(低熱源) -5℃ 에서 열을 흡수하여 고열원(高熱源) 35℃에 열을 방출하는 역(逆) 카르노 사이클로 작동할 때, 이 냉동기의 성능계수와 또 이 냉동기가 가열의 목적(heat pump)으로 사용될 때의 성능계수를 구하시오.

답 ① 6.7, ② 7.7

3. 역(逆) 카르노 사이클로 작동하는 냉동기가 -10℃의 저열원에서 매 시간 2500kcal의 열을 얻어 35℃의 고열원에 방열할 때 성적계수 및 압축기 마력(ps)과 고열원에 방열량을 구하시오.

답 ① 5.84, ② 0.68ps, ③ 2928kcal/h

4. 카르노 사이클이 다음과 같은 온도에서 작동될 때 열효율을 비교하시오.

① 100℃와 200℃	② 200℃와 300℃	③ 300℃와 400℃

답 $\eta_a > \eta_b > \eta_c$

5. 위 4번 문제의 조건으로 작동되는 역(逆)카르노 사이클의 성능계수를 비교하시오.

답 $\varepsilon_a < \varepsilon_b < \varepsilon_c$

6. 물 1ton 을 0℃에서 100℃까지 가열하면 물의 엔트로피증가는 얼마인가?

답 312.1kcal/°K

7. 10kg의 공기가 온도 -10℃로부터 일정 체적하에 가열되어 30℃로 변화하였다. 가해진 열량과 엔트로피 변화량을 구하시오.

답 ① 68.4kcal, ② 0.242kcal/°K

8. 0℃의 건조공기 10kg과 30℃의 건조공기 20kg을 정압하에서 혼합했을 때 각각 공기의 엔트로피변화 및 혼합한 후 전체공기의 엔트로피 변화량을 구하시오.

답 ① $\triangle S_1 = 0.17$kcal/K, ② $\triangle S_2 = -0.16$kcal/K, ③ $\triangle S = 0.01$kcal/K(증가)

9. 표준대기압하에서 0℃의 물 1kg을 100℃의 건포화 증기가 될 때까지 가열하면 엔트로피 변화량은?

답 1.757kcal/kgK

10. T-S 선도상에 다음의 각변화곡선을 나타내보시오.

① 등온변화　② 등압변화　③ 등적변화　④ 단열변화　⑤ 폴리트로프변화

11. 열펌프를 이용한 주택난방을 하고자 한다. 집안은 항상 20℃로 유지되어야 하며 외기온도가 -10℃로 떨어질 때 외부로 손실되는 열량이 25kW라고 한다. 열펌프를 구동하는데 소요되는 최소전력은 얼마인가?

답 2.558kW

12. 공기 3kg가 온도 27℃로 부터 527℃ 까지 가열하는 경우 압력은 0.1MPa에서 0.5MPa로 변화하였다. 이 변화에 따른 엔트로피의 변화는 몇 kJ/K 인가?

답 1.57 kJ/K

5 증 기

물이나 냉매의 증발과 응축과정은 설비공학에서 난방 및 냉동분야에 적용되고 있다. 이 장에서는 물의 증발과정을 이해하고 증기의 상태량을 증기선도나 증기표를 이용하여 파악하고 증기 설비공학 및 냉동공학에 적용시킬 수 있도록 하였다.

5.1 증발의 과정

앞에서 취급한(제1장 8절) 열에 의한 상변화과정에서 증발의 과정을 대략 기술한 바와 같이 액체에 열을 가하면 액체가 증발하여 기체로 변화한다. 이와 같은 기체는 실용상 가스와 증기(vapour)로 구분한다. 가스란 연소가스와 같이 액화나 증발현상이 잘 일어나지 않는 것을 말하며, 증기란 보일러에서 발생된 수증기나 냉동기의 냉매 증기와 같이 액화 및 증발을 되풀이하기가 용이한 물질을 증기라 한다.

액체로부터의 증기발생은 공학에서 많은 응용분야가 있고 오랜 역사를 지니고 있다. 즉, 동력발생의 방법으로 증기기관이라든가 또는 열에너지의 저장 및 전달방법으로 보일러, 냉동기 등 우리 주위에는 많은 응용 예를 찾아볼 수 있다. 또한 산업분야에서 응용되고 있는 증기는 여러종류의 물질이 있겠으나, 이 장에서는 물(H2O)을 대상으로 한 수증기를 취급하기로 한다. 그러나 수증기 외의 증기를 취급할 때도 방법은 동일하나, 다만, 각 물질에 따라 물성치만 차이가 있다.

가스는 근사적으로 이상기체로 취급할 수 있으므로 $Pv = RT$인 상태식을 만족하나, 증기는 대단히 복잡한 성질을 갖고 있다. 따라서 증기는 실측의 결과에 기초를 두고 어떤 압력 혹은 온도조건하에서 비체적, 엔탈피 등의 표 또는 선도 등을 이용하는 것이 통례이다.

액체의 증발과정을 이해하기 위하여 그림 5.1과 같이 물(H2O) 1kg을 용기에 넣고 일정한 압력을 가하기 위해 중량 G kg을 올려놓고 가열할 때 상태변화는 다음과 같이 연속적으로 일어난다.

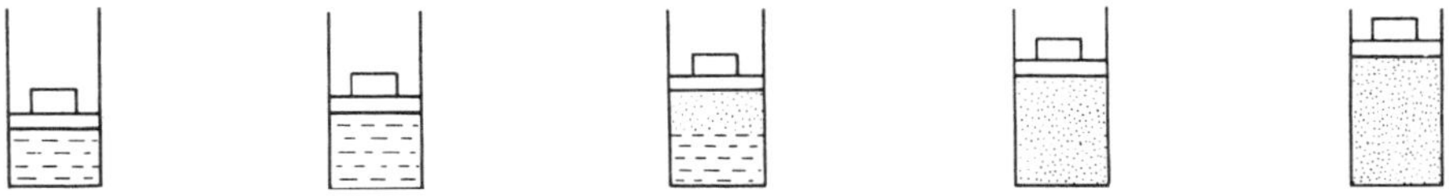

(a) 액체(물)
x=0
포화온도 이하
(물은 100℃ 이하)

(b) 포화액(포화수)
x=0
포화온도
(물은 100℃)

(C) 습증기, 포화증기,
습포화증기
0<x<1
포화온도
(물은 100℃)

(d) 건포화증기
x=1
포화온도
(물은 100℃)

(e) 과열증기
x=1
포화온도이상
(물은 100℃ 이상)

그림 5.1 정압하에서의 증발과정

(1) 액체열

그림 5.1과 같은 기구에 외부에서 열을 가하면, 가열한 열은 우선 액체의 온도를 상승시키고 일부는 액체의 체적 팽창에 사용된다. 그러나 체적팽창량(팽창 일)은 매우 작으므로 무시하면 액체에 가해진 열은 전부 내부에너지로 저장된다고 생각해도 무방하다. 이때의 열, 즉 포화상태까지 소요되는 현열(sensible heat)을 액체열(liquid heat)이라 한다.

(2) 포화액, 포화증기, 습증기 및 건도

액체에 열을 가하면 온도가 상승하며 일정한 압력하에서 어느 온도에 다다르면 온도상승은 정지하며 증발이 시작된다. 이 온도를 포화온도(saturated temperature)라 하고, 이때의 액체를 포화액(saturated liquid)이라 한다. 계속하여 열을 가하면 액체는 완전히 증발하여 포화증기(saturated vapour)가 된다.

따라서 그림 5.1의(c)와 같이 용기속에 액체와 증기가 공존하는 상태로, 정확히 말하여 포화액과 포화 증기가 공존하고 있는 것이며, 이와 같은 포화액과 포화증기의 혼합체를 습포화증기(wet saturated vapour), 또는 습증기(wet vapour)라고 부른다.

한편 습증기의 상태를 표시하기 위해서는 온도, 압력 이외에 증기와 액체의 혼합비를 표시할 필요가 있다. 지금 1kg의 습증기 속에 증기가 x kg있으면 액체는(1- x)kg이 있게 된다. 이때 x를 건도(dryness) 또는 질(quality)이라고 하고, (1- x)를 습도(wetness)라고 부른다. 예를 들어 1kg 습증기 중에 0.9kg이 증기라면 건도는 0.9 또는 90%이고, 습도는 0.1, 즉, 10%이다.

(3) 건포화증기

그림 5.1의 (d)와 같이 액체의 증발이 끝나는 순간의 상태인, 즉, 건도가 1(x=1)인 포화증기를 건포화증기(dry saturated vapour) 또는 건증기(dry vapour)라고 부른다. 위와 같이

포화수(액)가 건포화 증기로 되는 동안 소요되는 열량을 증발잠열(latent heat of vaporization) 또는 증발열이라 부른다.

(4) 과열증기 및 과열도

건포화 증기에 열을 가하면 증기의 온도는 계속 상승하여 포화온도 이상의 증기인 과열증기(superheated vapour)가 된다. 과열 증기의 상태는 압력과 온도에 따라 다르며, 어떤 상태에서의 과열증기의 온도와 포화온도의 차를 과열도(degree of superheat)라 한다. 이 과열증기의 과열도가 증가함에 따라 증기는 이상기체의 성질에 가까워진다.

5.2 증기의 일반적인 성질

이상기체의 경우는 $Pv = RT$의 상태식을 만족하지만, 액체 또는 증기인 경우는 그림 5.2의 $P \cdot v$선도와 같이 그 상태가 압력, 혹은 온도에 따라 대단히 복잡한 상태로 변한다.

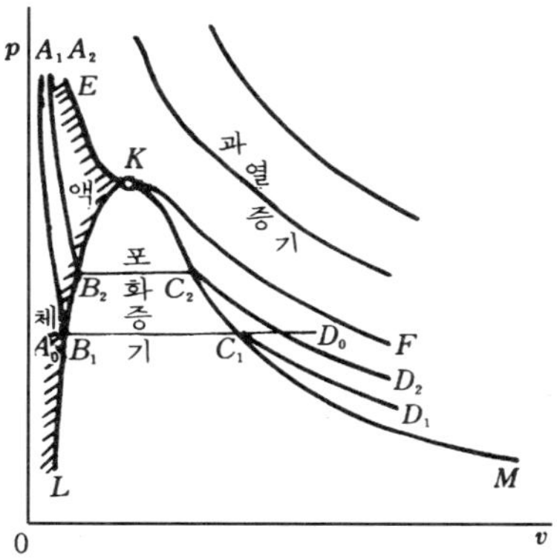

그림 5.2 증기의 p-v선도

그림에서 B_1을 어떤 일정한 압력하에서 포화액의 상태점이라 하고, 열을 가하면 증발이 시작되어 C_1에서 증발이 전부 끝나 건포화 증기로 된다. 한편 A_0점은 B_1보다 더 좌측에 위치한 상태로 이 때는 비포화액이다. 또한 등압하에서 계속 가열하면 D_0상태로 변한다. 이때는 과열증기이다.

즉, $A_0B_1C_1D_0$로 표시된 선상의 각 상태는 A_0B_1은 비포화액, B_1C_1은 습증기구역, C_1은 건포화증기점, C_1D_0는 과열증기 구역이다. 이 때 그림상의 $A_1B_1C_1D_1$선은 t_1의 등온선이고, B_1C_1구역은 등압선인 동시에 등온선이다. 같은 방법으로 먼저보다 높은 압력 하에서 포화액점을 B_2,건포화 증기점을 C_2라 하면 이 때의 $A_2B_2C_2D_2$역시 t_2의 등온선이다.

표 5.1 비등온도 및 임계상태치

물 질	기 호	비등온도 ℃	임계온도 ℃	임계압력kg/cm²	임계 비체적l/kg
수 은	Hg	357	1470	1000	0.2
물	H_2O	100	374.15	225.65	3.18

물 질	기 호	비등온도 ℃	임계온도 ℃	임적압력kg/cm²	임계 비체적l/kg
벤 졸	C_6H_6	80	290	50	3.3
알 코 올	C_2H_5OH	78	243	65	3.6
아황산가스	SO_2	-10	157.5	80.3	1.92
암 모 니 아	NH_3	-33	133.	116.0	4.24
탄 산 가 스	CO_2	-78	31	75.3	2.16
메 탄	CH_4	-164	-82.9	47.3	6.18
산 소	O_2	-183	-119	51.4	2.33
일산화탄소	CO	-190	-139	35.8	3.22
공 기	-	-193	-141	8.5	3.2
질 소	N_2	-196	-147	34.5	3.22
수 소	H_2	-253	-240	13.2	32.3
헬 륨	He	-269	-268	2.34	15

이와같이 압력이 변화하면 그 압력하에서의 포화액점과 건포화 증기점이 생기는데, 이 모든 점을 연결하면 하나의 곡선이 된다. 이 때 그림상의 포화액점을 연결한선 LB_1B_2K를 포화액선(saturated liquid line)이라 하고, 또한 건포화 증기점을 연결한선 MC_1C_2K를 건포화증기선(dry saturated line)이라 한다. 이 두선은 압력이 상승함에 따라 점점 접근하여 증발할 때의 체적증가율은 감소하며, 드디어 K점에 이르러 두 포화선은 합쳐진다. 이 때의 점을 임계점(critical point)이라 한다. 이 때의 압력 P_C를 임계압력(critical pressure), 온도 T_C를 임계온도(critical temperature)라 한다. 물의 경우 임계압력은 22.65at ,임계온도 374.15℃, 임계비체적 0.00318m³/kg이다. 임계점 이상에서는 액체와 증기의 구분이 불가능하므로 일반적으로 유체라 칭하는 것이 바람직하다.

임계점 이상으로 온도가 높아지면 등온선은 온도상승에 따라 직각쌍곡선에 가까워져 $Pv=C$인 관계에 접근하여 완전 가스의 성질에 가까워진다.

또 한편 포화한계선에 대해서는 포화한계내, 즉 습증기의 범위에서 증기의 압력과 온도는 일정한 관계가 있다(평행선). 이 관계를 나타내는 것이 증기압력선(vapor pressure curve)으로 대표적인 물질에 대하여 표시하면 그림

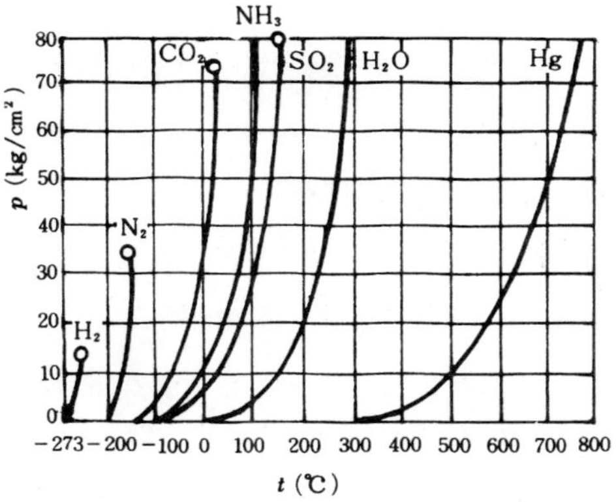

그림 5.3 각 물질의 증기압곡선

5.3과 같고, 이 곡선은 임계점에서 끝나고 있다.

한편 일반물질의 상의 평형에 대하여 생각해 보자. 그림 5.4는 물질의 상, 즉 고체, 액체, 기체사이의 평형관계를 나타내는 $P-T$선도이다.

그림 5.1에 나타낸 것과 같은 기구에서 액체와 그때의 증기와는 평형을 유지하므로 열을 빼앗아 온도를 내리면 액체가 응고하기 시작하는 온도에 달하고 증기, 액체, 고체의 3상이 동시에 공존해서 서로 평형을 유지하는 상태로 된다. 이때의 온도와 이에 해당하는 압력에 따라 결정되는 상태점 T를 삼중점(triple point)이라 한다.

삼중점에 달한 후에는 다시 열을 빼앗아도 액체가 모두 응고되기까지 온도가 내려가지 않는다. 이때의 열을 응고잠열(freezing latent heat)이라 한다. 삼중점 이하의 상태에서는 고체와 증기만이 공존해서 평형을 유지하며, 이 상태에서 열을 가하면 고체의 일부는 액체의 상을 거치지 않고 바로 증기로 변하는데, 이와 같은 현상을 승화(sub-limation)라 한다. 이때 승화의 압력은 많은 물질에서 극히 낮음을 알 수 있다.

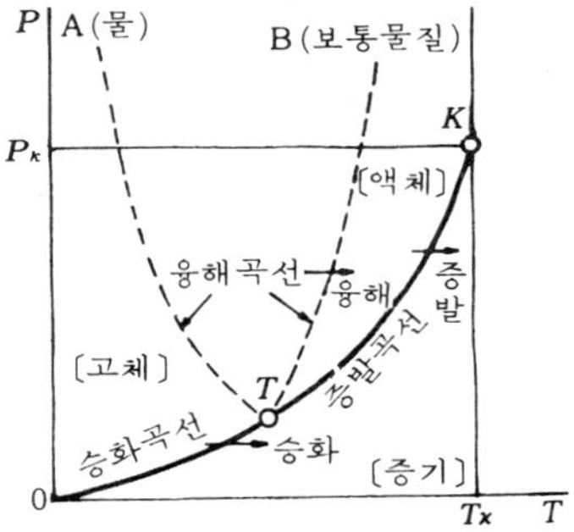

그림 5.4 물의 3중점

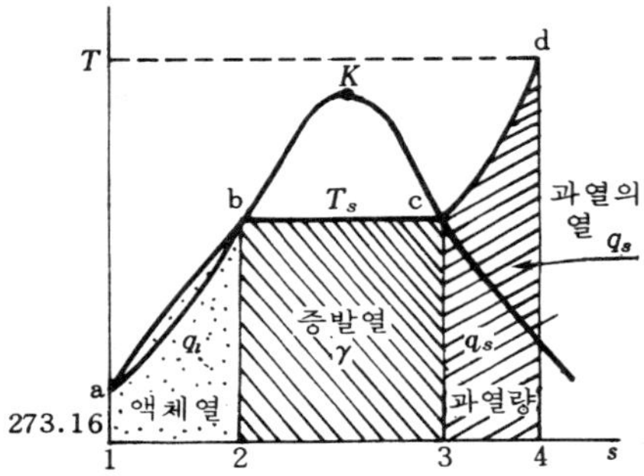

그림 5.5 액체의 등압가열변호화

그림 5.4 의 각 상태곡선을 보면 T점을 기준으로 TK는 증발곡선, TA 또는 TB는 융해곡선이고 각각 증기와 액체, 액체와 고체가 평형을 유지하는 압력과 온도의 관계를 나타낸다. 한편 OT는 승화곡선이다. 더구나 융해곡선의 경사는 정, 부의 구별이 있어 보통 물질은 융해할 때 팽창하므로 그 기울기는 TB선과 같은 모양의 곡선으로 되나, 물과 같은 경우에는 융해할 때 수축하므로 그 기울기는 TA모양으로 된다.

표 5.2는 각종물질의 삼중점의 온도 및 압력이다.

1kg의 액체를 등압하에서 가열하여 비포화상태로부터 포화상태, 증발, 건포화증기 및 과열증기로 변화하는 과정을 $T-S$ 선도에 표시하면 그림 5.5와 같다. 이때 $T-S$선도상의 abcd

선은 등압선이다. 이 그림상의 면적 1ab2의 면적을 액체열 q_l , 면적 2bc3을 증발잠열 r, 3cd4를 과열의 열 q_s라 한다.

표 5.2 각종 물질의 3중점

물 질	기 호	온 도(℃)	압 력	
			mmHg	kg/cm²
물	H_2O	0.01	4.579	0.006228
이산화유황	SO_2	-72.7	16.3	0.02216
이산화탄소	CO_2	-56.6	800	5.275
산 소	O_2	-218.4	2.0	0.00272
아 르 곤	Ar	-189.2	512.2	0.6963
질 소	N_2	-209.8	96.4	0.1311
수 소	H_2	-259.1	51.4	0.0699

5.3 증기의 열량적 상태량

증기의 열량적 상태량이란 내부에너지 u, 엔탈피 h, 엔트로피 s를 말하며 실제의 응용에 활용되는 것은 주로 h와 s이다. 이들의 값을 0℃의 포화액을 기준으로 하여 구하는 것이 보통이다. 물의 경우는 0℃의 포화액(포화압력 0.006228kg/cm²)에서의 엔탈피와 엔트로피를 0으로 놓고 이것을 기준으로 한다. 한편 냉동기의 냉매와 같이 포화온도가 0℃이하가 되므로 0℃인 포화액의 엔탈피를 100kcal/kg, 엔트로피를 1kcal/kg 로 놓고 있다.

여기서는 동작유체로 액체 중 물을 다루기로 한다.

일반적으로 포화액 및 건포화증기의 비체적, 내부에너지, 엔탈피, 엔트로피를 각각 v', u', h', s' 및 v'', u'', h'', s''로서 표기하기로 한다.

(1) 포화액

0℃의 포화액의 엔탈피 $h_{o'}$와 엔트로피 $s_{o'}$는

$$h_{o'} = 0, \ s_{o'} = 0 \qquad (5.1)$$

이므로 이때의 내부에너지는 $h = u + APv$로 부터 구할 수 있다. 즉,

$$p_o = 0.006228\text{kg/cm}^2,\ \ v_0' = 0.001\text{m}^3/\text{kg}\text{이므로}\ \ h_o' = u_0' + AP_o v_{o'} = 0$$

$$u_o' = -Ap_o v_o' = -\frac{1}{427} \times 0.006228 \times 10^{4 \times 0.001} = -0.000146\ \text{kcal/kg}$$

이지만 너무 작은 값이므로 $u_{o'} = 0$으로 보아도 무방하다.

$$\therefore u_0 = 0 \quad \cdots\cdots (5.2)$$

0℃에서 등온가압된 물의 내부에너지 u_0는 에너지기초식 $dq = du + APdv$인 관계로부터 다음과 같이 된다.

$$u_0 = \int dq - A\int Pdv$$

여기서 $\int dq$는 가압에 있어서 물을 0℃로 유지하기 위하여 가한 열량이며, $-\int Pdv$는 가압에 필요한 일량이다. 따라서 0℃의 물에 대한 엔탈피는 다음과 같다.

$$h_o = u_o + APv_0 \quad \cdots\cdots (5.3)$$

0℃의 물을 등온하에서 가입하여도 100kg/cm²정도 까지는 $u_0 \fallingdotseq 0$로 취급해도 무방하므로, $h_o = APv_o$로 취급해도 별 착오가 없다.

즉, 0℃의 물의 엔탈피 h_o는 압력의 비례함을 알 수 있다. 예를 들면 $P = 1ata$일 때 $u \fallingdotseq 0.00104\,\text{m}^3/\text{kg}$이므로

$$H_0 = APv_0 = \frac{1}{427} \times 1 \times 10^4 \times 0.00104 = 0.02436\,\text{kcal/kg}$$

이다.

지금 주어진 압력 하에서 0℃의 물 1kg을 그 압력에 상당하는 포화온도 t_s℃까지 가열하는데 필요한 열량, 즉 액체열을 q라 하고 물의 비열을 C라 할 때

$$q = \int_0^{ts} C \cdot dt \quad \cdots\cdots (5.4)$$

그리고 이 q를 주어진 압력하에서 0℃의 물의 비체적을 v_0, 내부에너지를 u_0로 표시하면,

$$q = u' - u_0 + AP(v' - v_0) \quad \cdots\cdots (5.5)$$

로 되어 대부분의 열량은 내부에너지의 증가에 소비된다. 그리고 포화액의 엔탈피 H는

$$h' = u' + APv' \quad \cdots\cdots (5.6)$$

엔트로피 s'는 0℃의 포화액을 기준으로 하여

$$s' = \int \frac{dq}{T} = \int C\frac{dT}{T} \quad \cdots\cdots (5.7)$$

이지만 너무 높은 온도가 아닌 경우에는 포화상태인 물의 비열은 거의 일정하다고 볼 수 있으므로, 근사적으로 다음 식에 의하여 계산할 수 있다.

$$s' = \int_{273}^{T_S} \frac{CdT}{T} \fallingdotseq Cln\frac{T_s}{273} \quad \cdots\cdots (5.8)$$

예제 5.1 표준 대기압 상태에서 물 1kg을 0℃에서 100℃까지 높였다. 다음을 구하시오. 단, 포화액의 비체적은 0.001043m³/kg 이다. a) 가열량 b) 포화액의 엔탈피 c) 포화액의 엔트로피

☞ a) 가열량 $q = \int_{t_1}^{t_2} c\ dt$ 여기서 비열 c가 일정하게 1 kcal/kg℃라고 보면,

$$= c\int_{t_1}^{t_2} dt = 1\times(100-0) = 100\text{kcal/kg}$$

b) 포화액의 엔탈피 $h' = u' + APv'$ 여기서 100℃ 물의 내부에너지를 100kcal/kg 이라면

$$= 100 + \frac{1}{427}\times 1.0332\times 10^4\times 0.001043 = 100.025\text{kcal/kg}$$

c) 포화액의 엔트로피

$$s' = \int_{T_1}^{T_2}\frac{dq}{T} = \int_{T_1}^{T_2}\frac{cdT}{T} = C\ l_n\frac{T_2}{T_1} = 1\ l_n\frac{373}{273} = 0.312\text{ kcal/kg K}$$

예제 5.2 절대압력 9.1kg/cm²인 상태의 포화수 10kg의 내부에너지는 얼마인가? 단, 이 상태에서 포화수의 엔탈피는 176.93kcal/kg, 비체적은 0.001120m³/kg이다.

☞ $U' = Gu' = G(h' - APv') = 10(176.93 - \frac{1}{427}\times 9.1\times 10^4\times 0.001120) = 1767kcal$

(2) 포화증기

1kg의 포화액을 등압하에서 건포화증기가 될 때까지 가열하는데 필요한 열량 즉, 증발열 γ는 에너지기초식

$$dq = du + APdv \text{ 혹은 } dq = dh - Avdp$$

로부터,

$$r = u'' - u' + AP(v'' - v')$$
$$= (u'' + APv'') - (u' + APv') = h'' - h'$$
$$\therefore r = h'' - h' = (u'' - u') = \rho + \psi \quad \cdots\cdots (5.9)$$

여기서,

$\rho = u'' - u'$; 내부증발열 (inter latent heat of vaporization)

$\psi = AP(v'' - v')$; 외부증발열 (external latent heat of vaporiation)

액체열 q와 증발열 r와의 합을 증기의 전열량(total heat)이라고 부르며 λ로서 표시하면,

$$\lambda = q + \gamma \quad \cdots\cdots (5.10)$$

증발과정의 엔트로피의 증가는

$$\triangle s = s'' - s' = \frac{\gamma}{T_s} \quad \cdots\cdots (5.11)$$

한편 그림 5.2의 두 포화한계선 사이에 있는 습증기 구역의 건도 x인 상태에서 v, u, h, s의 값은 다음의 관계에서 구해진다.

$$v = xv'' + (1-x)v' = v' + x(v'' - v') \fallingdotseq xv'' \quad \cdots\cdots (5.11)$$

$$u = xu'' + (1-x)u' = u' + x(u'' - u') = u' + x\rho \quad \cdots\cdots (5.13)$$

$$h = x\ h'' + (1-x)h' = h' + x(h'' - h') = h' + x\gamma \quad \cdots\cdots (5.14)$$

$$s = x\ s'' + (1-x)s' = s' + x(s'' - s') = s' + x\frac{\gamma}{T_s} \quad \cdots\cdots (5.15)$$

(3) 과열증기

건포화증기를 포화온도 T_s로부터 임의의 온도 T까지 과열하는데 요하는 열량 즉, 과열에 필요로 하는 열 q_s는 과열증기의 비열 C_p가 주어지면 다음 식으로 구할수 있다.

$$q_s = \int_{T_s}^{T} C_p dT \quad \cdots\cdots (5.16)$$

과열증기의 엔탈피 h는

$$h = h'' + q_s = h'' + \int_{T_s}^{T} C_p dT \quad \cdots\cdots (5.17)$$

과열증기의 엔트로피 s는

$$s = s'' + \int_{T_s}^{T} C_p \frac{dT}{T} \quad \cdots\cdots (5.18)$$

과열증기의 내부에너지 u는

$$u = h - APv \quad \cdots\cdots (5.19)$$

혹은 정적비열 C_v를 알고 있을 때는 다음 식을 의하여 구할 수 있다.

$$u = u'' + \int_{T_s}^{T} C_v dT \quad \cdots\cdots (5.20)$$

예제 5.3 압력 20ata인 건포화 증기의 상태량은 다음과 같다. 포화온도 211.38℃ , 포화액 및 건포화증기의 비체적 $v' = 0.0011749\text{m}^3/\text{kg}$, $v'' = 0.1015\text{m}^3/\text{kg}$, 포화액 및 건포화 증기의 엔탈피 $h' = 215.82\text{kcal/kg}$, $h'' = 668.5\text{kcal/kg}$이다. 이 증기를 등압하에서 400℃까지 가열하면 비체적은 $0.1543\text{m}^3/\text{kg}$, 엔탈피는 775.9kcal/kg로 된다. 다음 값을 구하라(그림 5.6을 참고할 것). ① 과열도 ② 증기의 등압비열이 일 때의 과열열 ③ 내부에너지의 증가 ④ 엔트로피

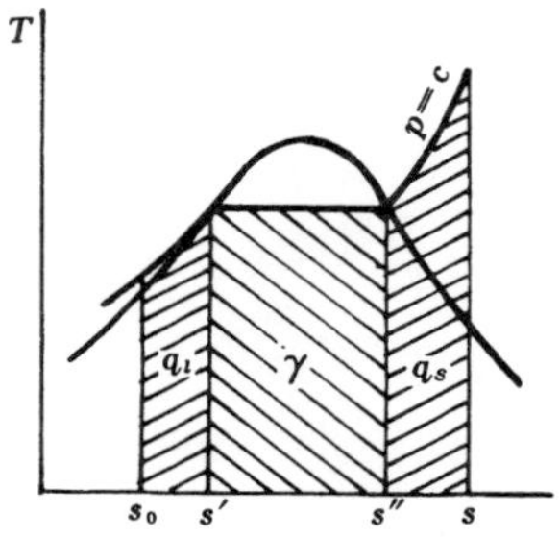

그림 5.6 T-s 선도

☞ ① 과열도 $t_s = 400 - 211.38 = 188.62$℃

② 과열열 qs는 식(5.16)으로부터

$$q_s = \int_{T_s}^{T} C_p dT = C_p(T - T_s) = 0.57(400 - 211.38) = 107.5\ \text{kcal/kg}$$

③ 내부에너지의 증가 $h = u + APv$ 에서 $u = h - APv$

$$u_1 = h_1'' - APv_1'' = 668.5 - \frac{20\times10^4}{427}\times0.1015 = 620.96\ \text{kcal/kg}$$

$$u_2 = h_2 - APv_2 = 775.9 - \frac{20\times10^4}{427}\times0.1543 = 703.63\ \text{kcal/kg}$$

$$\triangle u = u_2 - u_1 = 703.63 - 620.96 = 8267\ \text{kcal/kg}$$

④ 엔트로피 식 (6.18)로부터 $s = s'' + \int_{T_s}^{T} C_p \frac{dT}{T} = S' + \frac{\gamma}{T_S} + \int_{T_s}^{T} C_p \frac{dT}{T}$

$$s' = C\ \ln\frac{T_S}{T_0} = 1\times l_n\frac{484.38}{273} = 0.5734\ \text{kcal/kg K}$$

$$s'' - s' = \frac{\gamma}{T_S} = \frac{668.5 - 215.82}{484.38} = 0.9345\ \text{kcal/kg K}$$

$$s-s''=\int_{T_S}^{T} C_p \frac{dT}{T} = C_p l_n \frac{T}{T_S} = 0.57 \ln \frac{T}{T_S} = 0.57 \ln \frac{673}{484.38} = 0.1874 \,\text{kcal/kg K}$$

따라서 20ata , 400℃의 과열증기의 엔트로피 s는

s=0.5734+0.9345+0.1874=1.6953kcal/kg K

5.4 증기표와 증기선도

증기의 성질은 복잡하기 때문에 간단한 상태식으로 표시할 수는 없다. 따라서 증기의 성질은 실측의 결과나 혹은 그것을 기초로 하여 만들어진 상태식으로 부록 표 2～4와 같은 증기표를 만들어 사용하고 있다.

(1) 증기표

증기표에는 포화액 및 건포화증기의 포화온도 및 포화압력에 대한 비체적 v,엔탈피 h, 증발잠열 r, 엔트로피 s 등의 여러 성질의 값을 나타내고 있다. 이 표에는 온도와 압력을 기준으로 한 두 종류가 있어 각각 온도 및 압력이 주어졌을 때 쓰인다.

증기표에는 일반적으로 포화증기표와 과열증기로 나누어지고, 포화증기표에는 포화액 및 건포화증기의 성질만이 주어지며, 습증기 구역의 것은 증기표에 주어지지 않으나 식(5.12)～(5.15)에 의하여 구하여 질 수 있다.

한편 과열증기의 성질을 나타내는 과열증기표는 각각의 압력에 대한 온도를 기준으로 주어진다.

그리고 증기표에 없는 값은 그 온도 또는 압력에 대한 값의 비례분배법칙에 의하여 각각 가까운 온도 및 압력에 대한 기준으로 구할 수 있다. 이 표 중에서 내부에너지는 주어지지 않는데 실제 실용상의 가치가 없기 때문이다. 그러나 필요할 경우에는 $u=h-Apv$로부터 계산에 의하여 구하면 된다.

예제 5.4 압력20kg/cm^2 , 건도 85%인 1kg의 습포화증기의 비체적, 엔탈피, 엔트로피 및 內部에너지를 구하라.

☞ 증기표에서 20kg/cm^{2}에서의 v', v'', h', h'', s' , s''를 찾으면

$v' = 0.0011749\,\text{m}^3/\text{kg}$ $v'' = 0.1015\,\text{m}^3/\text{kg}$

$h' = 215.82\,\text{kcal/kg}$ $h'' = 668.5\,\text{kcal/kg}$

$s' = 0.5820\,\text{kcal/kg K}$ $s'' = 1.5161\,\text{kcal/kg K}$

식 (6.12)~(6.15)에서 求하면

$$v = v' + x(v'' - v') = 0.0011749 + 0.85(0.1015 - 0.001749) = 0.086\,\text{m}^3/\text{kg}$$

$$w = h' + x(h'' - h') = 215.82 = 0.85(668.5 - 215.82) = 600.56\ \text{kcal/kg}$$

$$s = s' = x(s'' - s') = 0.5820 = 0.85(1.5161 - 0.5820) = 1.376\,\text{kcal/kg K}$$

$$u = h - APv = 600.56 - \frac{1}{427} \times 20 \times 10^4 \times 0.086 = 560.28\,\text{kcal/kg}$$

예제 5.5 체적 400 l의 탱크안에 습포화증기 64kg이 들어있다. 온도가 350℃인 증기의 건도는 얼마인가?

☞ 증기표에서 350℃의 포화액 및 건포화증기의 비체적 v', v''를 찾으면 $v' = 0.0017468$, $v'' = 0.008811$ 탱크내의 증기의 비체적 v는 따라서 건도 x는 식(5.12)로부터

$$x = \frac{v - v'}{v'' - v'} = \frac{0.00625 - 0.0017468}{0.008811 - 0.0017468} = 0.64\%$$

예제 5.6 압력14ata, 건도 0.8인 습증기 5m³의 중량을 구하라.

☞ 증기표로부터 14ata에 대한 v', v''를 구하면,

$$v' = 0.0011476\,\text{m}^3/\text{kg}, \quad v'' = 0.1436\ \text{m}^3/\text{kg}$$

따라서 건도 x=0.8인 습포화증기의 비체적 v는 식(5.12)로부터

$$v = v' + x(v'' - v')$$
$$= 0.0011476 = 0.8(0.1436 - 0.0011476) = 0.11511\text{m}^3/\text{kg}$$

따라서 5m³의 증기의 중량G는

$$G = \frac{5}{0.11511} = 43.44\ \text{kg}$$

(2) 증기선도

증기공학, 냉동공학 등에서 설계, 기타의 계산을 할 경우, 증기의 성질을 알 필요가 있을 때는 증기표를 사용하지만 ,광범위한 열역학적 상태변화 및 상태량을 알기위해서는 증기선도를 사용한다. 연구 결과로 밝혀진 증기의 성질 P, v, T, h 및 s중에서 임의의 두가지를 좌표로 잡아 각 성질의 변화를 표시한 것이 증기선도이다.

이 증기선도에 의하면 임의의 상태변화에 대한 각 성질의 변화를 측정할 수 있다. 또한 실제의 공학문제에서 해야 할 계산을 생략할 수 있다는 이점이 있다.

일반으로 가장 널리 사용되는 선도는 P-v선도, T-s선도, h-s선도 및 p-h선도이다. 예를 들면 증기기관에 대하여는 P-v, T-s선도가 주로 사용되며 증기 터어빈에서는 h-s, T-s선도, 냉동기에서는 p-h, T-s선도가 각각 많이 활용되고 있다.

1 T-s 선도

T-s선도는 앞서 개요를 설명한 바 있는데 증기의 상태변화중에 유체가 주고 받는 열량은 $q=\int Tds$인 관계로부터 알 수 있는 바와 같이 면적으로 표시할 수 있다. 또 등온변화는 수평선 등(等) 엔트로피 즉, 가열단열변화는 수직선으로 표시된다.

그림 5.5에서 액체 1kg가 a에서 b까지 가열되어 포화상태가 되었다고 할 때, 그동안에 가열한 열량 즉, 액체열 q는

$$q_1 \int_1^2 CdT = \text{면적}(12bal)$$

액체는 C_p와 C_v의 차가 너무 작으므로 비열 C를 일정하다고 보면 액체의 엔트로피 s는 $s' = \int \frac{dq_i}{T} = \int \frac{CdT}{T}$ 로부터 계산되고 그의 변화는

$$\triangle s = s_2 - s - 1 = C\int_1^2 \frac{dT}{T} = Cln\frac{T_2}{T_1} \quad \cdots\cdots (5.21)$$

포화액 b의 상태로부터 열을 다시 가열하면 증발이 시작되고, C에서 포화액 전부가 증발되어 건포화증기로 된다. 이 동안에 가열한 열량이 증발열이며 r로 표시하면

$$r=T_s(s_3-s_2)=\text{면적}(23b2)$$

증발과정에서는 p, T 모두 일정이므로 직선 bc선은 등온선인 동시에 등압선이다. 곡선 cd는 건포화 증기가 일정한 압력하에서 가열되어 T_c로부터 T_d로 과열되는 과정을 표시한다. 이 과정중의 증기의 비열은 일정하다고 볼 수 없으며 일반적으로 $C_p = f(T \cdot p)$인 함수 관계이므로, 그의 평균비열을 C_{pm}이라고 하면 이 과정 중에 가열된 열량 q_s는

$$q_s = C_{pm}dT,\ \ ds = C_{pm}\frac{dT}{T}$$

$$\therefore q_s = \int_{T_s}^{T} T \cdot ds = \text{면적}(34dc3)$$

그리고 건포화 증기의 엔트로피 s''는

$$s'' = s' + \frac{r}{T}$$

의 관계로부터 구해지고, 과열구간의 엔트로피 변화는

$$s_4 - s_3 = C_{pm} \int_{T_S}^{T} \frac{dT}{T} = C_{pm} ln \frac{T}{T_s} \quad \cdots\cdots (5.22)$$

● 포화한계선

앞의 p-v선도에서와 같이 포화선에는 포화액선과 포화증기선이 있다. 그림 5.7에서 ABK는 포화액선이고, ECK는 포화증기선이며, 점(點) K는 두선의 합점(合點)으로 임계점이라 한다. 포화액선은 증기표에서 T와 s와의 대응치로서 그릴 수 있다. 곡선 ABK의 각점은 포화액, 곡선 ECK의 각 점은 건포화증기를 나타내며, 이 두 곡선 사이는 습포화증기를 나타낸다. ABK의 왼쪽 구역을 비포화액이라 하며, ECK의 오른쪽 구역은 과열증기구역이라 한다. 액체의 상태는 곡선 ABK왼쪽 부분이지만 실제로 사용되는 압력과 온도의 범위는 ABK와 거의 일치하기 때문에, 증기부분과 같은 척도로 그림에 나타낸다면, 액체의 상태는 ABK의 곡선위에 일치시켜도 실용상 별차이가 없다.

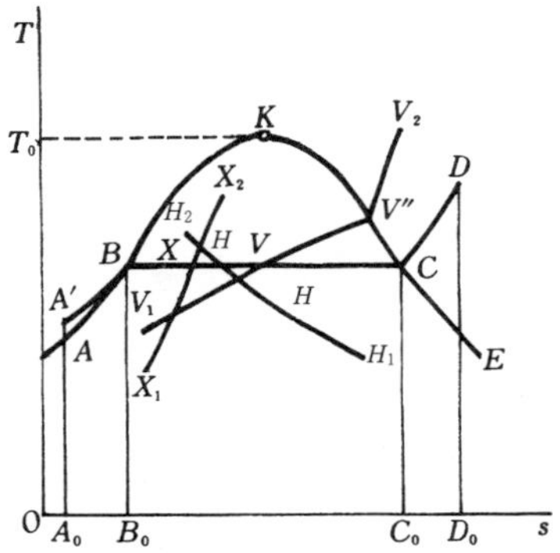

그림 5.7 증기의 T-s 선도

● 등압선

액체로부터 포화증기를 거쳐서 과열증기로의 등압변화는, 이를테면 $A'BCD$와 같이 표시된다. 그러나 실제로는 $A'B$와 AB와의 차이는 매우 적으므로 포화액선에 따르는 변화 AB로 취하여도 무방하다. 이 경우에 면적 ABB_0A_0는 액체열을 나타낸다. 포화증기 구역에서는 이미 아는 바와 같이 압력과 온도가 일정하므로 BC는 등온선인 동시에 등압선이다. BC의 길이는 $s'' - s' = \frac{r}{T_s}$ 와 같으며, 면적 BCC_0B_0는 증발잠열을 표시한다. 한편 면적 CDD_0C_0는 과열하는데 필요한 열량 $q_s = \int C_{pm} \frac{dT}{T}$ 를 나타낸다.

● 등건도선

이것은 습포화증기구역에서만 존재하는 곡선이다. 습포화증기에서의 건도가 일정한 선은 다음 식으로 얻어진다.

$$s = s' + x \frac{r}{T_s}$$

위의 관계로부터 x를 일정하게 잡아 주었을 경우, 각각 다른 T_s에 대한 s, r 로부터 s를 구할 수 있다. 이때 변화곡선이 바로 등건도선이다.

또한 도식적으로 등온선 BC위에 BX=XBC가 되도록 X점을 구하고, 각 포화온도에 대하여 이와 같은 점을 연결하면 건도 일정의 선 X_1XX_2를 얻는다. 이 선은 최종적으로 임계점 K에 닿게 된다.

● 등적선

v를 어떤 상태의 비체적이라고 하면 식 (5.12)로부터

$$v = v' + x(v'' - v')$$

이 되며 v=일정을 유지하면서 서로 다른 포화온도에 대한 각각의 비체적 v' 및 v''를 증기표에서 구하고 다음 식으로부터 x의 값을 구하여 점을 연결하면 등적선 V_1VV''을 얻는다.

$$x = \frac{v - v'}{v'' - v'} \qquad \cdots\cdots (5.23)$$

예를 들면 등온선 BC위에 BV=XBC가 되도록 점 v를 구하고, 서로 다른 포화온도에 대한 이와 같은 점을 연결하면 위와 마찬가지로 등적선을 얻을 수 있다.

과열증기구역에서의 등적선은 상태식에서 v=일정으로 하고, 서로 다른 압력에 대응되는 온도를 정하여 엔트로피를 구하고 등적선을 그리면 등압선보다 기울기가 급한 $v''v_2$의 곡선을 얻게 된다.

● 등 엔탈피선

습포화증기구역에서는 $h = h' + xr$의 관계로부터

$$x = \frac{h - h'}{r} \qquad \cdots\cdots (5.24)$$

위 식이 얻어지며, 이 식에서 h=일정으로 유지하고, 각 온도에 대해서 포화액의 엔탈피 h'와 증발잠열 r의 값을 증기표(蒸氣表)에서 구하여 대입하면 서로 다른 포화온도에 대한 x값이 구해지는데, 이 값의 점을 연결하면 등엔탈피선인 H_1, H, H_2의 곡선이 된다. 과열증기에 대해서는 증기표로부터 먼저 $h-s$선도를 만들고, 이 선도에 의하여 일정한 h에 대한 T와 s의 대응치를 구하면 $h = C$의 곡선을 얻을 수 있다.

2 h-s 선도

이 선도는 1904년 독일의 Mollier교수의 고안으로 만들어진 것이며 y축에 엔탈피 h, x축에 엔트로피 s를 좌표로 취한 것으로, 이것을 $h-s$선도 또는 Mollier선도(Mollier chart)라고 부른다.

열량을 구하는 경우 T-s선도에서는 면적을 측정할 필요가 있다. 그러나 이 선도에서는 단열변화가 수직선으로 표시되는 한편 단열변화에 따른 엔탈피의 변화를 수직선의 길이만 측정하면 구할 수 있으므로, 증기터어빈의 설계에서는 특별히 유용한 선도이다. 한편 교축현상과 같은 h=일정의 변화는 수평선이 된다.

따라서 AA_1은 직선이 되며, 그 경사는 그 압력에 상당하는 포화온도와 같다는 것을 알 수 있다. 과열구역에서는 등압선과 등온선은 서로 분리된다.

등압선은 A_1점에서 위로 향하는 구배로서 A_1P_1로 되고, 등온선은 A_1T_1로서 거의 수평에 가까운 곡선이 된다. 등건도선, 등적선 역시 앞의 T-s선도와 마찬가지 방법으로 그릴 수 있다. 그림 5.8에서 AK는 포화액선이고, BK는 건포화증기선이며 K는 역시 임계점이다. AA_1은 서로 다른 포화온도에 대한 증발과정을 나타내고 있다.

증발 중에는 말할 것도 없이 압력, 온도 모두 일정하며 따라서 AA_1은 등온선인 동시에 등압선이다.

이때 가해진 미소열량 dq에 의한 엔탈피 및 엔트로피의 변화량에 의한 엔탈피 및 엔트로피의 변화 dh, ds는

$$dh = dq$$

$$ds = \frac{dq}{T} \quad \therefore T = \frac{dh}{ds} = \text{一定}$$

이다.

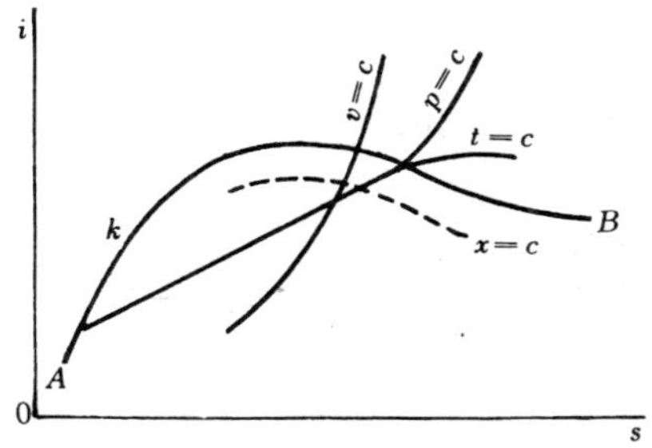

그림 5.8 h-s 선도

따라서 AA_1은 직선이 되며, 그 경사는 그 압력에 상당하는 포화온도와 같다는 것을 알 수 있다. 과열구역에서는 등압선과 등온선은 서로 분리된다. 등압선은 A_1점에서 위로 향하는 구배로서 A_1P_1로 되고, 등온선은 A_1T_1로서 거의 수평에 가까운 곡선이 된다.

등건도선, 등적선 역시 앞의 T-s선도와 마찬가지 방법으로 그릴 수 있다.

3 p-h선도

앞에서 그림 5.7과 같은 T-s 선도는 수증기 및 냉매의 열역학적 해석은 편리하다. 열역학적 현상의 수치적 계산은 불편하므로 그림 5.9와 같은 p-h선도를 사용한다.

암모니아(NH_3)나 프레온 등과 같은 냉동기의 동작유체인 냉매의 상태변화는 p-h선도를

이용하므로서 냉동 사이클 해석에 전적으로 많이 이용된다.

그림 5.9에서 종축에 압력 p는 대수좌표로, 횡축에 h는 엔탈피로 취한다. 임계점 K로부터 좌측선이 포화액선이며 우측선이 포화증기선이다. 이 두선을 경계로 하여 습증기, 과냉각액 및 과열증기의 3영역이 구분된다. h-s 선도에서는 포화액과 과냉각을 구별하기 곤란하지만 p-h 선도에서는 명확히 구별되며, 포화액선에서 좌측영역이 과냉각액이 된다.

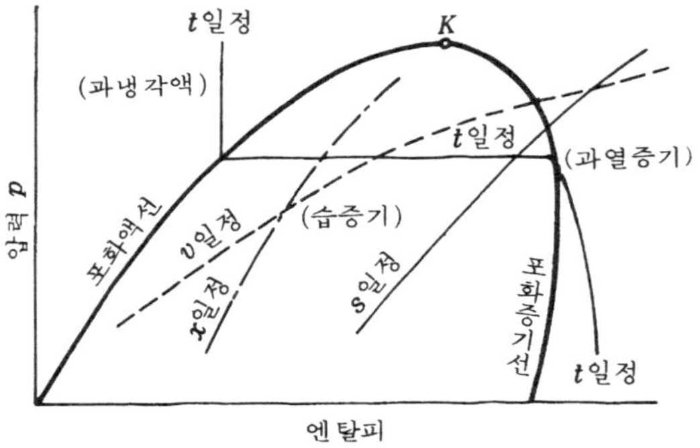

그림 5.9 p-h 선도의 구성

온도 t가 일정한 선은 습증기 영역에서는 수평선이며, 과냉각액에서는 거의 수직이 된다. 또, 과열증기 영역에서는 포화선에서 멀어짐에 따라 급경사가 되어 결국 수직선이 된다.

완전가스에서는 $dh = C_p dt$의 관계가 있으므로 수직부분의 영역은 즉, 완전가스로 볼 수 있는 곳이다. 그 밖의 선도에는 비체적(v), 엔트로피(s) 및 습증기의 건도(x)에 대한 일정한 선이 표시되어 있다.

예제 5.7 암모니아의 p-h선도(부록)을 이용하여 다음 물음에 답하시오.

a) $p = 5\text{kg/cm}^2\text{abs}$, $t = -50℃$일 때 냉매의 상(相)과 엔탈피

b) $p = 5\text{kg/cm}^2\text{abs}$, $t = 30℃$일 때 냉매의 상(相), 엔탈피, 비체적, 엔트로피

c) 0℃의 포화액이 증발하여 건포화 증기가 됐을 때 엔탈피의 증가는?

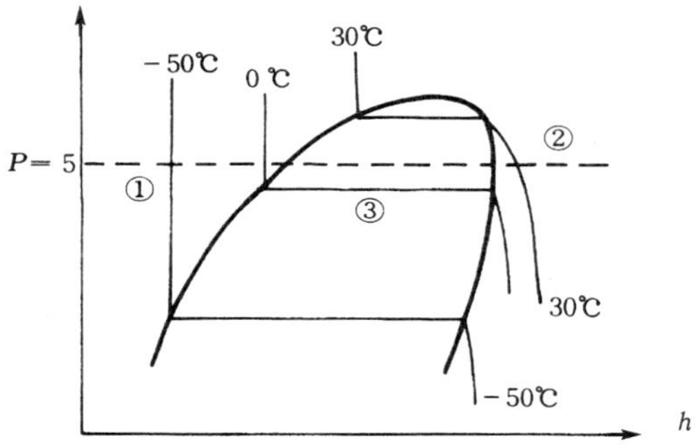

P-h 선도

☞ a) p-h선도에서 $p = 5\text{ kg/cm}^2$과 $t = -50℃$와의 교차점

①에 대한 상태는 : 과냉액, h=47kcal/kg

b) $P = 5\text{ kg/cm}^2$과 t=30과의 교차점②의 상태점은 : 과열증기, $h = 418\text{ kcal/kg}$

$v = 0.28\text{ m}^3/\text{kg}$, $s = 2.15\text{ kcal/kg°K}$

c) 0℃에 대한 습증기 구간에서 엔탈피차는 $h = h'' - h' = 402 - 100 = 302\text{ kcal/kg}$

연습문제

1. 증기 보일러에서 발생된 증기의 압력이 5ata이라면 증기표를 이용하여 이 증기의 포화온도(t_s), 비체적 (v', v''), 엔탈피(h', h''), 증발잠열(r), 엔트로피(s', s'')를 각각 구하시오.

답 ① $t_s = 151.11$℃, ② $v' = 00010918\text{m}^3/\text{kg}$, $v'' = 0.3818\text{m}^3/\text{kg}$
③ $h' = 152.04$ cal/kg, $h'' = 656.1$ kcal/kg
④ $r = 504.1$ kcal/kg, ⑤ $s' = 0.4425$kcal/kgK, $s'' = 1.6305$ kcal/kgK

2. 절대압력 20kg/cm^2, 건도 0.95의 습포화증기의 비체적, 엔탈피, 엔트로피, 내부에너지를 구하시오.

답 ① $v = 0.0966\text{m}^3/\text{kg}$, ② h=645.9kcal/kg, ③ s=1.4694kcal/kg K, ④ u=600.7kcal/kg

3. 건도 0.6, 절대압력 10kg/cm^2의 포화증기 6m^3의 중량을 구하시오.

답 50.3kg

4. 표준대기압 상태에 있는 물 및 증기에 대해 다음에 답하시오.

① 물은 몇℃에서 끓는가?
② 증발된 증기는 물의 체적보다 몇 배 증가하는가?
③ 포화액 및 포화증기의 엔탈피는?
④ 증발잠열은?

답 ① 100℃, ② 1603배, ③ h'=100.04kcal/kg, h''=638.8kcal/kg, ④ ɣ=538.8kcal/kg

5. 10℃의 물로부터 절대압력 7kg/cm^2의 건포화증기 20kg을 만드는데 얼마의 열량이 필요한가?

답 12994kcal

6. 물 1 kg이 압력 $2kg/cm^2$하에서 증발하여 $0.95m^3$으로 체적이 증가하였다. 물의 증발잠열이 560kcal/kg이면 외부 증발잠열(ψ)와 내부 증발잠열(ρ)는 몇 kcal/kg인가?

답 ① $\psi = 44.5kcal/kg$, ② $\rho = 515.5kcal/kg$

7. 1 atm, 건도60%인 습증기를 건포화 증기로 만드는데 필요한 열량은 몇 kcal/kg인가?

답 215.6kcal/kg

8. 압력 20ata의 건포화 증기를 정압하에서 400℃까지 가열하면 비체적은 $0.1543m^3/kg$, 엔탈피는 775.9kcal/kg이 된다. 다음 물음에 답하시오.

① 과열도
② $C_{pm} = 0.57kcal/kg\ K$일 때 과열의 열량
③ 내부 에너지의 증가
④ 엔트로피

답 ① 188.62℃, ② 107.51kcal/kg, ③ 82.67kcal/kg, ④ 0.19kcal/kg K

9. 증기와 물과의 열교환(氣水混合式)을 하는 사이렌서가 있다. 20℃의 물 $5m^3$속에 100℃의 건포화증기를 넣어 60℃의 물을 만들려 할 때 소요 증기량은 몇 kg인가? 단, 물의 증발잠열은 539kcal/kg이고 열교환 효율은 100%이다.

답 G=345.4kg

10. T-S선도 및 p-h선도에 압력 1atm , 포화증기선을 중심으로하여 등온, 등압, 등적, 등엔트로피선을 각각 작도하시오.

6 냉동기와 냉동사이클

열역학 제2법칙에서 기술한 냉동의 원리를 구체화시킨 증기압축 냉동기의 원리를 설명하고, 냉매선도를 이용하여 냉동기의 열역학적 성능을 해석할 수 있게 한다. 한편 설비분야에서 점차 수요를 더해가고 있는 흡수식 냉동기의 원리와 에너지 평형식을 해석한다.

6.1 냉동방법

일정한 계인 저열원으로부터 열을 공급받아 고열원으로 이동시켜 저열원의 온도를 낮게 유지하는 조작을 냉동(refrigeration)이라 하며, 이 목적을 달성하기 위한 기계를 냉동기라 한다.

또한 저열원으로부터 고열원으로 열을 이동시키는 동작 물질을 냉매(refrigerant)라고 한다.

그런데 열역학 제 2법칙에 의하면 열은 고열원으로부터 저열원으로 흐르게 되어 있고, 자연적으로 저열원으로부터 고열원으로 흐르게 되어있지 않다. 그렇다고 냉동기의 원리가 열역학 제 2법칙을 위반하는 것은 아니다. 왜냐하면 냉동기의 열이동은 외부로부터의 변화 즉, 에너지의 공급을 받았기 때문이다.

다시말하면 4장 3절에서 기술한 바와 같이 열기관은 고열원으로부터 에너지를 공급받아 저열원에 일부의 에너지를 버리며 외부에 일을 하는 사이클로 작동하지만, 냉동기는 반대로 고열원에 열 에너지를 옮기기 위해서는 자연적으로가 아니고 외부로부터 에너지를 공급받아야 하기 때문에 열역학 제 2법칙에 위배되는 것이 아니다.

이와같이 냉동목적을 달성하기 위해서는 냉동기는 외부로부터 에너지를 공급받게 되는데, 공급받는 에너지의 형식에 따라 기계적 압축 에너지의 공급을 받는 증기압축 냉동기(왕복압축식, 터보압축식, 회전압축식 등)와 열에너지를 공급받는 흡수식 냉동기 등으로 크게 분류된다.

6.2 증기압축식 냉동기

(1) 구조 및 작동원리

증기압축식 냉동기는 그림 6.1과 같이 4가지의 구성요소로 되어 있으며 냉동기의 사용목적 및 사용냉매의 종류, 냉동기의 효율 등에 따라 각 구성요소는 여러 가지 모양으로 변형되어 사용되고 있다.

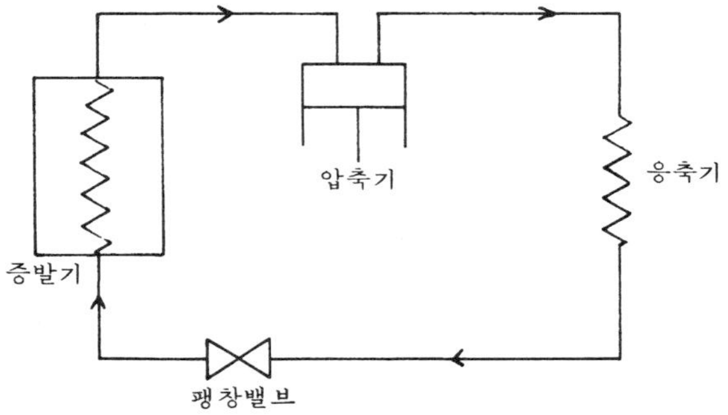

그림 6.1 증기 압축식 냉동기

그림 6.1에서 4개의 구성품인 압축기, 응축기, 팽창밸브, 증발기로 연결된 냉동기의 밀폐된 계통의 배관내에는 냉매가 흐르고 있으며, 이들의 작용은 다음과 같다.

- **압축기(compressor)**
  증발기로부터 흡입한 저온 저압의 냉매 증기를 압축하여 고온 고압의 냉매증기로 만들어 응축기로 보낸다.

- **응축기(condenser)**
  압축기에서 보내진 고온 고압의 냉매증기를 냉수 또는 공기로 냉각하면 냉매의 증기는 응축되어 냉매액으로 된다. 응축된 냉매액은 팽창밸브로 직접 가게 되거나 또는 용량이 큰 냉동기에서는 일단 수액기로 모였다가 팽창밸브로 가게 된다.

- **팽창밸브(expansion valve)**
  응축기 또는 수액기에서 오는 고압의 냉매액을 저온 저압으로 팽창시켜 습증기 상태의 냉매로 만든다. 한편 소형 냉동기의 경우는 모세관이 같은 목적을 달성한다.

증발기(evaporater)

팽창된 저온 저압의 습증기 상태의 냉매는 냉장실로부터 열을 받아 냉매는 증발하여 건도(x)가 점차 증가하며, 건포화증기 또는 약간의 과열증기까지 도달하게 된다. 팽창밸브로부터 팽창된 냉매는 저온의 상태이면서도 증발하는 것은 냉매의 특성인 증발온도가 상당히 낮기 때문이다. 예를 들면 가정용 냉장고에 사용되는 냉매인 R-12는 대기압상태에서 증발온도가 -29.8℃가 된다. 이상과 같이 관내의 냉매는 계속해서 증발기에서 열을 얻으면서 냉매는 증발되고, 응축기에서 열을 버리며 응축되는 상태변화를 계속하면서 증발기의 열을 응축기로 운반한다.

(2) 냉동cycle

4장 4절에서 기술한 냉동 사이클로 작동하는 역 카르노 사이클은 동작물질은 냉매와는 관계없는 이상적인 사이클이었으나, 실제 작동되는 냉동 사이클은 냉매가 동작물질로 순환하고 있어서 사이클내에서 냉매의 상태변화는 수치적으로 해석하는데 매우 중요하다. 냉동 사이클에 관한 각종 열이론적인 해석을 하려면, 냉매의 온도 -엔트로피선도상에 그 사이클을 도시해 보는 방법이 매우 편리하고, 에너지의 수치계산에는 압력 -엔탈피 선도가 편리하여 이 2가지 선도를 설명하기로 한다.

1 온도 -엔트로피 선도상의 사이클

제 5장의 그림 5.7에서 수증기의 T-S선도를 소개 했으나, 냉매증기에 대한 T-S선도도 같은 양상이므로 이를 토대로 다음 그림 6.2와 같이 압축냉동 사이클을 T-S선도상에 각 과정을 나타내면 다음과 같다.

- 1-2 : 팽창밸브에서 등엔탈피 팽창.
- 2-3 : 증발기에서 등온(등압) 증발 3-4 : 압축기에서 단열압축
- 4-5-1 : 응축기에서의 등압 냉각 응축과 같다. 또한 열량의 관계는 다음과 같다. 면적(2-3-3′-2′)는 냉매가 저온측으로부터 받아들이는 열량 즉, 냉동효과 g_0 (kcal/kg), 면적(4-5-1-1′-3′)는 냉매가 고온측에 배출하는 열량 q(kcal/kg).

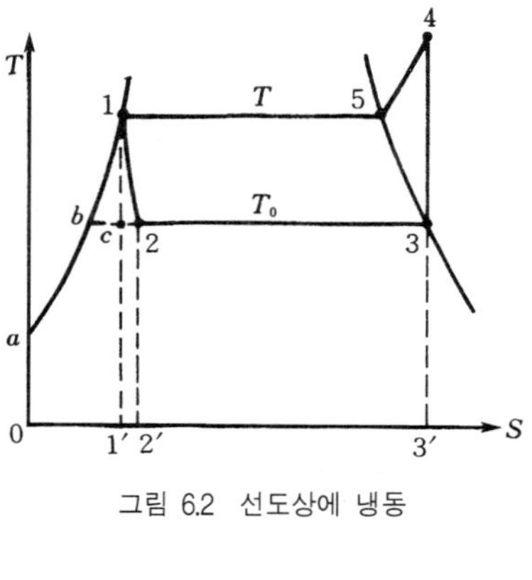

그림 6.2 선도상에 냉동

다음은 이상에 대해서 설명하기로 한다.

- 먼저 팽창밸브 입구에서의 냉매액의 온도는 응축온도보다 약간 낮아질 때가 많다. 이 상태는 T-S선도상의 1점에서 액선을 따라 약간 강화된 위치에 표시해야 하겠지만, 여기서는 간단히 하기 위하여 그것을 도외시하여 응축온도하에서 냉매액은 팽창밸브에 들어가는 것으로 한다. 냉매가 팽창밸브를 통과하는 변화는 교축변화이며, 이것은 등엔탈피변화이다. 따라서 변화는 1-2로 표시되며, 팽창밸브를 나온 냉매2는 습증기가 된다. 교축변화를 하는 동안 액자체의 열로서 그 일부가 증발하며 저온도가 되어서 팽창밸브를 나간다.
- 점 2의 상태로 증발기에 들어간 냉매는 주위로부터 열을 받아 증발한다. 이 변화는 2-3의 등온(T_0)의 변화가 된다. 증발한 냉매는 건포화증기의 상태 3이 되어 증발기를 나간다. 이 동안에 냉매가 받아들이는 열량 즉, 냉동효과 g_0 kcal/kg는 2-3과 T=0 선으로 둘러싸는 면적 2-3-3′-2′으로 표시된다.
- 다음에 냉매는 점 3에서 압축기에 들어간다. 가스의 압축은 실제에 있어서 비가역변화가 되지만 여기서는 가역 단열 변화로 생각한다. 따라서 압축은 3-4의 등 엔트로피변화로 표시된다.
- 점 4에서 압축기를 나온 냉매는 응축기로 들어간 후 냉각되어 먼저 과열증기에서 건포화증기까지 온도가 내려가며(4-5), 다음점 5부터는 온도 T에서 응축을 시작하여 포화액 1이 되어서 팽창밸브로 들어간다. 실제에 있어서는 약간 더 냉각되지만 그것은 고려하지 않는다. 냉매가 응축기에서 방출하는 열량 q kcal/kg은 면적(4-5-1-1′-3′)로 표시된다.

응축기에서의 방열량 q와 증발기에서 수열량 q_0의 차이 즉, 면적(1-1′-2′-2)+(1-2-3-4-5)은 냉매를 압축하는 일의 열당량에 상당한다. 그런데 이 면적은 간단하게 그림 6.2에서 면적(1-b-2-3-4-5)로 바꾸어 표시할 수 있다.

그 이유는 엔탈피 h에 있어서 $h_1 = h_2$, 다시 말하면 면적(0-a-1-1′)=(0-a-b-2-2′), 따라서 장방형 면적(c-2-2′-1′)=삼각면적(b-1-c)가 되기 때문이다. 그러므로 증기압축 사이클의 성적계수 ε_R은 그림 6.2에서는 다음과 같이 된다.

$$\varepsilon_R = \frac{\text{면적}(2-3-3'-2')}{\text{면적}(1-b-3-4-5)}$$

이상의 (1-2-3-4-5)와 같은 사이클을 보통 표준사이클이라고 한다.

2 압력-엔탈피 선도

압축냉동기의 사이클을 온도-엔트로피 선도상에 표시하는 것은 앞에서 말한바와 같이, 그 이론을 열역학적으로 명확히 따지는 데 아주 적당하다. 그러나 수치적 계산에는 불편하다. 따라서 실제 계산을 하는데는 압력-엔탈피선도 즉, 냉매의 압력 P(kg/cm^2)을 세로축에, 엔탈피 h(kcal/kg)를 가로축으로 하는 선도가 널리 사용된다.

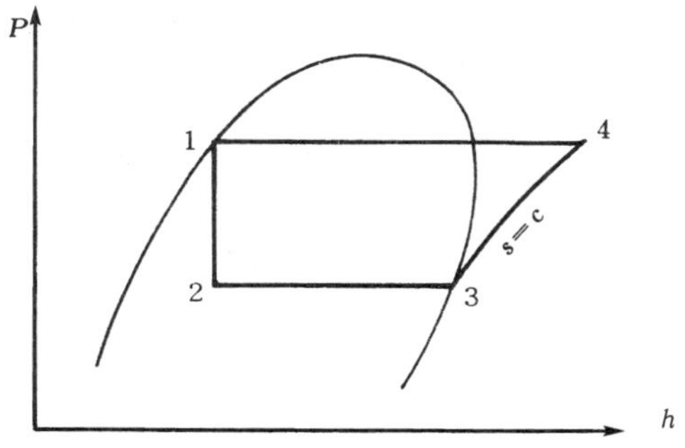

그림 6.3 선도상의 냉동

증기공학에서 엔탈피를 좌표축의 하나로 택한 선도를 Mollier선도라고 총칭하여 냉동기에서도 P-h선도를 Mollier선도라 부를 때가 많다. P-h선도의 구성은 제 5장의 그림 5.9에 기술한바와 6같다. 이와같이 P-h선도상에 그림 6.2의 표준 냉동사이클 (1-2-3-4-5)을 도시하면 그림 6.3과 같은 사이클 (1-2-3-4-5)가 된다. 또 각점의 엔탈피를 각각 첨자를 부기하여 표시하면 다음 관계가 성립된다.

$$\left.\begin{array}{l}\text{냉동효과 : } q_0 = h_3 - h_2 = h_3 - h_1 \\ \text{압축일 : } AW = h_4 - h_3 \\ \text{배출열량(응축기로) : } q = h_4 - h_1\end{array}\right\} \cdots\cdots (6.1)$$

$$\text{따라서 성적계수는 8-}\varepsilon_R = \frac{q_0}{Aw} = \frac{h_3 - h_1}{h_4 - h_3} \cdots\cdots (6.2)$$

예제 6.1 암모니아를 냉매로 사용하는 냉동기의 증발온도 -15℃, 응축온도 30℃인 표준 사이클에서 P-h 선도를 참조하여 냉동효과, 필요한 압축일, 성적계수를 구하시오.

☞ 부록 표 1에 있는 암모니아의 p-h선도에 의해

$h_1 = h_2 = 134$kcal/kg, $h_3 = 397$kcal/kg, $h_4 = 453$kcal/kg

a) $q_0 = h_3 - h_2 = 397 - 134 = 263$kcal/kg

b) $AW = h_4 - h_3 = 453 - 397 = 56$kcal/kg

c) $q = h_4 - h_1 = 453 - 134 = 319$kcal/kg

d) $\varepsilon_R = \dfrac{q_0}{AW} = \dfrac{263}{56} = 4.7$

예제 6.2 암모니아를 냉매로 하고 응축온도 30℃, 증발온도 -30℃인 압축냉동기에서 냉각을 목적으로 할 때의 성적계수, heat pump의 성적계수를 각각 구하시오. 단, 냉매의 팽창은 포화액 선상에서이며 각 상태점의 엔탈피는 암모니아의 P-h선도를 참고한다.

☞ P-h선도에서 $h_1 = h_2 = 134\text{kcal/kg}$, $h_3 = 392\text{kcal/kg}$ $h_4 = 474\text{kcal/kg}$을 읽을 수 있으므로

a) 냉동기의 성적계수 ε_R는 $\varepsilon_R = \dfrac{q_0}{Aw} = \dfrac{h_3 - h_2}{h_4 - h_3} = \dfrac{392 - 134}{474 - 392} = 3.15$

b) 열 펌프의 성적계수 ε_R는

$$\varepsilon_H = \varepsilon_R + 1 = 4.15 \quad \text{또는} \ \epsilon_H = \frac{q}{AW} = \frac{h_4 - h_1}{h_4 - h_3} = \frac{h_4 - h_1}{474 - 392} = \frac{474 - 134}{474 - 392} = 4.151$$

(3) 냉동능력의 단위

냉동기의 능력은 단위시간에 저 열원으로부터 수열하는 열량으로 표시된다. 단위로는 kcal/h, 냉동ton/h, 냉동ton/day 등으로 표시된다.

여기서 냉동ton(RT)이란 실용상의 단위이며, 24시간 안에 0℃ 의 물 1ton을 냉각하여 0℃의 얼음으로 만들 때의 열량을 말하며, 3320kcal/h에 상당한다.

즉, 물의 응고잠열을 79.68kcal/kg라고 하면

$$1\text{냉동ton} = \frac{79.68 \times 1000}{24} = 3320\text{kcal/h} \ (\text{미터제})$$

냉동에는 미국에서 사용하는 단위가 있으며, 이것이 아직도 관습적으로 사용되고 있다. 이것도 마찬가지로 24시간 안에 1ton의 얼음을 만드는 열량이며, 응고의 잠열을 144Btu/1b, 1ton=2000Lbs, 1kcal=3.968btu 이므로

$$1\text{냉동ton} = \frac{144 \times 2000}{24} = 12000\ \text{Btu/h} = 200\text{Btu/min}$$

$$= \frac{144 \times 2000}{24 \times 3.698} = 3023.9\text{kcal/h} \fallingdotseq 3024\text{kcal/h} \ \text{가 된다.}$$

예제 6.3 어떤 건물을 냉방하기 위해 사용되는 냉동기는 12℃의 물을 7℃로 매시간 100ton씩 냉각하고 있다. 이 냉동기의 냉동능력은 몇 냉동ton인가?

☞ 물의 비열을 1kcal/kg℃로 하면 제거해야 할 열량 Q는

$Q = GC(t_2 - t_1) = 100000 \times 1 \times (12 - 7) = 500000\ \text{kcal/h}$

1냉동 ton은 3320kcal/h이므로 냉동능력 $= \dfrac{500000}{3320} = 150.6$ 냉동ton

(4) 냉동의 요소에너지와 냉동율

냉매증기 1kg을 압축기로 압축하는 이론소요일량을 W[kg · m/kg], 냉매순환량을 G[kg/h]라고 하면 이론지시마력 N_t는 1PS가 632kcal/h이므로

$$N_t = \frac{AW}{632} G = \frac{AW}{632} \quad \cdots\cdots (6.3)$$

이 된다.

여기서 W는 냉동기의 단위시간당 이론소요일[kg · m/h]이다. 1마력의 동력으로 1시간안에 처리할 수 있는 이론 냉동능력을 냉동율(specific refrigeration)라고 하며 K로 표시한다.

$$K = \frac{Q}{N_t} = \frac{632Q}{AW} = 632 \cdot \varepsilon \ [\text{kcal/ps} \cdot \text{h}] \quad \cdots\cdots (6.4)$$

또, $N_t = \frac{Q}{K}$가 된다.

예제 6.4 매시간 당 1800kg의 30℃의 물은 -10℃의 얼음으로 만드는 능력이 있는 냉동장치에서 다음과 같은 상태일 때의 냉동능력, 압축기의 소요동력(kW), 냉동율을 구하시오. 단, 응축기의 냉각수 입구온도 30℃ , 냉각수 출구온도 35℃ , 냉각수량 $50\,\text{m}^3/\text{h}$이다.

☞ a) 냉동능력 Q_0는 30℃의 물→ 0℃의 물

$Q_1 = 1800 \times 1 \times (30 - 0) = 54000\text{kcal/h}$

0℃의 물→ 0℃ 의 얼음 $Q_2 = 1800 \times 80 = 144000\text{kcal/h}$

0℃의 얼음→ -10℃의 얼음 $Q_3 = 1800 \times 0.5 \times \{0 - (-10)\} = 9000\text{kcal/h}$

$\therefore Q_0 = Q_1 + Q_2 + Q_3 = 54000 + 144000 + 9000 = 207000\text{kcal/h}$

b) 소요동력 W(kW)는 1kW=860kcal/h이고 응축기에서의 방열량

$Q = 50000 \times 1 \times (35 - 30) = 250000\text{kcal/h}$이므로 $W = \frac{250000 - 207000}{860} \fallingdotseq 50\text{kW}$

c) 냉동율 K는 $K = \frac{Q_0}{N_t} = 632 \cdot \varepsilon = 632 \times \frac{Q_0}{AW} = 632 \times \frac{207000}{50 \times 860} = 3042\ \text{kcal/ps} \cdot \text{h}$

6.3 흡수식 냉동기

(1) 압축식 냉동기와 비교

압축식 냉동기와 흡수식 냉동기의 원리에서 서로 다른점은 구성품은 대체로 같으나, 증발

기에서 나오는 저온저압의 냉매증기를 고온 고압으로 변화시키는 방법이 다르다.

압축식 냉동기의 경우 증발기에서 오는 저온저압의 냉매증기를 재 사용하기 위하여 기계적 압축으로 고온고압의 증기를 만들어 응축기로 보내어 응축시켰다. 그러나 저온저압의 냉매증기를 고온고압으로 만드는 방법을 꼭 기계적인 압축일로만 해결할 수 있는 것은 아니다. 다시말하면 기계적 에너지대신 열에너지를 가해도 같은 효과를 얻을 수 있다. 이 방법이 흡수냉동의 방법이다.

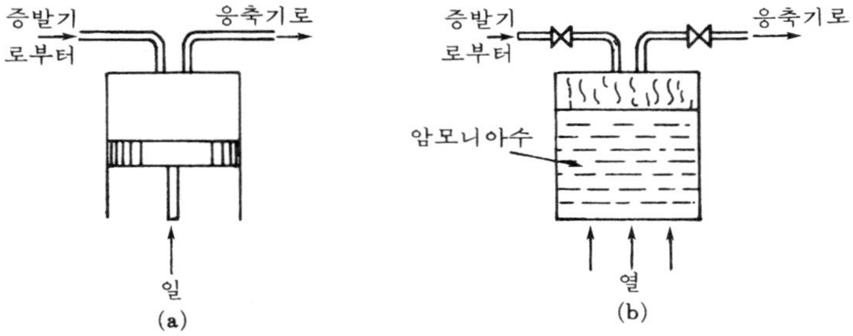

그림 6.4 압축식(a)과 흡수식(b)의 차이

그림 6.4에서 보는바와 같이 a)는 기계적 압축 에너지에 의한 경우이며, b)는 흡수냉동의 원리로서 용기안에 들어있는 흡수제에 증발기에서 오는 저온 저압의 냉매증기를 흡수시킨 후, 열에너지를 가하여 고온고압의 냉매증기를 발생기켜 응축기로 보내고 있다.

여기서 흡수제로는 물, 냉매로는 암모니아를 사용하는 경우와 또는 흡수제로 LiBr, 냉매로는 물을 사용하는 경우 등이 있다.

이와 같은 흡수냉동기는 극히 낮은 온도를 요하지 않는 공기조화용 냉동기로 사용되고 있으며, 기계적에너지 대신 열에너지를 직접 사용하고 있으므로 성적계수도높고, 에너지 절약의 관점에서 보면 폐열의 이용이라든가, 대체에너지로 태양열을 이용한 공기조화용으로 개발의 여지도 많다.

(2) 흡수냉동기의 구성 및 작동과정

흡수 냉동기에 사용되는 동작물질인 냉매와 흡수제는 여러 가지가 있으나 여기서는 흡수제로 LiBr, 냉매로는 물을 사용하는 경우의 작동과정을 설명한다.

그림 6.5와 같이 발생기(generator)에서 LiBr용액이 가열될 때 냉매인 물만 증발하여 고온고압의 과열증기로 되어 응축기(condenser)로 가서 액화되고, 팽창밸브(expansion valve)를

지나 증발기(absorber)에서 증발할 때 냉동효과를 나타낸다. 이 저압의 수증기는 흡수기(abs orber)에서 LiBr수용액에 흡수된다. 또, 발생기에서 물을 증류한 LiBr의 진한 용액은 열교환기(heat exchanger)를 거쳐 감압변을 통해 흡수기로 유입되며, 흡수기에서는 증발기에 발생된 수증기를 흡수하여 묽은 용액이 되고, 이 용액은 용액 pump를 거쳐 열교환기에서 가열된 후 발생기에 유입한다.

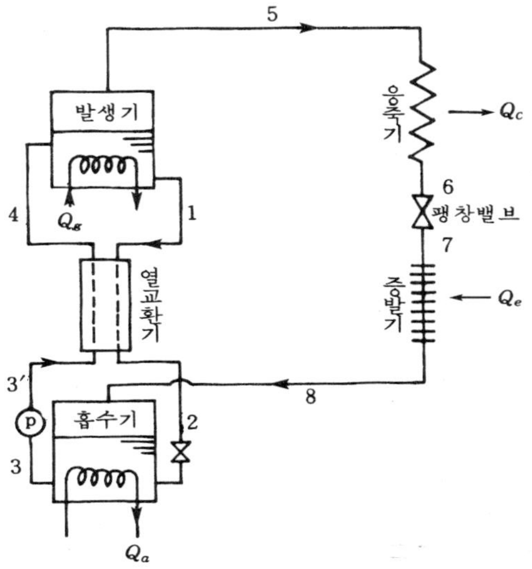

그림 6.5 흡수식냉동기의 계통도

이와 같은 사이클을 그림 6.5에 의해 각 과정별로 기술하면 다음과 같다.

- 과정 1-2 : 발생기에서 증류된 진한 용액이 열교환기에서 에너지를 전달하고 감압밸브를 통하여 흡수기로 유입되는 과정으로서, 압력 및 온도가 강하하고 농도는 일정하다. 용액의 온도가 낮을 때는 LiBr-H_2O의 재결정이 일어나며, 그 온도를 재결정온도라 한다.
- 과정 2-3 : 흡수기로 유입된 진한 용액이 증발기에서 발생된 수증기를 흡수하여 묽은 용액상태로 된다. 온도 및 농도는 감소하며 이상적인 과정이므로 압력의 변화는 없다.
- 과정 3-4 : 흡수기에서의 묽은 용액이 용액펌프에 의하여 압력이 증가되고 열교환기에서 가열되어 발생기로 이송된다. 이때 농도는 일정하며 압력과 온도는 상승한다.
- 과정 4-5 : 발생기로 들어온 묽은 용액이 가열에 의하여 농축되고 과열증기가 발생한다. 이 과열증기의 온도는 용액과 용액①의 사이값이 된다.
- 과정 5-6 : 발생기에서 증발한 과열증기가 응축기에서 냉각되어 포화수로 응축되며, 이

압력은 발생기의 압력과 같다.

- 과정 6-7 : 응축기에서의 포화액이 팽창밸브를 통해 교축되어 압력이 강하하는 과정으로 엔탈피의 변화는 없다.
- 과정 7-8 : 팽창밸브를 지난 저압의 습증기가 증발하여 포화증기로 되며, 이때 흡입하는 열에 의하여 냉동효과가 발생된다.
- 과정 8-3 : 증발기에서 발생된 증기가 흡수기로 유입되고 진한 용액에 흡수되어 묽은 용액으로 되는 과정을 나타내며, 압력의 변화는 없다.

(3) 질량 및 에너지 평형식

그림 6.5에서 계에 출입하는 열량을 Q, 유량을 G, 또한 각 상태점에서의 엔탈피를 h로 하면 질량 및 에너지평형식을 다음과 같이 나타낼 수 있다.

여기서 G_w, G_s, G_r은 각각 묽은 용액, 진한 용액, 냉매증기의 유량이며 Q_g, Q_c, Q_e, Q_a는 각각 발생기, 응축기, 증발기, 흡수기의 출입 열량이고 하첨자는 각 상태점을 나타낸다.

즉,

$$G_w = G_s + G_r \qquad (6.5)$$

$$Q_g = G_s h_1 + G_r h_5 - G_w h_4 \qquad (6.6)$$

$$Q_c = G_r (h_5 - h_6) \qquad (6.7)$$

$$Q_e = G_r (h_8 - h_7) \qquad (6.8)$$

$$Q_a = G_s h_2 + G_r h_s - G_w h_3 \qquad (6.9)$$

$$G_w (h_4 - h_3{}') = G_s (h_1 - h_2) \qquad (6.10)$$

로 된다. 한편 팽창과정 6-7은 등 엔탈피과정이므로

$$h_7 = h_6 \qquad (6.11)$$

또한 용액펌프의 소요동력을 무시한다면

$$h_3{}' = h_3 \qquad (6.12)$$

로 된다.

(4) 순환비(Relative circulation)

발생기로 유입하는 묽은 용액의 유량 G_w와 발생기에서 발생된 냉매증기의 유량 G_r과의 비율을 순환비 f 로 정의하면 다음과 같다.

$$f=\frac{G_w}{G_r} \qquad (6.13)$$

또한 진한 용액의 농도를 ζ_s, 묽은 용액의 농도를 ζ_w라고 하면 $\zeta_w G_w=\zeta_s(G_w-G_r)$이므로 식 6.13은 다음과 같이 표시된다.

$$f=\frac{\zeta_s}{\zeta_s-\zeta_w} \qquad (6.14)$$

여기서 순환비가 클수록 용액펌프의 소요동력이 증가하고 또, 발생기의 열량이 흡수기로 많이 유출되기 때문에 성적계수가 낮아진다.

(5) 성능계수(성적계수)

공급에너지에 대한 냉동효과를 성능계수로 나타내면 다음 식으로 된다.

$$\mathrm{C.O.P}=\frac{Q_e}{Q_g+W_p} \qquad (6.15)$$

위 식에서 증발기의 흡수열량 Q_e, 발생기의 수열량 Q_g이면 용액펌프의 소요일은 출입하는 열량에 비해 무시할 수 있을 정도로 작으므로, 성능계수는 다음과 같이 된다.

$$\mathrm{C.O.P}=\frac{Q_e}{Q_g} \qquad (6.16)$$

식 6.6와 6.8을 식 6.16에 대입하면

$$\mathrm{C.O.P}=\frac{G_r(h_8-h_7)}{G_s h_1+G_r h_5-G_w h_4} \qquad (6.17)$$

로 되고 식 6.5과 6.13식을 이용하여 정리하면

$$\mathrm{C.O.P}=\frac{h_8-h_7}{G_s h_1+G_r h_5-G_w h_4} \qquad (6.18)$$

로 된다. 또 식 6.10과 6.13에서 $f(h_4-h_3{}')=(f-1)(h_1-h_2)$이므로

$$\text{C.O.P}=\frac{h_8-h_7}{f(h_2-h_3{}')+h_5-h_2} \quad \cdots\cdots (6.19)$$

로 되고 식 6.11, 6.12에 의해 성적계수는 식 6.20과 같다.

$$\text{C.O.P}=\frac{h_8-h_6}{f(h_2-h_3)+h_5-h_2} \quad \cdots\cdots (6.20)$$

이와 같이 성능계수는 각 상태점의 엔탈피와 식 6.14에 의해 순환비를 구함으로 성능계수를 구할 수 있다.

예제 6.5 흡수식 냉동기의 특징을 압축식 냉동기와 비교하여 장단점을 열거하시오.

☞ • 장점 : ① 대형의 전동기가 필요없어 전력소비가 적다.
② 압축기 구동으로 인한 진동이나 소음이 없다.
③ 열에너지를 직접 사용하므로 에너지 이용 효율이 크다.
④ 각종 폐열을 이용할 수 있다.
⑤ 태양열을 이용한 냉방이 가능하다.
⑥ 부하의 규정 용량을 넘어도 사고발생이 없다.

• 단점 : ① 설치면적 및 높이, 중량이 크다.
② 배열량이 크므로 냉각탑 및 기타 설비용량이 커진다.
③ 냉동기를 위한 보일러가 필요하다.
④ 물의 동결로 인한 파손의 우려가 있다.
⑤ 압축식에 비해 예냉 시간이 길다.

예제 6.6 흡수 냉동기에 이용될 수 있는 열원의 종류를 열거하시오.

☞ 증기, 온수, 연소가스의 열, 고온의 폐수 및 폐기가스, 태양열

연습문제

1. 산업분야에서 냉동기를 필요로 하는 경우를 열거하시오.

답 생략

2. 압축식 냉동기의 4가지 주요구성 요소를 열거하시오.

답 증발기, 압축기, 응축기, 팽창밸브

3. 비열이 0.8kcal/kg℃인 채소를 시간당 10ton씩 30℃에서 5℃로 냉각시킬 수 있는 냉동기의 냉동능력은 몇 RT인가?

답 60.24 RT

4. R-22를 냉매로 사용하는 냉동기에서 증발기 입구 및 출구의 엔탈피가 각각 110kcal/kg, 145 kcal/kg이고 압축기 출구가 166kcal/kg일 때 냉매 1kg당 냉동효과, 압축일, 성적계수, 응축기 방열량을 구하시오.

답 ① q_0=35kcal/kg, ② 21kcal/kg, ③ε_R=1.7, ④ q=56kcal/kg

5. 위 문제에서 냉동기를 열펌프로 사용했을 때 성적계수를 구하시오.

답 ε_H=2.7

6. 냉동효과가 280kcal/kg인 냉동기로 50 RT의 냉동능력을 처리하기 위한 냉매순환 양은 몇 kg/h인가?

답 539kg/h

7. 0℃와 30℃ 사이에서 작동하는 역 카르노 사이클의 냉동율(kcal/ps · h)은 얼마인가.

답 5751.2kcal/ps · h

8. 흡수식 냉동기에서 열교환기의 역할을 설명하시오.

답 본문참조

9. 흡수식 냉동기의 구성품 중 압축식 냉동기의 압축기 역할을 하는 것은 무엇인가?

답 흡수기, 발생기, 순환펌프

10. 프레온 -12를 사용하는 냉동기의 증발온도 0℃, 응축온도 40℃ 인 냉동 사이클에서 팽창밸브 입구에서 5℃ 과냉되며, 증발기 출구에서 4℃ 과열될 때 다음 p-h선도를 참조하여 다음을 구하여라.

① 냉동효과

② 성적계수

답 ① 29.3kcal/kg, ② 5.92

11. 태양에너지로 구동되는 소형 암모니아 흡수식 냉동 사이클을 공기 조화기로 사용한다. 발생기출구에서 암모니아는 50℃의 포화증기이고 증발기출구에서는 10℃의 포화증기이다. 발생기(태양열 집열기)에서 암모니아의 단위 질량당 7000kJ의 열이 필요하다. 이 시스템의 전체 성능계수를 계산하라.

답 0.147

7 습공기

공기조화 설비를 이해하기 위해서는 습공기의 성질을 이해하지 않으면 안된다. 이 장에서는 습공기의 상태량을 열역학적으로 해석하고, 한편 습공기표 및 선도를 이용하여 습공기의 물리량을 파악할 수 있게 하였다.

또한, 습공기 선도를 이용하여 간단한 상태변화의 예를 들어 공기조화의 기초가 되도록 한다.

7.1 건조기와 습공기

우리들이 생활하고 있는 지구상의 공기는 78.1%의 질소(N_2)와, 21.0%의 산소(O_2)의 혼합기체이며, 여기에 미소량의 탄산가스(CO_2), 알곤 및 수증기가 포함되고 있다.

이 가운데 수증기 이외의 성분은 거의 일정하나, 수증기만은 기상 조건에 의하여 항상 변하고 있다.

수증기를 포함하지 않는 공기는 자연계에 있을 수 없지만, 공기 조화에서는 가정하여 수증기를 포함하지 않은 공기를 건공기(dry air)라 부르며, 이것에 대하여 수증기를 포함한 소위 자연계의 공기를 습공기(humid air, moist air)라 하여 구별하고 있다.

지금 그림 7.1과 같이 무게 1kg의 건공기(체적 Vm^3, 압력 P_a Kg/cm^2)와 $x$kg의 수증기(체적 Vm^3, 압력 P_w Kg/cm^2)가 혼합하여 같은 체적의 습공기가 생겼을 때를 생각해 본다.

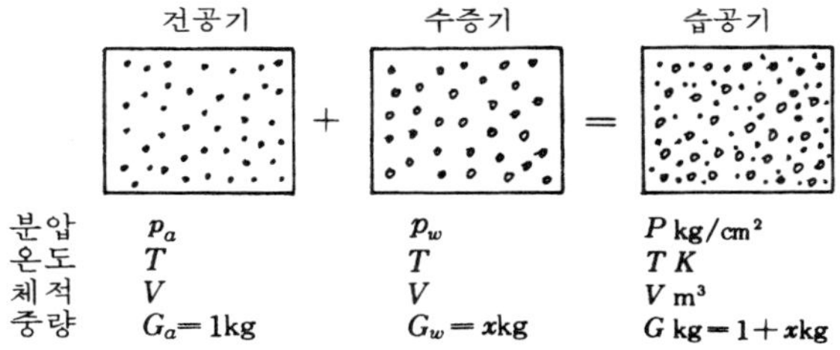

그림 7.1 습공기

이 습공기의 중량은 $(1+x)$kg이며 그 압력을 $p$kg/cm²라고 하면, 이것을 이상기체로 생각하여 Dalton의 분압법칙(分壓法則)을 적용하면 다음과 같이 된다.

$$P=(p_{N_2}+p_{O_2}+p_A+p_{CO_2})+P_w=P_a+P_w \quad \cdots\cdots (7.1)$$

여기서,

P : 습공기의 전압력[kg/cm²]
P_a : 건공기의 전압력 [kg/cm²]
P_w : 수증기의 분압력[kg/cm²]

7.2 습공기의 성질

(1) 포화습공기

온도가 높고 열량이 많을수록 물질 내의 분자(分子)운동의 에너지가 많게되며, 기체의 압력은 분자운동의 에너지와 분자의 수에 의하여 결정된다. 밀폐 용기에 소량의 물을 넣고 가열하면 물은 수증기로 되어 증발되나, 수증기의 양은 어느 한계 상태에서 정지한다.

이 상태의 공기를 포화습공기 또는 포화공기(saturated air)라 한다. 이 점의 수증기 압력을 포화증기압이라 하며, 이 포화상태를 표시한 공기온도를 포화온도(saturation temperature)라 한다.

표준 상태의 기압은 p=1.03323kg/cm²이나, 공기의 온도를 25℃라면 수증기 분압 P_w=0.03230kg/cm²이며, Dalton의 분압법칙에 의하여 건조공기의 분압을 구한다.

$$P_a=P-P_w=1.03323-0.03230=1.00093(\mathrm{kg/cm^2})$$

포화 공기만을 밀폐용기에 넣어 더욱 가열하면 증발할 물이 없으므로 수증기 분자수는 증가하지 않고, 증기의 분자운동만이 활발하게 된다. 이 공기중의 수증기를 과열증기(superheated steam)라 부르며, 포화상태에 달하지 않은 공기를 불포화공기 또는 불포화 습공기라 부른다.

건조공기와 공기 중의 수중기의 어느 것이나 완전 가스라 생각하면 다음 식이 성립한다.

$$P_a \cdot v_a=R_a T \quad \cdots\cdots (7.2)$$

$$P_w \cdot v_w = R_w T \quad \cdots\cdots (7.3)$$

여기서,

p_a, p_w: 건공기 및 수증기의 분압 [kg/cm²]

v_a, v_w: 건공기 및 수증기의 비체적 [m³/kg]

R_a, R_w : 건공기 및 수증기의 가스정수 [kg · m/kg K]

(R_a= 29.27, R_w= 47.06)

T : 절대온도[K=273+t℃]

(2) 건구온도 · 습구온도 · 노점온도

공기 중의 습도, 기류, 복사열의 영향을 받지 않은 공기만의 온도는 건구온도계로 구할 수 있다. 이 온도를 건구온도 t(DB : dry bulb temperature)라 한다.

물로 적신 헝겊으로 건구온도계의 하단의 구(球)를 감아 그의 일단을 물로 적시고 감온부(感溫部)의 풍속이 5m/s 이상으로 될 때 측정한 온도를 습구온도 t'(WB : wet bulb temperature)라 한다. 습도가 적을 때는 습기로부터의 증발이 왕성하게 되므로 습구온도는 낮게 된다. 수증기량이 그의 온도의 포화수증기압 이상으로 되면 수증기는 유리(遊離)하여 이슬로 된다. 습공기가 이슬을 맺는 온도를 습공기의 노점온도 t''(dew point temperature)라 한다. 공기를 냉각하여 이슬을 맺는 현상을 이용하여 공기중의 수분을 제거할 수도 있다.

그러나 노점온도 이상의 습공기를 실내에 유입하면 천정, 벽면 등에 공기의 안개가 발생하여 곰팡이 등 오염의 원인이 된다.

(3) 절대온도 · 상대습도 · 포화도

습공기는 건조 공기와 수증기의 혼합물이며, 건조 공기 1kg와 수증기 $x$kg의 혼합공기의 절대습도 x (absolute humidity)는 x kg/kg′ 로 된다. 이때의 습공기의 무게는 (1+ x)kg이며, 절대습도 x의 값은 습공기를 가열, 냉각하여도 변하지 않는다(1kg′는 건조공기 1kg을 의미하고 있다.).

절대 습도에서는 습공기 중의 수증기의 중량, 물의 증발 비율을 조사할 수는 없다. 그러므로 공기의 습도를 알려면, 현재 수증기의 밀도로서 습공기 중의 수증기 분압(p_w)와 동일한 온도의 포화수증기분압(p_{ws})와의 비를 백분율로 표시한다. 이것을 상대습도 φ (RH : relative humidity)라 한다.

$$\phi = \frac{P_w}{P_{ws}} \times 100(\%) \quad \cdots\cdots (7.4)$$

따라서 $\phi = 0\%$는 건공기, $\phi = 100\%$는 포화공기이다.

한편 포화도 ψ(saturation degree)는 습공기의 절대습도 x(kg/kg′)와 동일한 온도에서의 포화습공기의 절대습도 x_s(kg/kg′)의 비로 표시된다.

$$\psi = \frac{x}{x_s} \times 100(\%) \quad \cdots\cdots (7.5)$$

ϕ와 ψ는 일반 공기조화에서 취급하는 압력이나 온도의 범위에서는 차이가 거의 없으며, ψ의 쪽이 계산상으로 편리하기 때문에 이것을 상대습도라고 부르는 경우도 있으나, 일반적으로 ϕ가 많이 사용된다.

절대 습도는 건조 공기의 체적 v_a[m^3], 압력 P_w[kg/m^2]일 때의 건조공기 1kg당 수증기 중량 x[kg/kg′]이며, 수증기의 비체적 v_w에 절대습도 x를 곱하면 건조공기의 비체적 $v_a(= v_w \cdot x)$를 구할 수 있다.

따라서

$$x = \frac{v_a}{v_w} = \frac{\frac{R_a \cdot T}{P_a}}{\frac{R_w \cdot T}{P_w}} = \frac{R_a \cdot P_w}{R_w \cdot P_a} \quad \cdots\cdots (7.6)$$

더욱 상대습도 ϕ와 절대습도 x의 사이에는 다음과 같은 관계가 있다.

$P = P_a + P_w$, $P_w = \Phi P_{ws}$의 관계식으로부터

$$x = \frac{R_a \cdot P_w}{R_w \cdot P_a} = \frac{29.27}{40.06} \cdot \frac{P_w}{P - P_w} = 0.62197 \frac{P_w}{P - P_w}$$

$$= 0.62197 \frac{\Phi p_{ws}}{P - \Phi p_{wa}} \quad \cdots\cdots (7.7)$$

(4) 비체적 · 비중량

건공기 1kg′당 습공기중의 수증기를 포함한 체적을 습공기의 비체적 v (specific volume m^3/kg′)이라고 말하며, 습공기 중의 수증기의 분압을 P_w(kg/cm^3)라고 하면, 건조공기의

분압(分壓)은 (P- P_w)로 되어 건조공기 1kg을 포함한 습공기의 체적 v는 다음과 같은 식으로 구하여 진다.

$$v = \frac{R_a \cdot T}{(P - P_w)} = \frac{29.27T}{(P - P_w)} \quad \cdots\cdots (7.8)$$

습공기 v(m³)속에 수증기 x(kg)가 존재하며, 이것의 압력은 P_w(kg/cm²)이므로

$$v = \frac{R_w \cdot x \cdot T}{P_w} = \frac{47.06x \cdot T}{P_w} \quad \cdots\cdots (7.9)$$

식 7.8과 식 7.9에서

$$v = \frac{(29.27 + 47.06x)T}{P} \quad \cdots\cdots (7.10)$$

식 7.10에서 P=1.03323kg/cm²(표준기압=760mmHg) T=273+t를 대입하면

$$v = 0.004555(x + 0.622)(273 + t) \quad \cdots\cdots (7.11)$$

건공기 1kg′에 수증기 x kg/kg′을 함유한 습공기의 비체적을 7.11식이라고 하면 습공기의 비중량 r(specific weight kg/m³)은 다음과 같다.

$$r = \frac{1}{v} = \frac{1}{0.0045559x + 0.622)(273 + t)} \quad \cdots\cdots (7.12)$$

예제7.1 표준대기압하에서 0℃의 포화습증기의 비체적과 20℃의 습증기의 비체적을 계산식으로 구해서로 비교하시오.

☞ a) 0=℃ 포화습공기의 비체적 v_1은 $P_{w_1} = 6.228 \times 10^{-3}$kg/cm²이므로

$$v_1 = \frac{R_a T_1}{(P - P_{w_1}) \times 10^4} = \frac{29.27 \times 273}{(1.0332 - 6.288 \times 10^{-3}) \times 10^4} = 0.7781 \text{ m}^3/\text{kg}$$

b) 20℃의 포화습공기의 비체적 v_2는 $P_{w_2} = 2.3826 \times 10^{-3}$kg/cm²이므로

$$v_2 = \frac{R_a T_2}{(P - P_{w_2}) \times 10^4} = \frac{29.27 \times 293}{(1.0332 - 2.3826 \times 10^{-3}) \times 10^4} = 0.8496 \text{ m}^3/\text{kg}$$

결과적으로 20℃ 포화습공기의 비체적이 0℃일 때보다 크다. 즉, 비중량은 $\gamma = \frac{1}{v}$이므로 0℃의 공기가 20℃의 공기보다 더 무겁다.

예제 7.2 표준대기압 하에서 0℃의 포화습공기의 비중량과, 동일온도의 건공기의 비중량을 비교하시오.

☞ a) 0℃ 포화습공기의 비체적은 위 문제에서 $v_1 = 0.7781 \ \ \mathrm{m^3/kg}$이므로

$$r_1 = \frac{1}{v_1} = 1.285 \ \ \mathrm{kg/m^3}$$

b) 0℃ 건공기의 비중량은 이상기체 상태식 $p_2 v_2 = R_a T_2$에서

$$v_2 = \frac{R_a T_2}{P_2} = \frac{29.27 \times 273}{1.0332 \times 10^4} = 0.7734 \ \mathrm{m^3/kg}$$

$$\therefore r_2 = \frac{1}{v_2} = 1.293 \ \mathrm{kg/m^3}$$

즉 건조공기가 더 무겁다.

예제 7.3 표준대기압 상태에서 건구온도 0℃, 상대습도 30%인 공기를 건구온도 25℃, 상대습도 50%인 공기로 만들어 실내에 공급할 때 건조공기 1kg에 대해서 몇 kg의 수증기를 공급해야 하는가?

☞ 1을 외기의 상태, 2를 가습, 가열후의 상태로 하면

a) 외기의 절대습도 x_1을 구하기 위해 상대습도 $\Phi_1 = \frac{P_{w_1}}{P_{s_1}}$으로 부터

$$P_{w_1} = \Phi_1 P_{s_1} = 0.3 \times 6.228 \times 10^{-4} = 0.0018684 \ \mathrm{kg/cm^2}$$

(여기서 p_{s_1}은 습공기표에서 0℃일 때 6.228)

또한 $x_1 = 0.622 \times \frac{P_{w_1}}{P - P_{w_1}} = 0.622 \times \frac{0.0018684}{1.0332 - 0.0018684} = 0.001126839 [\mathrm{kg/kg'}]$

(습공기 선도에서 건구온도 0℃ , 상대습도 30%일 때 x_1을 읽으면 근사적으로 구할 수도 있다.)

b) $\Phi_2 = \frac{P_{w_2}}{P_{s_2}} \quad \therefore P_{w_2} = \Phi_{w_2} P_{s_2} \ \therefore P_{w_2} = \Phi_2 P_{s_2} = 0.5 \times 3.2284 \times 10^{-3} = 0.0016142 \ \mathrm{kg/cm^2}$

$$x_2 = 0.622 \times \frac{P_{w_2}}{P - P_{w_2}} = 0.622 \times \frac{0.0016142}{1.0332 - 0.0016142} = 0.009721 \ [\mathrm{kg/kg'}]$$

$\therefore \triangle x = x_2 - x - 1 = 0.0086$ 즉, 건공기 1kg에 대해서 0.0086kg의 수증기 필요.

(5) 현열, 잠열, 엔탈피

물질은 고체, 액체, 기체 등 3가지의 상으로 존재하며, 이 물질에 열을 가하면 순차적으로 상의 변화를 가져온다. 또는 동일한 상(相)에서도 온도의 변화를 가져온다. 이때 상의 변화가 없고 온도의 변화만 주는 열에너지를 현열(sensible heat), 상의 변화에 주는 열에너지를 잠열(latent heat)이라고 말하며, 상변화를 하고 있는 사이에는 온도변화가 없고 열에너지는 상

변화에서만 사용된다.

일반적으로 물질이 증발, 응축 등의 상태변화를 할 때 출입하는 열량을 잠열이라 부르며, 물의 경우 증발잠열(latent heat of vaporization)은 0℃에서 597kcal/kg, 100℃에서 539kcal/kg이다. 물질은 어느 온도를 유지하기 위하여 일정한 열에너지를 보유하고 있는데 이 열량(현열+잠열)을 엔탈피 h(kcal/kg) 또는 전열량(heat content)이라고 하며, 습공기의 엔탈피는 건조공기의 엔탈피 h_a와 수증기의 엔탈피 h_w와의 합으로 표시된다.

공기조화의 설계상의 계산에서는 공기엔탈피의 변화량을 계산하며, 절대치는 필요가 없고 0℃를 기준점으로 하여 이 점의 엔탈피를 0(kcal/kg)로 하여 구한다.

따라서 습공기의 엔탈피 h는 다음과 같이 구하여진다.

$$h_a = C_{pa} \cdot t = 0.240t \ \ (\text{kcal/kg}) \tag{7.13}$$

$$h_w = r_0 + C_{pw} \cdot t = (597 + 0.441t)x \ \ (\text{kcal/kg}) \tag{7.14}$$

$$h = h_a + h_w = 0.240t + (597 + 0.441t)x \tag{7.15}$$

여기서

h_a, h_w : 건공기, 수증기의 엔탈피 (kcal/kg′)

h : 습공기의 엔탈피 (kcal/kg)

C_{pa}, C_{pw} : 건공기, 수증기의 정압비열 (0.240, 0.441 kcal / kg℃)

r_0 : 물의 증발잠열 (597kcal/kg)

x : 절대습도 (kg/kg′)

예제 7.4 온도 20℃, 절대습도 0.0088kg/kg′인 습공기의 엔탈피(kcal/kg)와 수분이 가지고 있는 열량의 비율(%)을 구하시오.

☞ a) 습공기의 엔탈피는

$$h = h_a + h_w = 0.24t + (597 + 0.441t) \cdot x$$

$$= 0.24 \times 20 + (597 + 0.441 \times 20) \times 0.0088 = 10.131(\text{kcal/kg})$$

b) 습공기 중 수분이 가지고 있는 열량의 비율은

$$\frac{h_v}{h} = \frac{(597 + 0.441) \cdot x}{h} = \frac{(597 + 0.441 \times 20) \times 0.0088}{10.131} = 0.526 = 52.6\%$$

예제 7.5 온도 20℃, 포화도 60%의 공기의 절대습도를 습공기표를 참고하여 계산하시오.

☞ 표7.1에서 온도20℃인 포화공기의 절대습도 $x_s=0.01468$ kg/kg이므로

주어진 조건에 대한 습공기의 절대습도는 $\phi=\frac{x}{x_s}$ 식으로부터

$x=\phi\cdot x_s=0.6\times0.01468=0.0088$ kg/kg′

7.3 습공기표

습공기의 성질을 다음 표 7.1과 같이 표로 나타낸 것을 습공기표라 한다. 이 표는 대기압(760mmHg)과 같은 전압의 공기에 대한 것이므로 해발이 높은 곳에서는 이 표는 맞지 않는다.

습공기 표에서 P_w, P_s는 각 온도에 대한 포화 수증기의 압력을 각각[ata]와 [mmHg]로 표시했다. 표에서 x_s, h_s, v_s는 각각 온도에 대한 포화 공기의 절대습도[kg/kg′], 엔탈피[kcal/kg], 비체적[m^3/kg]을 표시하며, h_a, v_a는 건공기의 엔탈피, 비체적을 표시하고 있다.

7.4 습공기선도

(1) 공기선도의 구성

우리가 생활하고 있는 주거의 공간에는 건조공기 속에 약간의 수증기를 포함한 습공기로 조성되어 있다. 전압력이 일정한 습공기의 상태에서는 건구온도(t), 습구온도(t'), 노점온도(t''), 절대습도(x), 상태습도(ϕ), 엔탈피(h), 비체적(v) 등 이 중에서 둘이 결정되면 다른 값은 습공기표(표 7.1)를 이용하여 계산식 및 표에서 구할 수 있다.

그러나 상태의 변화를 파악하는 의미에서는 이 관계를 도표로 그린 습공기선도를 이용하는 것이 편리하다.

공기조화의 설비 등의 설계에서는 거의 압력을 일정(표준기압 760mmHg)하게 하여 2개의 변수를 결정함으로 다른 값은 습공기 선도로부터 구해진다. 이와 같은 선도를 단순히 공기선도(psychrometric chart)라 한다. 이들 선도에는 다음과 같은 종류가 있다. 이들 중에서도 공기조화의 설계에서는 $h-x$선도가 일반적으로 사용되고 있다.

- $h-x$선도 : 엔탈피(h)와 절대습도(x)와 사교좌표로 그린 것(부록표 5).
- $t-x$선도 : 건구온도(t)와 절대습도(x)를 직각좌표로 그린 것
- $t-h$선도 : 건구온도(t)와 엔탈피(h)를 직교좌표로 그린 것

표 7.1 습공기표(습구가 물로 둘러싸여 있을 때)

t (℃)	P_w (kg/cm²)	P_s (mm Hg)	x_s (kg/kg 〈DA〉)	h_s (kcal/kg 〈DA〉)	v_s (m³/kg 〈DA〉)	h_a (kcal/kg)	v_s (m³/kg)
-10.0	2.919×10^{-3}	2.147	1.762×10^{-3}	-1.355	0.7476	-2.40	0.7455
-9.0	3.158 〃	2.323	1.907 〃	-1.029	0.7506	-2.16	0.7483
-8.0	3.414 〃	2.511	2.062 〃	-0.6955	0.7536	-1.92	0.7512
-7.0	3.689 〃	2.713	2.229 〃	-0.3557	0.7567	-1.68	0.7540
-6.0	3.983 〃	2.930	2.407 〃	-0.00864	0.7598	-1.44	0.7568
-5.0	4.298 〃	3.161	2.598 〃	0.3461	0.7628	-1.20	0.7597
-4.0	4.635 〃	3.409	2.802 〃	0.7090	0.7659	-0.96	0.7625
-3.0	4.995 〃	3.674	3.021 〃	1.081	0.7690	-0.72	0.7653
-2.0	5.379 〃	3.957	3.255 〃	1.461	0.7722	-0.48	0.7682
-1.0	5.790 〃	4.259	3.505 〃	1.852	0.7753	-0.24	0.7710
0.0	6.228 〃	4.581	3.772 〃	2.253	0.7785	0.00	0.7738
1.0	6.696 〃	4.925	4.057 〃	2.665	0.7817	0.24	0.7766
2.0	7.194 〃	5.292	4.361 〃	3.089	0.7849	0.48	0.7795
3.0	7.724 〃	5.681	4.685 〃	3.524	0.7882	0.72	0.7823
4.0	8.289 〃	6.097	5.030 〃	3.974	0.7915	0.96	0.7851
5.0	8.890 〃	6.539	5.398 〃	4.436	0.7948	1.20	0.7880
6.0	9.530 〃	7.010	5.790 〃	4.914	0.7982	1.44	0.7908
7.0	1.0209×10^{-2}	7.5093	6.207 〃	5.407	0.8016	1.68	0.7936
8.0	1.0931 〃	8.0404	6.651 〃	5.916	0.8050	1.92	0.7965
9.0	1.1698 〃	8.6045	7.123 〃	6.443	0.8084	2.16	0.7993
10.0	1.2512 〃	9.2033	7.625 〃	6.988	0.8120	2.40	0.8021
11.0	1.3375 〃	9.8381	8.157 〃	7.552	0.8155	2.64	0.8050
12.0	1.4290 〃	10.511	8.723 〃	8.137	0.8191	2.88	0.8078
13.0	1.5260 〃	11.225	9.324 〃	8.743	0.8228	3.12	0.8106
14.0	1.6288 〃	11.981	9.962 〃	9.372	0.8265	3.36	0.8135
15.0	1.7375 〃	12.780	10.64 〃	10.03	0.8303	3.60	0.8163
16.0	1.8526 〃	13.627	11.36 〃	10.70	0.8341	3.84	0.8191
17.0	1.9743 〃	14.522	12.12 〃	11.41	0.8380	4.08	0.8220
18.0	2.1030 〃	15.469	12.92 〃	12.14	0.8419	4.32	0.8248

t (℃)	P_w (kg/cm^2)	P_s (mm Hg)	x_s (kg/kg ⟨DA⟩)	h_s (kcal/kg ⟨DA⟩)	v_s (m^3/kg ⟨DA⟩)	h_a (kcal/kg)	v_s (m^3/kg)
19.0	2.2390 $\times 10^{-3}$	16.469	13.78 $\times 10^{-3}$	12.91	0.8460	4.56	0.8276
20.0	2.3826 $\times 10^{-2}$	17.525	14.68 ″	13.70	0.8501	4.80	0.8305
21.0	2.5343 ″	18.641	15.64 ″	14.53	0.8542	5.04	0.8333
22.0	2.6942 ″	19.817	16.65 ″	15.39	0.8585	5.28	0.8361
23.0	2.8630 ″	21.059	17.73 ″	16.29	0.8629	5.52	0.8390
24.0	3.0409 ″	22.368	18.86 ″	17.23	0.8673	5.76	0.8418
25.0	3.2284 ″	23.747	20.06 ″	18.20	0.8719	6.00	0.8446
26.0	3.4259 ″	25.199	21.33 ″	19.23	0.8765	6.24	0.8475
27.0	3.6339 ″	26.729	22.67 ″	20.29	0.8813	6.48	0.8503
28.0	3.8527 ″	28.339	24.09 ″	21.41	0.8862	6.72	0.8531
29.0	4.0830 ″	30.033	25.59 ″	22.57	0.8912	6.96	0.8560
30.0	4.3251 ″	31.814	27.17 ″	23.79	0.8963	7.20	0.8588
31.0	4.5796 ″	33.686	28.85 ″	25.07	0.9016	7.44	0.8616
32.0	4.8471 ″	35.653	30.60 ″	26.04	0.9070	7.68	0.8645
33.0	5.1280 ″	37.719	32.48 ″	27.80	0.9126	7.92	0.8673
34.0	5.4229 ″	39.889	34.45 ″	29.26	0.9183	8.16	0.8701
35.0	5.7324 ″	42.165	36.54 ″	30.79	0.9242	8.40	0.8730
36.0	6.0571 ″	44.553	38.73 ″	32.39	0.9303	8.64	0.8758
37.0	6.3976 ″	47.058	41.06 ″	34.07	0.9366	8.88	0.8786
38.0	6.7546 ″	49.684	43.51 ″	35.84	0.9431	9.12	0.8814
39.0	7.1286 ″	52.435	46.10 ″	37.69	0.9498	9.36	0.8843
40.0	7.5204 ″	55.317	48.83 ″	37.63	0.9568	9.60	0.8871
41.0	7.9307 ″	58.335	51.71 ″	41.66	0.9639	9.84	0.8899
42.0	8.3601 ″	61.493	54.76 ″	43.80	0.9714	10.08	0.8928
43.0	8.8095 ″	54.799	57.98 ″	46.05	0.9791	10.32	0.8956
44.0	9.2795 ″	68.256	61.37 ″	48.41	0.9871	10.56	0.8984

[기 호] P_w : 포화수증기압, P_s : 포화공중의 수증기의 수증기분압이며 P_w와 같다.

x_s, h_s, v_s : 포화공기의 절대습도, 엔탈피, 비체적, h_a, v_a : 건공기의 엔탈피, 비용적

(2) 습공기 $h-x$ 선도의 사용법

이 공기선도는 대기압(760mmHg)에 있어서 습공기의 성질들을 선도로 표시한 것이며, 수평선은 수직축좌표에 등간격으로 눈금을 매긴 절대습도 일정의 x선과, 이 선에 거의 직각으로 수평선으로 횡축좌표에 등간격으로 눈금을 매긴 공기의 건구온도 일정의 t선이 있다. 또, 오른쪽으로 상승하는 곡선에서 실선은 상대습도선 φ를 표시한다. 건구온도 t가 큰 쪽에서는 이들의 간격이 있으나, 작은 곳에서는 거의 일치되고 있다. 어느 쪽이나 상단에서 100%의 포화곡선으로 된다. 이 포화곡선보다 아래 쪽이 습공기의 상태를 표시하고, 위 쪽은 과포화의 안개가 섞인 공기 상태를 표시한다. 좌측 상향으로 경사가 가장 큰 실선이 비체적선이다. 또한 포화곡선과 건구온도 t선과의 교점은 노점온도(t'')이며 이 점을 지나 오른쪽 아래 파선이 습구온도(t')선이다. 이 습구온도선에 거의 일정한 실선을 과포화의 영역까지 연장하여 표시한 것이 엔탈피 일정의 h선이며, 왼쪽 위에서 오른쪽 아래에 걸쳐서 등간격으로 취하고 있다. 공기조화 설비 설계 시에는 처리 전후의 공기의 엔탈피 차이가 필요하므로, 선도상에서 구한 엔탈피로서 구한 경우가 많다.

이 선도에서는 0℃의 건조공기의 엔탈피 h_0를 0 [kcal/kg]로서 구할 수 있다. 또, 우측에는 수증기 분압(vaper pressure) [mmHg]이 절대 습도와 평행하게 눈금을 나타내고 있다.

한편 $t-x$선도(캐리어 선도)는 $h-x$ 선도와 거의 같으나 습구온도선도 엔탈피선과 거의 평행하게 표시하고 있으므로 취급은 동일하며, 수증기분압(p)와 열수분비(u)가 없고, 냉방설비설계에 편리하도록 현열비 중점으로 만들어졌다.

예제7.6 공기조화의 실내공기 상태가 건구온도 $t=22$℃, 습구온도 $t'=17$℃이다. 이 공기의 1) 엔탈피, 2) 상대 습도, 3) 절대습도, 4) 수증기의 분압, 5) 노점온도, 6) 비체적을 공기선도로부터 구하시오.

☞ 공기 선도의 하단의 건구 온도선으로부터 건구온도 t=22℃를 구한다. 포화곡선상에 습구온도 t''=17℃를 구하여 오른쪽 아래 파선과 건구온도선과의 교점 P를 구한다. 어느 것이나 점이 선상이나 선과 선과의 교점에 온다고는 말할 수 없다.

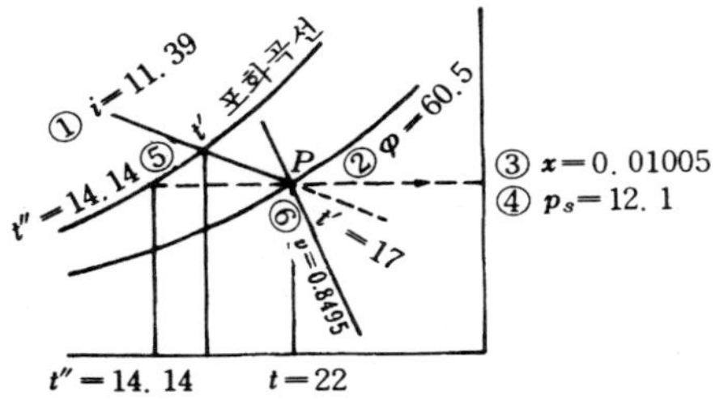

그림 7.2 습공기의 h-x 선도 사용법

따라서 선과 선과의 간격은 비례법에 의하여 구한다. 그림상의 P점을 지난 수평선이 주어진 실내조건의 절대습도 선이며 우측 ③으로 $x=0.01005$ kg/kg′를 구한다.

이것으로 부터 실내의 습공기 중의 수분은 건공

기 1kg당 0.01005kg을 포함하고 있는 것을 알 수가 있다. 절대습도의 선에 평행하여 수증기 분압 ④ $P_s = 12.1$ mmHg가 구해진다. 반대방향으로 연장하여 가면 포화곡선과의 교점 ⑤에 이른다. 이슬이 발생하는 장치노점온도인 $t' = 14.4$℃로 되고, 실온에서 $\triangle t = 22 - 14.14 = 7.86$℃를 냉각시키면 이 상태로 된다. 한편 상대습도 φ는 우상향(右上向) 곡선으로 60.5%로 나타낼 수 있다.

비체적은 습구온도선 보다 약간 직립(直立)한 사선으로 그려진다. P점은 $v = 0.8495\,m^3/kg'$로 된다. 엔탈피 선만은 포화곡선 보다 밖에 있으며 습구 온도선과 거의 평행한 실선이며, 이것과 직교한 엔탈피 눈금선으로부터 구하면 $h = 11.39$ kcal/kg′로 된다.

이들의 값을 열거하면 다음과 같다.

① 엔탈피 $h = 11.39$ (kcal/kg′)
② 상대습도 φ=60.5(%)
③ 절대습도 $x = 0.01005$ (kg/kg′)
④ 수증기분압 $p_s = 12.1$(mmHg)
⑤ 노점온도 $t' = 14.14$(℃)
⑥ 비체적 $v = 0.8495$ (m^3/kg′)

7.5 실내공기의 상태변화

실내공기의 상태변화는 절대습도를 변경하지 않고 건구 온도만이 변하는 상태변화(잠열 변화는 없고 현열만의 증감)와, 건구온도를 변경하지 않고 절대습도만을 변경하는 상태변화(현열 변화는 없고 잠열만 증감)로 나누어 생각한다. 이들은 독립하여 변화하는 일도 있으나 일반적으로 동시에 변화하며, 잠열 변화가 있으면 실온도 변화하고 또 노점온도도 변화하게 된다.

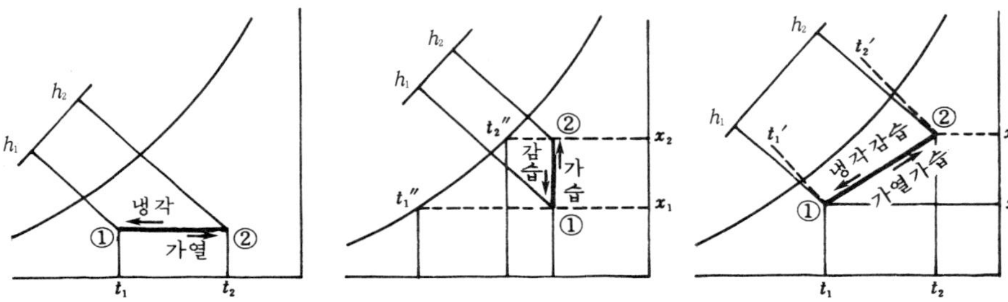

(a) 가열·냉각 (b) 가습·감습 (c) 가열가습·냉각감습

그림 7.3 습공기의 상태변화

각 상태변화 과정을 습공기 선도에 나타내면 다음과 같다.

- 그림a : 습공기의 현열을 증감할 때 절대 습도의 변화는 없이 건구 온도만이 상승 또는 하강한다.
- 그림b : 습공기의 잠열을 증가할 때에는 건구온도는 변화하지 않고(노점온도는 변화함) 절대습도만이 변화하여 잠열의 증가는 가습, 감소는 감습이 된다. 실제에는 이러한 변화는 없고 반드시 온도 변화가 따른다.
- 그림c : 전열량(현열+잠열)을 증감 할 때에는 공기의 습구온도도 변화한다. 전열을 증가시킬 때에는 가열가습이 되며, 감소시킬 때에는 냉각감습이 된다.

(1) 공기만을 가열, 냉각하는 경우

열교환기(heat exchanger)의 표면이 건조되어 있을 때의 변화이며, 전기 히터와 같은 가열기나 증기 또는 온수를 사용한 방열기(radiator)와 같이 가열하여도 공기만이 가열되고, 공기중에 수분(절대습도)의 증감은 일어나지 않는 상태이다.

공기선도는 그림 7.3의 (a)와 같이 절대습도가 변하지 않는 일정한 변화로 된다. 그리고 가열시에 상대습도는 감소하고 비체적과 엔탈피는 반대로 증가한다.

냉각의 경우에는 이와 반대가 된다. 이와 같이 공기의 가열, 또는 냉각을 위한 열량은 온도의 변화에만 사용되며, 습공기 선도상의 등절대습도 선상을 t_1에서 t_2로 변화함을 볼 수 있다. 이 때의 가열 또는 냉각에 필요한 소요열량은 다음 식으로 나타낸다.

공기 Gkg/h에 대해서는

$$Q = G(h_2 - h_1) \ \ [\text{kcal/h}] \quad \cdots\cdots (7.16)$$

공기 $V\text{m}^3$/h에 대해서는

$$Q = \frac{V}{v}(h_2 - h_1) = \frac{V}{v} C_p(t_2 - t_1) \ \ [\text{kcal/h}] \quad \cdots\cdots (7.17)$$

여기서

Q : 열량변화량(+ : 가열량, - : 감열량) [kcal/h]

G, V : 공기의 유량 [kg/h, m^3/kg]

C_p : 공기의 정압비열=0.240 [kcal/kg℃]

t_1, t_2 : 건구온도 [℃]

h_1, h_2 : 엔탈피 [kcal/kg]
하첨자 1, 2 : 변화 전후의 상태

1 가열(heating)만의 경우

절대습도의 변화없이 건구온도 t_1에서 t_2로 변화하는 경우를 말한다[그림 7.3 (a)].

예제 7.7 건구온도 $t_1 = 10℃$, 상대습도 $\phi = 50\%$의 습공기를 가열기를 사용하여 가열한 결과 건구온도 24℃로 되었다. 가열한 공기량을 $1000m^3/h$라 할 때 필요한 현열량은 몇 kcal/h인가?

☞ 그림 7.4에서 가열량 Q는 $Q = G(h_2 - h_1) = \frac{V_2}{v_2} \times C_p \times (t_2 - t_1)$

여기서 V_2 : 공기량 [m^3/h], v_2 : 가열 후 공기의 비체적 [m^3/kg']
C_p : 공기의 정압비열 [kcal/kg′ ℃]

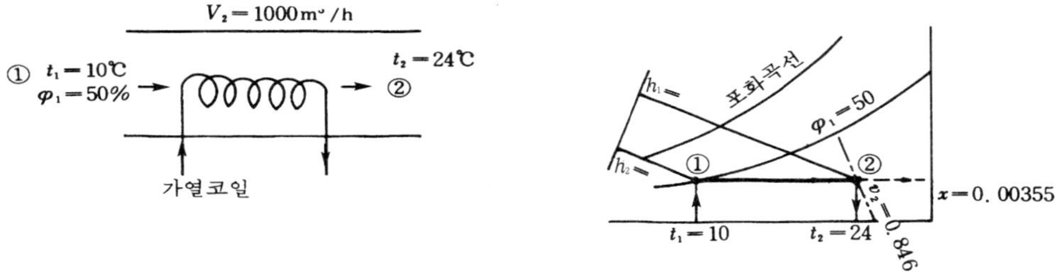

그림 7.4 공기를 가열만 할 경우 상태변화

엔탈피 변화량은 온도차($t_2 - t_1$)에 공기의 정압비열(0.24kcal/kg℃)을 곱하여 구할 수 있다.

① 습공기 선도상으로 부터 비체적 v_2를 구한다(비례법으로 구한다).

현열량(顯熱量) $Q = 0.24 \times \frac{1000}{0.846} \times (24 - 10) = 3972$ (kcal/h)

② 비체적은 계산으로 구할 수도 있다. 건조공기 $Pv=RT$의 상태식으로부터

$$v_2 = \frac{RT}{P} = \frac{29.27 \times (273 + 24)}{1.0332 \times 10^4} = 0.8442\ (m^3/kg)$$

③ 비체적은 절대습도와 건구온도로부터 구할 수도 있다.(식 7.11)

$$v_2 = 0.004555(x_2 + 0.622)(273 + t_2)$$
$$= 0.00455(0.00355 + 0.622)9273 + 24) = 0.8463(m^3/kg)$$

여기서 x_2=절대습도(공기 선도로부터)=0.0035(kg/kg′)

t_2=가열후의 공기의 건구온도=24℃

2 냉각(cooling)만의 경우 〔그림7.3(a)〕

공기를 냉각할 때는 강관의 주위에 알미늄판 등의 핀(fin)을 붙인 열교환기 내에 냉수 등을 통하여 공기에 접촉시켜 냉각한다.

열교환기의 표면온도가 노점온도보다 높으면 이슬이 발생할 일이 없으므로, 가열의 경우와 동일하게 절대습도의 변화는 없고 등절대습도선을 이동한다.

열교환기의 표면온도가 공기의 노점온도보다 낮으면 핀(fin)표면에 이슬이 발생되어 제습효과가 발생하게 된다.

예제7.8 건구온도 $t_1=28℃$, 상대습도 $\Phi_1=20\%$의 습공기 $3000\text{m}^3/\text{h}$를 공기냉각기로 냉각하여 건구온도 $t_1=14℃$의 공기를 만들려 한다. 이 때 제거되어야 할 현열량을 구하시오. 단, 제습효과는 고려하지 않는다.

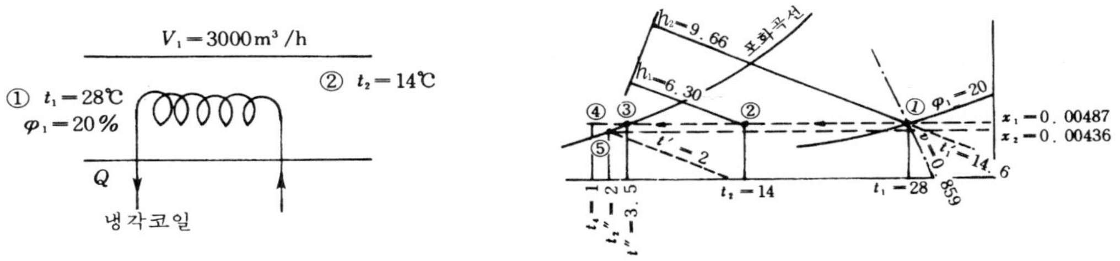

그림 7.5 공기를 냉각만 할 경우의 상태변화

☞ $Q=G_1(h_2-h_1)=\dfrac{V_1}{v_1}C_{pa}(t_2-t_1)$ 공기유량이 열교환기의 앞에서 결정되므로 V_1으로 된다.

공기 선도로부터 냉각 전후의 엔탈피 h_1, h_2와 절대습도 x_1을 구한다.

$h_1=9.66(\text{kcal/kg})$ $h_2=6.30(\text{kcal/kg})$ $x-1=0.00487(\text{kg/kg}')$

입구의 공기의 비체적을 구하면 (식7.11) (공기선도에서도 구할 수 있다)

$$v_1=0.004555(x_1+0.622)(273+t_1)$$

$$=0.004555(0.00487+0.622)(273+28)=0.8595(\text{m}^3/\text{kg})$$

$$\therefore \text{현열량 } Q=\frac{3000}{0.8595}\times(9.66-6.30)=11728\ (\text{kcal/h})$$

[3] 열교환기에서 제습이 있는 경우 〔그림 7-3 (b)〕

예제 7.8의 상태에서 노점온도 이하까지 냉각하는 경우의 제습효과에 대해 생각해 보면, 절대습도($x_1 = 0.00487$ kg/kg′)을 바꾸지 않고 더욱 냉각하면 ①-② 선은 ③점에서 포화곡선과 만난다. 이 상태는 과포화의 불완전한 상태이다. 이 상태에서는 안개가 발생하며 안개는 더욱 냉각된 냉각기의 핀 등에 부착되어 물방울로 된다. 이것이 제습작용이다. 제습능력은 냉각기의 핀의 표면온도, 재질, 구조 등에 따라 상이하다. 제습작용이 이루어지는 습공기의 상태변화는 선도에서 ③점에서 ④점에 이르나, 실제로 포화곡선상은 ③점에서 ⑤점으로 변화한다.

따라서 제습량 $\triangle x$는

$$\triangle x = x_1 - x_2 = 0.00487 - 0.00436 = 0.0005(\text{kg/kg}')$$

위의 수분은 냉각 코일에서 표면에 안정된다. 따라서 선도상에서 ①→②→③→⑤의 순으로 변화하게 된다.

(2) 공기를 가습, 감습만 할 경우

공기의 절대습도 x를 증가시키는 가습 방법에는 다음의 3가지 방법이 있다.

- 공기세정기(air washer)법으로 다량의 물을 분무시키고 그 속으로 공기를 통과시키는 방법
- 수분무 가습법으로 공기중에 분무한 작은 물방울을 전부 증발시키는 방법.
- 증기 가습법으로 증기를 공기속에 분무하여 가습하는 방법이 있다. 이들은 어느 방법이나 감습보다 장치가 간단하다.

가습을 하기위한 수온이 공기의 온도와 같을 때나, 증기의 경우에도 온도가 그다지 높지않아 무시할 수 있는 경우가 많으므로, 실제로는 건구온도 t_1인 일정한 변화로 하여 계산한다. 또, 분사하는 수온이 공기의 온도와 다른 경우에는 습구온도 t'인 일정의 선으로 변화하므로 실용상 엔탈피변화는 없고, 잠열변화의 증가가 그대로 현열변화의 감소 즉, 온도 강하로 된다.

건구온도를 변경하지 않고 공기를 가습 또는 감습할 때의 변화는 공기 선도상의 동일온도 선상을 이동하게 된다[그림7.3 (b)참조]. 이 사이에 수증기의 량은 절대습도의 변화와 같이 변한다.

이 수증기량의 변화는 엔탈피 h_1에서 h_2에로의 변화에 소비된다. 이 때 소비된 열량을 잠열(latent heat)이라 부른다. 그림에서는 건구온도 변화가 없으나 실제로는 현열변화에도 수반하게 된다.

이때의 가습량 L(kg/h)은

$$L = G(x_2 - x_1) = \frac{V}{v}(x_2 - x_1)(\mathrm{kg/h}) \quad \cdots\cdots (7.18)$$

잠열의 변화량 Q_l(Q_l이 만약-부호이면 감습)은

$$\pm Q_L = h_w L \fallingdotseq 597G(x_2 - x_1) = \frac{V}{v}(h_2 - h_1)(\mathrm{kcal/h}) \quad \cdots\cdots (7.19)$$

여기서

G, V : 공기량 (kg/h, m³/h)

h_w : 수증기의 엔탈피(kcal/kg) ($h_w = 597 = 0.441t \fallingdotseq 757$)

x_1, x_2 : 절대습도 (kg/kg′)

하첨자 1. 2 : 상태변화 전후

예제 7.9 건구온도 20℃, 상대습도 20%의 공기량 4000m³/h를 수온 20℃의 분무속을 통과시켜 건구온도 20℃, 상대습도 80%의 공기로 한다. 이 공기의 잠열의 증가, 절대습도의 증가량 및 노점온도를 구하시오.

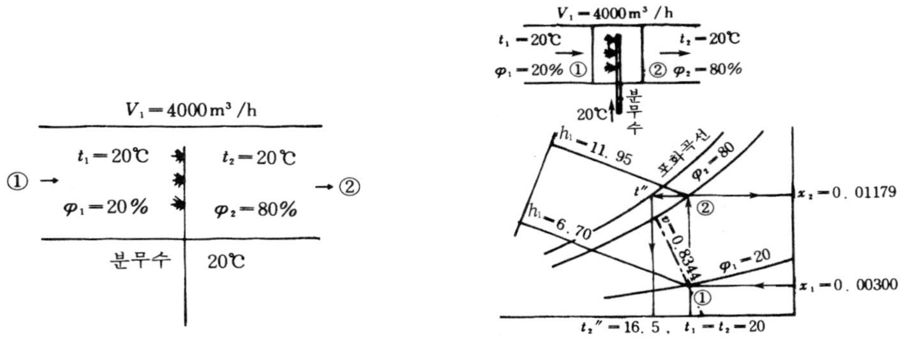

그림 7.6 공기를 가습만 할 경우 상태변화

☞ a) 잠열량 $q_L = \dfrac{V_1}{v_1}(h_2 - h_1) = \dfrac{4000}{0.8344} \times (11.95 - 6.70) = 25168(\text{ kcal/h})$

또는 $q_L = 597G(x_2 - x_1) = 597 \times \dfrac{4000}{0.8344}(0.01179 - 0.003) = 21156\ (\text{kcal/h})$

b) 절대습도의 증가량

$\triangle x = (x_2 - x_1) = (0.01179 - 0.003) = 0.00879\,\text{kcal/kg}')$

가습된 량은 $L = G(x_2 - x_1) = \dfrac{4000}{0.8344} \times 0.00879 = 42.14(\text{kg/h})$

c) 노점온도 $t_2'' = 16.5(℃)$ 그림 7.6 공기를 가습만 할 경우 상태변화

(3) 습공기의 단열혼합

공기조화에서는 재순환 공기를 신선공기나 공기가열기, 공기냉각기, 공기세정기 등으로 처리한 공기와 혼합하여 사용하는 경우가 많다. 이 때는 열량의 변화에 따르지 않는 단열혼합으로 취급한다.

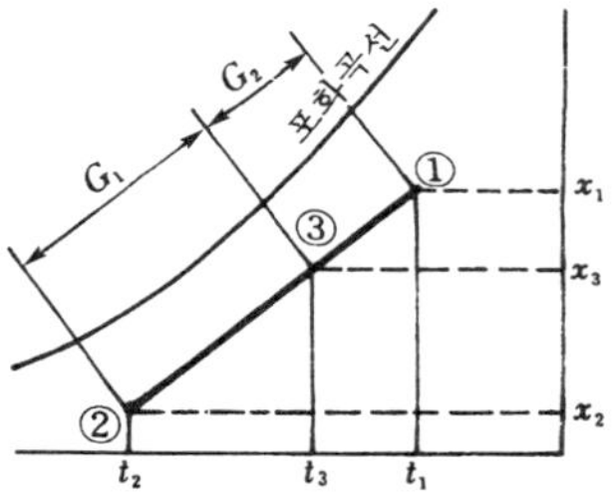

그림 7.7 습공기의 단열혼합

그림 7.7은 단열혼합의 변화를 나타낸 것으로, ①점의 상태공기(건구온도 t_1, 절대습도 x_1) G_1kg과 ②점의 상태공기(건구온도 t_2, 절대습도 x_2) G_2kg을 단열혼합하면 ①-②선상에 ①-③ : ③-② = G_2 : G_1의 비로 나누어지며 ③점의 상태로 된다.

이 사이의 변화는 다음 식으로 표시된다.

$$t_3 = \frac{t_1 G_1 + t_2 G_2}{G_1 + G_2}\,[℃] \quad \cdots\cdots (7.20)$$

$$x_3 = \frac{x_1 G_1 + x_2 G_2}{G_1 + G_2}\,[\text{kg/kg}'] \quad \cdots\cdots (7.21)$$

$$h_3 = \frac{h_1 G_1 + h_2 G_2}{G_1 + G_2}\,[\text{kcal/kg}] \quad \cdots\cdots (7.22)$$

여기서 t_1, t_2, t_3 : 공기의 건구온도

(℃) x_1, x_2, x_3 : 공기의 절대습도(kg/kg′)

G_1, G_2, G_3 : 공기의 유량 (kg/h) h_1, h_2, h_3 : 공기의 엔탈피 (kcal/kg)

하첨자 1. 2. 3 : 혼합전의 2상태와 혼합후의 상태

예제7.10 재순환공기 $G_1 = 10kg/h$와 외부공기 $G_2 = 5kg/h$의 단열적 혼합에 의하여 만들어진 혼합공기의 상태를 구하라. 단, 재순환 공기의 건구온도 $t_1 = 15℃$, 상대습도 $\phi_1 = 80\%$, 외부공기의 건구온도 $t_2 = 28℃$, 상대습도 $\phi_2 = 60\%$로 한다.

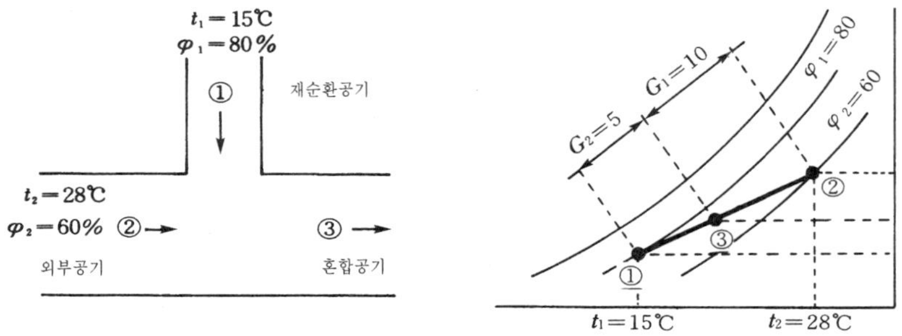

그림 7.8 혼합공기의 상태변화

☞ 그림 7.8에 표시된 공기선도상에 재 순환 공기의 상태를 ①, 신선공기의 상태를 ②로 취하고 ①-② 선도상에 공기량의 비율에 의한 혼합공기의 상태인 ③ 점(點)을 구한다.
습공기 선도로 각 상태량을 읽으면 다음 표와 같다.

상태	건구온도t℃	절대습도 x kg/kg′	엔탈피 h kcal/kg	습구온도 ℃
①	15	0.00854	8.78	13.0
②	28	0.01421	15.42	11.05
③	19.4	0.01043	11.00	16.43

b) 계산식으로는 다음과 같다.

건구온도 $t_3 = \dfrac{15 \times 10 + 28 \times 5}{10 + 5} = 19.33(℃)$

절대습도 $x_3 = \dfrac{0.00854 \times 10 + 0.01421 \times 5}{10 + 5} = 0.01043(kg/kg')$

엔탈피 $h_3 = \dfrac{8.78 \times 10 + 0.01421 \times 5}{10 + 5} = 10.999(kcal/kg)$

연습문제

1. 건구온도 28℃, 상대습도 54%인 습공기의 수증기의 분압을 구하시오. 또, 이때의 대기압이 756mmHg 이라면 건공기의 분압은 얼마인가? 수증기의 포화압력 P_{WS}는 28.35mmHg이다.

답 ① $p_w = 15.31$ mmHg, ② $p_a = 740.7$ mmHg

2. 습공기표를 사용하여 15℃ 포화공기의 다음 값을 구하시오. a) 포화수증기 압력 b) 포화공기 중의 수증기 분압 c) 포화공기의 절대습도, 엔탈피, 비체적 d) 건공기의 엔탈피, 비체적

답 ① $P_w = 1.7375 \times 10^{-2}$ kg/cm², ② $P_s = 12.780$ mmHg
③
$x_s = 10.64 \times 10^{-3}$ kg/kg′ $h_s = 10.03$ kcal/kg $v_s = 0.8303$ m³/kg′
④ $h_a = 3.60$ kcal/kg $v_a = 0.8163$ m³/kg

3. 문제2의 상태량을 캐리어 선도에서 확인하시오.

답 부록에 있는 $h-x$선도에서 건구온도 15℃와 포화공기선과의 교점을 정하여 각 상태량을 읽는다.

4. 오늘 외기의 건구온도가 25℃, 상대습도 70%라고 하면 다음 값을 습공기 선도로 구하시오. ① 노점온도 ② 습구온도 ③ 엔탈피 ④ 비체적 ⑤ 절대습도

답 ① $t'' = 19.2$℃, ② $t' = 21$℃, ③ $h = 14.45$ kcal/kg,
④ $v = 0.863$ m³/kg, ⑤ $x = 0.014$ kg/kg′

5. 건구온도 25℃ , 절대습도 0.010kg/kg′의 습공기 1kg을 절대습도의 변화없이 건구온도 30℃까지 가열할 때 필요한 열량을 계산식으로 구하시오.

답 1.22kcal/kg

6. 26℃ 상대습도 50%의 공기의 엔탈피를 계산에 의하여 구하시오.(단, 절대습도는 습공기 선도에서 0.0105kcal/kg 이다).

답 12.63 kcal/kg

7. 건구온도 5℃, 습구온도 2.5℃의 공기를 전열기로 20℃까지 가열했을 때 다음 상태량을 습공기 선도로 부터 구하시오. a) 변화 전후의 상대습도 b) 변화 전후의 절대습도 c) 변화 전후의 엔탈피 d) 소요열량

답 ① $\phi_1 = 65\%$, $\phi_2 = 24\%$, ② $x_1 = x_2 = 0.0035$ kg/kg′
③ $h_1 = 3.2$ kcal/kg, $h_2 = 7$ kcal/kg, ④ $q = 3.8$ kcal/kg

8. 건구온도 25℃, 절대습도 0.010kg/kg′의 공기를 절대습도 0.006까지 낮추는데 필요한 잠열량을 구하시오.

답 $q_L = 2.33$kcal/kg

9. 건구온도 27℃, 절대습도 0.012의 실내공기와 건구온도 25℃ , 절대습도 0.002의 외기를 외기 : 환기 = 1 : 2의 비율을 혼합할 때 혼합후 공기의 건구온도와 절대습도를 습공기 선도상에서 구하여 보고 계산에 의해 확인하시오.

답 t=26.3℃, $x = 0.0087$kg/kg′

10. 실제로 사람이 느끼는 쾌적도를 나타내는 지수를 불쾌지수(temperature humidity index 라 하며, 다음과 같이 나타낸다. 불쾌지수=0.72 [건구온도 + 습구온도] + 40.6 오늘 기온에 따른 불쾌지수를 계산하시오.

11. 여름철 공기조화 설계에서 실내 취득열량 중 현열량이 36,000kcal/h, 잠열량이 9,000 kcal/h였다. 실내외 온도 및 습도는 27℃, 50%와 32℃, 68%로서 도입외기량은 전 송풍공기량이며 냉각코일 출구 공기의 상대습도를 90%로 하여 설계하라.

12. 겨울철 공기조화 설계에서 실내손실열량 중 현열량이 25,000kcal/h, 잠열량이 5,000kcal/h였다. 실내 · 외 온도 및 습도는 21℃, 50%와 0℃, 40%로서 도입외기량은 전 송풍공기량의 $\frac{1}{3}$이며, 실내에서의 토출온도차는 8℃이다.
또 가습은 0.3atg의 증기 ($u \fallingdotseq 640$ kcal/kg)를 분무하는 것으로 하여 설계하라.

8 전 열

설비공학에서 열이동의 촉진 및 억제는 여러 분야에서 적용된다. 이 장에서는 열이동의 기본형식을 해석하고 고체, 액체, 기체의 열이동 및 평판과 원관의 열이동을 기술하며 복사열전달에 대해서는 개념적인 해석을 하였다.

8.1 전열공학의 응용분야

열역학 제 1법칙은 에너지상호간의 관계를, 그리고 제 2법칙으로 열에너지가 이동하는 방향성을 표시하였다.

이것에 대해서 전열공학은 열에너지 이동의 빠르기를 취급하는 학문이라고 할 수 있으며, 전자의 두 가지를 주체로 하는 고전열역학과 더불어 실제 기술에 필요한 산 학문이라고 생각된다. 전열공학의 응용분야로는 열기관, 냉동, 냉난방, 원자력, 우주공학 등 대체로 열이나 온도차가 생기는 모든 기기의 성능과 밀접한 관계를 가지고 있고, 이러한 것들의 성능 향상에 중요한 역할을 하고 있다.

예를 들면 보일러에서 연소가스와 물과의 열교환, 방열기와 실내공기와의 열교환, 냉동기의 증발기, 또는 응축기에서의 열교환 등은 열에너지의 이동 속도가 빠른 것이 요구되며, 건축물의 벽체나 창문, 천정 부분, 또는 냉장실, 온수나 증기 이송용 파이프, 덕트 등은 열에너지의 이동 속도가 느린 것을 요구한다.

이와 같은 요구에 따라 여러 가지 설계 방법과 재료의 개발을 서두르고 있으며, 요즈음과 같이 에너지 절약을 절실하게 요구하는 시대에는 정부차원에서도 각종 지원책과 규제를 하고 있다.

8.2 전열의 기본형식

전열(열이동)의 기본형식을 구분하기 위해 그림 8.1과 같은 연소실의 화염가스로 물을 데

울 때 보일러에서의 열이동을 생각해 보면 다음과 같이 열전도(熱傳導), 대류열전달(對流熱傳達), 열복사(熱輻射)의 3종류로 구별된다.

따라서 전열(傳熱)은 이와 같은 3가지의 형식이 복합적으로 또는 개별적으로 이루어진다.

(1) 열전도

그림 8.1에서와 같이 보일러의 관하나의 단면을 생각하면, 그 외벽은 화염 가스에 접하여 고온이 되고, 내벽은 보일러수에 접하여 저온이 된다. 이 때 열원이 수관의 내부에서 고온부에서 저온부 쪽으로 이동한다. 이와 같은 전열형식을 열전도(conduction)라고 한다. 열전도는 고체 혹은 정지하고 있는 유체의 내부에 생기는 전열형식이며, 열은 온도가 높은 분자로부터 이것과 접하는 온도가 낮은 분자로 직접 전달된다.

이 전열의 방향은 열역학 제 2법칙에 의하여 반드시 고온측에서 저온측으로 향한다.

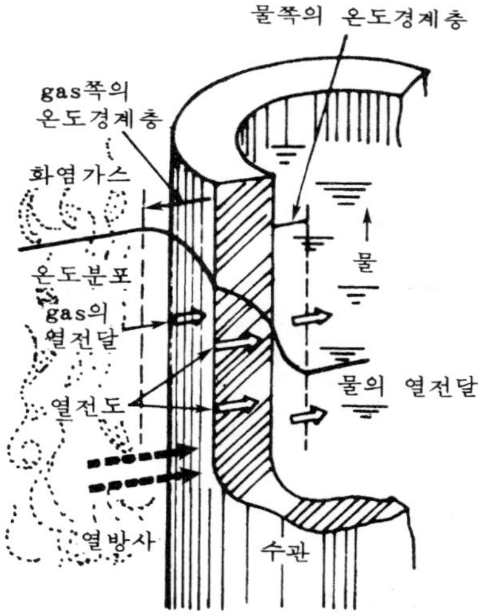

그림 8.1 boiler의 소관에서의 전열

(2) 열대류

화염가스에 의한 보일러 관외면벽으로부터 보일러수에 열이 전달되는 경우와 같이, 운동하고 있는 기체(또는 액체)로부터 고체로, 또는 반대로 고체벽으로부터 기체 또는 액체로 열이 전달되는 전열형식을 열전달(heat transfer)이라 하며, 이 때 열은 기체 또는 액체측에 발생하는 경계층을 통하여 벽에 전해지게 되는데, 이를 대류열전달이라 한다.

대류열전달은 기체 또는 액체의 운동(혹은 대류 : convection)의 원인에 따라서 자연대류(free convection)열전달과 강제대류(forced convection)열전달로 구별하여 취급된다.

(3) 열복사(熱輻射)

고온의 화염으로부터 보일러의 관 외면벽에 직접 열복사에 의하여 열에너지가 이동하는 경우와 같이, 열에너지가 중간의 물질과는 관계없이 적외선이나 가시광선을 포함하는 전자파인 열선의 형태로 전달되는 전열형식을 열복사(radiation) 또는 열방사라고 한다. 열선의 일부는 그것이 충돌한 물체의 표면이나 내부에 흡수 또는 투과되며, 나머지는 반사된다.

(4) 열통과

일반적으로 열이동에는 이 세 가지의 전열 형식을 포함하여 생각하는 것이 보통인데, 이때 복합된 열의 이동을 열통과(heat transmission)라고 한다.

그림 8.1에서와 같은 보일러 수관의 단면에서 가스로부터 물로의 열통과는 가스쪽의 열복사와 대류열전달, 벽체 자체의 열전도, 물쪽의 대류열전달 등 4 종류의 복합으로 이루어 진다.

따라서 전열은 이상의 열전도, 대류열전달, 열복사의 세 가지 형식을 기본으로 하여 열의 이동을 연구하는 학문이다.

특히 공업과 관련되는 전열의 문제는 전열공학(engineering heat transfer)의 문제로서 취급하고 있는데, 어떤 복잡한 문제도 위의 세 가지 기본형식 중 하나에 속하거나 또는 이것들의 조합으로 나타난다.

8.3 열전도에 관한 기본사항

열전도의 형식은 우리 일상 생활에서도 흔히 찾아볼 수 있다. 예를 들면 숫가락을 뜨거운 물에 넣었을 때 손으로 잡고 있는 부분으로 서서히 뜨거워 진다거나, 전기 다리미에 전원을 넣었을 때 서서히 뜨거워지는 등, 겨울철 실내측의 벽에 손을 대보면 차거움을 알 수 있다. 이러한 것들은 모두 열전도에 관한 기본 사항들은 다음과 같다.

(1) 열유속

물체 에 열의 흐름이 있을 때 흐르는 열량의 크기는 단위시간당 전열량 Q로 표시하며, 열량 Q의 공학상 단위는 kcal/h가 된다. 미소면적 dF를 통해 단위시간에 통과하는 열량을

dQ라 할 때 단위면적, 단위시간당 통과 열량의 크기는

$$q = \frac{dQ}{dF}\ \mathrm{kcal/m^2h} \quad \cdots\cdots (8.1)$$

로 표시하며, 이 q를 열유속(heat flux) 또는 전열면 열부하라고 한다.

따라서 열유속의 공학상의 단위는 $\mathrm{kcal/m^2h}$가 된다. 전열공학에서 열의 이동의 표시는 일반적으로 단위면적, 단위시간당 이동하는 열량 즉, 열유속 q로 나타내며, 이동하는 전열량 q에 대해서는 통과하는 면적이 F일 때 다음 식으로 구한다.

$$Q = q \cdot F\ \mathrm{kcal/h} \quad \cdots\cdots (8.2)$$

(2) 온도장

고체 또는 유체내의 열전도를 생각할 때 임의의 점 온도 t는 좌표 x, y, z와 시간 τ의 함수가 되며, 일반적으로 다음과 같이 표시할 수 있다.

$$t = f(x, y, z, \tau) \quad \cdots\cdots (8.3)$$

어떤 시점에서 고체내에 이와 같이 표시된 온도분포가 존재하는 상태를 삼차원의 온도장이 존재한다고 한다.

여기서 온도장이 시간 t와 더불어 변화가 생기는 열전도를 비정상열전도(unsteady heat conduction)라고 하며, 시간이 변하여도 온도장이 변하지 않을 때의 열전도를 정상열전도(steady heat conduction)라고 한다. 실제의 열이동에서는 비정상열전도의 경우가 대부분이지만, 해석이 복잡하여 이론적 해석이 간단한 정상열전도로 보고 취급하는 정상열전도가 해석의 기본이 되고 있다.

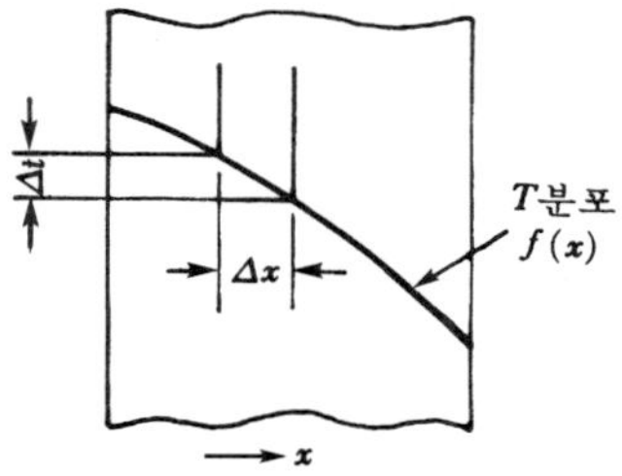

그림 8.2 일차원정상열전도

정상열전도장을 간단화하여 그림 8.2와 같이 고체내의 온도 구배가 x방향에만 존재 할 때를 생각하면, 온도분포는 다음과 같이 x의 함수식으로 표시된다.

$$t = f(x) \quad \cdots\cdots (8.4)$$

이와 같은 온도분포의 상태를 일차원의 정상온도장 이라고 한다.

(3) Fourier의 법칙

열전도에 의한 고체내부의 전열량을 수식에 의하여 정량적으로 취급하기로 한다. 먼저 일차원의 온도장에서의 전열량이나 열유속의 표시를 생각하기로 한다. 1822년 Fourier는 재질이 일정하고 균일한 고체내부의 정상열전도에서 일차원의 온도장에서의 전열량은 온도강하의 구배와 열이 흐르는 방향에 직각인 단면적에 비례함을 발견하였다. 즉, 온도강하가 일어나는 방향(축방향으로 잡는다)과 이에 직각인 미소면적 dF를 통하여 통과하는 열량 dQ는 다음 식으로 표시된다.

$$dQ = -\lambda \frac{dt}{dx}\ dF\ \ \text{kcal/h} \quad \cdots\cdots (8.5)$$

여기서 $-\frac{dt}{dx}$는 온도 강하가 일어나는 방향(x방향)을 따르는 온도구배이며, λ는 그 물질의 특유한 비례정수이다. 식 8.5를 Fourier의 法則이라고 하며, 이것이 열전도의 기본법칙이 된다. 이 때 열유속 q는 식 8.1에서 $q = \frac{dQ}{dF}$이었으므로 이 식에 8.5식을 대입하면 다음과 같이 된다.

$$q = \frac{dQ}{dF} = -\lambda \frac{dt}{dx}\ \text{kcal/m}^2\text{h} \quad \cdots\cdots (8.6)$$

(4) 열전도율

식 8.5와 식 8.6에서 정의된 비례정수는 열전도율(thermal conductivity)이라고 부르며, 공학적 단위는 kcal/mh℃이다. 열전도율은 그 물질 내부에서 일정한 온도구배가 있을 때 정상적으로 이동하는 열량의 대소(大小)를 나타내는 비례정수이며, 그 물질의 종류와 상태(온도, 압력 등)에 의해서 정해지는 물성치이다. 또 kcal/m·h·℃를 $\frac{\text{kcal}}{\text{m}^2\cdot\text{h}\cdot℃/\text{m}}$로 변형하면 열전도율은 단위 길이당 1℃의 온도강하가 있을 때 단위시간에 단위면적을 흐르는 열량을 표시한다고 말할 수 있다. 열전도율 λ의 구체적인 예를 조사해 보면 다음과 같다.

[1] 기체의 열전도율

기체의 열전도율은 λ = 0.007 ~ 0.5 kcal/m·h·℃의 범위에 있다. 기체의 λ는 거의 압력의 영향을 받지 않으나 온도에 대해서는 영향을 받는다. 즉, 온도의 상승에 의하여 일반적으로 λ는 증가한다. 예를 들면 압력 1kg/cm^{2}일 때의 λ는 표 8.1과 같다.

표 8.1 공기의 열전도율 (압력 1kg/cm²)

t℃	λkcal/m·h·℃	t℃	λkcal/m·h·℃	t℃	λkcal/m·h·℃
-100	0.0135	20	0.0221	100	0.0272
-50	0.0172	40	0.0234	500	0.0483
-20	0.0193	60	0.0247	1000	0.0690
0	0.0207	80	0.0260		

2 액체의 열전도율

액체의 열전도율은 $\lambda = 0.08 \sim 0.6$ kcal/m·h·℃의 범위에 있으며, 기체와 마찬가지로 압력의 영향은 거의 받지 않지만 온도의 영향은 받으며, 일반적으로 온도가 높아지면 λ는 적어진다. 그러나 물의 경우는 예외이며 그 값을 표시하면 표 8.2와 같다.

표 8.2 물의 열전도율 1 kg/cm² (t 〈 100℃일 때는 압력 그리고 t≥100℃일때는 포화압력에서)

t℃	λkcal/m·h·℃	t℃	λkcal/m·h·℃
0	0.476	140	0.588
20	0.511	160	0.585
40	0.540	180	0.578
60	0.562	200	0.568
80	0.578	260	0.517
100	0.586	300	0.462
120	0.589		

이 표에서 100℃까지는 압력 1kg/cm²일 때의 값이며, 100℃이상의 온도에서는 포화압력하의 값을 표시한다.

3 고체의 열전도율

금속의 λ는 지극히 크며 그 예를 표 8.3에 표시하였다. 금속의 λ는 전기전도율과 거의 비례하며 전기의 양도체일수록 그 값도 크다. 또, 온도가 높아지면 λ는 작아지고, 순수한 금속의 λ보다 이것에 각종 원소나 화합물이 포함되면 값은 급격히 작아진다.

또한 금속외의 일반재료에 대한 λ값도 표 8.3에 그 예를 표시하였다. 이 값은 건조상태와 공기의 상대습도 75%, 온도 20℃일 때의 값이다. 열전도율은 재료에 습도가 증가할 수록 증가한다.

또, 단열재(insulation material) 혹은 보온재의 λ는 0.03～0.10kcal/m·h·℃ 범위의 것이 많으며, 그 값은 극히 작으므로 열의 절연, 보온 등에 사용된다. 유공성(有孔性) 고체의 λ는 구멍이 작을 수록 작으며 또, 건조되어 있을 수록 작다. 따라서 보온(단열)재는 건조된 상태가 보온 및 단열효과가 크다.

표 8.3 고체의 열전도율 (온도20℃, 건조상태, 상대습도75%)

구분	재료명	λkcal/m·h·℃		구분	재료명	λkcal/m·h·℃	
		건조상태	상대습도 75%			건조상태	상대습도 75%
금속	동	320	320	일반재료	흙	0.46	0.54
	황동	95	95		타일	0.76	0.76
	알미늄	175	175		판유리	0.68	0.68
	철	40	40		합판	0.13	0.14
일반재료	대리석	2.4	2.4		물	0.52	
	화강암	3.0	3.0		얼음	1.9	
	콘크리트	1.0	1.4		눈(200kg/m³)	0.13	
	경량브럭	0.39	0.44	단열재	석면판	0.053	0.053
	몰탈	0.66	1.2		연질섬유판	0.052	0.087
	아스팔트루핑	0.09	0.093		유리면	0.036	0.036
	석고보드	0.098	0.12		양모	0.038	0.10

8.4 열전도에 관한 계산

1차원 열전도의 계산에서 필요한 것은 열전도율의 값과 Fourier의 법칙이다. 다음에는 기본적인 경우에 대한 열전도의 계산식을 구하기로 한다.

(1) 평행 평면판

그림 8.3에서와 같이 양면이 평행하고 두께 L인 균질한 평면판에서 열전도율 λ는 일정하다. 평면판의 양 경계면은 일정온도 t_1, $t_2(t_1 > t_2)$로 유지되어 있고, 평면판 내부의 온도는 판에 수직인 x축 방향으로 변하는 1차원 정상온도장으로 생각한다. 판의 표면에서부터 x

및 $x+dx$의 거리에 있는 2개의 등온도간의 두께는 dx이다.

이 때 이곳을 통과하는 열유속을 q로 표시한다.

Fourier의 법칙에 의하면

$$q=-\lambda\frac{dt}{dx}$$

$$\therefore dt=-\frac{q}{\lambda}dx$$

이 식을 적분하면

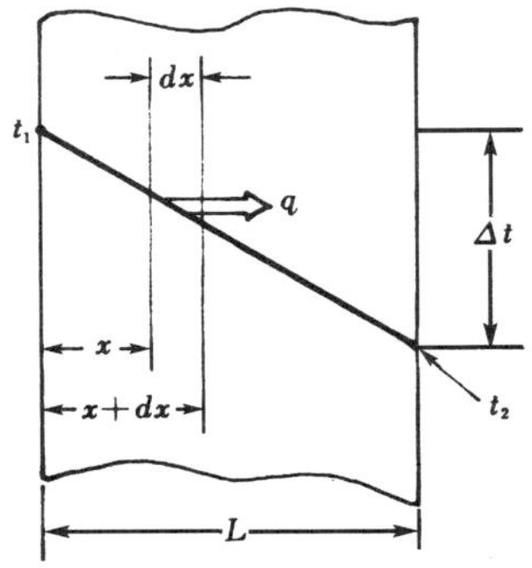

그림 8.3

$$t=-\frac{q}{\lambda}x+c \quad \cdots\cdots (8.7)$$

적분정수 c는 경계조건으로 결정된다.

그림 8.3에서 x=0일 때 $t=t_1$이므로, 또 x=L일 때 $t=t_2$이므로 $t_2=-\frac{q}{\lambda}L+t_1$

따라서

$$q=\frac{\lambda}{L}(t_1-t_2)=\frac{\lambda}{L}\triangle t\ \text{kcal/m}^2\text{h} \quad \cdots\cdots (8.8)$$

식 8.8은 매시간 1 m²의 판을 통하여 흐르는 열량이 열전도율 λ및 양 경계면의 온도차 $\triangle t=t_1-t_2$에 비례하고, 두께 L에 반비례 한다는 것을 뜻하고 있다.

따라서 면적 Fm²의 평행평면판을 통하여 시간 $\tau(h)$동안에 흐르는 전 · 열량 Q는 다음과 같이 표시된다.

$$Q=q\cdot F\cdot\tau=\frac{\lambda}{L}(t_1-t_2)\cdot F\cdot\tau\,\text{kcal/m}^2\text{h} \quad \cdots\cdots (8.9)$$

예제 8.1 건조된 콘크리트 벽의 두께가 10cm일 때 24시간 동안에 실내에서 외부로 손실되는 열량을 구하시오. 단, 벽면적은 20m×3.5m, 콘크리트의 열전도율 $\lambda=1.0$ kcal/mh℃, 실내벽면 및 실외벽면의 온도는 각각 20℃ , 0℃ 이다.

☞ $G=\frac{\lambda}{L}(t_1-t_2)\cdot F\cdot\lambda=\frac{1}{0.1}(20-0)\times3.5\times24=336000\,\text{kcal}$

예제 8.2 벽의 두께 $l=10$ cm인 경우 양표면의 온도가 각각 $t_1=25$℃, $t_2=-10$℃인 경우 벽의 단위시간, 단위 면적당 손실열량과 벽의 중심에서의 온도를 구하시오.

단, 벽의 구성재료는 경량블록으로 열전도율 $\lambda = 0.4$ kcal/mh℃이다.

☞ a) 방열량 q는

$$q = \lambda \frac{t_1 - t_2}{L} = 0.4 \frac{\{25 - (-10)\}}{0.1} = 140 \ \text{kcal/m}^2\text{h}$$

b) 중심온도 t는 $\frac{dt}{dx} = \frac{t_2 - t_1}{L}$ 이므로

$$dt = \frac{t_2 - t_1}{L} dx \quad \int_{t_1}^{t} = \frac{t_2 - t_1}{L} \int_0^x dx \quad t - t_1 = \frac{t_2 - t_1}{L} x \quad \therefore t = t_1 + \frac{t_2 - t_1}{L} x$$

$$= 25 + \frac{\{(-10) - (25)\}}{0.1} \times 0.05 = 7.5℃$$

(2) 다층 평행 평면판

다음에는 서로 다른 n종류의 균질인 평행평면판이 밀착된 다층 평면판의 경우를 생각하기로 한다.

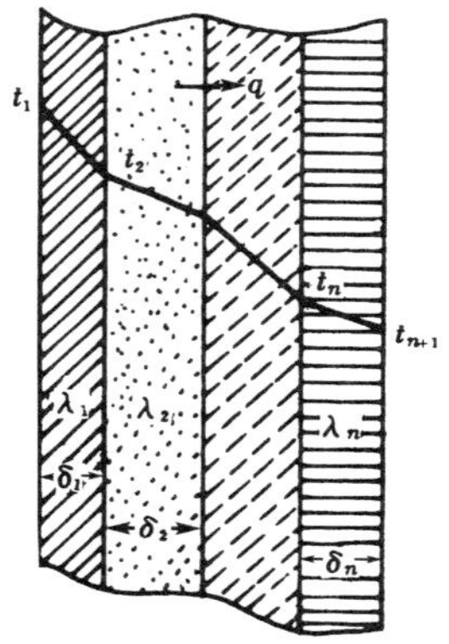

그림 8.4 다층평면판

그림 8.4와 같이 각 층의 두께를 각각 $\delta_1 \delta_2 \cdots\cdots \delta_n$라 하고 열전도율을 각각 $\lambda_1, \lambda_2 \cdots\cdots \lambda_n$로 한다.

각 층의 인접표면은 동일한 것으로 보고, 다층평면판의 외측 온도로부터 순차적으로 그림과 같이 그 온도를 각각 $t_1, t_2 \cdots\cdots t_{n+1}$로 표시할 때, 정상 상태에서 열유속 q는 모든 층에 대해서 동일하므로

각 층의 온도차를 합한 것이 전체의 온도차가 되므로 각 식의 각변을 가산하면

$$t_1 - t_{n+1} = q\left(\frac{\delta_1}{\lambda_1} + \frac{\delta_2}{\lambda_2} + \cdots\cdots + \frac{\delta_n}{\lambda_n}\right) = q \sum \frac{\delta_i}{\lambda_i}$$

$$\therefore \ q = \frac{t_1 - t_{n+1}}{\sum \frac{\delta_i}{\lambda_i}} \quad \cdots\cdots (8.10)$$

식 8.10에서 열량속(熱量束) q는 각 층이 밀착된 인접표면의 온도는 몰라도 다층평면판의 양단에 온도차를 알고 있으면 계산에 의하여 구할 수 있다.

예제 8.3 다음 그림과 같은 구조로된 벽체의 단위시간, 단위면적당 방열량(열유속)과 대리석과 콘크리

트와의 접촉면의 온도를 구하시오. 단, 실외측 벽면의 온도는 0℃ , 실내측 벽면의 온도는 22℃ 이며, 각 구성재료의 두께 및 열전도율은 각각 다음과 같다.

대리석 : $\delta_1 = 2$ cm, $\lambda_1 = 2.4$kcal/mh℃

유리면 : $\delta_3 = 3$ cm, $\lambda_3 = 0.036$kcal/mh℃

콘크리트 : $\delta_2 = 10$cm, $\lambda_2 = 1$kcal/mh℃

합판 : $\delta_4 = 1$ cm, $\lambda_4 = 0.013$kcal/mh℃

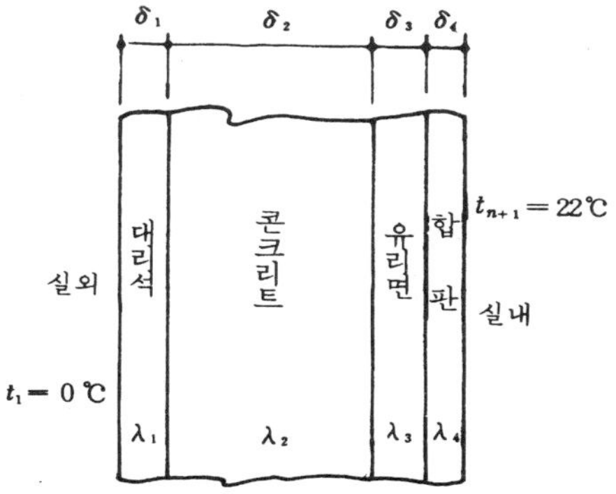

그림 8.5

☞ a) 비열량 q는

$$\delta = \frac{t_1 - t_{n+1}}{\sum_{1=i}^{n} \frac{\delta_i}{\lambda_i}} \text{ 에서}$$

$$= \frac{0 - 22}{\frac{0.02}{2.4} + \frac{0.1}{1} + \frac{0.03}{0.036} + \frac{0.01}{0.13}} = -21.6 \ \text{kcal/m}^2\text{h}$$

즉, 1시간당 1m²를 통해 방열되는 열량은 21.6kcal/m²h이다.

b) 대리석과 콘크리트의 인접면온도 t_2는

$$t_1 - t_2 = \frac{\delta_1}{\lambda_1} q \text{ 에서}$$

$$t_1 = t_1 - \frac{\delta_1}{\lambda_1} q = 0 - \frac{0.02}{2.4} \times (-21.6) = 0.18℃$$

(3) 원관의 열전도

길이 l, 내반경 r_1, 외반경 r_2인 관(pipe)에서 내면 및 외면은 각각 일정온도 t_1, t_2이고 t_1 〈 t_2일 때 열은 원관의 내측에서 외측으로 흐르고 또, 재료의 열전도율 λ는 일정하다고 본다. 이 때 온도는 반경방향(x축 방향으로 잡는다)에만 변화하는 것으로 하고, 그림 8.6과 같이 관벽의 내부에 반경 r, 두께 dr인 얇은 중공원관을 생각한다.

Fourier의 법칙에 따라 이 층을 통하여 매시 흐르는 열량 Q는

$$Q = -\lambda \cdot F \frac{dt}{dt} = -\lambda(2\pi\gamma \cdot l)\frac{dt}{dr}$$

$$\therefore dt = -\frac{Q}{2\pi \cdot \lambda \cdot l} \cdot \frac{dr}{r}$$

이것을 적분하면, C를 적분 정수로 할 때

$$t=-\frac{Q}{2\pi \cdot \lambda \cdot l}\, ln\gamma + C$$

여기서 경계조건에 의하면

$r=r_1$때 $t=t_1$이므로

$$t_1=-\frac{Q}{2\pi \cdot \lambda \cdot l}\, ln\gamma_{1+C}$$

$r=r_2$때 $t=t_2$이므로

$$t_2=-\frac{Q}{2\pi \cdot \lambda \cdot l}\, ln\gamma_{1+C}$$

$$\therefore\ t_1-t_2=-\frac{Q}{2\pi \cdot \lambda \cdot l}(ln\ \gamma_1 - ln\ \gamma_2)$$

$$\therefore\ Q=\frac{2\pi \cdot \lambda \cdot l}{ln\dfrac{\gamma_2}{\gamma_1}}(t_1-t_2)$$

$$=\frac{2\pi \cdot \lambda \cdot l}{ln\dfrac{d_2}{d_1}}(t_1 t_2)\ \text{kcal/h}$$

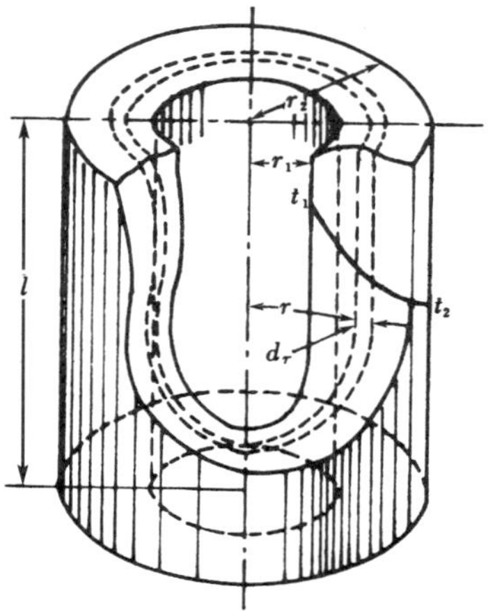

그림 8.6 원관벽의 열전도

식 8.11은 원관의 열전도의 계산식이다. 이 식에서 관벽을 통하여 매시간 흐르는 열량은 열전도율 λ, 원관의 축방향의 길이 l 및 온도차 t_1-t_2에 비례하고, 관의 외경과 내경의 비(반경의 비로도 표시된다)의 자연대수에 반비례함을 알 수 있다.

한편 원관벽면의 임의의 위치에서 온도분포를 나타내는 식은 반경 r_x의 위치에서 온도를 t_x로 하면

$$t_x=t_1-\frac{t_1-t_2}{ln\dfrac{\gamma_2}{\gamma_1}}\, ln\frac{\gamma_x}{\gamma_1} \quad \cdots\cdots (8.12)$$

또한 그림 8.7과 같이 n층으로된 길이 l인 합성 원통벽을 통해 매시간 흐르는 열량 Q는 다음과 같이 표시된다.

$$Q=\frac{2\pi \cdot l(t_1-t_{n+1})}{\sum_{i=1}^{n}\dfrac{1}{\lambda_l}\, ln\dfrac{\gamma_{n+1}}{\gamma_l}}\ \text{kcal/h} \quad \cdots\cdots (8.13)$$

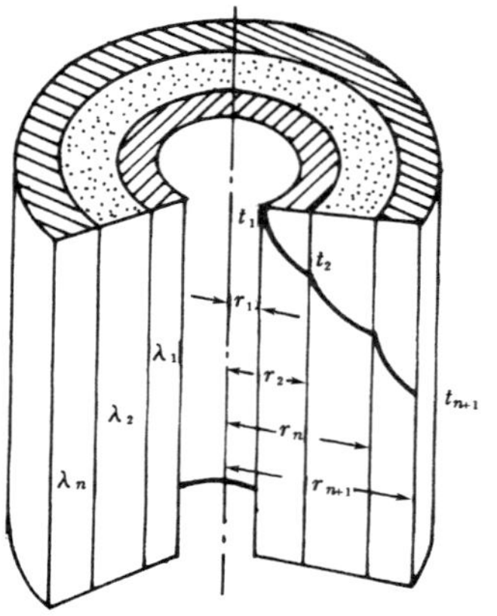

그림 8.7 다층원관벽의 열전도

예제 8.4 직경20cm, 길이 2m 인 원통의 외부는 두께 5cm의 석면(열전도율 $\lambda = 0.1\text{kcal/mh℃}$)으로 감겨져 있다. 만약 보온층의 내면온도가 100℃, 외면의 온도가 0℃일 때, 매시간 손실되는 열량은 얼마인가? 단, 양쪽 끝에서의 열손실은 없는 것으로 본다.

☞ $Q = \dfrac{2\pi\lambda l}{ln\dfrac{\gamma_2}{\gamma_1}}(t_1 - t_2) = \dfrac{2\pi \times 0.1 \times 2}{ln\dfrac{0.15}{0.1}}(100-0) = 310\ \text{kcal/h}$

8.5 열통과

(1) 열전달율

8.2의 (2)에서 말한 바와 같이 연소 가스와 수관 외벽사이 또는 물과 외벽사이의 전열과 같이, 일반적으로 액체 또는 가스등의 유체로 부터 이것과 접촉하고 있는 고체벽으로 열이 전달되는 경우와 반대로 고체벽으로 부터 유체로 열이 전달되는 경우를 열전달이라 한다. 열전달은 유체가 포함하는 모든 전열을 포함한다.

고체벽면에서 유체로의 열전달은 상(相)의 변화가 있을 경우 등을 제외하고는 일반적으로 뉴턴의 냉각법칙을 기준으로 하며, 단위시간에 이동하는 열량 Q는 표면적 F 및 벽의 온도 t_w와, 유체의 온도 t_f와의 온도차에 비례하는 것으로 생각한다.

즉, 이 관계는 다음 식과 같이 쓸 수 있다.

$$Q = \alpha F(t_f - t_w)\ \text{kcal/h} \quad \cdots\cdots (8.14)$$

위 식에서 비례정수 α를 열전달율(heat transfer coefficient)이라고 하며, 공학상 단위는 $\text{kcal/m}^2 \cdot \text{h} \cdot ℃$이다. 또한 단위 면적당 열유속(熱流束) q는 다음 식으로 표시된다.

$$q = \alpha(t_f - t_w)\ \text{kcal/m}^2\text{h} \quad \cdots\cdots (8.15)$$

열전달은 유체내에 생기는 경계층을 통한 열이동이며, 물체의 형상이나 유체의 속도, 밀도 등의 모든 상태 및 열유속의 대소에 따라 변화한다. 그러나 균일한 동일상인 유체의 열전달에 있어서는 적어도 열유속의 대소에 관계없이 α가 일정하다고 생각해도 좋다.

(2) 평판면의 열통과

그림 8.7에서와 같이 온도 t_{f1}인 고온유체와 온도 t_{f2}인 저온 유체와의 사이에 두께가 δ인

평행평면판이 있다. 판의 열 전도율을 λ라 하고, 양측의 온도를 t_{w1}, t_{w2}라고 하면, 이 때 전열량 Q는 고온유체로부터 벽을 통해 저온유체쪽으로 이동하며, 또 유체와 판의 x축온도는 방향으로만 변화하는 것으로 한다. 이 때 통과하는 열량은 고온유체로부터 평판벽으로 열전달에 의하여 전달되며, 평판벽내에서는 열전도로 전달된다. 또 평판벽으로부터 저온유체에는 열전달에 의하여 이동한다. 이와 같은 열이동을 총괄하여 열통과라고 한다.

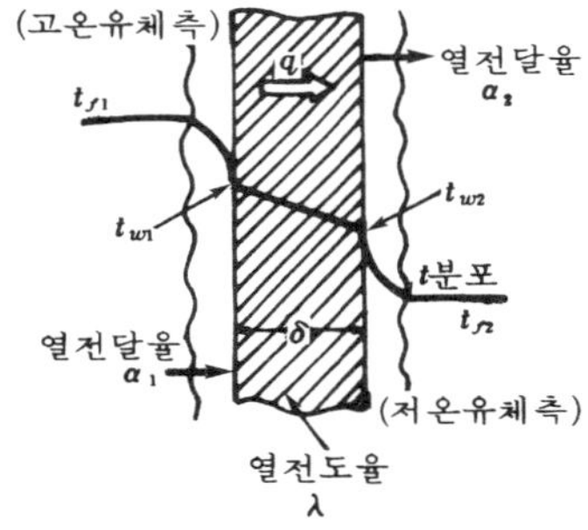

그림 8.7

열전달율은 일반적으로 유체의 상태, 벽의 형상, 유체와 벽과의 온도차 등의 영향을 받는 것이지만, 보통 단상류에서는 어떤 범위에서는 정수라고 생각해도 되므로, 여기서도 온도에 관계없이 일정하다고 생각한다.

표 8.3은 일반적인 건축물에 적용되고 있는 실내외측의 열전달율을 나타낸다.

표 8.3 표면의 열전달율 [kcal/m^2 · m^2 · h · ℃]

실내측	수평면(상향) 수평면(하향) 수직면	α_i=9.5 α_i=6.0 α_i=7.5
실외측	수평, 수직	α_0=20

: a_i실내측, a_0: 실외측

고온측의 열전달율을 a_1, 저온측의 열 전달율을 a_2라고 할 때 정상 상태가 되면, 고온유체로부터 평판에 전달되는 열량속(熱量束) q_1은 평판 내부를 열전도로 전달하게 되는 열유속 q_2와 같고, 이것은 또 평면벽으로부터 저온유체로 전달되는 열량 q_3와 같게 된다.

따라서,

$$q_1=\alpha_1(t_{f1}-t_{w1}) \qquad \therefore t_{f1}-t_{w1}=\frac{q_1}{\alpha_1}$$

$$q_1=\frac{\lambda}{\delta}(t_{w1}-t_{w2}) \qquad \therefore t_{w1}-t_{w2}=\frac{\delta_1}{\lambda_1}$$

$$q_3=\alpha_2(t_{w2}-t_{f2}) \qquad \therefore t_{w2}-t_{f2}=\frac{q_2}{\alpha_2}$$

여기서 정상상태에서는 $q_1 = q_2 = q_3 = q$가 되므로 위의 3式식 을 더하면

$$t_{f_1} - t_{f_2} = q\left(\frac{1}{\alpha_1} + \frac{\delta}{\lambda} + \frac{1}{\alpha_2}\right)$$

따라서 열량속(熱量束) q는 다음과 같이 쓸 수 있다.

$$q = \frac{1}{\frac{1}{\alpha_1} + \frac{\delta}{\lambda} + \frac{1}{\alpha_2}}(tf1 - tf2)\ \mathrm{kcal/m^2 \cdot h} \quad \cdots\cdots (8.16)$$

여기서,

$$K = \frac{1}{\frac{1}{\alpha_1} + \frac{\delta}{\lambda} + \frac{1}{\alpha_2}}\ \mathrm{kcal/m^2 \cdot h \cdot ℃} \quad \cdots\cdots (8.17)$$

로 놓으면 식 8.16은

$$q = K(t_{f1} - t_{f2})\mathrm{kcal/m^2 \cdot h} \quad \cdots\cdots (8.18)$$

로 표시된다. 이 K를 열통과율 또는 열관류율(熱貫流率 : coefficient of overall heat tran smission)이라고 하며, 이 역수인 $\frac{1}{K}$을 전열저항(total thermal resistance)이라고 한다. 따라서 전체 열저항은 다음과 같이 쓸 수 있다.

$$\frac{1}{K} = \frac{1}{\alpha_1} + \frac{\delta}{\lambda} + \frac{1}{\alpha_2} \quad \cdots\cdots (8.19)$$

여기서 평판벽의 열통과를 생각할 때 통과하는 열량속은 평판벽의 양측에 있는 고온 및 저온유체의 온도차에 비례하며, 평판벽 양면의 온도와는 관계가 없다. 또, 전열저항은 국소열저항의 합과 같음을 알 수 있다. 한편 평행평면판을 n장 합성한 평면판에 있어서 각 층의 두께가 $\delta_1, \delta_2, \delta_3 \cdots \delta_n$이고 열 전도율이 $\lambda_1, \lambda_2, \lambda_3 \cdots \lambda_n$일 때, 이 합성한 평면판을 지나는 열량 q는 열통과율 K 및 전체열저항 $\frac{1}{K}$는 다음과 같이 표시된다.

$$q = (t_{f1} - t_{f2}) \quad \cdots\cdots (8.20)$$

$$K = \frac{1}{\frac{1}{\alpha_1} + \sum_{i=1}^{n} \frac{\delta_i}{\lambda_i} + \frac{1}{\alpha_2}} \quad \cdots\cdots (8.21)$$

$$\frac{1}{K} = \frac{1}{\alpha_1} + \sum_{i=1}^{n} \frac{\delta_i}{\lambda_i} + \frac{1}{\alpha_2} \quad \cdots\cdots (8.22)$$

예제 8.5 실내공기의 온도 25℃, 실외공기온도 -10℃이다. 벽체의 구조가 10cm두께의 콘크리트 ($\lambda = 1$kcal/mh℃)로 되어 있을 때와, 실내측에 단열재로 두께5cm의 유리($\lambda = 0.036$ kcal /mh℃)을 부착시켰을 때 단위 면적당, 단위시간당 손실 열량을 비교하시오. 단, 실내 및 실외측의 열전달율은 모두 $\alpha = 10$kcal/m²h℃로 한다.

☞ a) 단열재를 사용하지 않은 벽체의 손실열량 q는

$$q_1 = K_1(t_{f1} - t_{f2})$$

$$= \frac{1}{\frac{1}{\alpha_1} + \frac{\delta}{\lambda} + \frac{1}{\alpha_2}}(t_{f1} - t_{f2}) = \frac{1}{\frac{1}{20} + \frac{0.1}{1} + \frac{1}{20}}\{25 - (-10)\}$$

b) 단열재를 사용했을 때 손실열량 q_2는

$$q_2 = K_2(t_{f1} - t_{f2})$$

$$= \frac{1}{\frac{1}{20} + \frac{0.1}{1} + \frac{0.05}{0.036} + \frac{1}{20}}\{25 - (-10)\} = 22 \text{ kcal/m}^2\text{h}$$

c) 즉, 단열재를 사용했을 경우가 손실열량은 약 1/8정도로 감소된다.

(3) 원관의 열통과

그림 8.8과 같이 길이 l, 내경 d_1(반경 r_1), 외경 d_2(반경 r_2)인 원관은 열전도율이 λ인 균질한 재료로 되어있다고 하자. 온도 t_{f1}인 고온 유체는 원관벽의 내부를, 온도 t_{f2}인 저온 유체는 관벽의 외부를 흐르며, 관벽의 내면, 외면의 온도 t_{w1} 및 t_{w2}는 미지수이다. 고온 유체로부터 원관 내면으로의 열전달율은 α_1, 원관 외면으로부터 저온 유체로의 열전달율은 α_2이며, 유체와 관의 온도는 모두 관의 반경 방향으로만 변화하는 것으로 한다.

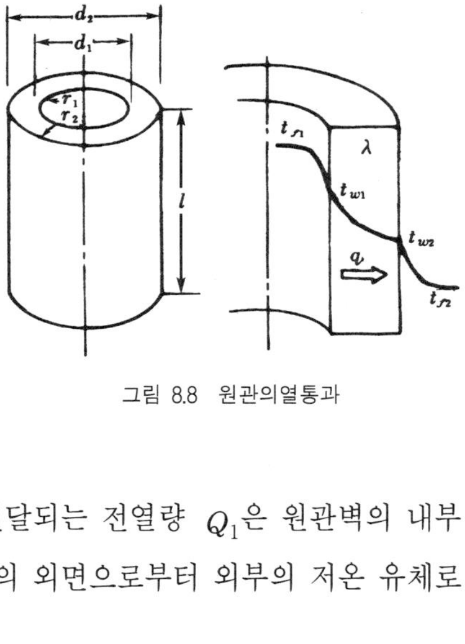

그림 8.8 원관의열통과

정상 상태가 되면 고온 유체로부터 원관 내면으로 전달되는 전열량 Q_1은 원관벽의 내부를 통과하는 전체열량 Q_2와 같으며, 이것은 또한 원관의 외면으로부터 외부의 저온 유체로

전달되는 전체열량 Q_3와 같다.

즉, $Q_1 = \alpha_1 \pi d_1 l(t_{f1}-t_{w1})$

$$\therefore t_{f1}-t_{w1} = \frac{Q_1}{\alpha_1 \pi d_2 l}$$

$$\therefore t_{f1}-t_{w2} = \frac{l_n \frac{d_2}{d_1}}{2\pi\lambda l} Q_2$$

$$Q_3 = \alpha_2 \pi d_2 l(t_{w2}-t_{f2}) \qquad \therefore t_{w2}-t_{f2} = \frac{Q_3}{\alpha_2 \pi d_2 l}$$

정상상태에서는 $Q_1 = Q_2 = Q_3 = Q$가 되므로

위 식의 각 변을 더하면 총합온도차 ($t_{f1} - t_{f2}$)와 Q의 관계를 알 수 있다.

$$t_{f1}-t_{f2} = \frac{Q}{\pi}\left(\frac{1}{\alpha_1 d_1} + \frac{1}{2\lambda} ln\frac{d_2}{d_1} + \frac{1}{\alpha_2 d_2}\right)\frac{1}{l} \quad \cdots\cdots (8.23)$$

한편

$$Q = \frac{\pi \cdot 1}{\frac{1}{\alpha_1 d_1} + \frac{1}{2\lambda} ln\frac{d_2}{d_1} + \frac{1}{\alpha_2 d_2}}(t_{f_1}-t_{f_2}) \quad \cdots\cdots (8.24)$$

지금 원관의 단위 길이당 열량(Q/l)은 온도차($t_{f1} - t_{f2}$)의 대소(大小)에 대한 비례정수를 원관의 선(線)열통과율 K'라고 하면 K'의 정의에서

$$\frac{Q}{l} = K'\pi(t_{f1}-t_{f2}) \quad \cdots\cdots (8.25)$$

로 표시된다.

그러므로 K'의 값은 식 8.24, 8.25에서 다음 식으로 표시된다.

$$K' = \frac{1}{\frac{1}{\alpha_1 d_1} + \frac{1}{2\lambda} ln\frac{d_2}{d_1} + \frac{1}{\alpha_2 d_2}} \quad \cdots\cdots (8.26)$$

선열통과율 K'의 역수를 전선(全線)열저항 R'라고 한다.

$$R' = \frac{1}{K'} = \frac{1}{a_1 d_1} + \frac{1}{2\lambda} ln\frac{d_2}{d_1} + \frac{1}{\alpha_2 d_2} \quad \cdots\cdots (8.27)$$

식 8.27은 전선열저항(全線熱低抗)이 국소선열저항 즉, 벽의 선열 저항 $\frac{1}{2\lambda} ln\frac{d_2}{d_1}$ 및 유체의 선열저항 $\frac{1}{\alpha_1 d_1}$, $\frac{1}{\alpha_2 d_2}$의 합임을 표시하고 있다.

이 원관의 내외벽면의 단위 면적당 열량속이 q_1, q_2일 때 q_1, q_2의 $(t_{f1}-t_{f2})$에 대한 비례정수를 K_1, K_2라고 하면 K_1, K_2는 앞서 평면벽과 마찬가지로 생각할 때의 내외벽면 기준의 열통과율이 되며, 다음 식으로 표시된다. 또한 층으로된 합성(合成)원통관의 선열통과는 다음 식으로 표시된다.

$$K_1 = \frac{K'}{d_1} \quad \cdots\cdots (8.28)$$

$$K_2 = \frac{K'}{d_2} \quad \cdots\cdots (8.29)$$

또한 n층으로 된 합성원통관의 선열통과율(線熱通過率) K'는 다음 식으로 표시된다.

$$K' \frac{1}{\frac{1}{\alpha_1 d_1} + \sum_{i=1}^{n} \frac{1}{2\lambda_i} ln\frac{d_{l+1}}{d_l} + \frac{1}{\alpha_2 d_{n+1}}} \quad \cdots\cdots (8.30)$$

예제 8.6 내경 200mm, 두께 10mm인 주철관내를 450℃의 연소가스가 흐르고 있으며 외계의 온도가 10℃ 이다. 관 내외면의 열전달율이 각각, α_1=40kcal/m²h℃, α_2=5kcal/m²h℃일 때 단위길이당 단위시간당 전열량을 구하시오. 단, 주철의 열전달율은 λ=50kcal/mh℃이다.

☞ $$Q = \frac{\pi l}{\frac{1}{\alpha_1 d_1} + \frac{1}{2\lambda} ln\frac{d_2}{d_1} + \frac{1}{\alpha_2 d_2}} (t_{f1} - t_{f2})$$

$$= \frac{\pi + 1}{\frac{1}{40\times 0.2} + \frac{1}{2\times 50} ln\left(\frac{0.22}{0.2}\right) + \frac{1}{5\times 0.22}} (450 - 10) = 1335 \text{ kcal/h}$$

8.6 복사열전달

(1) 복사열전달의 개념

고온 물체가 갖는 열 중 일부는 복사가 되어 고온 물체로부터 저온 물체로 직접 공간을 통하여 열을 이동시킨다.

이 복사를 전파하는 것은 전자파이며, 저온 물체에 흡수되면 열로 변하는 성질을 가지고 있다.

이와 같은 전열형식을 열복사(thermal radiation) 또는 열방사라고 한다.

工學에 있어서 열복사를 이용하는 기기에는 고온의 반사벽을 갖는 반사로, 적외선 lamp에 의한 건조장치, 보일러의 복사전열면, 반사면을 갖는 전열기, 태양열 온수기, 인공위성의 con denser등을 들 수 있다. 이들 기기에서의 복사연전달은 원리적으로 어떠한 법칙에 따르고 있는가를 논하기로 한다. 모든 물질은 복사의 성질을 가지고 있으며, 항상 복사에너지를 복사하고 있다. 물체에 복사된 복사에너지 중 그 일부는 흡수되고, 다른 일부는 일단 표면에 흡수된 뒤 재차 복사되며, 또 나머지 일부는 물체를 투과한다.

그림 8.9와 같이 물체에 복사된 전입사(全入射) 에너지 Q 중에서 흡수된 부분을 Q_A, 반사 또는 재복사된 부분을 Q_R, 투과한 부분을 Q_D라고 하면,

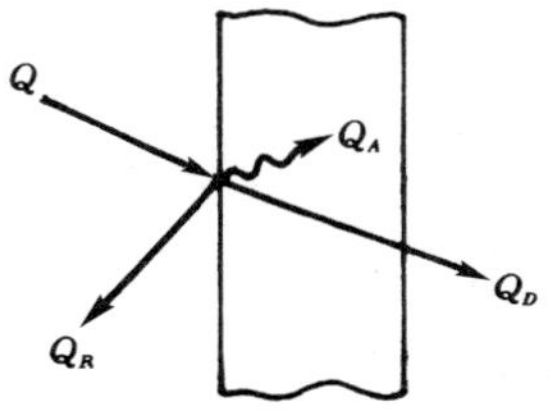

그림 8.9 입사 energyd의 분해

$$Q = Q_A + Q_R + Q_D$$

또 양변을 로 나누면

$$\frac{Q_A}{Q} + \frac{Q_R}{Q} + \frac{Q_D}{Q} = 1$$

여기서 $\frac{Q_A}{Q}$를 물체의 전체흡수율, α*(absorbtivity)를 $\frac{Q_R}{Q}$를 전체반사율, ε^*_γ(reflectivity)를 투과율, $\frac{Q_D}{Q}$를 투과율 ε^*_D(transmissivity)로 표시하면

$$\alpha^* + \varepsilon^*_\gamma + \varepsilon^*_D = 1 \quad \cdots\cdots (8.31)$$

여기서 α^*, ε^*_γ, ε^*_D는 무・원(無・元)이며 0에서 1까지 변화한다. $\alpha^* = 1$일 때 $\varepsilon^*_\gamma = 0$, $\varepsilon^*_D = 0$가 되며, 입사 에너지는 모두 물체에 흡수되는 경우를 표시한다. 이때의 물체를 완전흑체라고 한다.

$\varepsilon^*_\gamma = 1$일 때는 $\alpha^* = 0$, $\varepsilon^*_D = 0$가 되어 입사에너지는 전부반사 된다. 이때 일반적으로 난반사가 일어나는데, 이때의 물체를 완전백체(完全白體)라고 한다.

$\varepsilon^*_D = 0$인 경우에는 $\alpha^* = 0$, $\varepsilon^*_\gamma = 0$가 되어 입사에너지는 전부 물체를 투과한다. 이 경우의 물체를 완전투명체라고 한다.

(2) 열복사의 기본법칙

1 plank의 법칙

물체표면의 단위면적으로부터 단위시간에 복사되는 복사에너지량을 복사능력(emissive power; 기호 E, 단위 kcal/m^{2}h)이라고 한다. 일반적으로 복사능은 그 물체의 온도에 대한 전자파의 파장과 관계되므로 다음의 관계식이 성립된다.

$$E_{\lambda} = f(\lambda,\ T) \quad \cdots\cdots (8.32)$$

여기서 E_{λ}의 값은 λ로부터 $\lambda + d\lambda$까지의 파장에 대한 복사능 dE를 파장의 $d\lambda$차로 나눈 값이므로, 다음 식과 같이 표시된다.

$$E_{\lambda} = \frac{dE}{d\lambda}\ \text{kcal/m}^2 \cdot \text{h} \cdot \mu \quad \cdots\cdots (8.33)$$

이때 E_{λ}의 값을 단색복사능이라고 한다.

Plank는 흑체의 단색복사능의 세기를 파장의 함수로 표시하였다. plank의 법칙(plank's law)는 다음 식으로 표시된다.

$$E_{b\lambda} = \frac{C_1 \lambda^{-5}}{e^{C_2/\lambda T} - 1} = C_1 \lambda^{-5} \{ exp(C_2/\lambda T) - 1 \}^{-1} \quad \cdots\cdots (8.34)$$

여기서 $E_{b\lambda}$: 흑체의 단색복사능 kcal/m^{2}h

λ : 파장 μ

T : 물체의 절대온도 K

C_1 : $3.21 \times 10^{-6} = (2\pi C_0^2\ h)$ kcal/m^{2}h

C_2 : $1.44 \times 10^{-2} = (C_0 h/k)$ m k

C_0 : 진공중에 있는 빛의 속도의 정수(定數)

h : plank의 정수(定數)

k : Boltzmann 정수(正數)

그림 8.10, 8.11은 plank의 법칙을 선도로 표시한 것이며, $\lambda = 0$에서 복사에너지는 0이 된다. 또, $\lambda = 0$의 증가와 더불어 $E_{b\lambda}$는 증가하면서 어떤 값 λ_m가 될 때 최대가 된다음, 다시 감소하여 $\lambda = \infty$에서 재차 0이 된다. 최대치를 주는 λ의 값은 온도가 상승함에 따라 적어진

다. 이것은 저온 물체보다 고온 물체일수록 적색에서 흑색, 다음으로 백색으로 보이는 것과 대응한다. 이 법칙을 Wien의 변위칙(變位則)(Wien's displacement law for thermal radiation)이라고 한다.

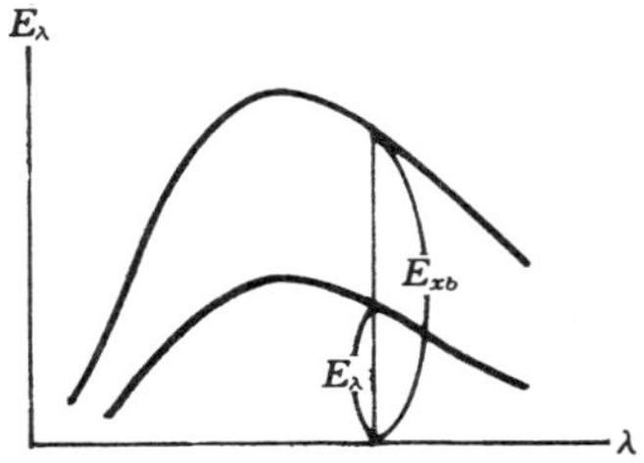

그림 8.10 회색체의 정의에 대한 설명서

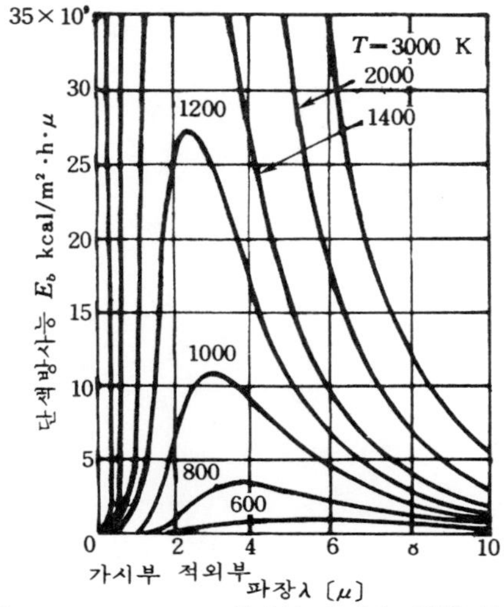

그림 8.11 흑체의 단색복사능

어떤 일정한 온도하에서 모든 물체의 전복사능의 최대 한도는 완전흑체의 복사능이다. 따라서 한 물체의 임의의 온도에 대한 복사능 E_λ를 표시하는데 있어서, 그것과 같은 온도의 완전흑체의 복사능 $E_{D\lambda}$에 대한 비율로 표시하는 것이 편리할 때가 많다.

$$\varepsilon = \frac{E_\lambda}{E_{b\lambda}} \quad \cdots\cdots (8.35)$$

이 ε를 복사율(emissivity)이라고 한다. 여기서 그림 8.10과 같이 모든 파장에 대하여 $E_\lambda / E_{D\lambda} = \varepsilon$ 이 일정한 물체를 회색체(灰色體 ; gray body)라고 한다. 실험에 의하면 많은 공업재료는 회색체(灰色體)로 생각해도 좋다.

2 Stefan-Boltzmann의 法則

흑체표면 1m² 당 매시간 복사되는 전체에너지양은 plank의 법칙에 의한 복사능을 적분하여 정수(定數)를 대입하면

$$E_b = \int_0^\infty \frac{C_1 \lambda^{-5}}{e^{c2/\lambda T} - 1} = d\lambda = \sigma_0 T^4 = 4.088 \times 10^{-8} \cdot T^4$$

$$= 4.88\left(\frac{T}{100}\right)^4 \text{kcal/m}^2\text{h} \quad \cdots\cdots (8.36)$$

이것이 Stefan-Boltzmann의 법칙이다. 여기서 σ_0는 Stefan-Boltzmann 정수라고 하며, 다음 값을 갖는다.

$$\sigma_0 = 4.88 \times 10^{-8} \text{ kcal/m}^2 \cdot \text{h} \cdot \text{K}^4 = 4.88 \text{ kcal/m}^2\text{h}(\text{K}/100)^4$$

흑체의 단위 면적으로 부터 단위 시간에 복사되는 열량 즉, 복사능은 절대온도의 4제곱에 비례한다.

공업에서 실제로 사용되는 물질을 회색체라고 생각하면, 그 표면으로 부터 1m^2당 매 시간 복사되는 전체에너지 양 E는, 그 물체의 복사율을 ε라고 하면 T를 K로 표시할 때 다음 식과 같이 매우 간단한 수식으로 표시된다.

$$E = \varepsilon E_b = 4.88\varepsilon\left(\frac{T}{100}\right)^4 \text{kcal/m}^2\text{h} \quad \cdots\cdots (8.37)$$

보통 열전달이나 열전도에 비하면 복사로 전해지는 열량은 그 물체가 고온일수록 현저하게 증대한다. 표 8.4는 각종 면에서의 복사율 ε를 표시하였다.

표 8.4 각종 표면의 복사율(輻射率)

물질	표 면	온도℃	복사율
철	연마면	427~1,025	0.14~0.38
	조연마면	100	0.17
	산화철	100	0.31
주철	보통연마면	200	0.21
	용융상태	1,300~1,400	0.29
	600℃에서 산화된면	198~600	0.64~0.78
강	연마면	100	0.066
	강판평체면	900~1.040	0.55~0.60
	600℃에서 산화된면	198~600	0.79
동	보통연마면	100	0.052
	600℃에서 산화된면	200~600	0.57

물질	표 면	온도℃	복사율
동	두 꺼 운 산 화 층	2.5	0.78
황동	고 도 연 마 면 600℃에서 산화된면	258～378 200～600	0.033～0.037 0.61～0.59
금	연 마 면	227～628	0.018～0.035
은	연 마 면	38～628	0.020～0.032
백금	연 마 면	227～627	0.054～0.104
벽돌	적 벽 돌 내 화 벽 돌	21 590～1,000	0.93 0.80～0.90
사료	철면상의백색enamal 철면상의흑색lacquer	23 24	0.906 0.875
목림	대 패 질 한 거 목	70	0.91
유리	보 통 유 리	90	0.88
물		0～100	0.95～0.963

연습문제

1. 전열의 기본형식을 쓰시오.

답 열전도, 열대류, 열복사

2. 벽면을 통해 500kcal/h의 열량이 면적 $30m^2$을 통해 손실될 때 열유속을 구하시오.

답 $16.7kcal/m^2h$

3. 건조된 콘크리트 두께20cm, 면적$100m^2$ 인 수직외벽이 있다. 실내온도20℃, 실외온도 0℃ 일 때 시간당 손실열량은 얼마인가?

답 5217kcal/h

4. 문제 3번과 같은 구조의 벽에 두께 25mm의 건조된 상태의 유리면을 벽체의 내측에 붙였을 경우 손실 열량은 얼마가 적어지는가?

답 $\triangle Q = 5146\,\text{kcal/h}$

5. 두께 30cm의 벽돌벽($\lambda = 0.8\,\text{kcal/mh℃}$)이 있다. 내면의 온도가 350℃, 외면의 온도가 50℃일 때 이 벽돌벽을 흐르는 열량($\text{kcal/m}^2\text{h}$)을 구하시오.

답 800 $\text{kcal/m}^2\text{h}$

6. 두께 34.5cm ,열전도율 1.2 kcal/mh℃의 내화 벽돌과 두께 11.5cm , 열전도율 0.1 kcal/mh℃의 단열벽돌 및 두께 11.5cm , 열전도율 1 kcal/mh℃의 붉은 벽돌로 된 벽체가 있다. 내화벽돌의 온도가 의 온도가 $t_1 = 980$℃, 붉은 벽돌의 온도가 t=50℃일 때 각 벽돌경계의 온도(t_2, t_3)는 얼마인가?

답 $t_2 = 807.8$℃, $t_3 = 118.9$℃

7. 두께 20cm의 내화벽돌($\lambda = 1.0$ kcal/mh℃)의 외측에 아래 조건을 만족시키기 위해 단열재($\lambda = 1.0$ kcal/mh℃ ,안전사용온도 800℃)를 시공할 때 단열재의 두께는 어느 정도가 되는가? 다만, 로의 내벽온도는 1000℃ , 외기온도는 0℃, 단열재에서 열전도율은 10 kcal/mh℃로 한다.

답 70mm

8. 강관의 외경 200mm, 길이 5m 에 단열재로 유리면($\lambda = 0.336$ kcal/mh℃) 두께 25mm를 감았다. 강관의 표면온도 50℃, 단열재 외면온도 0℃일 때 하루 동안에 손실되는 열량은 얼마인가?

답 6082kcal

9. 내경 200mm, 외경210mm이고 충분이 긴 강관($\lambda = 50$)내에 증기가 들어 있으며 내면의 온도는 300℃이다. 표면이 보온되어 있지 않은 상태에서 이 강관 1m당 매시간 방열되는 열량을 구하라. 다만, 표면온도는 100℃이며 내외면의 온도는 시간이 경과하여도 변하지 않는 것으로 한다.

답 1.288×10^6kcal/h

10. 문제9에서 강관의 표면에 보온재($\lambda = 0.1$)를 써서 40mm의 두께로 피복할 때 손실열량은 얼마가 되는가? 다만, 표면온도는 100℃로 한다.

답 389kcal/h

9 연료 및 연소

공학에 이용되고 있는 에너지원을 분류하면 다음과 같이 3가지의 에너지원으로 나누어 생각할 수 있다.

태양은 지구상에 존재하는 모든 천연 에너지의 근원이다. 흐르는 물이나, 풍력, 또는 각종 연료 등은 지구상에 도달한 태양의 복사열이 에너지형태의 변환과정을 거쳐서 축적된 현상의 작용에 불과하다. 따라서 태양의 복사열원이 1차 에너지로, 또한 지구상에 존재하는 천연 에너지중에서도 태양의 복사열으로부터 연속적으로 축적되는 에너지를 2차로 정의한다. 즉, 수력 에너지는 물이 태양열을 흡수하여 위치 에너지가 증가된데서 비롯된 것이고, 풍력은 지구상의 국부적인 온도차로부터, 또한 연료는 생물체의 성장형태, 시체의 화석과정 등의 복잡한 에너지변환 과정을 거쳐서 형성되는 것이다.

3차 에너지원은 이 우주공간에 산재하는 전 에너지중에서 1차 에너지원 및 2차 에너지원을 제외한 나머지 에너지를 통털어 삼차 에너지원으로 정의한다. 현재로써 실용되고 있는 삼차 에너지원은 제삼의 불이라고 일컬어지는 원자력 에너지를 말한다.

한편 우리 나라의 에너지원의 부존자원으로는 가사용 매장량을 기준으로 석탄이 약 76천만톤으로 으뜸을 차지하며, 우라늄(U_3O_8) 3.4천톤, 토륨(ThO_2) 15천톤 가량으로 추정되고 있다. 본장에서는 2차 에너지원의 특성 및 연소현상을 다루기로 한다.

9.1 연료

(1) 연료의 종류

어떤 물질이 급격한 산화작용을 일으켜 열에너지를 발생할 때 이 물질을 연료라 하며, 이러한 연료를 형태에 따라 고체연료, 액체연료, 기체연료의 3종류로 나누어지며 이들의 특성은 표 9.1과 같다.

표 9.1 연료의 종류 및 성질

항 목	고 체	액 체	기 체
수 송	번거롭다	비교적 간단(pipe, pump)	간단(pipe)
저 장	넓은 면적과 지붕(저장창고)	비교적 값이 비싼 저장 탱크	값이 비싼 저장 基地 및 탱크
발 열 량	석탄 : 5500kcal/kg	등유 : 10700~11300kcal/kg 경유 : 10500~11000kcal/kg 중유 : 9000~10000kcal/kg	LPG : 3600~5000kcal/m³ LNG : 9000~kcal/m³
연 소 장 치	대형화 되어 복잡	비교적 소형화, 간단	소형, 간단
연소방법	다량의 과잉공기 필요.부하의 대응성이 적고 재의 처리 불편	비교적적은 과잉 공기 필요. 부하의 대응성이 크고 재의 처리 불필요	거의 이론공기량, 부하의 대응성이 크고 재의 처리 불필요
열효율	낮다	높다	가장 높다
보안	안전	주의를 요한다	세심한 주의
연소가스공해	높다	높다	낮다
가격	낮다	높다	높다

고체연료의 대표적인 것은 석탄(coal)이며, 이 연료는 운반 및 저장, 재의 처리, 세밀한 제어의 곤란, 매연의 결점 등이 있어 현재로는 빌딩용 연료로는 거의 사용하지 않고, 소형주택용 연료로는 아직까지 일부 사용되고 있다.

액체연료는 등유, 경유, 중유 등으로 수송, 저장 및 제어의 자동화 등의 장점이 있어 빌딩용 연료로 현재로서는 대종을 이루고 있다.

또한 기체연료로 가스는 액화 석유가스인 LPG(liquefied petoleum gas)와 특히 앞으로 공급배관망의 확충으로 액화 천연가스인 LNG(liquefied natural gas)의 수요는 더욱 증가할 것이다.

(2) 연소 조건

연료 안에 포함된 에너지는 연소라고 하는 과정에 의해서 열에너지로 변환한다. 연소는 산소와 결합한 물질이 열과 빛을 방출하는 화학작용으로 정의된다.

연소에는 3가지의 기본조건이 필요한데도 충분히 높은 온도, 산소, 연료가 그것이다(그림 9.1).

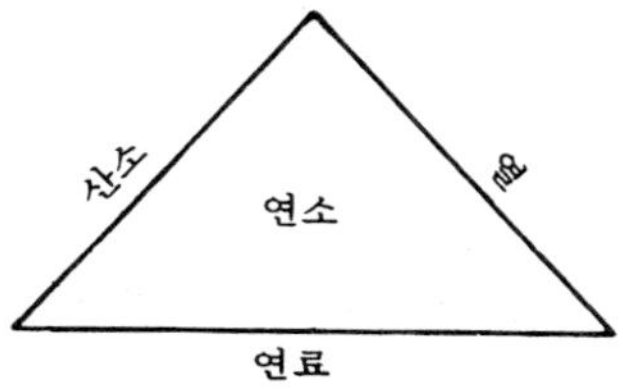

그림 9.1 연소조건

연소는 버너에 의해 행하여진다. 연료와 버어너에 의해 연소 특성은 크게 다르며, 연소열을 효율적이고 무공해 형태로 발생시키기 위해서는 사용연료와 사용조건에 맞는 버너와 연소 방법이 요구된다. 이와 같은 연소특성을 열거하면 다음과 같다.

- 연료의 연소성은 공기와 접촉면적의 관계에서 기체, 액체, 고체의 순으로 연소하기 쉽다.
- 연소속도는 버너에서의 연료와 공기의 혼합상태에 따라 다르다. 혼합을 잘하면 연소속도가 증대하여 단염이 생기며 매연 발생이 적다. 또, 반대의 경우에는 장염이 되어 불완전연소를 일으키기 쉽고 매연의 발생이 뒤따르기 쉽다.
- 가스연소를 크게 나누면, 버너 선단에서 가스와 공기가 혼합하여 연소하는 확산연소와, 버너 앞에서 미리 양자를 혼합하여 연소시키는 예혼합(豫混合) 연소의 둘로 나누어진다. 일반적으로 전자는 장염이 되기 쉽고, 후자는 단염이 된다. 또, 전자는 혼합이 나쁘면 화염이 끊어지기 쉽고, 후자는 가스량을 교축할 때 역화를 일으키지 않도록 주의하여야 한다.
- 액체연료에서의 연소속도는 분무입자가 적은 것 일수록 커지며 분무입자가 큰것일수록 적어진다.
- 매연은 공기부족의 경우와 연료 및 공기의 혼합이 나쁜 때에 발생하기 쉽다. 따라서 매연의 발생방지는 공기부족이 없도록 하는 것과 연료와 공기의 혼합성능을 높이는 것이 중요하다.

9.2 연소

(1) 탄소(C)의 완전연소

완전연소란 연료가 공기중의 산소와 접촉하여 가연성 물질이 완전히 연소되는 것을 말한다. 탄소는 완전연소될 때 탄산가스 [CO_2]를 발생하며 연소된다.

$$C + O_2 = CO_2 + 97,200\,\text{kcal/kmol} \quad \cdots\cdots (9.1)$$

(2) 탄소(C)의 불완전연소

불완전연소 때는 다음과 같이 일산화탄소[CO]를 발생하고 발생 열량도 매우 감소한다.

$$C+\frac{1}{2}O_2=CO+29,200\text{kcal/kmol} \quad \cdots\cdots (9.2)$$

(3) 일산화탄소(CO)의 연소

일산화탄소에 충분한 공기를 공급하여 연소시키면 탄산가스[CO_2]를 발생하며 연소된다. 한편, 가스연료의 발생열량은 체적당(Nm^3) 발열량으로 나타내고, 아보가드로의 법칙에 의하면 1Kmol은 22.4 Nm^3의 관계가 있다.

$$CO+\frac{1}{2}O_2=CO_2+67,700\text{kcal/kmol}\ (3,020\text{kcal/Nm}^3) \quad \cdots\cdots (9.3)$$

(4) 수소(H_2)의 연소

수소는 연소되면 수분[H_2O]을 발생한다.

$$H_2+\frac{1}{2}O_2=H_2O(\text{증기})+57,600\text{kcal/kmol}(2,570\text{kcal/Nm}^3) \quad \cdots (9.4)$$

$$H_2+\frac{1}{2}O_2=H_2O(\text{액체})+68,400\text{kcal/kmol}(3,050\text{kcal/Nm}^3) \quad \cdots (9.5)$$

(5) 탄화수소(C_mH_n)의 연소

1 메탄(CH_4)

$$CH_4+2O_2$$
$$=CO_2+2H_2O(\text{증기})=191,500\text{kcal/kmol}(8,550\text{kcal/Nm}^3) \quad \cdots\cdots (9.6)$$

2 에틸렌(C_2H_4)

$$C_2H_4+3O_2$$
$$=2CO_2+2H_2O(\text{증기})+320,700\text{kcal/kmol}(14,320\text{kcal/Nm}^3) \quad \cdot (9.7)$$

9.3 연료의 발열량

연료의 연소에 따른 발열량은 단위량(1 kmol, 1kg, 1Nm^3) 등의 가열성분이 표준대기압하에서 연소의 처음과 끝의 온도를 0℃로 했을 때의 열량이다. 즉, 단위량의 연료가 연소했을 때의 발생하는 열량을 발열량이라 하며, 고체 및 액체에서는 단위중량으로 한 kcal/kg으로 표시하고, 가스의 경우는 단위량을 체적으로 한 kcal/Nm^{3}로 표시한다(표 9.2).

연료의 발열량에는 고위발열량과 저위발열량으로 구분하며, 고위발열량은 0℃의 연료 1kg이 완전연소되어 연소가스가 다시금 0℃로 되돌아오기까지의 발생한 모든 열량으로 나타낸다. 연소중의 수소원자는 연소에 따라 수증기를 발생하지만, 고위발열량에서는 0℃를 기준으로 하므로 수증기는 모두 물이 되며, 증발잠열도 방출된다고 한다. 그러나 보일러에서 연도로 흐르는 배기가스 온도는 보통 200℃ 이상이므로, 수증기는 증발잠열을 보유한대로 방출되어 그 잠열을 이용할 수 없다. 따라서, 고위발열량에서 증기잠열을 뺀 값을 저위발열량이라고 한다. 따라서 보일러 성능을 나타내는 보일러 효율은 저위 발열량을 기준으로 표시된다.

고체 및 액체연료의 저위발열량은 연소가스 중의 수증기의 체적비율과 포화증기의 압력에 영향을 받으나, 대체로 개략적인 계산식은 다음과 같다.

$$H_i = H_h - 600(9h + w) \qquad (9.8)$$

여기서 H_i : 저위발열량[kcal/kg]

H_h : 고위발열량[kcal/kg]

h : 연료 1kg중의 수소량[kg]

w : 연료 1kg중의 수분량[kg]

표 9.2 단일가스의 발열량

	분자식	kcal/Nm^3		비중	이론공기량	착화온도 (℃)	
		저위발열량	고위발열량	(공기=1.0)	(Nm^3/Nm^3)	공기중	산소중
일산화탄소	CO	3020	3020	0.967	2.38	610	590
수소	H_2	2570	3050	0.070	2.49	530	450
메탄	CH_4	8550	9520	0.555	9.52	645	645
아세틸렌	C_2H_2	13600	14090	0.906	11.90	335	-
에틸렌	C_2H_4	14320	15290	0.975	14.28	540	485

	분자식	kcal/Nm³		비중	이론공기량	착화온도 (℃)	
		저위발열량	고위발열량	(공기=1.0)	(Nm³/Nm³)	공기중	산소중
에탄	C_2H_5	15370	16820	1.049	16.70	530	500
프로필렌	C_3H_6	21070	22540	1.481	21.40	455	420
프로판	C_3H_3	22350	24320	1.550	23.80	510	490
부틸렌	C_4H_6	27190	29110	1.931	28.60	445	400
(正)부탄	$_nC_4H_{10}$	29510	32010	2.091	30.90	490	460
(이소)부탄	$_tC_4H_{10}$	29050	31530	2.064	30.90	490	460

또한 발열량은 연료의 원소분석의 결과로부터 각 성분 비율을 알면, 이들 각 성분의 발열량의 합으로 근사적으로 구할 수도 있다.

즉, 고체 및 액체연료 1kg 중의 탄소, 수소, 유황, 산소, 질소, 회분 및 수분의 양을 각각 c, h, s, o, n, a 및 $w$kg라고 하면, 저위발열량 H_i 및 고위발열량 H는 각각 다음 식과 같이 표시된다.

$$H_i = 8100c + 28800\left(h - \frac{o}{8}\right) + 2500s - 600\left(w + \frac{9}{8}o\right)\text{kcal/kg} \quad \cdots\cdots\cdots\cdots (9.9)$$

$$H_h = H_i + 600(w + 9h)$$

$$= 8100C + 34200\left(h - \frac{o}{8}\right) + 2500s - 600\left(w + \frac{9}{8}o\right)\text{kcal/kg} \quad \cdots\cdots\cdots (9.10)$$

단, 연료 중에 n, a는 발열량과 무관하다.

여기서 8100과 2500은 탄소와 유황의 발열량이며, 28800, 34200은 수소의 저발열량과 고발열량(kcal/kg)이다.

이 식에서 연료중의 산소는 수소와 화합하여 물의 상태로 있고, 남은 수소, 탄소, 유황은 유리 상태에 있을 때와 같은 발생열량을 갖는다고 가정한 것이다. $\left(h - \frac{0}{8}\right)$는 유효수소 또는 자유수소라고 부른다.

연료중의 가연성분은 실제로는 복잡한 화합물로 존재한다. 원소들이 화합물을 생성할 때는 보통 열발생이 따르고, 반대로 분해할 때는 열흡수가 일어나므로 이런 점을 무시한 위의 식은 근사치를 줌에 불과하고, 그 값은 일반적으로 열량계가 나타내는 발열량 보다 적어진다.

가스연료에서는 각 성분이 체적비로 주어진다. 이때 연료 $1Nm^3$중의 일산화탄소, 수소, 메탄, 에틸렌, 탄산가스, 산소 및 질소를 각각 CO, H_2, CH_4, C_2H_2, CO_2, O_2 및 N_2Nm^3라고 하면 1 kmol가스의 체적은 $22.4Nm^3$이므로 표 9.2에 저위발열량은

$$H_i = 6020(CO) + 2570(H_2) + 8550(CH_4) + 14320(C_2H_4)\text{kcal/Nm}^3 \quad \cdots (9.11)$$

단, 연료중의 CO_2, O_2, N_2는 발열량에 관계없다.

예제 9.1 석탄을 원소 분석한 결과 다음과 같은 값을 얻었다. 석탄의 고위발열량을 7000 kcal/kg으로 보고 저위발열량을 구하시오. 단, 중량은 %이다. 수분 3.24%, 탄소 67.95%, 수소 4.99%, 산소 11.32%, 질소 1.01%, 유황 0.52%.

☞ $H_h = H_i + 600(2+9h)$이므로 저위발열량 H_i은

$$H_i = H_h - 600(w+9h)$$

$$= 7000 - 600(0.0324 + 9\times0.0499) \fallingdotseq 6711\text{kcal/kg}$$

연습문제

1. 우리 주위에 있는 2차 에너지원의 종류를 나열하시오.

답 수력, 풍력, 조력, 석유, 석탄, 가스연료, 목재 등

2. 연소의 3가지 조건을 쓰시오.

답 산소, 연료, 열

3. 고체연료, 액체연료 및 기체연료의 특성을 설명하시오.

답 표9.1참조

4. 우리 산업사회에서 에너지 절약 방안을 기술하시오.

답 생략

5. 도시가스의 고위발열량과 저위발열량을 구하시오. 단, 도시가스의 성분은 표준상태에서 다음과 같다.

H_2 : 37.2%, CO : 4.6%, CH_4 : 26.7% C_2H_4 : 4.8%, C_3H_6 : 1.3%, C_4H_{10} : 0.5% CO_2 : 10.1%, O_2 : 2.1%, N_2 : 12.7%

답 $H_i = 4486.6kcal/Nm^3$, $H_h = 5002kcal/Nm^3$

6. 다음과 같은 조성의 고체연료의 고위발열량과 저위발열량을 구하시오. 단, C : 73%, h : 4.5%, O : 8%, S : 2%, w : 4%이다.

답 $H_h = 7160kcal/kg$, $H_i = 6893kcal/kg$

7. 6번 문제와 같은 연료을 사용하여 10℃의 물 10ton을 80℃ 로 가열하기 위해 소요되는 연료는 몇 kg인가? 단, 연소 효율은 100%로, 보일러 효율은 80%로 한다.

답 127kg

8. 수소 0.25, 일산화탄소 0.08, 메탄 0.17, 에틸렌 0.01, 산소 0.03, 탄산가스 0.17, 질소 0.29ac Nm^3을 갖는 기체연료의 저위 발열량을 구하시오. 답 $1480.8kcal/Nm^3$

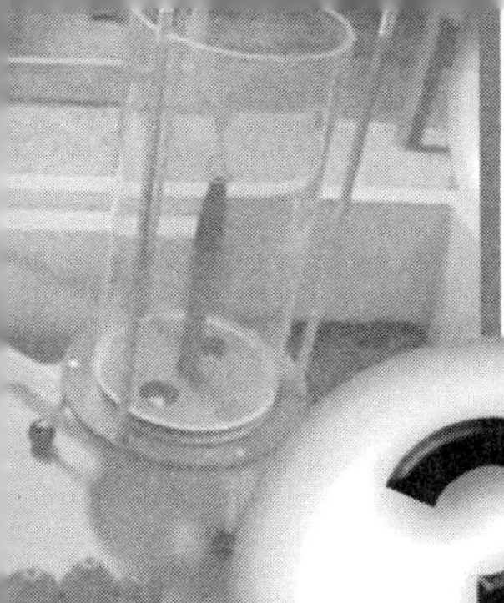

3

부 록

1. 암모니아의 몰리엘 선도
2. 포화증기표(온도기준)
3. 포화증기표(압력기준)
4. 과열증기표
5. 습공기 선도(i-x)

1. 암모니아의 몰리엘 선도

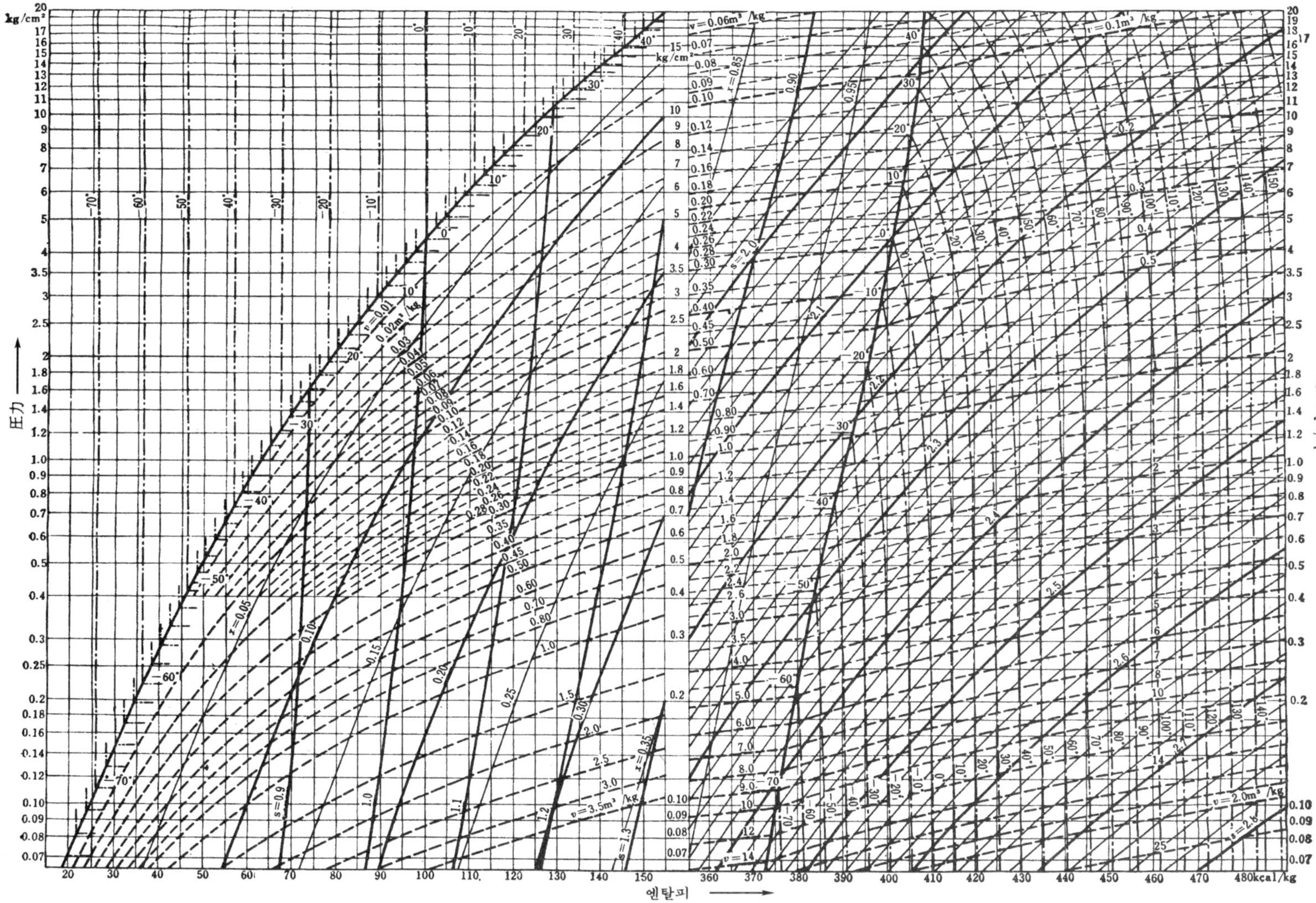

암모니아 線図

2. 포화증기표(온도기준)

온도 [℃]	포화압력 kg/cm²	포화압력 [mmHg]	비용적 [m³/kg] v'	비용적 [m³/kg] v''	enthalpy [kcal/kg] i'	enthalpy [kcal/kg] i''	enthalpy [kcal/kg] $r=i''-i'$	entropy [kcal/kg] s'	entropy [kcal/kg] s''
0	0.006228	4.58	0.0010002	206.3	0.00	597.1	597.1	0.0000	2.1860
1	0.006697	4.93	0.0010001	192.5	1.01	597.6	596.6	0.0036	2.1796
2	0.007194	5.29	0.0010001	179.9	2.01	598.0	596.0	0.0073	2.1733
3	0.007724	5.68	0.0010000	168.1	3.02	598.5	595.4	0.0109	2.1670
4	0.008289	6.10	0.0010000	157.2	4.02	598.9	594.9	0.0145	2.1609
5	0.008891	6.54	0.0010000	147.1	5.03	599.3	594.3	0.0182	2.1549
6	0.009530	7.01	0.0010001	137.7	6.03	599.8	593.8	0.0218	2.1488
7	0.010210	7.51	0.0010001	129.0	7.03	600.2	593.2	0.0253	2.1427
8	0.010932	8.04	0.0010002	120.9	8.04	600.7	592.6	0.0289	2.1367
9	0.011699	8.61	0.0010003	113.4	9.04	601.1	592.1	0.0325	2.1308
10	0.012513	9.20	0.0010004	106.4	10.04	601.5	591.5	0.0361	2.1250
12	0.014292	10.5	0.0010006	93.79	12.04	602.4	590.4	0.0431	2.1134
14	0.016290	12.0	0.0010008	82.86	14.04	603.3	589.3	0.0501	2.1022
16	0.018529	13.6	0.0010011	73.34	16.04	604.1	588.1	0.0570	2.0910
18	0.021034	15.5	0.0010015	65.05	18.03	605.0	587.0	0.0639	2.0800
20	0.023830	17.5	0.0010018	57.80	20.03	605.9	585.9	0.0708	2.0693
22	0.026948	19.8	0.0010023	51.46	22.02	606.8	584.8	0.0776	2.0587
24	0.030415	22.4	0.0010027	45.90	24.02	607.6	583.6	0.0843	2.0483
26	0.034266	25.2	0.0010033	41.01	26.01	608.5	582.5	0.0910	2.0380
28	0.038536	28.3	0.0010038	36.70	28.01	609.4	581.4	0.0976	2.0280
30	0.043261	31.8	0.0010044	32.91	30.00	610.2	580.2	0.1042	2.0182
32	0.048482	35.7	0.0010051	29.55	32.00	611.1	579.1	0.1108	2.0085
34	0.054240	39.9	0.0010058	26.58	33.99	611.9	578.0	0.1174	1.9990
36	0.060585	44.6	0.0010064	23.95	35.99	612.8	576.8	0.1239	1.9896
48	0.067561	49.7	0.0010071	21.61	37.98	613.7	575.7	0.1303	1.9803
40	0.075220	55.3	0.0010079	19.53	39.98	614.5	574.5	0.1367	1.9713
42	0.083620	61.5	0.0010087	17.68	41.97	615.4	573.4	0.1430	1.9624
44	0.092813	68.3	0.0010095	16.02	43.97	616.2	572.2	0.1493	1.9536
46	0.10287	75.7	0.0010103	14.55	45.96	617.1	571.1	0.1555	1.9449
48	0.11384	83.7	0.0010112	13.22	47.95	617.9	570.0	0.1617	1.9364
50	0.12581	92.5	0.0010121	12.04	49.95	618.8	568.8	0.1680	1.9281
55	0.16054	118.1	0.0010145	9.572	54.94	620.8	565.9	0.1834	1.9078
60	0.20316	149.4	0.0010171	7.673	59.94	622.9	563.0	0.1984	1.8883
65	0.25506	187.6	0.0010198	6.198	64.93	625.0	560.0	0.2133	1.8695
70	0.31780	233.8	0.0010228	5.043	69.93	627.0	557.1	0.2280	1.8514
75	0.39313	289.2	0.0010258	4.132	74.94	629.1	554.1	0.2424	1.8340
80	0.48297	355.3	0.0010290	3.407	79.95	631.1	551.1	0.2568	1.1873
85	0.58947	433.6	0.0010324	2.828	84.96	633.0	548.1	0.2708	1.8011
90	0.71493	525.9	0.0010359	2.360	89.88	635.0	545.0	0.2847	1.7855
95	0.86193	634.0	0.0010397	1.982	95.00	636.9	541.9	0.2985	1.7705
100	1.03323	760.0	0.0010435	1.673	100.04	638.8	538.8	0.3120	1.7559
105	1.2318	906.1	0.0010474	1.419	105.07	640.7	535.6	0.3255	1.7419
110	1.4609	1074.6	0.0010515	1.210	110.12	642.5	532.4	0.3388	1.7283
115	1.7239	1268.0	0.0010558	1.036	115.18	644.4	529.2	0.3519	1.7151
120	2.0245	1489.1	0.0010603	0.8916	120.25	646.1	525.9	0.3648	1.7023
125	2.3666	1740.8	0.0010649	0.7704	125.33	647.9	522.5	0.3776	1.6899
130	2.7544	2026.0	0.0010697	0.6681	130.42	649.5	519.1	0.3903	1.6778
135	3.1923	2348.1	0.0010746	0.5819	135.54	651.2	515.6	0.4029	1.6661
140	3.6848	2710.4	0.0010798	0.5807	140.64	652.8	512.1	0.4153	1.6547
145	4.2369	3116.5	0.0010850	0.4462	145.80	654.3	508.5	0.4276	1.6436
150	4.8535	3570	0.0010906	0.3926	150.92	655.8	504.9	0.4398	1.6328

온도 [℃]	포화압력 kg/cm²	비용적 [m³/kg] v'	비용적 [m³/kg] v''	enthalpy [kcal/kg] i'	enthalpy [kcal/kg] i''	enthalpy [kcal/kg] $r=i''-i'$	entropy [kcal/kg] s'	entropy [kcal/kg] s''
155	5.5401	0.0010962	0.3466	156.05	657.2	501.2	0.4518	1.6222
160	6.3021	0.0011021	0.3069	161.26	658.6	497.3	0.4638	1.6119
165	7.1454	0.0011081	0.2725	166.47	659.9	493.4	0.4757	1.6018
170	8.0759	0.0011144	0.2427	171.68	661.1	489.5	0.4875	1.5919
175	9.1000	0.0011208	0.2168	176.93	662.3	485.4	0.4992	1.5822
180	10.224	0.0011275	0.1940	182.18	663.4	481.2	0.5108	1.5727
185	11.455	0.0011343	0.1739	187.46	664.4	477.0	0.5223	1.5633
190	12.799	0.0011415	0.1564	192.78	665.4	472.6	0.5337	1.5541
195	14.263	0.0011489	0.1410	198.11	666.3	468.1	0.5450	1.5450
200	15.856	0.0011565	0.1273	203.49	667.0	463.5	0.5564	1.5361
205	17.584	0.0011644	0.1152	208.89	667.7	458.8	0.5677	1.5273
210	19.456	0.0011726	0.1043	214.32	668.3	454.0	1.5789	1.5185
215	21.479	0.0011811	0.09470	219.76	668.8	449.1	0.5900	1.5098
220	23.660	0.0011900	0.08610	225.29	669.2	443.9	0.6011	1.5012
225	26.009	0.0011992	0.07841	230.84	669.5	438.7	0.6121	1.4927
230	28.534	0.0012087	0.07150	236.41	669.7	433.3	0.6231	1.4842
235	31.242	0.0012187	0.06528	242.06	669.7	427.7	0.6341	1.4757
240	34.144	0.0012291	0.05969	247.72	669.7	421.9	0.6451	1.4673
245	37.248	0.0012399	0.05464	253.45	669.4	416.0	0.6561	1.4589
250	40.564	0.0012512	0.05006	259.23	669.1	409.9	0.6671	1.4505
255	44.099	0.0012630	0.04590	265.09	668.6	403.5	0.6780	1.4420
260	47.868	0.0012755	0.04215	270.97	668.0	397.0	0.6889	1.4335
265	51.877	0.0012886	0.03872	276.90	667.2	390.3	0.6998	1.4249
270	56.137	0.0013023	0.03560	282.98	666.3	383.3	0.7107	1.4163
275	60.660	0.0013168	0.03274	289.10	665.1	376.0	0.7216	1.4075
280	65.456	0.0013321	0.03013	295.30	663.8	368.5	0.7236	1.3987
285	70.537	0.0013483	0.02772	301.53	662.3	360.7	0.7437	1.3898
290	75.915	0.0013655	0.02553	307.99	660.5	352.5	0.7547	1.3807
295	81.602	0.0013838	0.02350	314.44	658.5	344.1	0.7657	1.3714
300	87.611	0.0014036	0.02163	320.98	656.3	335.3	0.7769	1.3620
305	93.96	0.0014247	0.01990	327.55	653.1	326.3	0.7881	1.3523
310	100.65	0.0014475	0.01831	334.47	651.1	316.6	0.7995	1.3424
315	107.70	0.0014720	0.01684	341.45	648.0	306.5	0.8111	1.3322
320	115.14	0.0014992	0.01546	348.72	644.5	295.8	0.8229	1.3216
325	122.96	0.0015289	0.01418	356.22	640.7	284.5	0.8350	1.3106
330	131.20	0.0015619	0.01298	369.97	636.4	272.4	0.8474	1.2991
335	139.88	0.0015989	0.01186	372.10	631.6	259.5	0.8603	1.2870
340	148.98	0.0016408	0.01079	380.59	626.1	245.5	0.8737	1.2740
345	158.56	0.0016895	0.009776	389.8	619.9	230.0	0.8877	1.2599
350	168.63	0.0017468	0.008811	399.3	612.4	213.0	0.9026	1.2445
355	179.23	0.001815	0.007869	409.8	603.5	193.7	0.9188	1.2272
360	190.40	0.001907	0.006937	421.8	592.9	171.1	0.9370	1.2072
365	202.19	0.002031	0.00599	435.7	579.2	143.5	0.9581	1.1829
370	214.68	0.002231	0.00499	453.1	560.1	107.0	0.9845	1.1509
371	217.27	0.002297	0.00476	457.9	554.8	96.9	0.9917	1.1421
372	219.89	0.002381	0.00450	463.9	548.4	84.5	1.0006	1.1315
373	222.55	0.002502	0.00418	471.9	539.9	68.0	1.0126	1.1179
374	225.24	0.00279	0.00365	488.0	523.3	35.3	1.0371	1.0916
374.15	225.65	0.00318	0.00318	505.6	505.6	0	1.0642	1.0642

3. 포화증기표(압력기준)

압력 [kg/cm²]	압력 [mmHg]	포화온도 [℃]	비용적 [m³/kg] v'	비용적 [m³/kg] v''	enthalpy [kcal/kg] i'	enthalpy [kcal/kg] i''	enthalpy [kcal/kg] $r=i''-i'$	entropy [kcal/°K] s'	entropy [kcal/°K] s''
0.01	7.36	6.700	0.0010001	131.6	6.73	600.1	593.4	0.0243	2.1446
0.02	14.71	17.202	0.0010013	68.25	17.24	604.7	587.4	0.0611	2.0843
0.03	22.07	23.771	0.0010027	46.50	23.79	607.5	583.7	0.0835	2.0495
0.04	29.42	28.641	0.0010040	35.43	28.65	609.6	581.0	0.0997	2.0248
0.05	36.78	32.55	0.0010052	28.70	32.55	611.3	578.8	0.1126	2.0058
0.06	44.13	35.82	0.0010064	24.17	35.81	612.7	576.9	0.1233	1.9904
0.07	51.49	38.66	0.0010074	20.90	38.64	613.9	575.3	0.1324	1.9773
0.08	58.84	41.16	0.0010083	18.43	41.14	615.0	573.9	0.1404	1.9661
0.09	66.20	43.41	0.0010093	16.51	43.38	616.0	572.6	0.1474	1.9561
0.10	73.56	45.45	0.0010101	14.94	45.41	616.8	571.4	0.1538	1.9473
0.12	88.27	49.05	0.0010117	12.58	49.00	618.4	569.4	0.1650	1.9320
0.14	103.0	52.17	0.0010131	10.89	52.12	619.6	567.5	0.1747	1.9192
0.16	117.7	54.93	0.0010144	9.602	54.87	620.8	565.9	0.1832	1.9081
0.18	132.4	57.41	0.0010157	8.597	57.35	621.8	564.5	0.1907	1.8983
0.20	147.1	59.66	0.0010169	7.787	59.60	622.7	563.1	0.1974	1.8895
0.22	161.8	61.73	0.0010180	7.121	61.67	623.6	562.0	0.2036	1.8817
0.24	176.5	63.65	0.0010191	6.562	63.59	624.4	560.8	0.2094	1.8746
0.26	191.2	65.43	0.0010201	6.088	63.37	625.2	559.8	0.2146	1.8679
0.28	206.0	67.10	0.0010211	5.679	67.03	625.8	558.8	0.2196	1.8619
0.30	220.7	68.67	0.0010220	5.323	68.60	626.5	557.9	0.2241	1.8561
0.4	294.2	75.41	0.0010261	4.065	75.35	629.2	553.9	0.2437	1.8328
0.5	367.8	80.86	0.0010296	3.299	80.81	631.4	550.6	0.2592	1.8145
0.6	441.3	85.45	0.0010327	2.781	85.41	633.2	547.8	0.2721	1.7997
0.7	514.9	89.45	0.0010355	2.408	89.43	634.8	545.4	0.2832	1.7872
0.8	588.4	92.99	0.0010381	2.124	92.98	636.2	543.2	0.2930	1.7764
0.9	662.0	96.18	0.0010405	1.903	96.19	637.4	541.2	0.3017	1.7670
1.0	735.6	99.09	0.0010428	1.705	99.12	638.5	539.4	0.3096	1.7586
1.1	809.1	101.76	0.0010448	1.578	101.81	639.5	537.7	0.3168	1.7509
1.2	882.7	104.25	0.0010468	1.454	104.32	640.4	536.1	0.3235	1.7440
1.3	956.2	106.56	0.0010486	1.350	106.65	641.3	534.6	0.3296	1.7376
1.4	1029.8	108.74	0.0010505	1.259	108.86	642.1	533.2	0.3355	1.7317
1.5	1103.8	110.79	0.0010523	1.180	110.92	642.8	531.9	0.3408	1.7262
1.6	1176.9	112.73	0.0010538	1.111	112.89	643.5	530.7	0.3459	1.7211
1.8	1324.0	116.33	0.0010570	0.9953	116.53	644.8	528.3	0.3553	1.7117
2.0	1471.1	119.62	0.0010600	0.9018	119.86	646.0	526.1	0.3638	1.7033
2.2	1618.2	122.64	0.0010627	0.8249	122.92	647.0	524.1	0.3715	1.6957
2.4	1765.3	125.46	0.0010653	0.7603	125.84	648.0	522.2	0.3788	1.6888
2.6	1912.4	128.08	0.0010679	0.7054	128.45	648.9	520.4	0.3854	1.6824
2.8	2059.6	130.55	0.0010702	0.6581	130.98	649.7	518.7	0.3917	1.6765
3.0	2206.7	132.88	0.0010725	0.6170	133.36	650.5	517.1	0.3975	1.6710
4	2942.2	142.92	0.0010828	0.4709	143.63	653.7	510.0	0.4225	1.6842
5	3677.8	151.11	0.0010918	0.3818	152.04	656.1	504.1	0.4225	1.6305
6	4413.4	158.08	0.0010998	0.3215	159.25	658.1	498.8	0.4592	1.6158
7	5148.9	164.17	0.0011070	0.2779	165.60	659.7	484.1	0.4737	1.6034
8	5884.5	169.61	0.0011139	0.2449	171.26	661.0	489.8	0.4866	1.5927
9	6620.0	174.53	0.0011202	0.2191	176.45	662.2	485.8	0.4981	1.5831
10	7355.6	179.04	0.0011262	0.1981	181.19	663.2	482.0	0.5086	1.5745
11	8091.2	183.20	0.0011318	0.1806	185.55	664.1	478.5	0.5182	1.5667
12	8826.7	187.08	0.0011373	0.1662	189.67	664.8	475.2	0.5271	1.5595
13	9562.3	190.71	0.0011425	0.1540	193.53	665.5	472.0	0.5353	1.5528
14	10297.8	194.13	0.0011476	0.1436	197.18	666.1	468.9	0.5430	1.5466

압력 [kg/cm²]	포화온도 [℃]	비용적 [m³/kg] v'	비용적 [m³/kg] v''	enthalpy [kcal/kg] i'	enthalpy [kcal/kg] i''	enthalpy [kcal/kg] $r=i''-i'$	entropy [kcal/kg°K] s'	entropy [kcal/kg°K] s''
15	197.36	0.0011524	0.1344	200.63	666.6	466.0	0.5504	1.5408
16	200.43	0.0011571	0.1263	203.96	667.1	463.1	0.5574	1.5353
17	203.36	0.0011618	0.1190	207.10	667.5	460.4	0.5640	1.5302
18	206.15	0.0011662	0.1126	210.14	667.9	457.7	0.5703	1.5253
19	208.82	0.0011706	0.1067	213.04	668.2	455.1	0.5763	1.5206
20	211.38	0.0011749	0.1015	215.82	668.5	452.7	0.5820	1.5161
21	213.85	0.0011791	0.09681	218.53	668.7	450.2	0.5875	1.5118
22	216.23	0.0011832	0.09249	221.12	668.9	447.8	0.5927	1.5077
23	218.53	0.0011873	0.08854	223.65	669.1	445.5	0.5978	1.5038
24	220.75	0.0011914	0.08490	226.13	669.3	443.1	0.6027	1.5000
25	222.90	0.0011953	0.08153	228.52	669.4	440.9	0.6075	1.4962
26	224.98	0.0011992	0.07843	230.82	669.5	438.7	0.6120	1.4927
27	227.01	0.0012030	0.07556	233.10	669.6	436.5	0.6165	1.4893
28	228.97	0.0012067	0.07286	235.27	669.7	434.4	0.6208	1.4859
29	230.89	0.0012104	0.07036	237.43	669.7	432.3	0.6250	1.4826
30	232.75	0.0012141	0.06800	239.51	669.7	430.2	0.6292	1.4795
31	234.57	0.0012178	0.06580	241.57	669.7	428.2	0.6331	1.4764
32	236.34	0.0012215	0.06373	243.65	669.7	426.1	0.6370	1.4734
33	238.07	0.0012251	0.06178	245.50	669.7	424.2	0.6408	1.4705
34	239.76	0.0012286	0.05994	247.43	669.7	422.2	0.6446	1.4677
35	241.41	0.0012321	0.05822	249.35	669.6	420.3	0.6482	1.4649
36	243.03	0.0012356	0.05658	251.20	669.5	418.3	0.6517	1.4622
37	244.61	0.0012390	0.05502	253.01	669.5	416.4	0.6552	1.4595
38	246.16	0.0012425	0.05354	254.77	669.4	414.6	0.6586	1.4569
39	247.68	0.0012458	0.05213	256.52	669.3	412.8	0.6619	1.4543
40	249.17	0.0012492	0.05079	258.25	669.2	410.9	0.6652	1.4518
42	252.07	0.0012560	0.04830	261.64	668.9	407.3	0.6716	1.4469
44	254.86	0.0012626	0.04603	264.93	668.7	403.7	0.6776	1.4422
46	257.56	0.0012693	0.04394	268.08	668.3	400.3	0.6835	1.4376
48	260.17	0.0012760	0.04202	271.16	668.0	396.8	0.6892	1.4332
50	262.70	0.0012826	0.04202	274.15	667.6	393.5	0.6947	1.4288
55	268.69	0.0012986	0.03640	281.37	666.5	385.2	0.7078	1.4185
60	274.29	0.0013147	0.03312	288.24	665.3	377.0	0.7201	1.4088
65	279.54	0.0013306	0.03036	294.73	663.9	369.2	0.7316	1.3995
70	284.48	0.0013664	0.02795	300.93	662.4	361.5	0.7426	1.3907
80	293.62	0.0013786	0.02404	312.65	659.1	346.4	0.7627	1.3740
90	301.91	0.0014114	0.02095	323.51	655.4	331.9	0.7812	1.3583
100	309.53	0.0014452	0.01845	333.84	651.3	317.5	0.7985	1.3434
110	316.57	0.0014801	0.01640	343.62	647.0	303.4	0.8147	1.3289
120	323.14	0.0015176	0.01465	353.44	642.2	288.7	0.8305	1.3148
130	329.29	0.0015568	0.01315	362.83	637.0	274.2	0.8456	1.3008
140	335.08	0.0015994	0.01185	372.21	631.5	259.3	0.8605	1.2867
150	340.55	0.0016461	0.01068	381.6	625.4	243.8	0.8751	1.2725
160	345.74	0.0016975	0.009629	391.2	618.8	227.6	0.8900	1.2577
170	350.66	0.001755	0.008687	400.6	611.3	210.7	0.9047	1.2424
180	355.35	0.001820	0.007800	410.6	602.8	192.2	0.9200	1.2259
190	359.82	0.001903	0.006967	421.4	593.3	171.9	0.9363	1.2079
200	364.09	0.002004	0.00616	433.0	582.0	149.0	0.9540	1.1878
210	368.16	0.002141	0.00537	446.1	567.8	121.7	0.9739	1.1638
220	372.04	0.002385	0.00449	464.3	548.1	83.80	1.0011	1.1310
225.65	374.15	0.00318	0.00318	505.6	505.6	0	1.0642	1.0642

4. 과열증기표

압력 [kg/cm²] 포화온도 [℃]		160	170	180	190	200	210	220	230	240	250	260	270	280	290	300
1	v	2.023	2.072	2.120	2.168	2.216	2.263	2.311	2.359	2.406	2.454	2.501	2.549	2.596	2.644	2.691
	i	667.9	672.7	677.4	682.1	686.8	691.5	696.3	701.0	705.7	710.4	715.2	719.9	724.7	72.95	734.3
99.09	s	1.8319	1.8427	1.8532	1.8635	1.8736	1.8835	1.8931	1.9026	1.9119	1.9210	1.9300	1.9388	1.9475	1.9561	1.9645
2	v	1.004	1.029	1.053	1.078	1.102	1.126	1.151	1.175	1.199	1.223	1.247	1.271	1.295	1.319	1.342
	i	666.3	671.2	676.1	680.9	685.7	690.5	695.3	700.1	704.9	709.7	714.5	719.3	724.1	728.9	733.7
i19.62	s	1.7526	1.7637	1.7746	1.7851	1.7954	1.8054	1.8153	1.8249	1.8343	1.8435	1.8526	1.8615	1.8703	1.8789	1.8874
3	v	0.6639	0.6809	0.6976	0.7143	0.7308	0.7473	0.7637	0.7800	0.7962	0.8124	0.8286	0.8447	0.8608	0.8768	0.8928
	i	664.6	669.7	674.7	679.6	684.6	689.4	694.3	699.2	704.0	708.9	713.7	718.6	723.4	728.3	733.1
132.88	s	1.7048	1.7163	1.7275	1.7383	1.7488	1.7591	1.7691	1.7788	1.7884	1.7977	1.8069	1.8159	1.8247	1.8334	1.8419
4	v		0.5068	0.5197	0.5325	0.5452	0.5577	0.5702	0.5826	0.5949	0.6072	0.6194	0.6316	0.6438	0.6559	0.6680
	i		668.1	673.3	678.3	683.4	688.4	693.3	698.3	703.2	708.1	713.0	717.9	722.8	727.6	732.5
	s		1.6818	1.6933	1.7045	1.7152	1.7257	1.7358	1.7457	1.7554	1.7649	1.7741	1.7832	1.7921	1.8009	1.8095
5	v		0.4023	0.4129	0.4234	0.4337	0.4439	0.4540	0.4641	0.4741	0.4840	0.4939	0.5038	0.5136	0.5234	0.5332
	i		666.5	671.8	677.0	682.2	687.3	692.3	697.3	702.3	707.3	712.2	717.2	722.1	727.0	731.9
	s		1.6544	1.6662	1.6776	1.6886	1.6993	1.7096	1.7197	1.7295	1.7391	1.7485	1.7576	1.7666	1.7755	1.7841
6	v		0.3326	0.3416	0.3505	0.3593	0.3680	0.3766	0.3851	0.3935	0.4019	0.4103	0.4186	0.4268	0.4350	0.4432
	i		664.8	670.3	675.7	680.9	686.1	691.3	696.4	701.4	706.5	711.5	716.5	721.4	726.4	731.4
	s		1.6313	1.6435	1.6552	1.6665	1.6774	1.6879	1.6981	1.7081	1.7178	1.7273	1.7366	1.7456	1.7545	1.7633
7	v		0.2827	0.2907	0.2985	0.3062	0.3137	0.3212	0.3286	0.3360	0.3432	0.3505	0.3576	0.3648	0.3719	0.3790
	i		663.1	668.7	674.3	679.7	685.0	690.2	659.4	700.5	705.6	710.7	715.7	720.8	725.8	730.8
	s		1.6112	1.6238	1.6359	1.6474	1.6585	1.6693	1.6797	1.6898	1.6996	1.7092	7.7186	1.7277	1.7367	1.7455
8	v		0.2452	0.2524	0.2594	0.2663	0.2730	0.2797	0.2863	0.2928	0.2992	0.3056	0.3120	0.3183	0.3245	0.3308
	i		661.3	667.1	672.8	678.4	683.8	689.1	694.4	699.6	704.8	709.9	715.0	720.1	725.1	730.1
	s		1.5932	1.6063	1.6187	1.6305	1.6419	1.6528	1.6634	1.6737	1.6837	1.6934	1.7028	1.7127	1.7211	1.7300
9	v			0.2226	0.2290	0.252	0.2413	0.2474	0.2533	0.2592	0.2650	0.2707	0.2764	0.2821	0.2877	0.2933
	i			665.5	671.3	677.0	682.6	688.0	693.4	698.7	703.9	709.1	714.3	719.4	724.5	729.5
	s			1.5904	1.6032	1.6153	1.6270	1.6381	1.6489	1.6593	1.6694	1.6792	1.6888	1.6981	1.7073	1.7162
10	v			0.1987	0.2046	0.2103	0.2160	0.2215	0.2269	0.2323	0.2376	0.2428	0.2480	0.2531	0.2582	0.2633
	i			663.8	669.8	675.7	681.3	686.9	692.4	697.7	703.0	708.3	713.5	718.7	723.8	728.9
	s			1.5758	1.5890	1.6015	1.6134	1.6247	1.6357	0.6463	1.6565	1.6665	1.6761	1.6856	1.6948	1.7038
12	v				0.1679	0.1729	0.1778	0.1826	0.1873	0.1919	0.1964	0.2009	0.2053	0.2097	0.2140	0.2183
	i				666.7	672.9	678.8	684.6	690.3	695.8	701.3	706.6	712.0	717.2	722.5	727.7
	s				1.5635	0.5767	1.5891	1.6010	1.6123	1.6233	1.6338	0.6440	1.6539	1.6635	1.6729	1.6820
14	v					0.1462	0.1505	0.1548	0.1589	0.1630	0.1670	0.1709	0.1748	0.1786	0.1824	0.1861
	i						676.2	682.2	688.1	693.8	699.4	704.9	710.4	715.8	721.1	726.4
	s						1.5678	1.5802	1.5919	1.6032	1.6141	1.6245	1.6347	1.6445	1.6540	1.6633
16	v						0.1300	1.1339	0.1376	0.1413	0.1449	0.1484	0.1519	0.1553	0.1586	0.1620
	i						673.4	679.7	685.8	691.7	697.5	703.2	708.8	714.3	719.7	725.1
	s						1.5485	1.5614	1.5737	1.5854	1.5965	1.6073	1.6177	1.6277	1.6374	1.6469
18	v					669.9	0.1140	0.1176	0.1210	0.1244	0.1277	0.1309	0.1340	0.1371	0.1402	0.1432
	i					1.5547	670.5	677.1	683.5	689.6	695.6	701.4	707.1	712.8	718.3	723.8
	s						1.5307	1.5443	1.5570	1.5691	1.5807	1.5917	1.6023	1.6126	1.6225	1.6322
20	v							0.1045	0.1077	0.1108	0.1139	0.1168	0.1197	0.1226	0.1254	0.1282
	i							674.4	681.1	687.4	693.6	699.6	705.4	711.2	716.9	722.4
	s							1.5283	1.5416	1.5541	1.5661	1.5774	1.5883	1.5988	1.6089	1.6187
25	v								0.08357	0.08631	0.08895	0.09149	0.09396	0.09637	0.09873	0.1010
	i								674.6	681.6	688.3	694.8	701.1	707.2	713.1	719.0
	s								1.5068	1.5206	1.5335	1.5458	1.5574	1.5685	1.5792	1.5895
30	v									0.06982	0.07221	0.07450	0.07670	0.07883	0.08090	0.08292
	i									675.3	682.7	689.7	696.4	702.9	709.2	715.3
	s									1.4906	1.5048	1.5181	1.5305	1.5424	1.5536	1.5645
35	v										0.06015	0.06226	0.06428	0.06624	0.06812	0.06994
	i										676.6	684.3	691.5	698.4	705.1	711.6
	s										1.4784	1.4929	1.5063	1.5190	1.5309	1.5423
40	v										0.5097	0.05301	0.05493	0.05675	0.05849	0.06017
	i										669.9	678.4	686.3	693.7	700.8	707.6
	s										1.4532	1.4693	1.4840	1.4975	1.5102	1.5222
45	v											0.04571	0.04757	0.04981	0.05095	0.05253
	i											672.0	680.6	688.7	696.3	703.5
	s											1.4465	1.4626	1.4772	1.4908	1.5035

압력 [kg/cm²] 포화온도 [℃]		310	320	330	340	350	360	370	380	390	400	450	500	550	압력 [kg/cm²]
1	v	2.738	2.786	2.833	2.880	2.928	2.975	3.022	3.070	3.117	3.164	3.400	3.636	3.872	1
	i	739.0	743.9	748.7	753.5	758.3	763.2	768.1	773.0	777.9	782.8	807.5	832.7	858.2	
99.09	s	1.9728	1.9810	1.9890	1.9970	2.0048	2.0125	2.0202	2.0277	2.0351	2.0425	2.0870	2.1116	2.1436	
2	v	1.366	1.390	1.414	1.438	1.461	1.485	1.509	1.533	1.556	1.580	1.6983	1.817	1.935	2
	i	738.5	743.3	748.2	753.0	757.9	762.8	767.7	772.6	777.5	782.4	807.3	832.4	858.0	
i19.62	s	1.8957	1.9039	1.9120	1.9200	1.9279	1.9357	1.9433	1.9509	1.9583	1.9657	2.0013	2.0350	2.0670	
3	v	0.9088	0.9248	0.9408	0.9567	0.9726	0.9885	1.004	1.020	1.036	1.052	1.131	1.210	1.289	3
	i	738.0	742.8	747.7	752.6	757.5	762.4	767.3	772.2	777.1	782.1	807.0	832.2	857.8	
132.88	s	1.8503	1.8586	1.8667	1.8748	1.8827	1.8905	1.8982	1.9058	1.9132	1.9206	1.9563	1.9901	2.0222	
4	v	0.6801	0.6922	0.7042	0.7162	0.7282	0.7402	0.7522	0.7641	0.7761	0.7880	0.8476	0.9069	0.9662	4
	i	737.4	742.3	747.2	752.1	757.0	761.9	766.9	771.8	776.8	781.7	806.7	832.0	857.6	
	s	1.8179	1.8262	1.8344	1.8425	1.8505	1.8583	1.8660	1.8736	1.8811	1.8886	1.9244	1.9582	1.9903	
5	v	0.5429	0.5526	0.5623	0.5719	0.5816	0.5912	0.6008	0.6104	0.6200	0.6296	0.6774	0.7250	0.7725	5
	i	736.9	741.8	746.7	751.6	756.6	761.5	766.5	771.4	776.4	781.4	806.4	831.7	857.4	
	s	1.7926	1.8010	1.8092	1.8173	1.8253	1.8332	1.8410	1.8486	1.8561	1.8636	1.8995	1.9334	1.9655	
6	v	0.4514	0.4595	0.4676	0.4757	0.4838	0.4919	0.4999	0.5080	0.5160	0.5240	0.5640	0.6037	0.6434	6
	i	736.3	741.3	746.2	751.2	756.1	761.1	766.1	771.1	776.0	781.0	806.1	831.5	857.2	
	s	1.7718	1.7802	1.7885	1.7967	1.8047	1.8126	1.8204	1.8281	1.8356	1.8431	1.8791	1.9130	1.9453	
7	v	0.3860	0.3930	0.400	0.4070	0.4140	0.4209	0.4279	0.4348	0.4417	0.4486	0.4829	0.5171	0.5511	7
	i	735.7	740.7	745.7	750.7	755.7	760.7	765.6	770.6	775.6	780.6	805.8	831.3	857.0	
	s	1.7541	1.7626	1.7709	1.7791	1.7872	1.7951	1.8029	1.8106	1.8182	1.8257	1.8618	1.8958	1.9281	
8	v	0.3370	0.3432	0.3493	0.3555	0.3616	0.3677	0.3738	0.3799	0.3860	0.3920	0.4221	0.4521	0.4820	8
	i	735.2	740.2	745.2	750.2	755.2	760.2	765.2	770.2	775.3	780.3	805.5	831.0	856.8	
	s	1.7387	1.7472	1.7556	1.7638	1.7719	1.7799	1.7877	1.7955	1.8031	1.8106	1.8468	1.8809	1.9132	
9	v	0.2988	0.3044	0.3099	0.3154	0.3209	0.3263	0.3318	0.3372	0.3426	0.3480	0.3749	0.4016	0.4282	9
	i	734.6	739.6	744.7	749.7	754.8	759.8	764.8	769.8	774.9	779.9	805.2	830.5	856.6	
	s	1.7250	1.7335	1.7419	1.7502	1.7584	1.7664	1.7743	1.7820	1.7897	1.7972	1.8335	1.8677	1.9001	
10	v	0.2683	0.2733	0.2783	0.2833	0.2883	0.2932	0.2981	0.3030	0.3079	0.3128	0.3771	0.3611	0.3851	10
	i	734.0	239.1	744.2	749.2	754.3	759.3	764.4	769.5	774.5	779.6	805.0	830.1	856.4	
	s	1.7126	1.7212	1.7297	1.7380	1.7462	1.7542	1.7622	1.7700	1.7776	1.7852	1.8216	1.8353	1.8883	
12	v	0.2225	0.2268	0.2310	0.2352	0.2394	0.2435	0.2476	0.2518	0.2559	0.2600	0.2803	0.3005	0.3205	12
	i	732.8	738.0	743.1	748.2	753.4	758.5	763.6	768.7	773.7	778.8	804.4	830.1	856.0	
	s	1.6910	1.6997	1.7083	1.7167	1.7250	1.7331	1.7411	1.7490	1.7567	1.7643	1.8009	1.8353	1.8678	
14	v	0.1898	0.1935	0.1972	0.2008	0.2044	0.2080	0.2116	0.2152	0.2187	0.2223	0.2393	0.2572	0.2744	14
	i	731.6	736.9	742.1	747.2	752.4	757.6	762.7	767.8	773.0	778.1	803.8	829.6	855.6	
	s	1.6724	1.6813	1.6900	1.6985	1.7069	1.7151	1.7231	1.7311	1.7388	1.7465	1.7833	1.8178	1.8505	
16	v	0.1653	0.1685	0.1718	0.1750	0.1782	0.1814	0.1846	0.1877	0.1908	0.1940	0.2094	0.2247	0.2338	16
	i	730.4	735.7	741.0	746.2	751.5	756.7	761.8	767.0	772.2	777.4	803.2	829.1	855.2	
	s	1.6561	1.6651	1.6739	1.6826	1.6910	1.6993	1.7074	1.7154	1.7232	1.7310	1.7680	1.8026	1.8354	
18	v	0.1462	0.1491	0.1520	0.1549	0.1578	0.1607	0.1635	0.1663	0.1691	0.1719	0.1858	0.1994	0.2129	18
	i	729.2	734.6	739.9	745.2	750.5	755.7	761.0	766.2	771.4	776.6	802.6	828.6	854.8	
	s	1.6415	1.6507	1.6596	1.6683	1.6768	1.6852	1.6934	1.7015	1.7094	1.7172	1.7544	1.7892	1.8221	
20	v	0.1309	0.1336	0.1362	0.1389	0.1415	0.1441	0.1467	0.1492	0.1518	0.1543	0.1669	0.1792	0.1914	20
	i	727.9	733.4	738.8	744.2	749.5	754.8	760.1	765.4	770.6	775.9	802.0	828.1	854.4	
	s	1.6283	1.6375	1.6466	1.6554	1.6640	1.6725	1.6808	1.6889	1.6969	1.7047	1.7422	1.7771	1.8101	
25	v	0.1033	0.1056	0.1078	0.1099	0.1121	0.1142	0.1164	0.1185	0.1205	0.1226	0.1328	0.1428	0.1527	25
	i	724.7	730.4	736.0	741.5	747.0	752.5	757.9	763.3	768.6	774.0	800.5	826.9	853.4	
	s	1.5994	1.6090	1.6184	1.6275	1.6364	1.6451	1.6536	1.6619	1.6700	1.6780	1.7160	1.7514	1.7846	
30	v	0.08490	0.08684	0.08875	0.09063	0.09249	0.09431	0.09612	0.09791	0.09970	0.1015	0.1101	0.1185	0.1268	30
	i	721.3	727.2	733.0	738.8	744.4	750.0	755.6	761.1	766.6	772.0	799.0	825.7	852.4	
	s	1.5748	1.5849	1.5946	1.6040	1.6131	1.6220	1.6308	1.6393	1.6476	1.6557	1.6943	1.7301	1.7635	
35	v	0.07171	0.07345	0.07514	0.07681	0.07845	0.08007	0.08166	0.08323	0.08479	0.08634	0.09388	0.1012	0.1084	35
	i	717.8	724.0	730.1	735.9	741.8	747.5	753.3	758.9	764.5	770.0	797.4	824.4	851.3	
	s	1.5532	1.5636	1.5737	1.5834	1.5929	1.6021	1.6110	1.6197	1.6282	1.6365	1.6757	1.7119	1.7456	
40	v	0.06179	0.06337	0.06492	0.06643	0.06791	0.06937	0.07080	0.07221	0.07361	0.07499	0.08170	0.08819	0.09453	40
	i	714.2	720.6	726.9	733.0	739.0	745.0	750.8	756.6	762.3	768.0	795.8	823.2	850.3	
	s	1.5336	1.5445	1.5550	1.5651	1.5748	1.5843	1.5934	1.6023	1.6110	1.6195	1.6042	1.6959	1.7300	
45	v	0.05405	0.05551	0.05694	0.05833	0.05970	0.06103	0.06234	0.06363	0.06490	0.06616	0.07223	0.07807	0.08376	45
	i	710.4	717.1	723.7	730.0	736.2	742.4	748.4	754.3	760.2	765.9	494.2	821.9	849.3	
	s	1.5155	1.5269	1.5378	1.5483	1.5584	1.5681	1.5775	1.587	1.5956	1.6042	1.6448	1.6817	1.7161	

4. 과열증기표

압력 [kg/cm²] 포화온도 [℃]		온 도 [℃]												
		290	300	310	320	330	340	350	360	370	380	390	400	410
50	v i s	0.04488 691.5 1.4724	0.04638 699.2 1.4859	0.04782 706.5 1.4985	0.04921 713.5 1.5105	0.05054 720.3 1.5219	0.05184 726.9 1.5327	0.05311 733.4 1.5432	0.05435 739.7 1.5532	0.05656 745.8 1.5629	0.05675 751.9 1.5723	0.05793 757.9 1.5814	0.05908 763.8 1.5902	0.06022 769.7 1.5989
60	v i s	0.03564 681.0 1.4371	0.03707 689.8 1.4527	0.03841 698.1 1.4669	0.03968 705.9 1.4802	0.04089 713.3 1.4926	0.04206 720.5 1.5044	0.04320 727.4 1.5155	0.04430 734.1 1.5262	0.04537 740.6 1.5365	0.04642 747.0 1.5464	0.04744 753.3 1.5560	0.04845 759.5 1.5652	0.04944 765.6 1.5742
70	v i s	0.02883 668.8 1.44022	0.03027 679.4 1.4207	0.03158 688.8 1.4371	0.3279 697.6 1.4520	0.03394 705.8 1.4657	0.03503 713.6 1.4785	0.03607 721.0 1.4906	0.03708 728.2 1.5020	0.03806 735.2 1.5129	0.03901 742.0 1.5234	0.03993 748.6 1.5334	0.04084 755.1 1.5431	0.04172 761.4 1.5525
80	v i s		0.02500 667.2 1.3882	0.02633 678.4 1.4007	0.02754 688.5 1.4247	0.02866 697.7 1.4401	0.02970 706.2 1.4542	0.03069 714.3 1.4673	0.03164 722.1 1.4796	0.03255 729.5 1.4912	0.03343 736.7 1.5023	0.03428 743.6 1.5129	0.03511 750.4 1.5231	0.03592 757.1 1.5329
90	v i s			0.02211 666.4 1.3774	0.02335 678.3 1.3975	0.02447 688.8 1.4151	0.02550 698.3 1.4308	0.02646 707.2 1.4451	0.02737 715.5 1.4584	0.02823 723.5 1.4709	0.02906 731.1 1.4827	0.02986 738.5 1.4938	0.03064 745.6 1.5045	0.03139 752.6 1.5148
100	v i s			0.01853 652.1 1.3446	0.01988 666.6 1.3693	0.02104 278.9 1.3898	0.02208 689.7 1.4706	0.02303 699.5 1.4235	0.02392 708.6 1.4380	0.02475 717.2 1.4515	0.02555 725.3 1.4640	0.02631 733.1 1.4759	0.02705 740.6 1.4871	0.02776 747.9 1.4978
110	v i s				0.01688 652.8 1.3388	0.01813 667.6 1.3636	0.01921 680.2 1.3842	0.02018 691.2 1.4021	0.02106 701.2 1.4181	0.02188 710.5 1.4326	0.02265 719.3 1.4461	0.02339 727.5 1.4587	0.02409 735.5 1.4706	0.02477 743.1 1.4818
120	v i s					0.01559 654.6 1.3354	0.01674 669.5 1.3599	0.01774 682.1 1.3804	0.01864 693.3 1.3982	0.01945 703.5 1.4141	0.02022 712.9 1.4287	0.02093 721.7 1.4421	0.02162 730.1 1.4547	0.02227 738.2 1.4665
130	v i s					0.01325 638.6 1.3034	0.01456 657.2 1.3340	0.01562 672.0 1.3579	0.06154 684.7 1.3781	0.01737 695.9 1.3957	0.01813 706.1 1.4115	0.01884 715.6 1.4259	0.01951 724.5 1.4392	0.02014 733.0 1.4517
140	v i s						0.01255 642.7 1.3051	0.01373 660.6 1.3341	0.01470 675.2 1.3570	0.01555 687.8 1.3770	0.01632 699.0 1.3943	0.01703 709.2 1.4099	0.01769 718.7 1.4241	0.01831 727.7 1.4374
150	v i s							0.01199 647.5 1.3081	0.01304 664.6 1.3355	0.01393 678.9 1.3579	0.01472 691.3 1.3770	0.01544 702.4 1.3939	0.01609 712.6 1.4092	0.01671 722.2 1.4233
160	v i s							0.01032 631.3 1.2781	0.01152 652.7 1.3121	0.01248 669.1 1.3379	0.01330 683.0 1.3593	0.01402 695.3 1.3780	0.01468 706.2 1.3944	0.01530 716.4 1.4093
170	v i s								0.01009 638.7 1.2860	0.01115 658.3 1.3167	0.01200 674.0 1.3410	0.01275 687.5 1.3615	0.01342 699.5 1.3795	0.01404 710.4 1.3955
180	v i s								0.00866 621.0 1.2546	0.00989 645.9 1.2937	0.01082 664.2 1.3218	0.01160 679.2 1.3448	0.01229 692.3 1.3644	0.01291 704.0 1.3816
190	v i s									0.00867 631.4 1.2677	0.00971 653.2 1.3014	0.01054 670.3 1.3273	0.01125 684.7 1.3489	0.01188 697.4 1.3676
200	v i s									0.00742 612.6 1.2355	0.00865 640.8 1.2790	0.00955 660.4 1.3090	0.01030 676.5 1.3330	0.01095 690.3 1.3534
220	v i s										0.00663 606.9 1.2218	0.00779 637.3 1.2679	0.00860 658.1 1.2990	0.00929 674.9 1.3239
250	v i s										0.00257 467.9 1.0052	0.00512 584.2 1.1826	0.00637 621.7 1.2386	0.00719 646.9 1.2740
300	v i s										0.00189 440.0 0.9583	0.00223 470.2 1.0040	0.00306 523.6 1.0839	0.00429 582.4 1.1704
340	v i s											0.00194 453.2 0.9742	0.00222 481.9 1.0182	0.00278 523.6 1.0800

압력 [kg/cm²] 포화온도 [℃]		온 도 [℃]															압력 [kg/cm²]
		420	430	440	450	460	470	480	490	500	510	520	550	600	650	700	
50	v i s	0.06134 775.5 1.6073	0.06246 781.2 1.6155	0.06356 786.9 1.6236	0.06465 792.6 1.6315	0.06573 798.3 1.6392	0.06680 803.9 1.6468	0.06787 809.5 1.6543	0.06893 815.0 1.6616	0.06998 820.6 1.6689	0.07102 826.1 1.6760	0.07206 831.7 1.6830	0.07515 848.2 1.7035	0.08021 875.7 1.7359			50
60	v i s	0.05042 771.6 1.5830	0.05138 777.6 1.5915	0.05233 783.5 1.5998	0.05327 789.3 1.6079	0.05419 795.1 1.6159	0.05511 800.9 1.6237	0.05603 806.6 1.6314	0.05693 812.3 1.6389	0.05783 818.0 1.6463	0.05872 823.6 1.6535	0.05960 829.3 1.6607	0.06222 846.1 1.6815	0.06651 873.9 1.7143			60
70	v i s	0.04260 767.7 1.5616	0.04345 773.8 1.5704	0.04429 779.9 1.5790	0.04513 786.0 1.5874	0.04595 791.9 1.5956	0.04676 797.8 1.6036	0.04756 803.7 1.6115	0.04835 809.5 0.6192	0.04914 815.3 1.6267	0.04992 821.1 1.6341	0.05070 826.8 1.6414	0.05299 843.9 1.6625	0.05672 872.2 1.6958			70
80	v i s	0.03672 763.6 1.5423	0.03749 770.0 1.5515	0.03826 776.3 1.5604	0.03901 782.5 1.5691	0.03975 788.6 1.5775	0.04048 744.7 1.5857	0.04120 800.7 1.5938	0.04192 806.7 1.6016	0.04262 812.6 1.6093	0.04332 818.5 1.6169	0.04401 824.3 1.6243	0.04606 841.7 1.6458	0.04937 870.4 1.6796			80
90	v i s	0.03213 759.4 1.5246	0.03285 766.0 1.5342	0.03355 772.5 1.5434	0.03425 778.9 1.5523	0.03493 785.3 1.5610	0.03559 741.5 1.5695	0.03625 797.7 1.5777	0.03690 803.8 1.5858	0.03755 809.0 1.5937	0.03818 815.9 1.6014	0.03881 821.8 1.6090	0.04066 839.5 1.6308	0.04366 868.5 1.6651			90
100	v i s	0.02845 755.0 1.5081	0.02912 761.9 1.5180	0.02978 768.7 1.5276	0.03043 775.3 1.5368	0.03106 781.8 1.5458	0.03168 788.3 1.5545	0.03229 794.6 1.5630	0.03289 800.9 1.5712	0.03348 807.1 1.5793	0.03407 813.2 1.5872	0.03465 819.3 1.5949	0.03635 837.3 1.6172	0.03909 866.7 1.6519			100
110	v i s	0.02543 750.5 1.4926	0.02607 757.7 1.5029	0.02669 764.7 1.5128	0.02729 771.6 1.5224	0.02789 778.3 1.5316	0.02847 784.9 1.5406	0.02904 791.4 1.5493	0.02960 797.9 1.5577	0.03015 804.2 1.5660	0.03070 810.5 1.5740	0.03124 816.7 1.5189	0.03281 835.0 1.6046	0.03534 864.8 1.6398	0.03778 894.1 1.6724	0.04016 923.2 1.7031	110
120	v i s	0.02290 745.9 1.4778	0.02351 753.4 1.4885	0.02410 760.7 1.4988	0.02468 767.8 1.5087	0.02524 774.7 1.5182	0.02579 781.5 1.5275	0.02633 788.2 1.5364	0.02686 794.8 1.5451	0.02738 801.3 1.5535	0.02789 807.7 1.5618	0.02839 814.1 1.5698	0.02987 832.7 1.5929	0.03222 863.0 1.6286	0.03449 892.6 1.6616	0.03669 921.9 1.6925	120
130	v i s	0.02075 741.1 1.4635	0.02134 749.0 1.4747	0.02191 756.5 1.4854	0.02246 763.9 1.4957	0.02299 771.1 1.5055	0.02352 778.1 1.5150	0.02403 785.0 1.5242	0.02453 791.7 1.5331	0.02502 798.4 1.5418	0.02551 804.9 1.5502	0.02598 811.4 1.5584	0.02737 830.4 1.5819	0.02958 861.1 1.6181	0.03170 891.0 1.6515	0.03375 920.5 1.6827	130
140	v i s	0.01890 736.2 1.4497	0.01947 744.4 1.4615	0.02002 752.3 1.4726	0.02055 759.9 1.4832	0.02107 767.3 1.4934	0.02157 774.6 1.5032	0.02206 781.6 1.5127	0.02253 788.6 1.5218	0.02300 795.4 1.5307	0.02346 802.1 1.5393	0.02391 808.7 1.5477	0.02523 828.0 1.5716	0.02731 859.2 1.6083	0.02931 889.4 1.6420	0.03123 919.2 1.6735	140
150	v i s	0.01729 731.1 1.4363	0.01785 739.7 1.4486	0.01838 747.9 1.4601	0.01889 755.8 1.4712	0.01939 763.5 1.4817	0.01987 771.0 1.4918	0.02034 778.2 1.5016	0.02080 785.4 1.5110	0.02125 792.3 1.5200	0.02169 799.2 1.5289	0.02212 805.9 1.5374	0.02337 825.7 1.5618	0.02535 857.2 1.5990	0.92723 887.8 1.6331	0.02905 917.9 1.6648	150
160	v i s	0.01587 725.9 1.4231	0.01642 734.9 1.4360	0.01694 743.4 1.4481	0.01744 751.6 1.4595	0.01792 759.6 1.4704	0.01839 767.3 1.4809	0.01884 774.8 1.4909	0.01928 782.1 1.5005	0.01971 789.2 1.5099	0.02013 796.3 1.5189	0.02055 803.2 1.5276	0.02175 823.3 1.5525	0.02363 855.3 1.5903	0.02542 886.2 1.6247	0.02714 916.5 1.6567	160
170	v i s	0.01461 720.4 1.4101	0.01515 729.9 1.4236	0.01566 738.8 1.4363	0.01615 747.4 1.4482	0.01662 755.6 1.4595	0.01707 763.5 1.4703	0.01751 771.3 1.4806	0.01794 778.8 1.4905	0.01836 786.1 1.5000	0.01876 793.3 1.5093	0.01916 800.3 1.5182	0.02031 820.8 1.5435	0.02211 853.3 1.5819	0.02382 884.6 1.6167	0.02545 915.2 1.6490	170
180	v i s	0.01348 714.7 1.3972	0.01401 724.7 1.4114	0.01452 734.1 1.4247	0.01500 743.0 1.4371	0.01546 751.5 1.4488	0.01590 759.7 1.4599	0.01633 767.7 1.4706	0.01674 775.4 1.4807	0.01715 782.9 1.4905	0.01754 790.3 1.5000	0.01793 797.5 1.5091	0.01903 818.4 1.5350	0.02076 851.4 1.5739	0.02239 883.0 1.6091	0.02395 913.8 1.6416	180
190	v i s	0.01246 708.8 1.3843	0.01299 719.4 1.3993	0.01349 729.2 1.4132	0.01396 738.5 1.4262	0.01442 747.3 1.4384	0.01485 755.8 1.4499	0.01527 764.0 1.4608	0.01567 772.0 1.4713	0.01606 779.7 1.4814	0.01645 787.2 1.4910	0.01682 794.6 1.5004	0.01789 815.9 1.5267	0.01956 849.4 1.5662	0.02112 881.3 1.6018	0.02261 912.4 1.6346	190
200	v i s	0.01153 702.6 1.3713	0.01206 713.8 1.3873	0.01256 724.2 1.4019	0.01303 733.9 1.4154	0.01348 743.1 1.4281	0.01390 751.9 1.4400	0.01431 760.3 1.4513	0.01471 768.5 1.4621	0.01509 776.4 1.4724	0.01546 784.2 1.4824	0.01582 791.7 1.4919	0.01686 813.4 1.5187	0.01847 847.4 1.5588	0.01997 879.7 1.5948	0.02140 911.1 1.6279	200
220	v i s	0.00990 689.3 1.3448	0.01045 702.1 1.3631	0.01095 713.6 1.3794	0.01141 724.3 1.3943	0.01185 734.3 1.4080	0.01226 743.7 1.4208	0.01265 752.7 1.4329	0.01303 761.4 1.4443	1.01340 769.8 1.4552	0.01375 777.9 1.4656	0.01410 785.7 1.4756	0.01508 808.3 1.5035	0.01659 843.3 1.5448	0.01799 876.4 1.5816	0.01931 908.3 1.6154	220
250	v i s	0.00788 666.2 1.3025	0.00845 682.3 1.3255	0.00897 696.3 1.3453	0.00944 708.8 1.3628	0.00988 720.2 1.3785	0.01028 730.9 1.3929	0.01066 740.9 1.4062	0.01103 750.4 1.4188	0.01137 759.4 1.4306	0.01171 768.2 1.4418	0.01203 776.6 1.4525	0.01294 800.5 1.4821	0.01433 837.2 1.5254	0.01561 871.4 1.5635	0.01681 904.1 1.5980	250
300	v i s	0.00518 617.1 1.2206	0.00589 641.5 1.2560	0.00648 661.6 1.2846	0.00700 679.1 1.3085	0.00745 694.2 1.3292	0.00786 707.5 1.3473	0.00823 719.7 1.3636	0.00858 730.9 1.3784	0.00891 741.4 1.3921	0.00922 751.4 1.4049	0.00952 760.9 1.4169	0.01035 787.3 1.4496	0.01159 826.8 1.4962	0.01271 862.9 1.5364	0.01376 897.1 1.5725	300
340	v i s	0.00356 567.7 1.1426	0.00433 602.0 1.1937	0.00497 628.3 1.2300	0.00553 650.2 1.2604	0.00603 670.0 1.2877	0.00646 686.7 1.3103	0.00684 701.4 1.3299	0.00718 714.5 1.3472	0.00750 726.5 1.3628	0.00780 737.6 1.3771	0.00808 748.1 1.3904	0.00885 776.7 1.4258	0.00999 818.5 1.4752	0.01102 856.2 1.5172	0.01197 861.5 1.5544	340

5. 습공기선도(i-x)

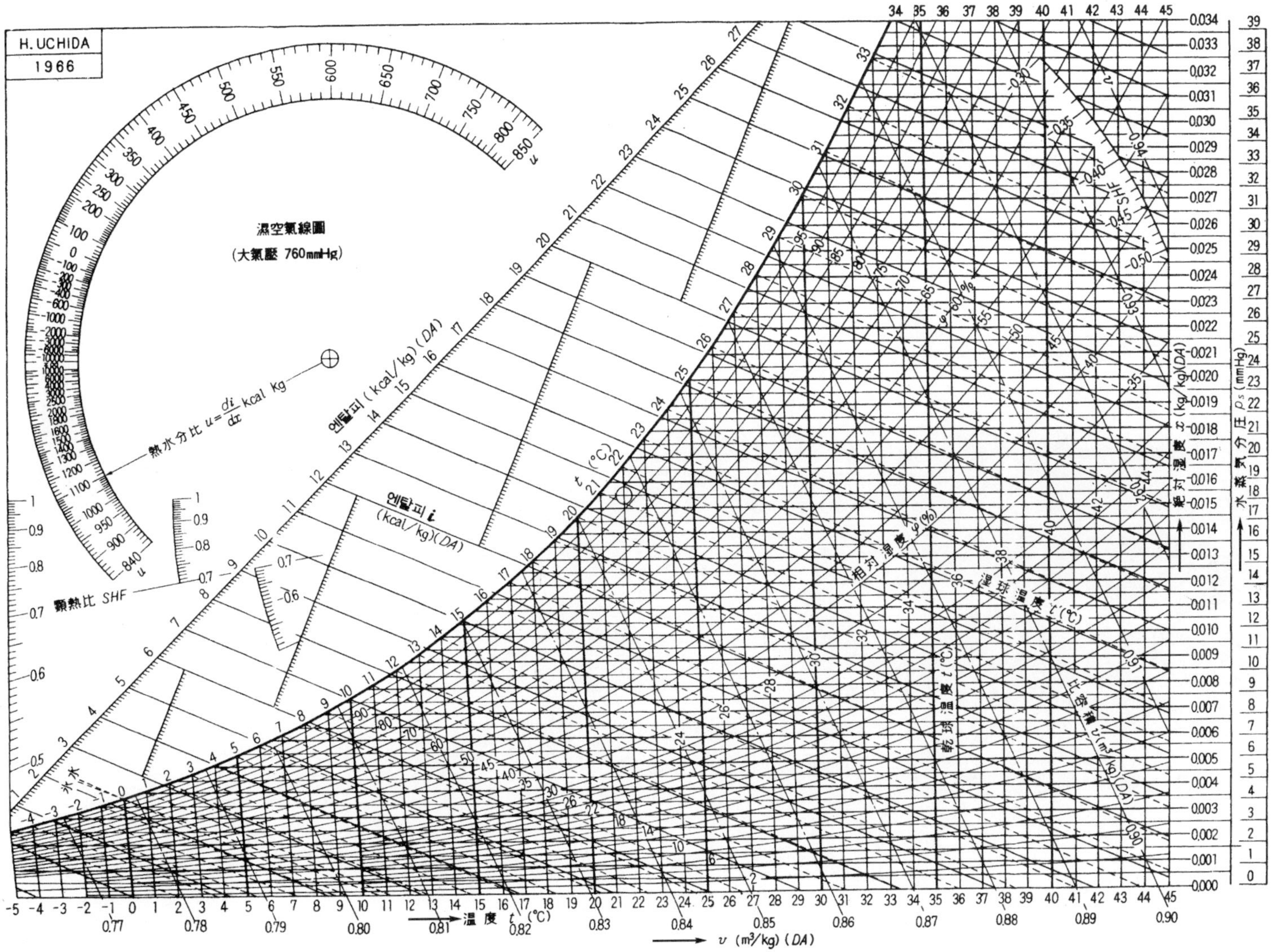
H. UCHIDA
1966
濕空氣線圖
(大氣壓 760mmHg)
熱水分比 u=di/dx kcal kg
顯熱比 SHF
엔탈피 (kcal/kg)(DA)
엔탈피 i
(kcal/kg)(DA)
相対湿度 φ(%)
湿球温度 t'(°C)
乾球温度 t(°C)
比容積 v(m³/kg)(DA)
絶対湿度 x (kg/kg)(DA)
水蒸気分圧 ps (mmHg)
温度 t (°C)
v (m³/kg) (DA)
氷 水

건축설비를 위한

최신 열유체공학

값 19,000원

	박	종	일
저 자	신	치	웅
	서	기	원
발행인	문	형	진

1992년 1월 10일 제1판 제3쇄 발행
1994년 8월 20일 제2판 제1쇄 발행
2000년 6월 22일 제3판 제2쇄 발행
2005년 8월 22일 제4판 제3쇄 발행
2010년 2월 22일 제5판 제4쇄 발행
2014년 8월 19일 제5판 제5쇄 발행
2018년 3월 14일 제5판 제6쇄 발행
2020년 3월 11일 제5판 제7쇄 발행

판 권
검 인

발행처 세진사

136-087 서울특별시 성북구 보문로 38 세진빌딩
TEL : 922-6371~3, 923-3422·7224 / FAX : 927-2462
〈등록. 1976. 9. 21 / 등록번호. 서울 제6-28호〉